大中型灌排泵站标准化规范化管理工作指南

主　编　李　娜

副主编　许建中　李端明

主　审　徐跃增

·北京·

图书在版编目（CIP）数据

大中型灌排泵站（灌区）标准化规范化管理工作指南/陈华堂，李娜主编. -- 北京 : 中国水利水电出版社，2022.5
ISBN 978-7-5226-0682-8

Ⅰ. ①大… Ⅱ. ①陈… ②李… Ⅲ. ①排灌工程－泵站－标准化管理－中国 Ⅳ. ①S277.9-65

中国版本图书馆CIP数据核字(2022)第077104号

书　　名	**大中型灌排泵站标准化规范化管理工作指南** DA - ZHONGXING GUANPAI BENGZHAN BIAOZHUNHUA GUIFANHUA GUANLI GONGZUO ZHINAN
作　　者	主　编　李　娜 副主编　许建中　李端明 主　审　徐跃增
出版发行	中国水利水电出版社 （北京市海淀区玉渊潭南路1号D座　100038） 网址：www.waterpub.com.cn E - mail：sales@mwr.gov.cn 电话：(010) 68545888（营销中心）
经　　售	北京科水图书销售有限公司 电话：(010) 68545874、63202643 全国各地新华书店和相关出版物销售网点
排　　版	中国水利水电出版社微机排版中心
印　　刷	北京印匠彩色印刷有限公司
规　　格	184mm×260mm　16开本　23.25印张（总）　566千字（总）
版　　次	2022年5月第1版　2022年5月第1次印刷
印　　数	0001—2000册
总 定 价	**158.00**元（共2册）

编委会名单

主　　编　李　娜（中国灌溉排水发展中心）

副 主 编　许建中（中国灌溉排水发展中心）

　　　　　李端明（中国灌溉排水发展中心）

编写人员（按姓氏笔画排序）

　　　　　吕延学（渭南市东雷二期抽黄工程管理中心）

　　　　　许　涛（渭南市东雷二期抽黄工程管理中心）

　　　　　匡　正（江苏省江都水利工程管理处）

　　　　　朱　宁（江苏省江都水利工程管理处）

　　　　　周灿华（江苏省江都水利工程管理处）

　　　　　龚诗雯（中国灌溉排水发展中心）

　　　　　雷小波（湖南省水利工程管理局）

主　　审　徐跃增（浙江同济科技职业学院）

前言

新中国成立以来，我国机电灌排泵站建设取得了举世瞩目的成绩，据统计，全国用于农业灌溉与排水的泵站达43.17万处，装机功率约2700万kW；用于跨流域（区域）调（引）水的泵站超过1800座，装机功率超过1300万kW；用于城镇供水与排水的泵站约8.5万座，装机功率约4200万kW。泵站的建设和发展，特别是大中型泵站，已经成为我国灌溉排水网络的骨干和支柱工程，对保证农业稳产高产，保障国家粮食安全，解决水资源不平衡问题，起到了关键性作用。同时，随着经济社会的发展，泵站工程对跨流域与区域调水工程、海绵城市、国家大水网建设，以及解决水资源短缺、水环境污染、水生态恶化等问题，正发挥着举足轻重的作用。

泵站管理一直是我国泵站工作的薄弱环节。虽然通过实施泵站更新改造项目，有效改善了大中型灌排泵站工程设施设备条件，泵站运行安全性和效率也得到较大提高，但是由于泵站管理体制改革的各项要求（定编、定员、定岗等）落实不到位、运行管理经费和工程养护维修经费不能足额到位、农业水价改革滞缓及水费实收率不高等原因，目前泵站管理依然存在着管理制度和工程管护标准不健全，管护责任不落实，运行调控、用水计量、信息化等管理手段缺乏，工程运行及用水管理粗放，设施设备管护不到位，管理设施落后及生产生活条件差等一系列问题。

为全面提升大中型灌排泵站管理水平，保障泵站工程安全、经济、高效运行并持续发挥效益，更好地服务乡村振兴战略和经济社会高质量发展，2019年水利部印发了《水利部办公厅关于印发大中型灌区、灌排泵站标准化规范化管理指导意见（试行）的通知》（办农水〔2019〕125号，以下简称《指导意见》），以努力建成“设施完好、工程安全、运行节能、调度科学、站区优美、管理高效”的现代化泵站为目标，通过构建科学高效的泵站标准化规范化管理体系，加快推进泵站建设管理现代化进程，不断提升泵站管理能力和服务水平。《指导意见》的印发标志着大中型灌排泵站管理工作迈入崭新阶段。此后，各地区积极响应，开始探索如何开展泵站标准化规范化工作。在开展大中型灌排泵站标准化规范化管理创建的实际工作中，要求有一部操作性强的实用工作指南，来指导各级水利部门和泵站管理单位开展标准化规范化创建工作。为此，中国灌溉排水发展中心成立了编写组，负责本书的具体编写工作。编写组在深入开展调研的基础上，结合各地实施标准化规范化管理工作的成果和经验，收集了大量资料，编写完成了本书。

本书由李娜担任主编，许建中、李端明担任副主编，参加编写的还有（按姓氏笔画排序）吕延学、许涛、匡正、朱宁、周灿华、龚诗雯、雷小波，徐跃增担任主审。全书共由七部分内容组成：第1章概述，第2章至第5章详细阐述了大中型灌排泵站标准化规范化管理四项主要内容（组织管理、安全管理、运行管理、经济管理）的工作任务、工作标准及要求、制度成果以及相关案例等，第6章为推进灌排泵站标准化规范化管理的具体组织工作措施，第7章为灌排泵站标准化规范化管理持续改进措施。

在本书编写过程中，承蒙许多同志提供资料，谨在此一并表示衷心感谢。同时，对湖南省水利工程管理局、宁夏回族自治区水利厅农村水利处、宁夏回族自治区灌溉排水服务中心、江苏省江都水利工程管理处、江苏省宿迁市宿城区水利局、浙江水利水电学院、浙江同济科技职业学院、陕西省交口抽渭灌溉工程管理中心、陕西省渭南市东雷二期抽黄工程管理中心等单位对本书编写工作给予的支持表示感谢。

限于时间和水平，书中难免存在疏漏和错误，恳请读者批评指正。

编者

2022年1月

目　录

1 概 述

1.1 全国大中型灌排泵站基本情况

1.1.1 大中型灌排泵站工程概况

灌排泵站是运用泵机组及过流设施传递和转换能量、实现水体输送，以达到农业灌溉、农田排水等目的的水利工程，由抽水装置及其辅助设备和配套建筑物所组成。灌排泵站常用于没有自流灌排条件或采用自流灌排不经济的地方，它在保证农业稳产高产，促进农业机械化、现代化等方面起着重要的作用。灌排泵站按装机功率或设计流量分为大、中、小型三类，装机功率不小于10000kW或设计流量不小于50m^3/s的为大型，装机功率1000～10000kW（不含10000kW）或设计流量10～50m^3/s（不含50m^3/s）的为中型，装机功率小于1000kW或设计流量小于10m^3/s的为小型。

1.1.1.1 灌排泵站发展历程

中国的灌排泵站始于19世纪末20世纪初。1918年，无锡、常州等地的机器厂开始仿制国外小型柴油机和离心泵。1924年，中国第一座电力灌排泵站——蒋湾桥泵站在江苏武进县湖塘乡建成，随后沿海地区包括上海、江苏、浙江、广东等地陆续兴建了一批灌排泵站。1949年，全国灌排泵站动力总装机为7.13万kW，灌溉面积378万亩，仅占当时全国灌溉面积的1.58%。新中国成立后，灌排泵站得到快速发展，概括起来大致经历了以下五个阶段。

1. 起步阶段

新中国成立初期的三年国民经济恢复期和第一个五年计划（1953—1957年）时期为灌排泵站发展的起步阶段。该阶段的工作重点是推广改良人力、畜力水车。其中，东部经济基础较好的部分省、市通过学习借鉴苏联经验，在国内率先建成了一批中小型泵站。这些泵站大多带有试点性质，所配套的动力多采用锅驼机、煤气机或柴油机，采用电动机作动力的只占总数的1/6～1/5。到该阶段末，全国机电灌排工程动力保有量达到40万kW。

2. 稳步发展阶段

第二个五年计划（1958—1962年）和随之而来的三年国民经济调整时期为灌排泵站的稳步发展阶段。该阶段不但在全国范围内兴建了一大批中、小型机电灌排泵站，而且在1963年建成我国第一座大型灌排泵站——江都一站后，长江中下游的江苏、湖北、湖南和黄河上中游的山西、陕西等省陆续兴建了一批大型泵站；在福建、湖南、四川等水力资源丰富的地区兴建了一批我国特有的水轮泵站，引起了国际同行的广泛关注。到该阶段末，全国灌排泵站动力保有量200多万kW，技术落后、使用不便的锅驼机、煤气机逐步被淘汰，代表先进技术的电力灌排泵站逐步发展到占总保有量的一半左右，但是由于设计、施工不规范，资金、设备、技术支持得不到保障，为以后的管理工作带来了很多麻烦。

3. 快速发展阶段

十年“文化大革命”（1966—1976 年）以及随后的两年为灌排泵站的快速发展阶段。该阶段在“农业上纲要”等口号的号召下，全国兴起了大修水利的热潮，一大批大中型灌排泵站相继建成并投入使用。到该阶段末，全国灌排泵站数量达 41 万处，动力保有量达 1500 万 kW，其中电力灌排泵站约占 80%。这一阶段的特点是泵站工程建设速度快、规模大，但是这些工程因为设备选型不配套、施工质量不可靠，建设之初就“先天不足”，重建轻管又引起“后天失调”，导致工程整体效益长期得不到有效发挥。

4. 调整整顿阶段

党的十一届三中全会（1978 年末）以后到 20 世纪 90 年代初期为灌排泵站的调整整顿阶段。在这一阶段，由于受农村实行的家庭联产承包责任制改革的影响，我国灌排泵站工程建设速度有所放缓，工作重点也做了相应调整。在该阶段，除了新建少数重点大中型灌排泵站工程外，工作重点以抓管理和技术改造为主。到该阶段末，全国灌排泵站总数约 46 万座，动力保有量约 2000 万 kW。

5. 更新改造阶段

20 世纪 90 年代中期至 21 世纪 10 年代末期为灌排泵站更新改造阶段。在这一阶段的初期，由于投资力度小，我国的泵站工程建设基本处于停滞状态，各地只能开展以简单修复为手段、以能维持泵站开机运行为最低要求的技术改造工作。由于改造速度跟不上老化速度，泵站老化问题日益严重，直到 1998 年我国遭遇特大洪水和严重干旱，导致重大灾害损失后，泵站问题得到了中央及各级地方政府的高度重视，各地普遍加快了泵站改造和建设速度。2005—2013 年连续 9 年的中央 1 号文件锁定灌排泵站更新改造问题，2006—2008 年实施了中部湖北、湖南、江西和安徽等省大型排涝泵站更新改造，2009 年又启动了全国大型灌排泵站更新改造工作，2019 年国家补助投资下达完毕。同时，在全国大中型灌区节水改造、小农水重点县建设、高效节水灌溉示范县建设等项目中，也安排了部分资金用于中小型灌排泵站建设及更新改造，极大地促进了各地灌排泵站的建设和改造工作，使泵站管理朝着良性运行的方向迈进。

1.1.1.2 灌排泵站建设成就

我国灌排泵站建设的特点是发展速度快、类型多、规模大、范围广，已建成的大面积灌排泵站地区有长江三角洲、洞庭湖地区、江汉平原、珠江三角洲、东北三江平原及西北的高原灌区等。灌排泵站事业的发展，特别是大中型泵站的发展，已经成为我国灌排网络的骨干和支柱工程。目前全国灌排泵站受益面积约 6.40 亿亩，有力地提高了各地抗御自然灾害的能力，对保证农业稳产高产和国家粮食安全起到了关键性作用，同时也对城乡防洪排涝以及城市供水、工矿企业、交通航运、发电等国民经济各部门的发展起着举足轻重的作用，为我国农业发展乃至国民经济持续、健康发展提供了强有力的支撑。

我国在灌排泵站的建设上不断创新，创造了许多令人瞩目的成就和辉煌，例如：

集灌溉、排涝、调水等多种功能于一体的大型泵站群枢纽工程——江苏省江都泵站，共有泵站 4 座，装机 33 台 5.58 万 kW，最大抽水能力 $508m^3/s$。江都四站还荣获国家水利工程设计金奖。

国内装机功率最大的多梯级灌溉泵站——甘肃省景泰川电力提灌工程，共有泵站 43 座，装机 307 台 27.02 万 kW，总扬程 713m，一级站（2 座）设计提水能力 $33m^3/s$，控制灌溉面积 100 万亩，还为甘肃民勤等地提供生态补水。

亚洲装机功率最大的排涝泵站——江苏省临洪东站，装机 12 台 3.6 万 kW，排涝能力 $360m^3/s$。

亚洲装机功率最大的灌溉泵站——陕西省东雷抽黄二期灌溉工程北干二级站，装机 12 台 4.26 万 kW，提水能力 $40m^3/s$。

国内扬程最高、单机功率最大的离心泵站——陕西省东雷抽黄灌溉工程二级站，扬程 225m，单机功率 8000kW，单机流量 $2.25m^3/s$。

单机功率亚洲第一的轴流泵站——湖北省樊口泵站，水泵叶轮直径 4.0m，单机功率 6000kW，设计流量 $53.5m^3/s$，最大流量可达 $70m^3/s$。

叶轮直径亚洲最大的轴流泵站——江苏省淮安二站，水泵叶轮直径 4.5m，单机功率 5000kW，设计流量 $60m^3/s$。

安装亚洲最大口径水泵的混流泵站——江苏省皂河泵站，水泵口径 6.0m，单机功率 7000kW，设计流量 $97.5m^3/s$。

国内最大的斜式轴流泵站——浙江省盐官泵站，装机 4 台 12000kW，设计流量 $200m^3/s$。

国内最大的贯流泵站——江苏省淮安三站，装机 2 台 3400kW，设计流量 $66.0m^3/s$。

世界上单机流量和叶轮直径最大的湿定子潜水贯流泵站——广西南宁竹排冲泵站，叶轮直径 2.65m，单机流量 $25m^3/s$。

世界上最大的水轮泵站——湖南省青山水轮泵站，原安装水轮泵 40 台，装机功率约合 1.2 万 kW，设计流量 $17.2m^3/s$。2009—2016 年实施了更新改造，安装水轮泵 5 台，装机功率约合 1.0 万 kW，设计流量基本不变。

1.1.1.3 灌排泵站更新改造成效

我国灌排泵站大部分建于 20 世纪 80 年代及以前，限于当时的经济、技术条件，存在建设标准低、设计选型不合理等诸多问题，加之投入运行后，运行维护经费不足，导致工程及机电设备老化失修、安全无保证、效率低能耗高、效益不断衰减等问题越来越严重。进入 21 世纪，中央及各级政府对灌排泵站存在的突出问题高度重视，2006—2008 年，中央及地方政府投入资金 68.2 亿元，对中部地区湖北、湖南、江西、安徽、河南 5 省 140 处大型排涝泵站进行了更新改造；2009—2019 年，中央及地方政府投入资金 180 多亿元，对全国 240 多处大型灌溉排水泵站进行了更新改造。大型灌排泵站更新改造后效益与成效明显。

（1）提高和恢复了灌溉排水标准。排涝泵站受益区在设计排涝标准下的排水时间，改造后比改造前平均缩短 2 天左右；灌溉泵站改造前因抽水能力不足，大部分受益区灌溉保证率偏低，改造后均能达到设计灌溉保证率。

（2）提高了泵站工程完好率和安全运行率。泵站建筑物完好率由改造前的平均 51.7%提高到 96.2%，设备完好率由改造前的平均 47.1%提高到 97.7%，泵站安全运行率由改造前的平均63.5%提高到98%以上。

(3) 提高了装置效率，降低了能耗。泵站装置效率由改造前的平均44.2%提高到72.4%，能源单耗由改造前的平均6.2kW·h/(kt·m) 下降到3.8kW·h/(kt·m)。

(4) 降低了供排水成本。改造后比改造前的单方水供排水成本平均降低约10%。

(5) 提高了自动化水平，改善了站区环境。通过改造，大部分泵站实现了微机监控、保护、视频监视、网络通信等自动化，大幅提高了运行安全性和可靠性，减少了运行维护工作量及费用，还提高了工程管理水平和效益。大部分泵站在工程改造的同时还进行了环境建设，站区道路、绿化、环境等得到极大改善，促进和带动了当地农村的经济社会发展。

(6) 提高了工程效益。大型灌排泵站更新改造后，新增（恢复）灌溉面积800多万亩，改善灌溉面积4000多万亩；新增（恢复）排涝面积600多万亩，改善排涝面积3000多万亩；每年节能7亿多kW·h；年均减灾效益值70多亿元。

1.1.2 大中型灌排泵站管理情况

1.1.2.1 泵站标准化管理发展历程

新中国成立初期，全国新建成的泵站工程，一时没有专门的管理机构和人员，往往由施工单位代管。后续管理单位成立后，无论是人员业务能力、管理经验都很欠缺，同时也没有现成的管理技术标准，工程技术管理水平整体较低，"重建轻管"的思想在一定程度上制约着泵站管理工作。党的十一届三中全会（1978年12月）后，全国各行各业的管理工作逐步走向正轨，1980年原水利部颁发了《机电排灌站经营管理暂行办法》，开启了我国灌排泵站标准化管理工作。依据技术标准制定及实施情况，我国灌排泵站标准化管理工作大致可分为四个阶段。

1. 第一阶段：技术标准起步阶段（1980—1985年）

1980年原水利部颁发了《机电排灌站经营管理暂行办法》后，原水利部农水局于1980年7月发布了《国营机电排灌站实行按八项技术经济指标考核的暂行规定》(〔80〕水农机字第74号，以下简称《规定》)，将设备完好率（%）、能源单耗［电：kW·h/(kt·m)；燃油：kg/(kt·m)］、用水定额［m^3/(亩·次) 或 m^3/(亩·年)］、排灌成本［元/(亩·次) 或元/(亩·年)］、单位功率效益（亩·m/kW或亩·m/马力）、渠系利用系数（%）、自给率（%）和产量（斤/亩）等八项技术经济指标，作为对国营机电灌排泵站的考核标准和衡量一个泵站、机电灌排管理部门工作好坏的主要依据，也是当时评比奖励的主要依据。受当时技术、经济等条件的限制，加之缺乏经验数据的支撑，对八项技术经济指标的考核标准规定得较少。但是，《规定》对泵站八项技术经济指标的计算方法进行了详细规定，并提出了提高或降低八项技术经济指标的措施，对提高我国灌排泵站技术管理水平发挥了重要作用。全国各地在制定和完善泵站经营管理制度的同时，积极推广以八项技术经济指标考核为主要内容的泵站技术管理工作。

2. 第二阶段：技术标准发展阶段（1986—1996年）

1986—1987年，原水利电力部发布了《泵站现场测试规程》(SD 140—85)、《泵站技术改造通则》(SD 141—85)、《泵站技术规范》(SD 204—86，包括设计分册、施工分册、安装分册、验收分册、技术管理分册) 等多项泵站方面的技术标准，填补了我国灌排泵站建设与运行管理标准的空白。各地也出台了相应的机电排灌泵站管理办法，使我国灌排泵站建设与运行管理工作逐步走向标准化。

3. 第三阶段：技术标准体系建立阶段（1997—2018年）

水利部于2000年发布了《泵站技术管理规程》（SL 255—2000），对泵站技术管理的内容、八项技术经济指标考核、机电设备运行管理、机电设备检修管理、工程管理、调度管理、安全管理等进行了详细规定。2012—2014年，水利部组织对《泵站技术管理规程》（SL 255—2000）进行修订，并上升为国家标准，国家标准化管理委员会于2014年发布了《泵站技术管理规程》（GB/T 30948—2014）。在此期间，水利部对泵站工程建设和运行管理工作高度重视，先后制定、修订了《泵站设计规范》（GB/T 50265—97）、《泵站安装及验收规范》（SL 317—2004）、《泵站安全鉴定规程》（SL 316—2004）、《泵站更新改造技术规范》（GB/T 50510—2009）、《灌排泵站机电设备报废标准》（SL 510—2011）、《泵站计算机监控与信息系统技术导则》（SL 583—2012）、《潜水泵站技术规范》（SL 584—2012）、《泵站现场测试与安全检测规程》（SL 548—2012）、《水利泵站施工及验收规范》（GB/T 51033—2014）、《泵站安全鉴定规程》（SL 316—2015）、《泵站设备安装及验收规范》（SL 317—2015）等一系列标准，我国泵站技术标准体系基本形成，为泵站建设与运行管理工作提供了强有力的支撑。

2016年10月水利部修订发布了《水利工程管理考核办法》及其考核标准，首次将《泵站工程管理考核标准》纳入其中，明确对泵站工程的组织管理、安全管理、运行管理、经济管理等全过程进行考核。

4. 第四阶段：标准化规范化管理阶段（2019年— ）

2019年6月，水利部办公厅印发《大中型灌排泵站标准化规范化管理指导意见（试行）》（以下简称《指导意见》），目标是将我国灌排泵站建设成为“设施完好、工程安全、运行节能、调度科学、站区优美、管理高效”的现代化泵站。《指导意见》的印发标志着标准化规范化管理的全面展开。《指导意见》印发后，各省（自治区、直辖市）积极组织开展大中型灌排泵站标准化规范化管理创建工作，大部分省份印发了大中型灌排泵站标准化规范化管理实施细则或办法及考核标准等，我国灌排泵站管理工作迈入标准化规范化管理新阶段。

为适应灌排泵站管理信息化发展要求和管理标准化、规范化、现代化的需要，2020—2021年，水利部组织对《泵站技术管理规程》（GB/T 30948—2014）进行了再次修订；2021年，国家标准化管理委员会发布了《泵站技术管理规程》（GB/T 30948—2021），为大中型灌排泵站标准化规范化管理提供了强有力的支撑。

1.1.2.2 泵站管理体制

根据《农田水利条例》关于“政府投资建设的大中型农田水利工程，由县级以上人民政府按照工程管理权限确定的单位负责运行维护，鼓励通过政府购买服务等方式引进社会力量参与运行维护”的规定，我国大中型灌排泵站工程绝大部分是政府投资建设的，基本由县级以上人民政府按照工程管理权限成立或委托工程管理单位负责运行维护，管理人员基本纳入事业编制，具有排涝功能的，地方政府实施全额或差额拨款；具有灌溉功能的，大多实行自收自支，部分地方政府也给予一定的财政补助。由于灌排泵站普遍地处偏僻，经营单一，年运行时间短，季节性强，给运行管理带来很大困难，也使泵站工程遭受了不同程度的破坏，导致水利资产闲置或流失，工程老化失修和效益衰减问题突出。对于排涝泵站，许多地方取消排涝费后，因地方财政困难一时难以落实应给予的补助或补助金额不足，使得大部分泵站排水越多，亏损越大；对于灌溉泵站，虽然能收取一定的灌溉水费，但因目前我国农业灌溉水费“倒挂”现象比较突出，大部分泵站也是抽水越多，亏损越大，不仅造成泵站管理单位资金方面难以为继，而且造成泵站工程及机电设备损坏无钱维修或改造，从而导致泵站效益逐年衰减，形成恶性循环。目前，我国大中型灌排泵站运行管理体制主要有以下三种：

（1）县级以上人民政府成立专门的管理单位（主要是排涝泵站）进行管理。虽然是水利行业专业管理，有专业技术人员和管理人员进行泵站的运行管理，但由于运行几率较小、运行时间较短，地方政府重视程度较低，运行管理费、电费、养护维修费等没有正常来源渠道，使得运行管理单位多忙于解决生存问题，很难做到标准化规范化管理。

（2）灌区管理单位管理。由于是水利行业专业管理，有专业技术人员和管理人员进行工程的运行管理、灌溉管理，而且运行几率较大、运行时间较长，各项管理及水费收缴工作较为规范和到位，管理效果较好。

（3）乡镇水利站管理。由于乡镇水利站管理人员多数不懂水利专业知识，人员调配较频繁，运行管理人员多因待遇低而忙于自身生存，各项管理工作不规范，水费收缴不到位，管理效果较差。

近年来，随着水管体制改革的不断深入，各地积极推行泵站工程“管养分离”，全国约有70%的泵站运行管理单位实施了水管体制改革，实行了内部管养分离，部分大型灌排泵站管理单位内部成立了维修养护中心，对内经费独立核算，对外实行企业化运作，利用管理单位的人才、技术优势，参与当地或外出承担水利工程运行管理和维修养护等任务，取得了明显的经济效益。新成立水管单位一般不再设置维修养护岗位，有的地方不设置独立的水管单位，实行委托管理，即通过招标方式选择有一定泵站运行、维护经验和经济实力的运维单位承担泵站的运行和维修养护任务。

1.1.2.3 泵站管理制度

水利部高度重视水利工程管理规章制度建设，制定了一套比较完善的大中型灌排泵站管理标准，主要有《泵站技术管理规程》（GB/T 30948—2021）、《泵站更新改造技术规范》（GB/T 50510—2009）、《泵站设备安装及验收规范》（SL 317—2015）、《泵站安全鉴定规程》（SL 316—2015）、《灌排泵站机电设备报废标准》（SL 510—2011）、《泵站现场测试与安全检测规程》（SL 548—2012）等；还有《大中型灌排泵站标准化规范化管理指导意见（试行）》、《关于推进水利工程标准化管理的指导意见》、《水利工程标准化管理评价办法》、国家职业标准《泵站运行工》（2009年修订）和水利工程定岗定员标准《大中型泵站管理岗位设置及定员标准（试行）》（2004年）等。

全国大部分省份也十分重视水利工程管理规章制度建设，制定了一套比较完善的省级水利工程管理制度体系和技术标准体系，每年组织基层水管单位技术人员进行宣贯和技术培训；同时要求各单位根据工程实际情况，编制各单位规章制度和水利工程管理细则，汇编成册，并组织职工学习；督查各单位严格执行规章制度，加强对工程管理行为的监督检查。全国水利工程管理水平显著提高。

如江苏省先后制定印发了《江苏省泵站技术管理办法》《江苏省泵站安全鉴定管理办法》《江苏省水利工程管理考核办法》《江苏省水利工程运行管理督查办法》等规范性文件，发布了《泵站运行规程》《水利工程观测规程》《大中型泵站主机组检修技术规程》等多项地方标准，完善了全省泵站工程管理技术标准体系，指导全省泵站工程安全运行管理工作。各工程管理单位按照法律法规、规范性文件和技术标准的要求，结合各工程实际情况制定技术管理实施细则、技术管理制度和相关应急预案，健全各项规章制度，明确各岗位职责，落实技术管理和安全运行各项责任制。

1.1.2.4 职工教育与科技推广

各级水行政主管部门和管理单位都非常重视职工教育和技术培训工作，采取集中培训、外送培训、联合培训、运行管理现场培训及运行维护技术技能“传、帮、带”等方式相结合，加强对职工的教育和培养。从 2002 年以来，水利部联合人力资源和社会保障部、全国总工会，组织了五届全国水利行业泵站运行工技能竞赛，对竞赛中取得的第一名授予“全国五一劳动奖章”和“全国技能大师”称号，第二、第三名授予“全国技术能手”称号，第四至第八名授予“水利行业技能大师”称号，第九至第十五名授予“水利行业技术能手”称号，而且前八名可直接晋升技师或高级技师，并组织编写水利行业职业技能培训教材——《泵站运行工》于 2014 年出版发行。此举为优秀人才的脱颖而出提供了舞台，受到了基层管理单位的普遍欢迎。水利部每年还举办有关标准宣贯和大中型灌排泵站更新改造建设管理与技术、标准化规范化管理等有关泵站管理的专题培训班，特别是 2009—2013 年水利部原农村水利司和中国灌溉排水发展中心在扬州大学连续举办了 5 期针对泵站技术骨干的中长期培训班，培养了一大批基层站所长及技术骨干。全国各地水行政主管部门通过举办专题讲座和现场讲解，防洪预案与反事故预案演练，设备操作与故障排查，闸、站运行工升级培训等形式，多渠道、全方位培训和锻炼队伍，不断提高管理人员综合素质，全面提升管理队伍的整体水平和运行管理能力，以适应现代化管理的时代要求。

近年来，水利部直属科研单位和中国灌溉排水发展中心等单位利用“十一五”“十二五”国家科技支撑项目、“十三五”国家重大研发专项和水利科技推广项目、水利先进技术示范项目等，针对灌排泵站建设与运行管理中的重大技术难点开展科学研究和技术攻关，取得了一批重大技术成果并在全国大中型灌排泵站建设与管理中推广应用，大大提高了泵站工程安全可靠性和运行稳定性，还提高了泵站效率、降低了能源单耗。全国各地利用水利科研经费和泵站更新改造、维修养护等资金，积极引进与推广应用新技术、新材料、新工艺，开展泵站自动化和信息化建设，提高管理工作的科技含量。同时积极组织开展工程管理技术的专题研究，提高泵站管理水平。

1.1.3 泵站管理工作现状与意义

1.1.3.1 泵站管理工作现状及存在的问题

泵站管理一直是我国泵站工作的薄弱环节，虽然通过实施泵站更新改造项目，有效改善了大中型灌排泵站工程设施设备条件，泵站运行安全性和效率也得到较大提高，但是由于泵站管理体制改革的各项要求（定编、定员、定岗等）落实不到位、运行管理经费和工程养护维修经费不能足额到位、农业水价改革滞缓及水费实收率不高，目前泵站管理依然存在着管理制度和工程管护标准不健全、管护责任不落实，运行调控、用水计量、信息化等管理手段落后，缺乏风险管理意识，工程运行及用水管理粗放、设施设备管护不到位、管理设施落后、生产生活条件差等一系列问题。

1.1.3.2 实施泵站标准化规范化管理工作的重要意义

“十四五”时期，水利进入高质量发展阶段。李国英部长指出，安全是水利工作的底线，建成与基本实现社会主义现代化国家相适应的水安全保障体系，是新阶段水利高质量发展的重要目标任务。当前，随着国家跨流域与区域调水工程、海绵城市、国家大水网建设，泵站工程对解决水资源短缺、水环境污染、水生态恶化等问题，保证国家粮食安全和人民生命财产安全发挥着越来越重要的作用。实施泵站标准化规范化管理工作，完善工程运行管理制度和标准体系，健全工程安全保护制度，规范工程运行管理行为，可以更加有效地提高泵站建筑物和设备完好率、装置效率，降低能耗和泵站运行成本，增加泵站经济效益，还将促进管理体制机制不断创新和改革，推行管养分离和政府购买服务，建立职能清晰、权责明确的泵站管理体制和运行机制，从而保障泵站安全、高效、经济运行和持续充分发挥效益。

1.2 泵站标准化规范化管理要求

1.2.1 相关定义

1. 水利管理及水利工程管理

水利管理是防汛、抗旱、改造农田和开发、利用、保护水资源等从事的工作。

水利工程管理是对已建成的水利工程进行检查观测、养护修理和水利调度运行，保障工程正常运行、延长工程寿命、充分发挥工程效益的工作。

2. 机电灌排与泵站

机电灌排是利用机械和动力实现灌溉和排水的工程措施。

泵站是由水泵、机电设备及配套建筑物组成的提水设施，又称“抽水站”“扬水站”。

3. 泵站运行管理及技术管理

泵站运行管理是泵站启动、停机、安全运行及技术管理、工程管理、经济运行和优化调度等工作的统称。

泵站技术管理是依据科学技术工作规律，对泵站工程的全部技术活动和科学研究进行的计划、协调、控制和激励等方面的管理工作。

4. 标准及标准化

标准是为了在一定的范围内获得最佳秩序，经协商一致制定并由公认机构批准，共同使用和重复使用的一种规范性文件；标准化是在一定范围内为获得最佳秩序，对现实问题或潜在问题制定共同使用和重复使用的条款的活动。

标准化不是一个孤立的事物，而是一个不断循环、螺旋式上升的运动过程。它主要是制定标准、实施标准进而修订标准的过程，其主要作用在于为了其预期目的改进产品过程或服务的适用性。标准化最后落到过程上。

标准化管理是指在企业的生产经营、管理范围内为获得最佳秩序，对实际或潜在的问题制定规则的活动。现阶段标准化管理泛指企业标准化管理体系。

5. 规范及规范化

规范是对于某一工程作业或者行为进行定性的信息规定，主要是因为无法精准定量而形成的标准；规范是指群体所确立的行为标准，可以由组织正式规定，也可以是非正式形成。

规范化就是使事物发展变化符合规定的程序和标准。规范化在经济、技术和科学及管理等社会实践中，对重复性事物和概念，通过制定、发布和实施标准（规范、规程和制度等）达到统一，以获得最佳秩序和社会效益。

规范化管理是指根据企业章程及业务发展需要，合理地制定组织规程、基本制度以及各类管理事务的作业流程，以形成统一、规范和相对稳定的管理体系。它是从企业生产经营系统的整体出发，对各环节输入的各项生产要素、转换过程、产出等制定制度、规程、指标等标准（规范），并严格地实施这些标准（规范），以使企业协调统一地运转。

6. 泵站标准化规范化管理

从标准化、规范化的相关定义，可以将泵站标准化规范化管理理解为：不断建立完善泵站管理单位组织管理、安全管理、运行管理、经济管理四方面相关制度、标准，不断规范泵站管理人员行为，强化个人责任，提高管理人员主动意识，严格执行相关制度、标准，以实现泵站安全、高效、经济运行的全过程。

1.2.2 总体要求及基本原则

1. 总体要求

以习近平新时代中国特色社会主义思想为指导，全面落实“节水优先、空间均衡、系统治理、两手发力”的治水思路，按照水利工程建设与管理高质量发展的要求，着力构建科学高效的灌排泵站标准化规范化管理体系，加快推进灌排泵站管理现代化进程，不断提升灌排泵站管理能力和服务水平，努力建成“设施完好、工程安全、运行节能、调度科学、站区优美、管理高效”的现代化泵站，以保障灌排泵站安全、高效、经济运行和持续充分发挥效益，更好地服务乡村振兴和经济社会发展。

2. 基本原则

大中型灌排泵站标准化规范化管理应坚持以下原则有序推进：

（1）政府主导、部门协作。大中型灌排泵站标准化规范化管理创建应由各级地方政府主导，水行政主管部门与财政、发改等部门协同推进。

（2）落实责任、强化监管。泵站管理单位是标准化规范化管理创建的责任主体，上级水行政主管部门应强化监管，加强督促指导，确保取得管理实效。

（3）全面规划、稳步推进。各级地方政府及水行政主管部门应对所管辖的大中型灌排泵站标准化规范化管理创建工作进行全面规划，开展试点示范，总结经验，稳步推进本地大中型灌排泵站开展标准化规范化管理创建工作。

（4）统一标准、分级实施。省级水行政主管部门制定全省（自治区、直辖市）统一的大中型灌排泵站标准化规范化管理相关标准和考核标准等，各级水行政主管部门分级组织实施。

1.2.3 具体要求

1. 组织管理

（1）管理体制和运行机制改革。泵站管理单位要根据灌排泵站职能和批复的泵站管理体制改革方案或机构编制调整意见，健全组织机构，明确划分职能职责，落实管理人员编制，按有关规定完成岗位设置工作，实行竞争上岗。积极争取财政、水利等部门全额落实核定的公益性人员基本支出和工程维修养护财政补助经费。结合泵站工程实际，合理确定管理职责范围，确保职责界限清晰，不遗漏、不重叠。逐步推行事企分开、管养分离和物业化管理等多种形式，建立职能清晰、权责明确的灌排泵站管理体制和运行机制。

（2）制度建设及执行。泵站管理单位要根据灌排泵站管理需要，建立健全泵站组织、安全、运行、经济等方面的管理制度体系，形成“两册一表”，即管理手册、操作手册和人员岗位对应表，理清事项-岗位-人员对应关系，明确岗位责任主体和管理人员工作职责，做到事项不遗漏不交叉，事项有岗位、岗位有人员、制度管岗位、岗位管操作。做好制度执行的督促检查、考核等工作，确保责任落实到位、制度执行有力。

（3）人才队伍建设。泵站管理单位要优化管理人员结构，不断创新人才激励机制；制订专业技术和职业技能培训计划并积极组织实施，实行培训上岗，特种岗位持证上岗。职工职业技能培训年培训率达到50%以上，确保泵站管理人员素质满足岗位管理需求。

（4）精神文明及宣传教育。泵站管理单位要重视党建工作，党的各项工作依规正常开展；加强党风廉政建设教育，干部职工廉洁奉公；精神文明建设扎实推进，职工文明素质好，敬业爱岗；水文化建设有序推进，具有地方特色；工青妇组织健全，各项工作有计划开展；离退休干部职工服务管理工作有人负责；加强国家及地方相关法律法规、工程保护和安全知识等宣传教育，在重要工程设施等部位，设置醒目的水法、规章、制度等宣传标语、标牌等。

2. 安全管理

（1）安全管理体系建设。泵站管理单位应建立健全安全生产管理体系，落实安全生产责任制。制订防汛抢险、事故救援、重大工程事故处理等应急预案，确保物资器材储备和人员配备满足应急救援、防汛抢险的要求；按要求开展事故应急救援、防汛抢险等培训和演练。安全生产工作管理规范，有关记录及资料齐全，杜绝较大及以上安全生产责任事故，不发生或减少发生一般生产安全责任事故。

（2）管理范围及安全标志管理。泵站管理单位要明确工程管理和保护范围，并设置界桩界碑，在重要工程设施、危险区域等部位设置醒目的禁止事项告示牌、安全警示标志等。依法依规对工程进行管理和巡查，对在工程管理和保护范围内的其他活动依法进行管理，确保工程安全和设施完好、功能正常。

（3）安全检查管理。泵站管理单位要建立健全工程安全检查、隐患排查和登记建档制度，建立工程风险分级防控、隐患排查治理双重机制和事故报告及应急响应机制等。按要求开展工程安全检查、隐患排查及登记建档，检查记录齐全规范；工程安全风险实行分级防控，并有防控措施，防控责任落实；及时消除工程安全隐患，安全隐患消除前落实相应的安全保障措施；发生工程事故及时按有关程序报告，并启动相应的应急响应机制；按照《泵站安全鉴定规程》（SL 316—2015）的规定开展泵站安全鉴定。

（4）安全设施管理。泵站管理单位要确保工程安全设施设备齐备、完好，定期进行检查、检修、试验。劳动保护用品配备满足安全生产要求。特种设备、计量装置按国家有关规定管理和检定。

（5）环境建设与管理。泵站管理单位要结合当地实际，开展管理范围环境建设和绿化。管理范围内水土保持良好，绿化程度高；管理单位及基层站所庭院整洁、环境优美；管理用房及配套设施完善、布置合理、管理有序。

3. 运行管理

（1）调度及控制运用管理。泵站管理单位要制定泵站运行调度及控制运用制度，涉及防汛工作的有关内容应按规定报批或报备。严格执行运行调度指令及控制运用制度，调度运用规范，实现设备操作及运行自动化，确保安全、高效、经济运行。

（2）设备管理。泵站管理单位要制定泵站设备管理制度，管理责任明晰且落实到位。泵站所有设备均应建档挂卡，记录责任人、设备评定等级、评定日期等情况；设备标志、标牌齐全，检查保养全面，技术状态良好，无漏油、漏水、漏气现象，表面清洁且无锈蚀、破损等。按《泵站技术管理规程》（GB/T 30948—2021）的要求对各类设备进行检查和维护。

（3）建筑物管理。泵站管理单位要制定泵站建筑物管理制度，管理责任明晰且落实到位。泵站建筑物应完整无损，及时消除安全隐患；主要建筑物无明显的不均匀沉陷；主泵房建筑物无严重裂缝、严重变形、剥落、露筋、渗漏等现象；进出水流道、压力箱涵、压力管道等建筑物无断裂、严重变形、剥落、露筋、渗漏等现象；进出水池等无严重冲刷、淤积，护坡、挡土墙无倒塌、破损、严重变形，砌体完好；必要的建筑物观测设施齐全、规范。按建筑物设计标准运用，当确需超标准运用时，应经过技术论证并有应急预案。

（4）规范运行管理。泵站管理单位要制定泵站安全操作规程、泵站运行规程和运行管理制度并严格执行。运行人员组织图、管理制度、操作规程，泵站平立剖面图、电气主接线图、油气水系统图、主要技术指标表和主要设备规格、检修情况表等齐全，并在适宜位置明示主要制度、规程和技术图表。按《泵站技术管理规程》（GB/T 30948—2021）等有关规程规范的要求，做好泵站运行管理工作，严格执行“两票三制”（操作票、工作票，交接班制、巡回检查制、设备缺陷管理制），设备检查、操作和运行巡视记录齐全、规范。每年应对泵站运行情况进行分析和总结。

（5）工程检查、观测管理。泵站管理单位要制定泵站工程检查、观测制度，按规定开展工程观测和经常性巡查、检查；每年汛期或灌溉供水期前、后，对泵站工程各部位进行全面检查和观测；当泵站工程遭受特大洪水、地震等自然灾害或发生重大工程事故时，及时进行特别（专项）检查。检查和观测内容全面，记录真实、详细和符合有关规定。观测工作应系统、连续并有分析成果，观测设施及仪器仪表的检查、保养、校验符合有关规定。

（6）维修检修管理。泵站管理单位要制定泵站维修检修制度，及时、全面编报工程维修检修计划，按批复预算落实维修检修经费；按时、保质、保量完成维修检修项目，严格控制项目经费，项目调整严格执行报批程序，及时上报维修检修项目完成进度；维修检修项目完工后及时办理验收手续，维修检修及验收资料及时归档；逐步实现设备状态检修；

按《泵站技术管理规程》（GB/T 30948—2021）的有关规定，组织对建筑物、设备进行评级。

（7）泵房及周边环境管理。泵站管理单位要加强泵房及周边环境管理。泵房内整洁卫生，地面无积水、房顶及墙壁无漏雨，门窗完整、明亮，金属构件无锈蚀；工具、物件等摆放整齐；防火设施齐全；照明灯具齐全，完好；泵房周边场地清洁、整齐，无杂草、杂物；进出水池水面无漂浮物。

（8）技术经济指标考核。泵站管理单位要加强泵站技术经济指标考核。泵站建筑物完好率、设备完好率、泵站效率、能源单耗、供排水成本、供排水量、安全运行率、财务收支平衡率等八项技术经济指标符合《泵站技术管理规程》（GB/T 30948—2021）的规定。

（9）信息化管理。泵站管理单位要积极推进泵站管理现代化建设，依据泵站管理需求，制订管理现代化发展相关规划和实施计划，积极引进、推广使用管理新技术，开展信息化基础设施、业务应用系统和信息化保障环境建设，改善管理手段，增加管理科技含量，做到泵站管理信息系统运行可靠、设备管理完好，利用率高，不断提升泵站管理信息化水平。

（10）技术档案管理。泵站管理单位要制定泵站技术档案管理制度，及时分析、总结、上报、归档有关运行、检查观测、维修检修、工程改造等技术文件及资料。技术文件及资料、工程大事记等技术档案应齐全、清晰、规范，保管符合有关规定。技术文件和资料应以纸质件及磁介质、光介质的形式存档，逐步实现档案管理数字化。

4. 经济管理

（1）财务和资产管理。泵站管理单位要建立健全财务管理和资产管理等制度。泵站人员经费、运行电费和维修养护费等经费落实且使用符合相关规定，建立资产管理台账且账物相符、管理规范，杜绝违规违纪行为。

（2）职工待遇管理。水利、财政等部门及泵站管理单位要确保泵站人员工资、福利待遇达到或超过当地平均水平，按规定落实泵站职工养老、失业、医疗、工伤、生育和住房公积金等各种社会保险。

（3）水费及资源利用。泵站管理单位要科学核算供水成本，配合主管部门做好水价调整工作；制定水费等费用计收使用办法，按有关规定收取水费和其他费用。在确保防洪安全、运行安全和生态安全的前提下，合理利用管理范围内的水土资源和资产，保障国有资源（资产）保值增值。

1.2.4 保障措施

（1）加强组织领导。各级水行政主管部门要高度重视大中型灌排泵站标准化规范化管理工作，加强组织领导，积极争取地方党委、政府及财政、发改等相关部门的支持，建立部门协同推进机制，组织本地大中型灌排泵站管理单位按水利部《大中型灌排泵站标准化规范化管理指导意见（试行）》和本地出台的大中型灌排泵站标准化规范化管理实施细则或办法的要求开展标准化规范化管理工作，完成标准化规范化管理创建任务。大中型灌排泵站管理单位应按有关规定和相关规程规范的要求，结合实际，制订标准化规范化管理创建实施方案，制定或修订完善管理制度和标准，扎实推进本单位标准化规范化管理工作。

（2）加强经费保障。各地要加强部门协调，多渠道筹措资金，为开展灌排泵站标准化规范化管理工作提供经费保障。省级水利工程维修养护资金分配时，要充分考虑灌排泵站标准化规范化管理的开展情况及实际绩效。要按照《国务院办公厅转发国务院体改办关于水利工程管理体制改革实施意见的通知》（国办发〔2002〕45号）的要求，将泵站工程管理公益性人员基本支出及公益性工程运行、维修养护经费按隶属关系纳入同级公共财政预算。安全类别为三类、四类的泵站或工程老化严重、存在重大安全隐患及建设未达到设计标准的，要加大投入尽快达到有关标准要求。

（3）深化管理改革。各级党委、政府及水行政主管部门、泵站管理单位要按照专业化、物业化管理的思路，不断深化管理改革，大力推行事企分开、工程管养分离、政府购买服务等形式，积极培育发展工程养护维修、物业管理等市场主体，鼓励发展不同形式的物业管理。引导和鼓励具有较强专业力量的工程设计、设备制造、施工安装、维修养护等企业和行业协会、中介机构参与灌排泵站标准化规范化管理。

（4）加强培训与指导。各级水行政主管部门及泵站管理单位要制订大中型泵站工程标准化规范化管理培训计划，落实培训经费，对大中型灌排泵站标准化规范化管理的相关法律法规、管理制度、技术标准、管理标准、工作标准、考核标准以及实施方案编制等内容有计划地组织培训和指导。

（5）坚持稳步推进。各地要根据本地经济社会发展和灌排泵站管理现状，明确灌排泵站标准化规范化管理总体目标、主要任务、分阶段实施计划和主要措施，有计划、分步骤地组织实施。可根据实际，按照典型示范、重点突破、以点带面的原则，对管理水平较高、基础条件较好的灌排泵站可先行先试，在总结经验的基础上稳步推进。

（6）强化监督考核。各级水行政主管部门要根据水利部《大中型灌排泵站标准化规范化管理指导意见（试行）》及《泵站工程管理考核标准》和本地出台的大中型灌排泵站标准化规范化管理实施细则或办法及考核标准的要求，开展创建验收考核、年度考核、省级达标考核或复核等工作，规范灌排泵站管理，提升管理能力和服务水平。省级及市（州）水行政主管部门要加强监督检查，发现问题要限期整改到位；没有整改到位的，要给予严肃问责追责，确保各项管理措施落实到位。

（7）其他保障措施。对通过省级达标考核的泵站，省级水行政主管部门颁发“省级标准化规范化管理达标工程”证书和牌匾；市（州）、县级所管辖大中型泵站工程创建验收考核通过后，由市（州）、县级水行政主管部门颁发相应证书和牌匾。各级水行政主管部门对标准化规范化管理工作推进效果明显的灌排泵站，在项目和资金安排时，应给予倾斜支持；在对泵站管理单位进行年度考核时，应作为重要依据。

1.3 泵站标准化规范化管理重点工作

灌排泵站标准化规范化管理主要从管理任务、管理标准、管理流程、管理制度、管理激励等方面着手，提高工作实效和管理水平。泵站管理单位要详细梳理、分解工程管理任务，列出管理任务清单。根据所管工程特点和运行管理实际，以提高工作效率和准确性为目的，明确工程管理每一项工作任务每个环节的工作标准和执行流程，结合相关技术标准，不断修订和细化完善技术管理细则及各项制度体系，更新各类检查记录表格和操作票样式，编制工程控制运用、检查观测、维修养护等工程管理作业指导书。作业指导书要简单、易懂，实用性和可操作性要强，相关岗位职工经简单培训就能掌握。

1. 细化落实管理任务

（1）细化工作任务。针对本单位、本工程的具体情况，按照泵站管理规程规范等相关要求，制订年度工作目标计划，对控制运用、检查观测、维修养护、安全生产、水政监察、制度建设、档案管理、应急管理、工作场所与环境管理以及汛前（灌季前）、汛后（灌季后）检查、观测等重点工作按年、月、周分解细化，明确各阶段工作任务，编制工作任务清单。

（2）落实工作责任。逐步将工作任务清单落实到相应管理岗位、具体人员。同时，完善管理岗位设置，明确岗位工作职责、岗位工作标准和考核要求。

2. 明晰规范管理标准

（1）针对本单位和工程实际，按照水利工程管理相关技术标准和规定要求，参照其他行业类似做法，重点梳理制定泵站建筑物及设备维护、工作场所管理、环境绿化管护、标识标牌设置、岗位管理等方面的工作标准。

（2）对管理过程中涉及的各类管理资料、技术图表等不断规范、补充、完善，不仅要注重工作最终成果资料，还应加强工作过程资料的收集整理，做到内容完整准确、格式相对统一、填写认真详细。对规定需要明示的制度、图表应明确其内容、格式和合适的位置。

（3）参照有关技术标准，在建筑物、机电设备、管理设施、工作场所等设置必要的标识标牌，主要包括：工程简介牌、规章制度、操作规程及技术图表、宣传牌、水政公告牌及管理范围界桩、各类安全警示标牌、机电设备标色及编号，以及工作指引标牌等。标识标牌应内容清晰简单、格式规范，设置位置恰当醒目。

3. 规范固化管理流程

（1）重点从工程控制运用、工程检查、工程观测、维修养护、设备评级和经费管理等典型性专项工作入手，编制相应的操作手册，明确工作内容、标准要求、方法步骤、工作流程、注意事项、资料格式等，用于指导专项工作从开始到结束的全流程管理，并逐步向其他工作拓展延伸。

（2）按照专项工作操作手册，推行作业流程化管理，强化工作过程中管理行为的规范、管理流程的衔接、管理要求的执行和工作动态的跟踪，实现专项工作从开始到结束全流程、闭环式管理。并结合信息化系统建设，将流程化管理的要求在相关工程监控或应用系统中固化。

4. 健全执行管理制度

（1）依据水利工程管理法规、标准和有关规定，结合本单位、本工程实际及变化情况，制定并及时修订工程管理实施细则，提高准确性、完整性和针对性，按程序审定、报批和发布。

（2）管理规章制度应包括：泵站工程控制运用和调度管理、运行操作和值班管理、检查观测、维修养护、建筑物和设备管理、安全生产、水政管理、档案管理、岗位管理、教育培训、目标管理和考核奖惩、财务管理、精神文明、综合管理等方面的制度，并不断修订完善，提高适用性、可操作性，汇编成册，印发给职工学习执行。

(3) 经常开展泵站工程管理细则、规章制度的学习培训，将制度要求和执行情况纳入相关考核内容，提高执行力，注重执行效果的监督评估和总结提高。

5. 强化完善管理激励

(1) 围绕工程管理年度及各阶段工作任务，建立目标管理考核制度，制定完善考核办法和考核标准，做到专项考核与全面考核相结合、月（季）度考核与年度考核相结合、单位工作效能考核与个人工作绩效考核相结合，逐级分解落实责任，层层传递工作压力，形成常态化的工作业绩考评机制。

(2) 坚持精神鼓励与物质奖励、正面引导与奖惩措施相结合，按照绩效工资分配政策，建立完善考核奖惩激励机制，将考核结果与评奖评优、收入分配及岗位聘用、职务晋升相挂钩，鼓励和引导职工履职尽责、爱岗敬业。

6. 全面提高管理成效

(1) 工作高效、成绩显著。做到工作目标任务明确，执行力强，管理规范高效；单位内部管理规范有序，职工爱岗敬业、团结协作，各项工作成绩显著。

(2) 精准调度、效益发挥。调度管理按批准的控制运用方案、计划和上级指令进行，操作符合技术规定，运行值班管理规范，各项记录资料完整。工程安全运行，效益充分发挥。

(3) 工程安全、管理有序。检查观测、维修养护、安全生产、水政执法、设备评级、注册登记、安全鉴定、档案资料等业务管理符合有关规定，无违规行为和安全责任事故发生。

(4) 工程完整、运行可靠。加强工程及附属设施（建筑物、机电设备、金属结构、监控设备主体工程以及防汛道路、备用电源、通信设施、管理用房、工程环境、辅助设施等）检查维护，保持状态完好、运行可靠、整洁美观。

2 泵站组织管理

2.1 管理体制与运行机制改革

2.1.1 工作任务

管理体制与运行机制改革的工作任务主要包括：

（1）按批复的管理体制改革方案或机构编制意见完成改革。

（2）健全组织机构，理顺管理体制及运行机制，明确管理职责。

（3）积极协调落实各类经费。

（4）建立合理有效的分配激励机制。

（5）推行事企分开、管养分离和物业化管理等。

2.1.2 工作标准及要求

（1）根据《水利工程管理体制改革实施意见》及有关水利改革、高质量发展的要求，完成泵站工程管理体制与运行机制改革，形成一套完备的水管体制改革验收台账资料。

（2）根据泵站工程职能和批复的管理体制改革方案或机构编制调整意见，健全组织机构，明确划分职能职责，落实管理人员编制。依据《水利工程管理单位定岗标准（试点）》，结合批准的人员编制和工程运行管理实际，设置岗位及岗位定员，并按有关程序批准或报备。制订人员竞争上岗方案，按有关程序批准或报备后，组织职工全员竞争上岗。

（3）管理体制顺畅，管理职责明确，分类定性清晰，人员定岗定编，经费测算合理；持续推进内部改革，建立岗位竞争机制，公开竞聘，择优录用；新成立的水管单位应符合水管体制改革要求。

（4）做好工程运行管理经费、维修养护经费的测算和申报工作，积极协调水利、财政等部门全额落实核定的公益性人员基本支出和工程维修养护财政补助经费。

（5）建立合理有效的分配激励机制，分配档次适当拉开，充分调动各方面的积极性，提高工作效率。

（6）结合泵站工程实际，合理确定管理职责范围，确保职责界限清晰，不遗漏、不重叠；推行事企分开、管养分离和物业化管理等多种形式；宜将工程维修养护等工作分离出去，走向市场，向社会公开招标选择有资质、有经验的养护队伍，实行社会化管理，建立职能清晰、权责明确的泵站工程管理体制和运行机制。

（7）目前尚不具备管养分离条件的水管单位，可先实行内部管养分离，将工程管理工作任务和人员、待遇与维修养护工作任务和人员、待遇进行分离，将工程管理工作与维修养护工作分开。

2.1.3 成果资料

管理体制与运行机制改革的成果资料主要包括：

（1）工程管理体制改革实施方案及批复文件。

（2）工程“事企分开”“管养分离”“物业化管理”等实施方案及批复文件。

（3）内设机构、岗位设置与定员方案及批复或报备文件。

（4）工程管理及目标管理考核办法。

（5）绩效工资实施方案与职工工作绩效考评办法。

（6）职工竞争上岗管理办法与职工竞争上岗资料。

（7）工程管理考核资料。

（8）职工绩效考核资料。

（9）“管养分离”“物业化管理”合同及项目实施资料。

（10）事业单位法人证书（含统一社会信用代码）。

2.2 制度建设和执行

2.2.1 工作任务

管理制度建设和执行的工作任务主要包括：

（1）根据泵站管理需要，建立健全组织、安全、运行、经济等方面的管理制度体系。

（2）根据工程管理需要，对重点制度进行制定或修订完善。

（3）建立考核机制，完善督查工作常态化。

（4）公平、公正、公开地执行各项制度与管理考核等工作。

2.2.2 工作标准及要求

1. 基本要求

（1）依据国家有关法律法规及对水利工程管理的要求，根据泵站管理需要，对现有管理制度进行梳理，并借鉴其他泵站管理制度建设的经验，建立健全本泵站组织管理、安全管理、运行管理、经济管理等方面的管理制度体系。

（2）根据泵站管理需要，对重点制度进行制定或修订完善。泵站管理单位可根据本单位的实际情况及上级主管部门的相关要求增减、优化管理制度。

（3）建立完善的考核机制并有效执行。做好具体督促检查、考核等管理工作，确保责任落实到位、制度执行有力。

（4）制定制度时，要广泛征求干部职工的意见，必要时对制度初稿进行公示；制度形成后，要按一定的组织程序批准，并以单位正式文件印发执行。制度执行情况检查及发现问题处理结果，要定期或不定期公示。

2. 技术管理细则

（1）管理单位应结合工程的规划设计和具体情况，编制泵站工程管理细则，并报上级主管部门批准或报备。

（2）管理细则应具有针对性、可操作性，能全面指导工程技术管理工作。主要内容包括总则、工程概况、控制运用、工程检查与设备评级、工程观测、养护维修、安全管理、信息管理、技术资料档案管理、其他工作等。泵站管理细则编制要点可参考［示例 2.1］。

（3）当工程实际情况和管理要求发生改变时要及时进行修订。

［示例 2.1］ **泵站管理细则编制要点**

泵站工程管理细则应包括：总则、控制运用、运行管理、养护修理、水工建筑物、工程观测检查、工程及设备评级、安全管理、维修养护项目管理、技术档案管理、其他工作等。

总则包括：编制目的、适用范围、工程概况、主要技术指标、管理范围、管理工作主要内容及制度、引用标准等。

控制运用包括：一般规定、调度方案、控制运用要求、设备操作运行、防汛工作、冰冻期的运用与管理和应急处理。

运行管理包括：一般规定、主水泵运行、主电机运行、110kV 系统运行、站用电系统运行、直流系统运行、保护装置运行、励磁装置运行、辅助设备与金属结构运行、自动控制系统运行等。

养护修理包括：一般规定、土工建筑物的养护修理、石工建筑物的养护修理、混凝土建筑物的养护修理、主机组的养护修理、辅机设备养护修理、金属结构养护修理、启闭机的养护修理、高低压电气设备养护修理、自动监控设施的维护、观测设施的养护修理。

水工建筑物包括：一般规定、泵站建筑物管理、泵站进出水引河。

工程观测检查包括：一般规定、经常检查、定期检查、特别检查和观测工作。

工程及设备评级包括：一般规定、机电设备评级、水工建筑物评级、安全鉴定等。

安全管理包括：一般规定、工程安全管理、安全运行管理、安全检修管理、事故处理、安全设施管理。

维修养护项目管理包括：一般规定、维修项目管理、养护项目管理。

技术档案管理包括：一般规定、档案收集、档案整理归档、档案验收移交、档案保管等。

其他工作包括：科学技术研究与职工教育、工程环境保护等。

3. 规章制度

（1）规章制度应规定工作的内容、程序、方法，要有针对性和可操作性。

（2）规章制度应经过批准并印发执行。

（3）管理单位应将规章制度汇编成册，组织培训学习。

（4）管理单位应开展规章制度执行情况监督检查，并将规章制度执行情况与部门和个人的评优评奖、绩效考核挂钩。

（5）管理单位应每年对规章制度执行效果进行评估、总结。

泵站管理单位应结合实际情况和水行政主管的要求，确定范围、类别、数量等因素编制规章制度，可参考［示例 2.2］。

[示例 2.2]　×××泵站管理单位规章制度汇编

第一篇　党　务　管　理

1. 党建工作制度
2. 纪律检查委员会议事规则
3. 党委理论学习中心组学习管理办法
4. 党风廉政建设责任制实施意见
5. 党风廉政建设党委主体责任和纪委监督责任实施意见
6. 关于落实党风廉政建设党委主体责任相关部门职责分工的通知
7. 党风廉政建设承诺制度
8. 关于对领导干部进行提醒、函询和诫勉的实施办法
9. 干部廉政档案管理办法

……

第二篇　行　政　管　理

1. 行政工作规则
2. 全面推进法治水利建设实施办法
3. 目标管理考核办法
4. 目标管理考核细则
5. 年度综合考核实施办法
6. 职工代表大会实施细则
7. 政务公开管理办法
8. 加强和改进工作作风监督检查办法
9. 督查督办工作制度
10. 文明办公管理规定
11. 公文处理办法
12. 信息宣传管理办法
13. 网络安全管理办法
14. 公务接待管理办法
15. 公务用车使用管理实施细则
16. 信息公开保密审查规定
17. 保密管理暂行规定
18. 档案信息管理系统管理办法
19. 电子文件归档与管理办法

……

第三篇　工　程　管　理

1. 工程管理考核办法
2. 防汛防旱管理办法

3. 工程维修养护项目管理办法
4. 汛前检查工作考核办法
5. 工程设备等级评定办法
6. 工程检查观测管理办法
7. 泵站工程控制运用管理办法
8. 技术档案管理办法
9. 水行政执法巡查制度
10. 水文测报制度
……

第四篇　经　济　管　理

1. 财务管理制度
2. 财务内部控制管理和检查制度
3. 经费审批制度
4. 经济合同管理制度
5. 财会人员管理办法
6. 内部审计管理办法
7. 集中采购管理办法
8. 差旅费管理办法
9. 综合经营考核办法
10. “法人授权委托书”管理办法
11. 经营资质证书管理办法
12. 财务监管制度
……

第五篇　人　事　管　理

1. 职工教育管理办法
2. 干部年度考核暂行规定
3. 规范干部管理工作的实施意见
4. 工作人员平时考核实施办法
5. 职工考勤管理办法
6. 专业技术职称职务评聘管理办法
7. 技师、高级技师聘用管理暂行办法
8. 技术资格证书和工人技术等级证书管理办法
9. 技师工作室管理办法
10. 特殊人才聘用管理试行办法
11. 编制外用工管理暂行办法
12. 职工特殊困难互助基金章程
13. 职工（亲属）丧亡互助金实施办法

14. 退休职工服务工作暂行办法
15. 职工重大疾病医疗救助管理办法
16. 工会管理办法
……

第六篇 安全生产管理

1. 安全生产委员会工作规则
2. 安全生产责任制
3. 安全生产目标管理制度
4. 安全生产例会制度
5. 安全生产制度管理办法
6. 安全生产考核奖惩管理办法
7. 生产安全事故报告及调查处理制度
8. 安全用电管理制度
9. 安全标志管理制度
10. 信息报送及事故管理制度
11. 消防安全管理规定
12. 综合经营安全生产管理细则
13. 设备安全管理暂行办法
14. 安全预案编制要求及汇编
15. 危险源辨识与风险控制管理制度
……

4. 操作规程

(1) 操作规程必须保证操作步骤的完整、准确、细致、量化，确保技术指标、技术要求、操作方法的科学合理。

(2) 应由管理、技术、操作三个层次的人员参与编制或修订操作规程，确保其时效性、适宜性和有效性。

(3) 操作规程经组织审查后，报上级主管部门审核批准后，方可发布执行。

(4) 操作规程应及时修订、补充和不断完善；在采用新技术、新工艺、新设备、新材料时必须及时以补充规定的形式进行修改，或者进行全面修订。

泵站设备操作规程可参考［示例 2.3］。

［示例 2.3］ 泵站高压开关室操作规程

一、高压开关室设备投运操作

1. 确认主变已投运，检查消弧、6kV 母线及过电压保护装置隔离刀闸应在工作位置，检查604断路器、1号、2号站变及主机高压开关柜的断路器手车应在试验位置。

2. 合上高压开关柜断路器控制电源开关。

3. 将6kV进线604断路器手车推至工作位置，进行储能，合上进线断路器（604），检查高压开关柜电压指示应正常。

4. 依次进行1号站变断路器（010）、2号站变断路器（020），以及相应主机断路器的投入。

二、高压开关室设备停运操作

1. 停运全部主机，在确认主机全部停运后方可进行以下操作。

2. 确认主机断路器手车在试验位置，依次断开1号站变断路器（010）、2号站变断路器（020），并将手车拉至试验位置。

3. 断开6kV进线604断路器，将手车拉至试验位置。

4. 检查各开关、刀闸、接地刀闸位置指示正确，控制、信号灯指示正常。

2.2.3 制度管理流程

制度管理流程一般包括各类规章制度的制定、培训、执行、评估、持续改进等工作。制度管理参考流程如图2.1所示。

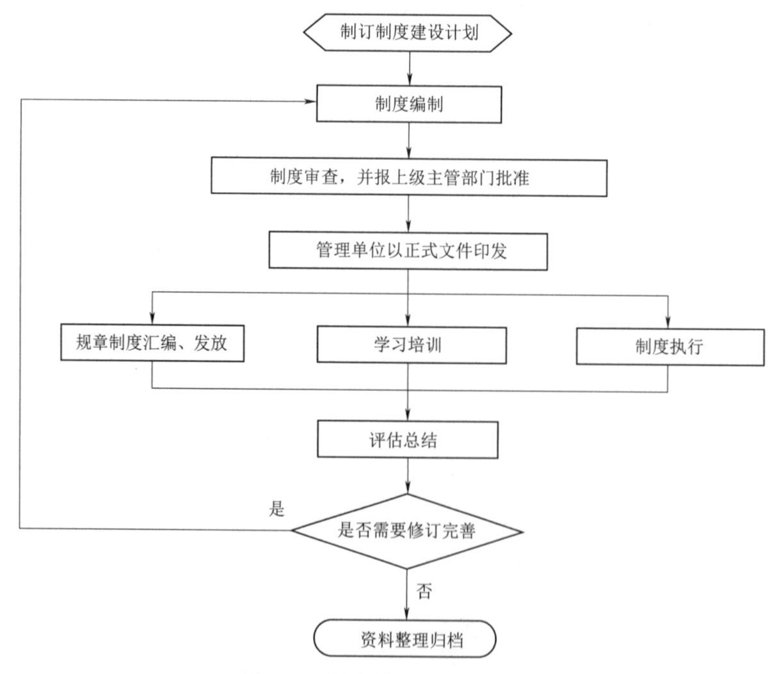

图2.1 制度管理参考流程图

2.2.4 制度执行

泵站管理单位应建立完善的考核机制并有效执行；重点加强岗位职责、履职能力、实际操作等制度执行情况的检查、考核与评价，并作为考核评优、奖惩、绩效工资的参考依据。规章制度考核评价表可参考［示例 2.4］。

［示例 2.4］ 规章制度考核评价表

项目	考核内容	标准分	赋分原则	考核分
1	制度的修订			
1.1	……			
2	制度的评价			
3	制度的汇编			
4	制度的明示			
5	制度的学习培训			
6	制度的执行评价			

2.2.5 成果资料

管理制度建设和执行的成果资料主要包括：

（1）工程规章制度汇编、修订及批复文件。

（2）关键规章制度上墙资料。

（3）重要规章制度内容。

（4）规章制度执行检查及效果的支撑资料。

2.3 岗位管理

2.3.1 工作任务

岗位管理的工作任务主要包括：

（1）理清泵站工程管理、运行及养护维修事项-岗位-人员对应关系，明确岗位责任主体和管理人员工作职责。

（2）合理设置岗位及配备人员。

（3）技术岗位人员经培训上岗，特种岗位持证上岗。

（4）建立健全岗位责任制及岗位考核机制，进一步优化管理人员结构，不断创新人才激励机制。

（5）制订职工培训计划并按计划实施。

2.3.2 工作标准及要求

（1）根据泵站运行管理实际，划分泵站工程管理、运行及养护维修的事项，明确事项-岗位-人员对应关系，明确岗位责任主体和管理人员工作职责，做到事项不遗漏不交叉，事项有岗位，岗位有人员，岗位有制度，操作有规程。泵站主机组操作事项-岗位-人员对应关系可参考［示例 2.5］。

[示例 2.5] 泵站主机组操作事项-岗位-人员对应关系表

序号	分类	管理事项		管理岗位	人员
一	泵站设备操作	1	接受并下达泵站主机组开机通知	泵站运行负责岗	张三
		2	机组开机操作	泵站运行工	李四 王五
		3	问题处理		
		4	操作票签发、记录汇总审核	泵站运行负责岗	张三
		5	资料整理归档	泵站运行工	李四 王五

(2) 根据事项-岗位-人员对应关系表，合理确定本泵站各管理、运行岗位；测算每个岗位的工作量，根据工作量配备专职或兼职人员。岗位定员，可以是一人多岗，也可以是一岗多人，主要是考虑岗位工作量及事项执行过程的有关要求，如泵站主机组开机操作事项，按安全操作规程要求，必须是一人操作，一人监护。

(3) 按照水管体制改革的要求和批准的编制，结合划分的事项，合理设置岗位和配备人员。泵站岗位主要有单位负责岗位、管理岗位、专业技术岗位和工勤技能岗位等。

(4) 岗位设置要符合科学合理、精简效能的原则，坚持按需设岗、竞聘上岗、按岗聘用、合同管理。

(5) 人员配备不得超编，并不得高于部颁或省颁标准，技术人员配备应满足工程管理工作需要；技术人员需持有职称证书（技术员、助理工程师、工程师、副高级工程师、正高级工程师证书），技能工人需持有技能等级证（初级工、中级工、高级工、技师、高级技师证书），特种工种（电工、有限空间操作监护工，起重工、电焊工等）、财务人员、档案管理人员等应通过专业培训获得具备发证资质的机构颁发的合格（资格）证书。

(6) 职工应进行岗前培训，单位应制订年度职工培训计划。培训计划应针对工作需要，计划要具体，要明确培训内容、人员、时间、奖惩措施、组织考试（考核）等，职工年培训率不得低于50%。

(7) 关键岗位制度应上墙明示（关键岗位根据工程特点、单位实际需要确定），并在工作上认真落实，严格执行。

(8) 建立完善的考核机制并有效执行。重点加强岗位职责、履职能力、实际操作等制度执行情况的考核与评价，并作为考核评优、奖惩、绩效工资的参考依据。

2.3.3 成果资料

岗位管理的成果资料主要包括：

(1) 泵站事项-岗位-人员对应关系表。

(2) 单位设岗及定员情况表。

(3) 技术人员基本情况表。

(4) 工勤技能人员基本情况表。

（5）专业技术岗位持证情况表。

（6）技能岗位及特种工种持证情况表。

（7）重要岗位制度内容。

（8）岗位制度执行效果支撑资料。

（9）年度培训计划、培训结果和总结等。

（10）学习培训通知、试题、答案及评分表等。

2.4 人才队伍建设

2.4.1 工作任务

人才队伍建设的工作任务主要包括：

（1）做好领导班子团结和职工敬业爱岗工作。

（2）定期考核干部职工。

（3）规范干部职工管理工作。

（4）加强对职工的培养，做好各梯级的教育培训。

2.4.2 工作标准及要求

（1）按党和国家及地方、行业党委、行政的要求，组织班子成员及干部职工开展各项学习活动。

（2）领导班子考核合格，成员无违规违纪行为；职工遵纪守法，未违反《治安管理条例》，无违法刑拘人员。

（3）制定干部职工考核规定，主要内容包括考核内容、程序、结果及使用等。做好干部职工量化考核，全面、客观、公正、准确地评价干部职工的德才表现和工作实绩。

（4）进一步加强干部职工管理工作，促进干部职工管理制度化、规范化建设。

（5）制定职工教育管理办法，加强职工教育培训工作，使其规范化、制度化、科学化，努力建设一支高素质的水利职工队伍。

（6）做好技术岗技术职称和工勤岗技能等级晋升、聘用及管理工作。

2.4.3 成果资料

人才队伍建设的成果资料主要包括：

（1）管理单位领导班子考核资料。

（2）管理单位领导班子及干部职工各项政治理论、业务学习资料。

（3）干部职工定期考核规定及考核资料。

（4）干部职工规范管理实施办法及应用成果。

（5）技术岗和工勤岗聘用管理办法及相关资料。

（6）教育培训相关过程资料。

2.5 党建及精神文明建设

2.5.1 工作任务

党建及精神文明建设工作任务主要包括：

（1）重视党建工作和党风廉政建设。

（2）重视精神文明创建和水文化建设，以及职工文体活动等。

（3）单位内部秩序良好，职工遵纪守法，无违法犯罪行为发生。

（4）创建县级（包括行业主管部门）及以上精神文明单位，争获先进单位等称号。

2.5.2 工作标准及要求

（1）按中央及各级地方党委的有关规定及要求，开展党建工作和党风廉政建设，台账资料齐全，定期对基层党支部开展考核，并做好党建宣传阵地标准化建设工作。

（2）建立健全职工代表大会制度，职工提案有记录，有回复意见，重大问题公开透明，台账资料齐全。

（3）加强职工教育，大力倡导社会公德、职业道德、家庭美德、个人品德；建立健全精神文明单位创建活动制度，水文化建设规划合理，争创国家级文明单位、省级文明单位、水利风景区。

（4）基层工青妇组织健全，各项工作有计划开展，工会、妇委会、共青团作用充分发挥，职工文体活动丰富，文体活动场地建设规范，职工参与度高。离退休干部职工工作有人负责管理和服务。

（5）行政、党建宣传力度大，形式多样地宣传党的方针、政策、法律法规，提高职工的政治思想觉悟和道德素质，努力形成遵纪守法、热爱集体、团结友善、敬业爱岗、争先创优的良好氛围。

2.5.3 成果资料

党建及精神文明建设成果资料主要包括：

（1）党建及党风廉政建设责任状。

（2）党支部目标管理考核细则。

（3）精神文明创建活动台账资料。

（4）水文化建设方案及实施台账。

（5）基层群众各类文体活动台账资料。

（6）获得的国家级、省（部）级、市级精神文明单位或先进单位称号证明材料。

（7）获得上级行政主管部门先进单位称号或考核成绩名列前茅等获奖资料。

3 泵站安全管理

3.1 安全管理体系建设

3.1.1 工作任务

安全管理体系建设工作任务主要包括：

（1）贯彻落实安全生产法律法规，加强安全生产管理工作，明确安全生产责任，防止和减少安全生产事故发生。

（2）建立健全安全组织网络、安全生产组织机构。

（3）建立安全生产责任制，明确安全责任。

（4）制定安全生产责任考核及奖惩办法。

（5）建立健全安全管理相关制度。

（6）建立事故应急报告和应急响应机制。

3.1.2 工作标准及要求

（1）收集、整理、学习并贯彻落实安全生产的相关法律法规，如《中华人民共和国安全生产法》，地方相关安全生产条例，工程施工、工程管理相关的安全方面的规程规范等。

（2）建立健全安全生产组织网络，确定安全生产委员会的组成、常设机构、工作小组以及人员等，人员出现变动应及时调整补充。

（3）建立安全生产责任制，应按照“一岗双责、党政同责、失职追责”“管生产必须管安全”和“谁主管、谁负责”的原则，严格落实“一把手”负责制和安全生产“一票否决”制。

（4）切实履行好安全生产监管职责和主体责任，并将安全生产责任逐级分解，明确各层各级的安全生产职责，做到职责明晰、任务明确、措施到位。

（5）安全生产责任考核坚持“谁主管、谁负责”“管生产必须管安全”“分级管理、分级负责”的原则，明确考核部门、考核形式、考核具体办法。

（6）建立健全工程安全巡查、隐患排查及登记建档、安全风险管控等制度，对安全隐患、安全风险登记建档并有相应的解决方案。

（7）事故应急报告和应急响应机制健全，安全生产应急预案完善。

安全生产组织机构网络可参考［示例 3.1］。

岗位责任制及安全生产责任可参考［示例 3.2］。

3.1.3 成果资料

安全管理体系建设的成果资料主要包括：

（1）安全生产法律法规、规程规范资料。

（2）安全生产组织网络相关文件，安全岗位责任制上墙明示情况。

[示例 3.1]

××××× 安全生产组织机构网络图

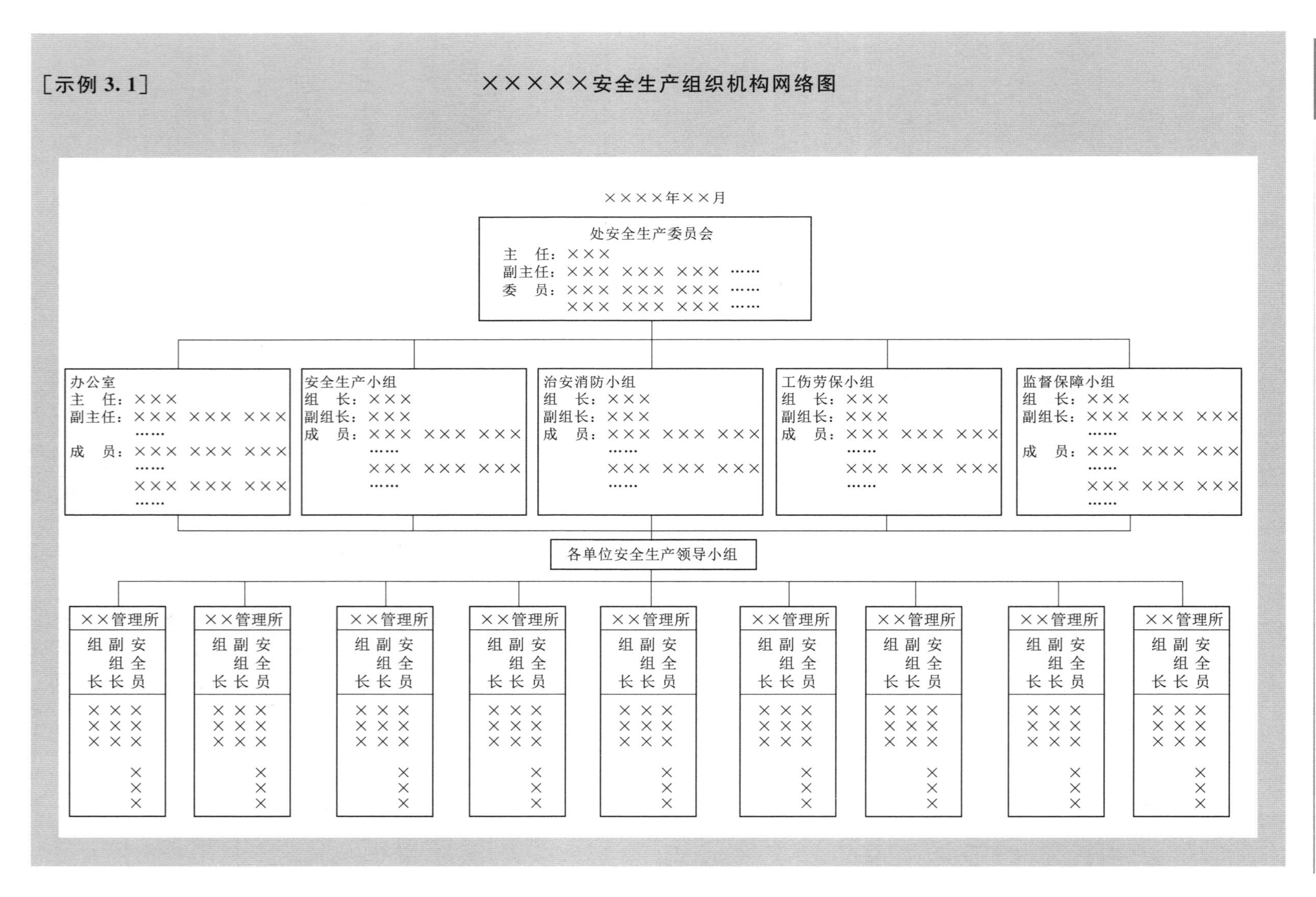

[示例 3.2]　岗位责任制及安全生产责任

所长岗位责任制

- 负全面领导责任，贯彻上级党委的各项决议，围绕上级所布置的任务，结合本单位具体情况进行下列工作：
- 认真组织职工学习政治，积极带领和组织全体职工为社会主义多作贡献；
- 深入调查研究，做好政治思想工作。全面地了解和掌握职工学习、思想、生活等情况。调动一切积极因素，自力更生的管理好管理所；
- 制订各个时期的工作计划并及时检查督促各项技术管理工作；
- 组织职工开展生产竞赛，重视质量标准，努力完成和超额完成各项生产和工作任务。表彰先进，树立典型，执行考核和奖惩制度；
- 带头学经济、学技术、学管理。组织职工苦练基本功，全面贯彻抽水站各项经济技术指标，如节能、检修、效率等，做到增收节支，为国家制造物质财富；
- 切实抓好全所安全生产，做到安全生产无事故，对未贯彻上级党委决议、因执行政策不力所造成的设备人身事故，应负全面责任；
- 组织和带领职工开展科学研究和技术革新，达到增加生产、降低消耗、减轻劳动强度等目的；
- 通过不断实践，能掌握全所的技术管理工作，熟悉机电设备性能，判断运行状态。掌握检修技能，组织全所的设备检修，成为管理战线上一专多能的业务人才；
- 认真切实地抓好全所的安全生产；
- 调动一切积极因素，搞好本所的安全管理、经营创收等工作，全面完成与处签定的各种责任状和生产、经营合同，为创一流管理单位作贡献。

所长岗位安全生产责任

- 负责本部门的一切安全生产工作及其他工作；
- 建立、健全安全生产责任制；
- 组织制定安全生产规章制度和操作流程；
- 保证安全生产投入的有效实施；
- 督促、检查安全生产工作，及时消除安全生产事故隐患；
- 组织制订并实施安全生产事故应急救援预案；
- 及时、如实报告安全生产事故。

（3）安全生产责任制执行情况资料。

（4）安全生产责任制考核奖惩办法。

（5）工程安全巡查、隐患排查及登记建档、安全风险管控等制度汇编及记录资料。

（6）安全隐患、安全风险登记建档资料。

（7）事故应急报告和应急响应机制资料，安全生产应急预案及批复文件。

3.2　防汛抗旱和应急管理

3.2.1　工作任务

防汛抗旱和应急管理的工作任务主要包括：

（1）建立健全防汛抗旱和应急工作体系。

（2）建立健全安全生产安全事故应急预案体系。

（3）建立专（兼）应急救援队伍。

（4）设置应急设施和储备防汛抢险、应急物资器材。

（5）开展应急预案培训、演练。

（6）定期评估应急预案，并修订完善。

3.2.2 工作标准及要求

（1）按规定建立防汛抗旱和应急管理组织机构，或指定专人负责防汛抗旱和应急管理工作；建立健全应急工作体系，明确应急工作职责。

（2）建立健全生产安全事故应急预案体系，制订生产安全事故应急预案，针对安全风险较大的重点场所（设施）编制重点岗位、人员应急处置卡。

（3）建立与本泵站安全生产特点相适应的专（兼）职应急救援队伍，或指定专（兼）职应急救援人员，必要时可与邻近专业应急救援队伍签订应急救援服务协议。

（4）根据可能发生的事故种类特点，设置应急设施，配备应急装备，储备应急物资器材，建立管理台账，安排专人管理，并定期检查、维护、保养，确保其完好、可靠。

（5）根据本泵站的事故风险特点，每年至少组织一次综合应急预案演练或专项应急预案培训、演练，每半年至少组织一次现场处置方案培训、演练，同时对演练进行总结和评估，根据评估结论和演练发现的问题，修订完善应急预案。

（6）定期评估应急预案，根据评估结果及时进行修订和完善，并按照有关规定将修订的应急预案报备。

（7）发生事故后，启动相应的应急预案，采取应急处置措施，开展事故救援，必要时寻求社会支援；应急救援结束后，应尽快完成善后处理、环境清理、监测等工作。

（8）每年进行一次应急准备工作的总结评估，完成险情或事故应急处置结束后，应对应急处置工作进行总结评估。

泵站有关应急预案编制可参考［示例 3.3］。

［示例 3.3］　防汛抗旱应急预案编制要点

泵站防汛抗旱应急预案应包括：总则、工程基本情况、组织体系及职责、预防和预警机制、防汛抗旱控制运用、防汛抗旱应急响应、防汛抗旱保障措施、附则、附录等。

总则包括：编制目的、编制依据、适用范围、工作原则等；

工程基本情况包括：工程概况、历史防汛抗旱特性分析等；

组织体系及职责包括：组织体系、主要职责等；

预防和预警机制包括：预防预警信息、预防预警准备等；

防汛抗旱控制运用包括：调度指令执行要求、控制运用要求、工程控制运用注意事项等；

防汛抗旱应急响应包括：排泄洪水及引水、防御台风措施、超标准洪水应对措施等；

防汛抗旱保障措施包括：防汛抗旱责任制、工程监测、维修养护、防汛物资、通信设施等；

附则包括：预案制订与更新、预案报备、预案学习和演练、奖励与责任追究、实施时间等；

附录包括：防汛抗旱抢险人员通讯录、防汛抢险组织网络图等。

3.2.3 工作流程

应急管理流程一般包括启动应急预案、事件处置、总结经验教训、资料收集整理等。应急管理参考流程如图3.1所示。

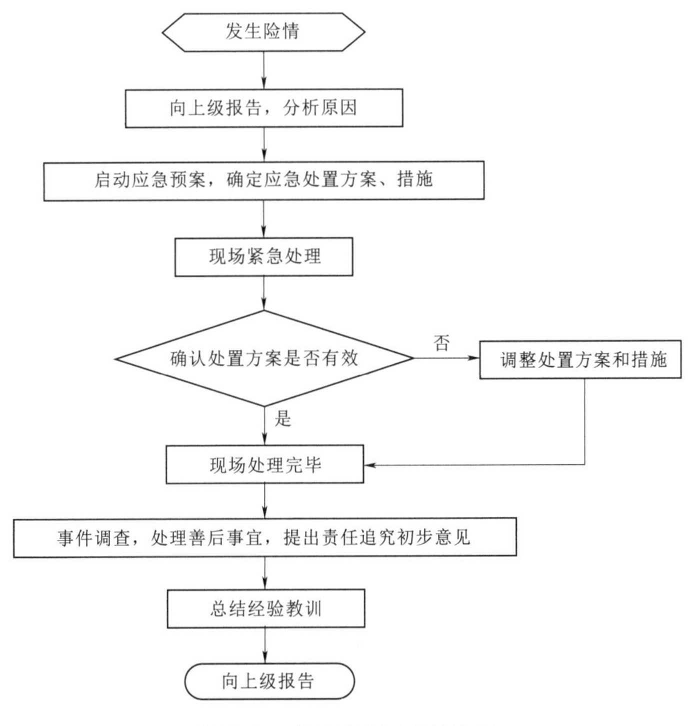

图3.1 应急管理参考流程图

3.2.4 成果资料

防汛抗旱和应急管理的成果资料主要包括：

(1) ××年度工程管理责任状。

(2) 防汛抗旱和应急管理组织机构设置文件。

(3) 相关安全岗位职责制。

(4) 应急抢险人员学习培训资料（学习计划、人员签到、学习演练过程图片、考核评估等）。

(5) 关于同意《××年度××××应急预案》的批复。

(6) 相关的应急预案。

(7) 应急物资器材代储协议及应急物资器材储备测算清单（如有）。

(8) 应急救援服务协议（如有）。

(9) 自储物资器材清单、备品备件清单。

(10) 应急物资器材管理制度。

(11) 应急物资器材调运方案及调运线路图。

(12) 应急物资器材台账。

(13) 应急物资仓库物资器材分布图。

（14）应急物资器材检查保养记录。

（15）防汛抗旱和应急管理工作总结。

3.3 管理范围及安全标志管理

3.3.1 工作任务

管理范围及安全标志管理的工作任务主要包括：

（1）依法做好管理范围划界确权，领取土地使用证。

（2）依规设置界碑、界桩和保护、安全等标志标牌，并做好标志标牌的管理及维护。

（3）依规做好泵站上下游河道、泵房、进出水建筑物、机电设备，以及水文、通信、观测设施、配套设施等工程设施的巡查和保护。

（4）依法依规对工程管理和保护范围内的建设项目监督管理。

3.3.2 工作标准及要求

（1）泵站管理单位应依法划定工程管理、保护范围和安全警戒区，完善划界确权相关手续，设置明显的界碑、界桩，并依法管理。

（2）按工程安全巡查制度的要求，依法依规对工程进行管理和巡查，对在工程管理和保护范围内的其他活动依法进行管理。

（3）在泵站上下游设立安全警戒标志，禁止在警戒区内停泊船只、捕鱼、游泳。重要工程设施、危险区域（含险工险段）等部位设置醒目的禁止事项告示牌、安全警示标志。

（4）泵站运行和维修中产生的废油、有毒化学品等应按有关规定处理，不得直接排入泵站进出水池；拦污栅前清理的污物等应堆放到专用场地，不得随意倾倒。

（5）对处于居民区的泵站宜采取有效的降噪和隔噪措施。

（6）泵房、监控（调度）中心等可能影响工程安全运行或影响人身安全的区域应实行封闭式管理，入口处设置明显的标志，非工作人员不得擅自进入。

（7）泵站管理的公路桥两端应设立限载、限速标志，如确需通过超载车辆，应报请上级主管部门和有关部门会同协商，并进行验算复核，采取一定防护措施后，方能缓慢通过。

（8）妥善保护机电设备及水文、通信、观测设施，防止人为毁坏。

（9）不得在翼墙后填土区堆置超重物料，不宜种植高大树木。

（10）位于通航河道上的泵站，应设置拦船设施和助航设施。

泵站安全警示标志标牌检查表可参考［示例 3.4］。

3.3.3 工作流程

1. 水政巡查流程

水政巡查流程一般包括制订方案、明确巡查人员、实施巡查、违法行为处理和巡查记录整理归档等。

水政巡查参考流程如图 3.2 所示。

[示例 3.4]　　×××泵站管理所安全警示标志标牌检查表

检查原因：　　　　　　　　　　　　　　　　检查日期：

序号	标牌标语名称	尺　寸	图样（照片）	数量	检查情况
1	温馨提示： 您已进入电子监控区 请您规范自己的行为	132cm×98cm	 温馨提示：您已进入电子监控区 请您规范自己的行为	4	
2	泵站引河， 水深流急！ 非工作人员， 请勿逗留！	132cm×98cm	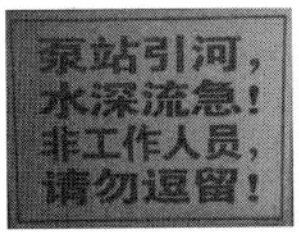 泵站引河，水深流急！非工作人员，请勿逗留！	4	
3	禁止停船 禁止捕捞 禁止游泳 禁止垂钓	132cm×98cm	 禁止停船 禁止捕捞 禁止游泳 禁止垂钓	4	
4	禁止停船 禁止游泳 禁止捕捞 禁止垂钓	132cm×98cm	 禁止停船 禁止捕捞 禁止游泳 禁止垂钓	4	
5	严禁攀登	40cm×30cm		1	
6	止步 高压危险	25cm×20cm	 止步 高压危险	1	
7	严禁烟火	40cm×30cm		1	
8	工程运行现场 非工作人员严禁 入内	50cm×30cm	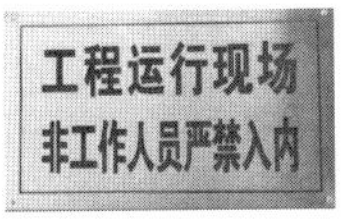 工程运行现场 非工作人员严禁入内	1	
9	工程巡视通道 闲人禁止入内	72cm×30cm	 工程巡视通道 闲人禁止入内	4	
维修更新记录：					
检查人：			审核人：		

2. 涉水建设项目监管流程

涉水建设项目监管流程一般包括建设项目初审、转报审批、实施检查监督、对超过许可的建设行为进行处理、资料整理归档等。

涉水建设项目监督管理参考流程如图 3.3 所示。

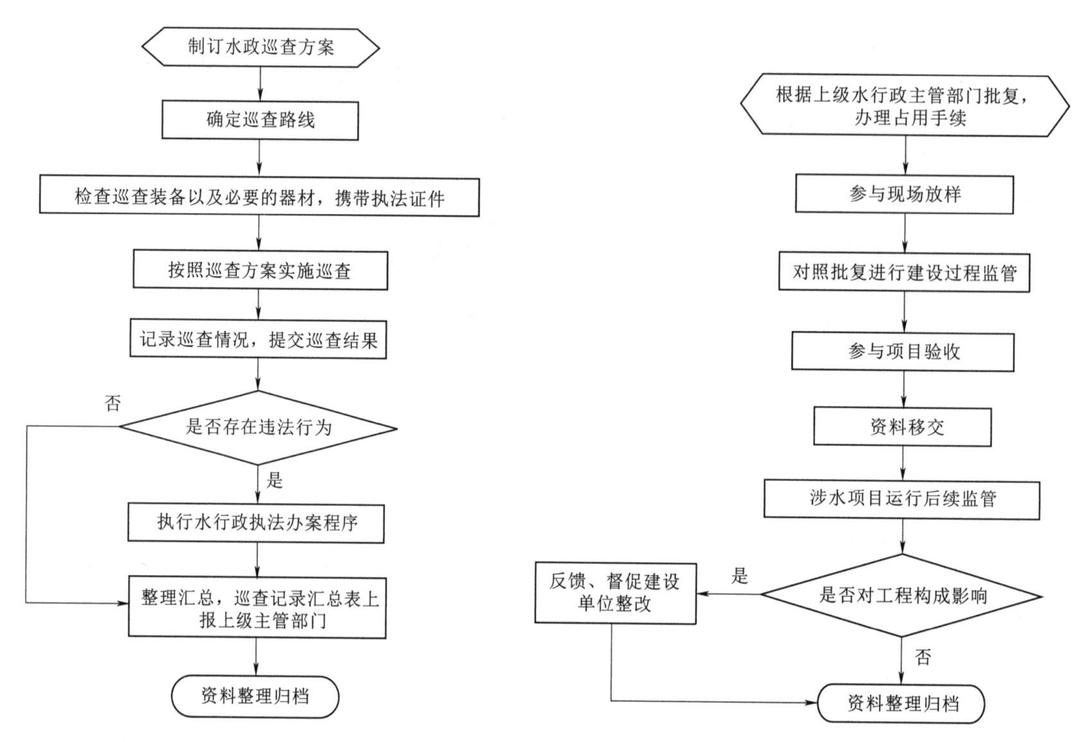

图 3.2 水政巡查参考流程图

图 3.3 涉水建设项目监督管理参考流程图

3.3.4 成果资料

管理范围及安全标志管理的成果资料主要包括：

（1）工程管理范围划界图样（明确管理范围和保护范围、电子地图）。

（2）土地证统计情况表。

（3）管理范围内产权证。

（4）工程管理范围界碑、界桩分布图及统计表。

（5）水政监察队机构成立及人员配备文件。

（6）行政执法证、水政监察证。

（7）执法装备统计表。

（8）水行政管理制度汇编。

（9）水法规宣传教育资料。

（10）水政执法人员学习培训制度、计划和学习考核资料。

（11）水行政执法巡查制度。

（12）水行政执法管理工作计划和总结。

（13）水行政执法巡查记录。

（14）水行政执法巡查月报表。

（15）行政处罚案件卷宗。

（16）水法规宣传标语、安全警示标志标牌统计表及检查记录。

（17）泵站管理范围内建设项目监管记录。

3.4 隐患排查管控

3.4.1 工作任务

隐患排查管控的工作任务主要包括：

（1）做好安全风险管理。

（2）做好重大危险源辨识和管理。

（3）做好安全隐患排查治理，建立安全隐患台账。

（4）做好预测预警。

3.4.2 工作标准及要求

1. 安全风险管理

（1）制定安全风险管理制度，明确风险辨识与评估的职责、范围、方法、准则和工作程序和要求等。

（2）根据《水利水电工程（水电站、泵站）运行危险源辨识与风险评价导则（试行）》对泵站工程运行危险源进行全面、系统地辨识及风险评估，对辨识资料进行统计、分析、整理和归档。

（3）根据评估结果，确定安全风险等级，实施分级分类差异化动态管理，制订并落实相应的安全风险控制措施（包括工程技术措施、管理控制措施、个体防护措施等），对安全风险进行控制。

（4）在重点区域设置醒目的安全风险公告栏，针对存在安全风险的岗位，制作岗位安全风险告知卡，明确主要安全风险、隐患类别、事故后果、管控措施、应急措施及报告方式等内容。

（5）将评估结果及所采取的控制措施告知从业人员，使其熟悉工作岗位和作业环境中存在的安全风险；变更前，应对变更过程及变更后可能产生的风险进行分析，制订控制措施，履行审批及验收程序，并告知和培训相关从业人员。

泵站安全风险公告栏可参考［示例3.5］。

2. 重大危险源辨识和管理

（1）制定重大危险源管理制度，明确重大危险源辨识、评价和控制的职责、方法、范围、流程和要求等。

（2）对本工程的设备、装置、设施或场所进行重大危险源辨识，对确认的重大危险源应进行安全评估，确定等级，制订管理措施和应急预案。

（3）对重大危险源进行登记建档，并按规定进行备案。

（4）对重大危险源采取措施进行监控，包括技术措施（设计、建设、运行、维护、检

［示例 3.5］ 泵站主机层安全风险公告栏

<table>
<tr><td colspan="5">区域名称：主机层</td><td>主要风险</td><td>事　故　诱　因</td></tr>
<tr><td colspan="5">一般危险源：主机组</td><td rowspan="2">1. 触电
2. 爆炸
3. 火灾、灼伤
4. 机械伤害
5. 噪声伤害
6. 其他伤害</td><td rowspan="2">1. 不佩戴防护绝缘用具导致触电伤害。
2. 未按要求检查电气设备过载导致爆炸伤害。
3. 无证操作、违章操作、指挥不当、协调不好、误操作引发事故。
4. 明火或设备过载引发火灾。
5. 设备运转过程中触碰旋转部件导致的机械伤害。
6. 未使用耳塞长时间暴露室内造成的噪声伤害。</td></tr>
<tr><td colspan="5">风险等级：一般</td></tr>
<tr><td colspan="6" rowspan="2">当心触电　当心爆炸　当心火灾　当心机械伤人　噪声有害
禁止烟火　必须接地　必须戴防护耳器　必须戴安全帽</td><td>事故防范措施、要求</td></tr>
<tr><td>1. 运行、检修人员必须经培训后持证上岗并严格执行操作规程。
2. 按规定巡视，检查设备各部位确保正常。
3. 运行操作时必须脚穿电工绝缘鞋，身着防护用品，使用耳塞。
4. 严禁带电操作。
5. 非运行、检修人员未经许可严禁进入电机层。
6. 未经允许不得随意触碰设备及旋钮开关。运行、检修人员必须经培训后持证上岗并严格执行操作规程。</td></tr>
<tr><td>责任单位</td><td>管理处</td><td>管理所</td><td>班组</td><td colspan="2">岗位</td><td>应　急　措　施</td></tr>
<tr><td>责任人</td><td>/</td><td>/</td><td>张三</td><td colspan="2">李四</td><td rowspan="2">1. 迅速切断电源，使伤者尽快脱离电源。
2. 进行紧急救护，必要时拨打急救电话120，尽快送医。
3. 及时使用消防器材灭火或拨打火警电话119。</td></tr>
<tr><td colspan="6">值班电话：××××-××××××××
防办电话：××××-××××××××</td></tr>
</table>

查、检验等）和组织措施（职责明确、人员培训、防护器具配置、作业要求等）进行监控。

3. 隐患排查治理

（1）制定隐患排查治理制度，明确排查的责任部门和人员、范围、方法和要求等，逐级建立并落实从主要负责人到相关从业人员的事故隐患排查治理和防控责任制。

（2）组织制定各类活动、场所、设备设施的隐患排查治理标准或排查清单，明确排查的时限、范围、内容、频次和要求，并组织开展相应的培训。

（3）结合安全生产的需要和特点，采用定期综合检查、专项检查、季节性检查、节假日检查和日常检查等方式进行隐患排查，对排查出的事故隐患，及时书面通知有关部门，定人、定时、定措施进行整改。

（4）对隐患进行分析评价，确定隐患等级，并登记建档，包括将相关方排查出的隐患纳入泵站工程隐患管理。

（5）对于一般事故隐患应按照责任分工立即或限期组织整改；对于重大事故隐患，由主要负责人组织制订并实施事故隐患治理方案，治理方案应包括目标和任务、方法和措施、经费和物资、机构和人员、时限和要求，并制订应急预案。

（6）重大事故隐患排除前或排除过程中无法保证安全的，应从危险区域内撤出作业人员，疏散可能危及的人员，设置警戒标志，暂时停产停业或者停止使用相关装置、设备、设施；隐患治理完成后，按规定对治理情况进行评估、验收。

(7) 重大事故隐患治理工作结束后，应立即向上级主管部门进行回复，并组织泵站的安全管理人员、有关技术人员进行验收，或委托依法设立的为安全生产提供技术、管理服务的机构进行评估。

(8) 对事故隐患排查治理情况如实记录，至少每月进行统计分析，及时将隐患排查治理情况向从业人员通报。

(9) 通过水利安全生产信息系统对隐患排查、报告、治理、销号等过程进行电子化管理和统计分析，并按照水行政主管部门和当地安全监管部门的要求，定期或实时报送隐患排查治理情况。

(10) 根据生产经营状况、隐患排查治理及风险管理、事故等情况，运用定量或定性的安全生产预测预警技术，建立体现水利生产经营单位安全生产状况及发展趋势的安全生产预测预警体系。

3.4.3 工作流程

1. 安全检查流程

安全检查流程一般包括制订安全生产检查计划、开展安全生产检查活动、填写检查记录、发现问题及落实整改措施、形成书面报告、检查资料归档等。

安全检查参考流程如图 3.4 所示。

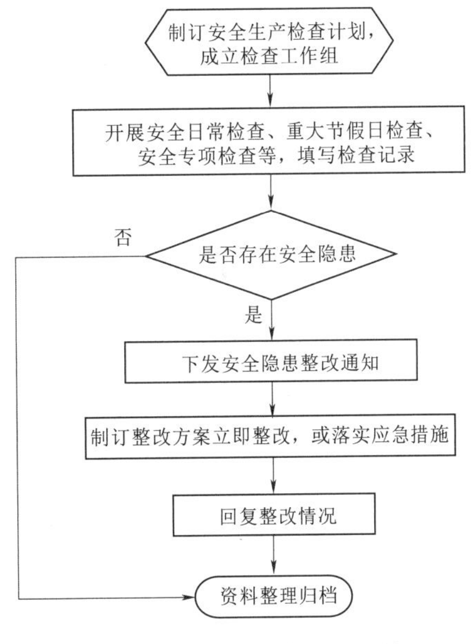

图 3.4 安全检查参考流程图

2. 危险源辨识和风险评价流程

危险源辨识和风险评价流程一般包括制订工作方案、现场辨识、重大危险源辨识、一般危险源风险评价、建立专项档案、形成危险源辨识和风险评价报告并上报、资料整理归档等。

危险源辨识和风险评价参考流程如图 3.5 所示。

3.4.4 成果资料

隐患排查管控的成果资料主要包括：

(1) 安全风险管理、重大危险源辨识和管理、隐患排查治理等相关制度及正式发布的文件。

(2) 风险、重大危险源辨识及评价材料。

(3) 风险等级分类差异化动态管理材料，相关管理措施、监控措施及应急预案文件。

(4) 风险管理相关标牌统计表。

(5) 风险告知相关材料。

(6) 风险变更的相关材料。

(7) 隐患排查标准或清单。

(8) 隐患台账。

(9) 隐患整改、治理方案、措施。

(10) 事故隐患排查治理记录，统计分析、通报、报送资料。

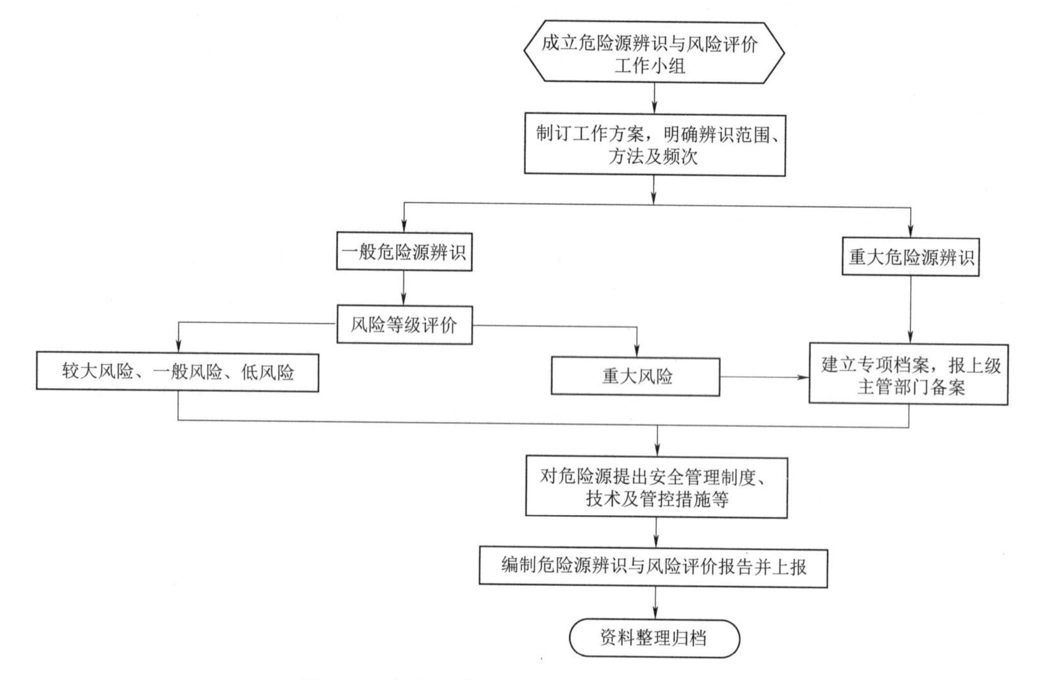

图 3.5　危险源辨识和风险评价参考流程图

（11）安全生产分析资料，预防措施及预警信息资料。

3.5　安全设施管理

3.5.1　工作任务

安全设施管理的工作任务主要包括：

（1）建立健全安全设施管理制度。

（2）在施工、维修检修和运行过程中应设置相应的安全防护设施。

（3）在工程管理中按规定配备安全设施及劳保用品。

（4）做好特种设备的管理。

3.5.2　工作标准及要求

（1）建立健全设备设施管理、安全设施管理、危险物品管理、警示标志管理、消防安全管理、交通安全管理、工程安全监测、用电安全管理、仓库管理、劳动防护用品（具）管理等相关制度。

（2）临边、孔洞、沟槽等危险部位的栏杆、盖板等设施齐全、牢固可靠；高处作业等危险作业部位按规定设置安全网等设施；垂直交叉作业等危险作业场所设置安全隔离棚；机械、传送装置等的转动部位安装防护栏、防护网（罩）等安全防护设施；临水和水上作业有可靠的救生设施；暴雨、暴风雪、台风等极端天气前后组织有关人员对安全设施进行检查或重新验收。

（3）按规定配置灭火器（根据不同的灭火要求配备）、消防砂箱（含消防铲、消防桶)、消防栓等消防设施；配置升降机、脚手架、登高板、安全带等高空作业安全设施；配置救生艇、救生衣、救生圈、白棕绳等水上作业安全设施。

(4) 对移动电气设备配置隔离变压器或加装漏电保护开关，检修照明使用36V以下安全电压。配置绝缘鞋、绝缘手套、绝缘垫、绝缘棒、验电器、接地线、警告(示)牌、安全绳等电气作业安全设施；电气安全用具按规定周期定期检验，并由有资质部门出具报告；电气安全用具试验合格证必须贴在工器具本体上。

(5) 按规定配置防盗窗、隔离栅栏、报警装置、视频监视系统等；配置避雷针、避雷器、避雷线(带)、接地装置等防雷设施；按规定配置拦河设施。

(6) 按规定对特种设备进行登记、建档、使用、维护保养、自检、定期检验以及报废；制订特种设备事故应急措施和救援预案；达到报废条件的及时向有关部门申请办理注销。

(7) 建立特种设备技术档案，内容包括设计文件、制造单位、产品质量合格证明、使用维护说明等文件以及安装技术文件和资料；定期检验和定期自行检查的记录；日常使用状况记录；特种设备及其安全附件、安全保护装置、测量调控装置及有关附属仪器仪表的日常维护保养记录；运行故障和事故记录；高耗能特种设备的能效测试报告、能耗状况记录以及节能改造技术资料。

3.5.3 成果资料

安全设施管理的成果资料主要包括：

(1) 安全设施管理制度。

(2) 施工作业防护方案或措施、检查、验收文件等。

(3) 安全设施检查、检测、维护记录或报告；标牌、标志等清单。

(4) 特种设备的登记、建档、使用、维护保养、自检、定期检验以及报废等相关记录，特种设备事故应急措施和救援预案。

3.6 安全鉴定

3.6.1 工作任务

安全鉴定分为全面鉴定和专项鉴定，其工作任务主要包括编制计划，现场调查分析、安全检测、安全复核计算、安全评价，成果审定、成果运用等。

3.6.2 工作标准及要求

1. 鉴定条件

(1) 泵站安全鉴定应按《泵站安全鉴定规程》(SL 316—2015)的规定进行。

(2) 泵站建成投入运行达到20～25年或全面更新改造后投入运行达到15～20年，应进行全面安全鉴定；以后每隔5～10年进行一次全面安全鉴定。

(3) 拟列入更新改造计划，需要扩建增容，建筑物发生较大险情，主机组及其他主要设备状态恶化，规划的水情、工情发生较大变化，影响安全运行，遭遇超标准洪水、地震等严重自然灾害等应及时进行全面安全鉴定或专项安全鉴定。

2. 鉴定范围

（1）全面安全鉴定范围包括泵站建筑物、机电设备、金属结构及配套设施等。

（2）专项安全鉴定范围宜为全面安全鉴定中的一项或多项。

3. 鉴定实施

（1）泵站安全鉴定具体工作内容包括现状调查、安全检测、安全复核和安全评价、安全鉴定总结等。

（2）现状调查工作由泵站管理单位或其委托的中介机构完成，编制《泵站现状调查分析报告》；安全检测工作由泵站管理单位委托具有相应资质的检测机构完成，编制《泵站现场安全检测报告》；安全复核由泵站管理单位委托具有相应资质的设计单位完成，编制《泵站安全复核计算分析报告》。安全鉴定总结工作由泵站管理单位或其委托的中介机构完成，安全评价工作结束且收到批准的泵站安全鉴定报告书后，对安全鉴定工作进行总结，编制安全鉴定总结报告，并将相关安全鉴定资料整理归档。

（3）泵站安全评价由水行政主管部门或其委托单位组织进行。泵站管理单位提交《泵站现状调查分析报告》《泵站现场安全检测报告》《泵站安全复核计算分析报告》后，泵站安全评价组织单位根据安全复核结果，进行研究分析，作出综合评估，确定工程安全类别，编制安全评价报告，并提出加强工程管理、改善运用方式、进行技术改造、除险加固、设备更新或降等使用、报废重建等方面的意见。

4. 成果运用

（1）泵站安全鉴定成果应报上级主管部门审定。

（2）经安全鉴定为二类泵站的，管理单位应编制泵站维修方案，报上级主管部门批准，必要时进行大修。

（3）经安全鉴定为三类泵站的，管理单位应及时组织编制泵站除险加固或改造方案，报上级主管部门批准。

（4）经安全鉴定为四类泵站的，管理单位应报上级主管部门申请降低标准运用或报废、重建。

（5）在三类、四类工程未处理前，管理单位应制订安全应急方案，并采取限制运用措施。

3.6.3 工作流程

安全鉴定流程一般包括制订计划、现状调查、安全检测、安全复核计算分析、安全评价、形成安全鉴定报告书、成果报批、资料整理归档等。

安全鉴定参考流程如图 3.6 所示。

3.6.4 成果资料

安全鉴定的成果资料主要包括：

（1）安全鉴定计划及批复（备案）文件。

（2）现状调查分析报告。

（3）安全检测报告。

（4）安全复核计算分析报告。

（5）安全鉴定报告书。

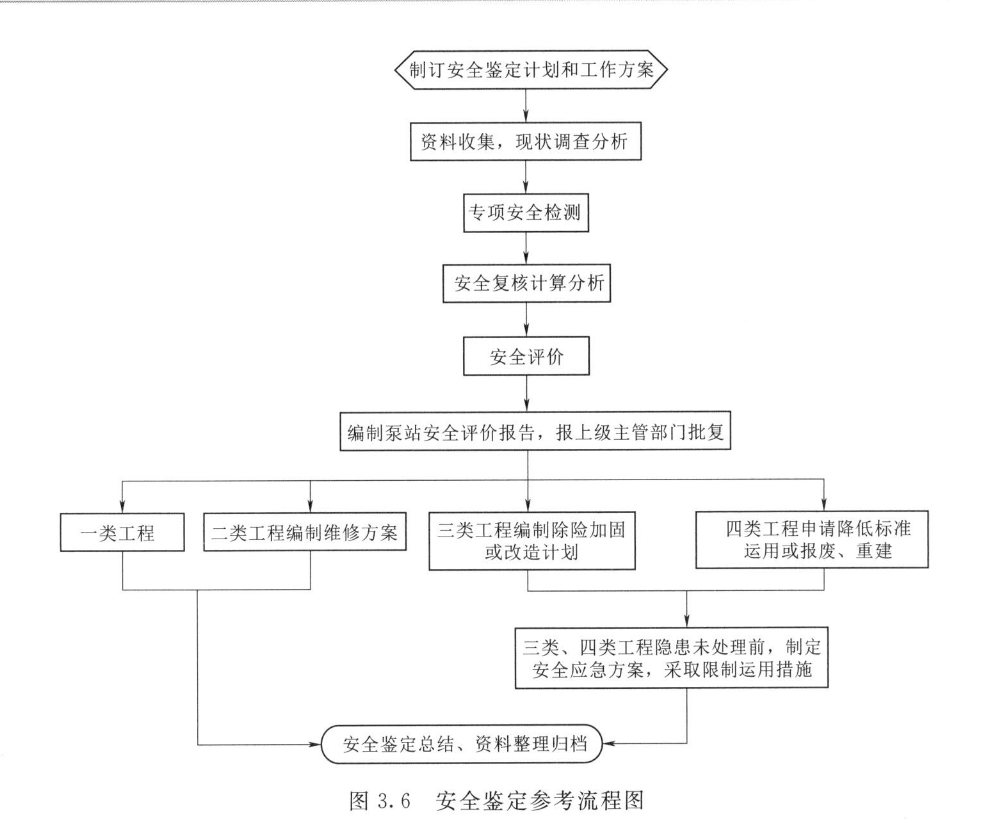

图 3.6 安全鉴定参考流程图

（6）安全鉴定工作总结。

3.7 安全生产管理

3.7.1 工作任务

安全生产管理的工作任务主要包括：

（1）制订安全生产目标。

（2）开展水利工程安全生产标准化达标创建工作。

（3）筹措落实安全生产经费。

（4）定期开展安全生产培训和有关活动。

（5）强化现场设备设施、作业安全管理。

（6）开展隐患排查治理工作。

（7）持续开展安全文化建设工作。

（8）开展网络信息安全工作。

3.7.2 工作标准及要求

（1）制定安全生产目标管理制度，明确目标的制订、分解、实施、检查、考核等；制订安全生产总目标和年度目标，对任务进行分解并对完成情况进行检查、评估、考核奖惩。逐级签订安全生产责任书，并制订实现目标的保证措施。

（2）按照《水利工程管理单位安全生产标准化评审标准》开展安全生产标准化达标工作，明确安全目标责任，做好安全生产制度化管理、教育培训、现场管理、安全风险管控及隐患排查治理、应急管理、事故管理等。

（3）制定安全生产经费提取及使用管理办法，明确安全生产费用的提取、使用、管理的程序、职责及权限。按有关规定保证具备安全生产条件所必需的资金投入。根据安全生产需要编制安全生产费用使用计划，并严格审批程序，建立安全生产费用使用台账。

（4）落实安全生产费用使用计划，并保证专款专用。每年对安全生产费用的落实及使用情况进行检查、总结和考核，并以适当方式公开安全生产费用提取和使用情况。按照有关规定，为从业人员及时办理相关保险。

（5）定期识别安全教育培训需求，编制培训计划，按计划进行培训，对培训效果进行评价，并根据评价结论进行改进，建立教育培训记录、档案。

（6）对各级管理人员进行教育培训，确保其具备正确履行岗位安全生产职责的知识与能力，每年按规定进行再培训，并经有关部门考核合格。按国家及地方有关规定及要求开展安全生产相关活动，提高全体职工安全意识。新员工上岗前应接受三级安全教育培训，教育培训时间满足规定学时要求。

（7）在新工艺、新技术、新材料、新设备设施投入使用前，应根据技术说明书、使用说明书、操作技术要求等，对有关管理、操作人员进行培训；作业人员转岗、离岗一年以上重新上岗前，应经部门（站、所）、班组安全教育培训，经考核合格后上岗。

（8）特种作业人员接受规定的安全作业培训，并取得特种作业操作资格证书后上岗作业；特种作业人员离岗 6 个月以上重新上岗，应经实际操作考核合格后上岗工作；建立健全特种作业人员档案。

（9）督促检查相关方的作业人员的安全生产教育培训及持证上岗情况。对外来人员进行安全教育，主要内容应包括：安全规定、可能接触到的危险有害因素、职业病危害防护措施、应急知识等，并由专人带领并做好相关监护工作。

（10）根据安全生产标准化绩效评定结果和安全生产预测预警系统所反映的趋势，客观分析本单位安全生产标准化管理体系的运行质量，及时调整完善相关规章制度和过程管控，不断提高安全生产绩效。

3.7.3 成果资料

安全生产管理的成果资料主要包括：

（1）开展安全生产标准化情况资料。

（2）安全生产标准化相关制度以及正式发布文件。

（3）中长期安全生产工作规划和年度安全生产工作计划等相关文件及批复文件，任务分解相关文件。

（4）各级安全生产责任书。

（5）安全生产费用使用计划，安全生产费用使用台账。

（6）检查、总结、考核等相关材料及办理保险的相关记录。

（7）年度安全生产培训计划、培训效果总结等相关材料，各级管理人员培训材料及考核情况。

（8）开展安全生产活动的通知、过程资料及总结等。

（9）新员工、“四新”运用、转岗离岗复工人员培训考核材料。

（10）特种作业人员考核情况及档案资料情况。

（11）在岗人员、相关方作业人员教育培训资料及对外人员安全教育资料。

（12）安全生产标准化绩效评定结果和安全生产预测预警系统所反映的趋势资料以及调整的相关内容。

4 泵站运行管理

4.1 调度及控制运用

4.1.1 工作任务

调度及控制运用的工作任务包括调度管理、运行操作和运行值班。

(1) 接受上级主管部门或防汛抗旱部门的调度指令，结合工程实际确定机组开启台数和运行方案，做好设施设备的检查及主、辅机试运行等准备工作。

(2) 按照机组操作规程进行开启、停运操作。

(3) 操作结束后，进行核查、反馈、记录，同时做好运行值班管理工作。

4.1.2 工作标准及要求

1. 调度管理

调度管理包括指令接收、确定方案、指令执行、指令回复等。

(1) 管理单位应及时了解工程所在流域的水雨情、工情变化情况，严格执行上级主管部门的工程控制运用调度指令。

(2) 管理单位接到调度指令后，应立即组织执行。若因机电设备突发故障一时难以执行，应立即向上级主管部门进行汇报。

(3) 根据工程的控制运用标准和控制运用原则，确定开机台数、开机顺序、运行工况等，同时合理调度运用配套工程设施。

(4) 做好泵站与其他相关工程的联合运行调度；合理安排泵站机组的开机台数、顺序及其运行工况的调节（包括主水泵变角调节、变速调节等）；通过站内机组运行调度和工况调节，改善进、出水池流态，减少水力冲刷和水力损失；监测上、下游水位。

(5) 调度指令执行完毕后应及时向上级主管部门或防汛抗旱部门进行备案，并对工程运用调度指令接受、下达和执行情况进行认真记录，记录内容主要包括：发令人、受令人、指令内容、指令下达时间、指令执行时间及指令执行情况等。

调度指令执行制度与汛期工作制度可参考［示例 4.1］。

2. 运行操作

(1) 落实各项安全生产措施，严格执行“两票三制”（操作票、工作票，交接班制、巡回检查制、设备缺陷管理制）制度。操作票、工作票格式参见《泵站技术管理规程》（GB/T 30948—2021）。

(2) 接到开机命令后，运行值班人员应及时就位，准备所需工具、记录表和笔等。现场检查应无影响运行的检修及试验工作，拆除不必要的遮拦设施，有关工作票应终结并全部收回。

[示例 4.1] 调度指令执行制度与汛期工作制度

调度指令执行制度

- 工程的控制运用应严格执行处防办下达的调度指令，不得接受其他任何单位和个人的指令。
- 工程在初始运行或工程停止运行时，由处防办通知管理所主要负责人执行。
- 工程在正常运行阶段，处防办根据水情需要进行调度时，指令可下达至管理所负责人，或直接通知值班长执行。
- 值班长接到指令后，应按指令要求立即执行，并在执行完毕后及时回复处防办指令执行情况；当优化运行需调节机组时，应报处防办备案。
- 工程运用调度指令接受、下达和执行情况应认真记录；记录内容包括：发令人、受令人、指令内容、指令下达时间、指令执行时间及指令执行情况等。
- 工程运行期间应随时检查电话、网络等通信设施，保持24h通信畅通，若遇故障应及时通知相关部门修复。

汛期工作制度

- 汛前准备工作

(1) 汛前检查观测。
(2) 制定各项汛期工作制度。
(3) 完成汛前工程检查、维修工程和度汛工程。
(4) 修订防汛预案和反事故预案，并报批。
(5) 按防汛预案和反事故预案成立防汛组织。
(6) 根据工程和设备可能发生的险情，备足防汛器材和工具，做好防汛抢险的一切准备，检查通信、照明设施是否完好。
(7) 汛前检查必须做到“四落实”，即防汛责任制落实、工程状况落实、防汛物资器材落实、防汛应急措施落实。

- 汛期工作要求

(1) 5月1日至9月30日汛期实行防汛值班制度，必要时非汛期仍需实行防汛值班制度。
(2) 严格汛期值班制度，按上级要求执行水情调度，值班人员必须了解有关情况，严守岗位，保证24h人员不脱岗。
(3) 密切注意水情变化，做好水情测报工作。
(4) 加强工程和设备运用状态的检查观测，发现问题及时上报处理。遇有险情，立即组织力量抢险。
(5) 做好防汛值班记录，严格交接班制度。
(6) 汛期结束时，应对汛期工作进行总结，并报处。

(3) 主水泵运行前应对进、出水池及上、下游引河（渠）进行检查；检查检修闸（阀）门应在开启位置；辅助设备工作正常；检查真空破坏阀、快速闸门、拍门工作阀等断流设施动作灵活可靠，动作信号反映准确。

(4) 应测量定子和转子回路的绝缘电阻值，电动机定子回路绝缘电阻应符合规范要求，且吸收比不小于1.3，转子绝缘电阻值不小于0.5MΩ；检查定子空气间隙内无异物、加热装置停止加热、励磁装置工作正常、通风机工作正常等；检查顶车装置与转子分离。

(5) 长期停用、检修后电气设备、辅机设备投入运行前，应进行全面详细的检查，电气设备应测量绝缘值并符合规定要求，辅机设备转动部分应盘动灵活，并进行试运行。

(6) 机电设备的操作应按规定的操作程序进行，严格执行操作票制度。

(7) 运行操作应在上位机监控系统中进行，按上位机操作票的顺序进行操作；操作人员接到命令后，打开操作票界面，并根据现场和操作票的要求进行操作。

(8) 电气闭锁回路只有在试验、检修时才可解除，在运行状态下禁止解除闭锁；禁止在电气开关机构操作箱进行合闸操作，紧急情况下可进行分闸操作。

(9) 机电设备启动过程中应注意机电设备的声音、振动等情况。

(10) 运行机组变动，需报上级主管部门备案。

(11) 投运机组台数少于装机台数时，宜按规定要求轮换开机。

机电设备检查要求可参考 [示例 4.2]。

[示例 **4.2**] **机电设备检查要求**

GIS室巡视检查要点

- 检查各气室压力是否正常，电压互感器、避雷器气体额定压力为0.5MPa, 其他气室SF_6气体额定压力为0.6MPa（气压正常，指针指在绿色区域；气压需补充，指针指在黄色区域；气压报警，指针指在红色区域）。
- 检查瓷套管应清洁，有无破损裂纹、放电痕迹。
- 检查各连接头接触是否良好，无发热松动现象；与相同条件下的测试值比较，温升小于10K。
- 检查开关本体无异常声响、无倾斜、无焦臭味。
- 检查分合闸机械指示与开关实际状态一致，储能正常。
- 检查110kV GIS组合电器现场控制柜应清洁，柜门关闭严密，密封良好。
- 检查接地装置完好，无锈蚀、断裂现象。
- 室内照明、通风、消防设施完好。

电机层巡视检查要点

- 主电机运行平稳，无异常声响，振动幅度满足规范要求（振幅≤0.04mm）；
- 主电机滑环和碳刷接触良好，无卡滞现象，无火花，碳刷压力符合运行要求，滑环表面温度不高于120℃；
- 上油缸油位、油色正常，无渗油现象；
- 轴瓦冷却器出水温度设定为23℃时，主电机上油缸冷却水进水管温度正常应为23℃，出水管温度正常为25℃左右；
- 叶片调节机构运行平稳，无渗油现象，无报警输出，叶片角度符合调度要求；
- 水泵叶片及油源控制装置运行正常，油泵启动正常，无异常声响，系统压力范围为3.6～4.0MPa;
- 电缆接头连接牢固、无发热现象；
- 主电机冷却风机运行正常；
- 照明、通风、消防设施完好。

3. 运行值班

（1）运行值班人员数量和业务能力应满足安全运行要求。运行值班人员应熟练掌握设备操作规程和程序，具有事故应急处理能力及一般故障的排查能力。一般每个运行班次具有电力进网作业许可证的运行人员不少于 2 人。

（2）运行值班人员应严格遵守各项规章制度，不得擅自离开工作岗位，不得做与值班无关的事等。

（3）运行值班人员应密切关注机组运行工况，监视各运行技术参数。

（4）运行人员值班期间，应按规定的巡视路线和项目对运行设备、备用设备进行认真的巡视检查，并记录运行的主要参数及状态或异常情况等。正在运行的机电设备和进出水池水位等，每 1～2 小时巡视检查一次，遇有特殊情况，应增加巡视检查次数；主要建筑物和未运行的机电设备，每班次应至少巡视检查 1 次。

（5）运行值班人员应根据工程和机组配套的实际情况，密切注视水情的变化，根据水泵装置特征曲线，调整机组的运行状态，尽可能实现最优经济运行。

（6）若水泵发生汽蚀和振动、电动机温升过高等异常情况，应按改善水泵装置汽蚀性能和降低振幅、降低电动机温升等保证机组安全稳定运行的要求进行调整。

（7）运行值班人员应严格执行交接班制度，交接时应重点说明当前调度要求、本班设备运行及操作情况、发生的故障及处理情况等。

（8）在交接班中如发现设备有故障或发生事故时，交接班人员应相互协作予以排除。在接班人员同意后才能交班。

(9) 运行值班人员应认真填写运行、交接班等记录。

泵站运行有关制度可参考［示例 4.3］。

［示例 4.3］ 泵站运行有关制度

运行值班制度

- 值班人员应经考试合格，取得相应岗位证书后方可上岗。
- 按相关规定要求巡视检查机电设备、水工建筑物等，按实填写值班运行记录，记录详细，数据准确，字迹工整，严禁伪造数据。
- 严格执行操作票制度，操作票须由两人执行，一人监护一人操作，监护人应由对设备熟悉的人担任。
- 当运行现场进行检修维护、试验调试时，严格执行工作票制度，做到检修设备不验收不投运，工作票不终结不送电。
- 值班人员需规范着装、挂牌上岗、举止文明，不得做与值班工作无关的事，不得擅自将非运行人员带入运行现场，做好运行现场文明生产工作，保持设备及环境整洁。
- 运行期间发生生产安全事故时，应及时做好现场应急处置，并按《生产安全事故报告和调查处理制度》要求立即逐级上报，不得弄虚作假，隐瞒真相。

巡回检查制度

- 根据设备系统运行特点，制定巡回检查线路、重点检查项目、检查周期，并公布于现场。
- 值班人员必须按规定穿戴合格的劳动保护用品，携带红外线测温仪、照明工具等，认真进行巡回检查工作。
- 值班人员至少每2h巡回检查一次，对巡回检查中发现的设备缺陷或安全隐患，应在运行日志上详细记录，严格按规定进行处理，并及时向所值班汇报。
- 巡回检查时，值班人员严格按巡回检查内容和路线对各检查点进行检查，检查时采用看、听、闻、测等方法来综合判断设备故障并做好记录。
- 高压设备发生接地时，室内不得接近故障点4m以内，室外不得接近故障点8m以内，并立即设置隔离区，悬挂警示牌；进入上述范围的人员必须穿绝缘靴，接触设备的外壳和构架时，应戴绝缘手套。
- 当遇到以下情况时需增加巡视次数：恶劣气候、设备过负荷、设备带缺陷运行、新设备投运、设备检修后重新投运等。

4.1.3 工作流程

1. 指令执行流程

指令执行流程一般包括接受指令、拟定调度方案、开机前检查、停送电操作、机组操作、核对机组运行工况、回复调度指令执行情况。

指令执行工作参考流程如图 4.1 所示。

2. 运行值班管理流程

运行值班管理流程一般包括组织人员、编排值班表、开停机操作、状态监视、工程巡查、运行工况调节、记录填写等。

运行值班管理工作参考流程如图 4.2 所示。

4.1.4 控制运用作业指导手册

1. 适用范围

控制运用作业指导书用于指导泵站工程调度管理、运行操作、运行值班管理等全过程管理。

2. 编制依据

编制控制运用作业指导书的主要依据，是与控制运用相关的泵站运行管理规程以及技术管理细则、规章制度与操作规程、工程设计文件等资料，同时列出参考技术文件名称、编号及发布时间等信息。

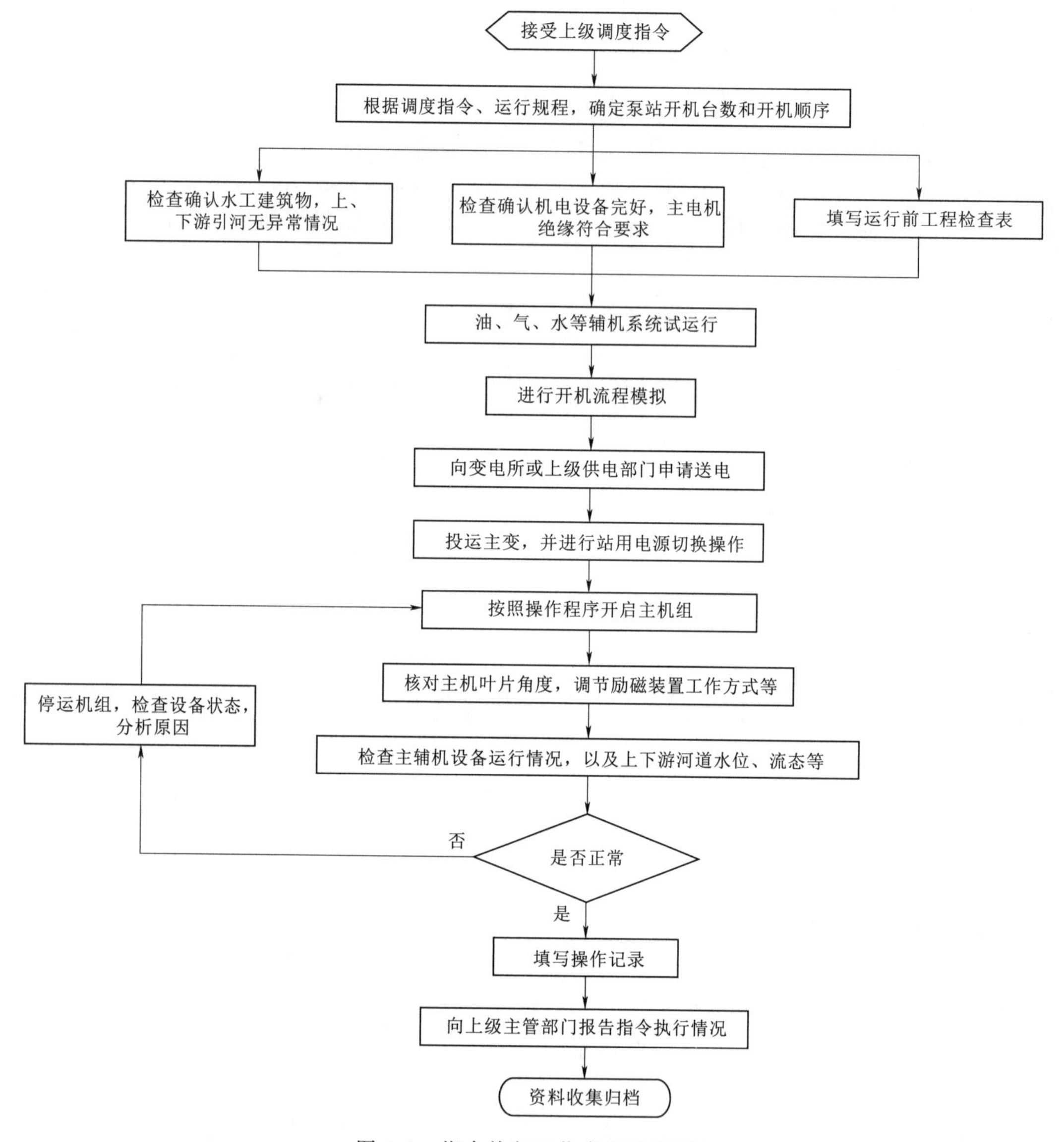

图 4.1　指令执行工作参考流程图

3. 基本情况

基本情况包括泵站建成时间、泵站规模、泵房主体结构、主机泵型号、泵站流量、设计扬程、主要机电设备技术参数和泵站运行特征值等，工程基本情况尽量以图表形式表达。与控制运用相关的情况要特别说明。

4. 工作任务及职责分工

（1）调度管理，主要说明调度指令接收执行的工作内容。

（2）设备操作，主要说明泵站执行站投运，主机泵开机、停机，优化调度，站停运时所进行的主要操作内容。

（3）泵站运行值班，主要明确各岗位职责。运行期间泵站一般设总值班，每运行班设

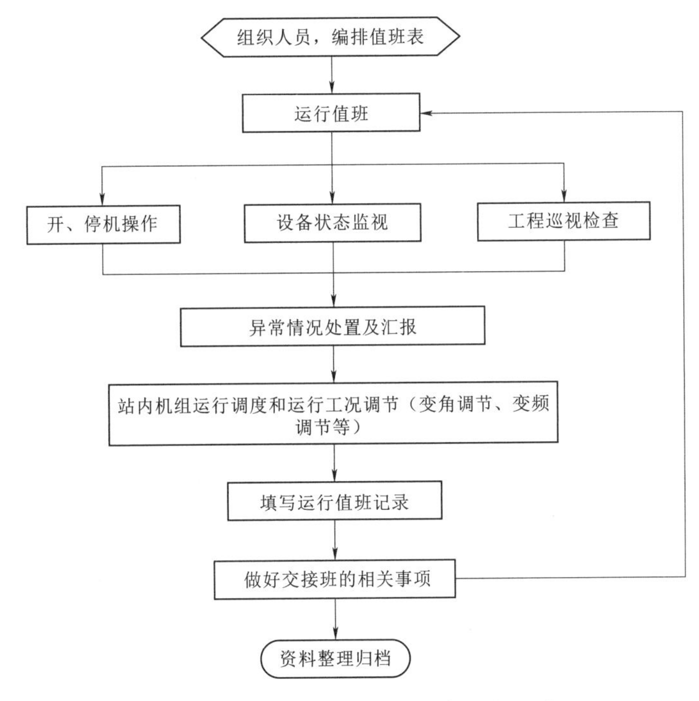

图 4.2　运行值班管理工作参考流程图

一名值班长，配备 1～2 名值班员，负责日常运行值班工作。并由负责人或技术人员负责检查监督各运行班的安全运行情况，对运行资料进行检查、分析、管理等。

5. 控制运用要求

参照控制运用工作标准和规章制度等相关内容，主要说明调度指令执行要求、运行操作原则、运行操作具体要求、运行操作依据等。

（1）泵站管理单位应根据泵站规划设计的工程特征值，结合工程现状确定有关指标，作为控制运用的依据。

（2）泵站值班人员要了解工程的设计功能以及所在流域的作用，能熟练操作各项设备，并具有应急处置工程突发事件的能力。

6. 运行操作流程及步骤

梳理说明运行操作流程，绘制流程图。与流程图相对应，说明运行操作的具体步骤。操作步骤要详细具体，表达清晰，可采用现场实物图片配以文字说明方式描述。

（1）投运前检查准备，分别从上下游引河（渠）、水工建筑物、检修闸门位置、主机组、电气设备、辅机设备等进行检查，确认是否具备投运条件。

（2）泵站主变投运、退出、主机开机操作、停机操作、辅机操作、闸门（拍门、工作阀）操作，应结合具体操作票的顺序，详细说明每一步操作的设备、按钮、开关的位置，操作要求以及操作完毕后设备的状态。

（3）对操作过程中需要特别注意的事项，可在相应的操作步骤下方详细注明。

7. 运行巡查

（1）值班人员运行期间应密切关注机组运行工况，实时监视各设备运行参数。

（2）运行人员值班期间，应按规定的巡查路线和项目进行认真的巡查，每班值班期间对全部设备巡查应不少于4次，遇有特殊情况应增加巡查次数。

（3）应详细说明水工建筑物、主机泵、主变压器、高低压电气设备、辅机设备、金属结构部分巡查的时间、路线、内容和要求。

（4）涉及高压电气设备的巡查，应详细说明巡查安全距离和注意事项。

（5）详细说明泵站优化运行的操作步骤、技术要求和注意事项。

8. 运行值班

（1）应详细规定运行值班相关要求和运行值班纪律要求。

（2）明确交接班的相关内容和注意事项。

（3）规定运行值班场所运行资料、运行记录等的记录管理要求和值班场所环境卫生要求。

（4）说明重要操作、事故处理等特殊情况下的交接班要求。

9. 管理制度

说明控制运用应遵循的规章制度、操作规程等，主要有：调度管理制度、操作票制度、运行值班制度、运行现场管理制度、运行巡视检查制度、交接班制度，运行规程、高压开关室操作规程、低压开关室操作规程、励磁室操作规程、行车操作规程、辅机操作规程等。

10. 台账资料

台账资料包括泵站调度记录、运行日志、各类操作票、运行报表、巡查记录等。

4.1.5 成果资料

调度及控制运用的成果资料主要包括：

（1）上级调度指令。

（2）调度指令执行情况记录表。

（3）交接班记录。

（4）技术参数记录。

（5）运行日志。

（6）操作票。

（7）工作票。

（8）其他相关记录等。

4.2 建筑物管理

水工建筑物主要包括泵房、进出水建筑物、堤防及其他建筑物、观测设施及水文设施等。

建筑物管理的主要任务包括：制定泵站建筑物管理制度，明确责任人及管理责任；建立建筑物台账，实行挂牌管理；按《泵站技术管理规程》（GB/T 30948—2021）的规定，加强建筑物管理。

4.2.1 基本要求

（1）泵站管理单位要根据有关规程规范的要求，结合泵站建筑物管理实际及具体建筑物的有关技术要求等，制定泵站建筑物管理制度。

（2）泵站建筑物管理按泵站建筑物管理制度和《泵站技术管理规程》（GB/T 30948—2021）的规定执行。泵站建筑物应完整无损，及时消除安全隐患，保持良好的技术状态。

（3）泵站所有建筑物均应建档挂卡，记录责任人、建筑物评定等级、评定日期等情况。建筑物管理标示牌式样可参考［示例 4.4］。

（4）泵站管理单位宜推行建筑物档案管理数字化，制作、张贴建筑物的二维码，实行二维码管理。

（5）泵站建筑物整体颜色应协调，可根据周边环境和泵站文化等情况选择，突出特色。

（6）泵站建筑物应按设计标准运用，当确需超标准运用时，应经过技术论证并有应急预案。

［示例 4.4］　管理标示牌式样

序号	名称	悬挂位置	式样	
			尺寸/(mm×mm)	内容
1	设施设备责任牌	设施设备上	300×200	名称、评定等级、责任人、责任范围、工作内容、工作标准
2	绿化管护责任牌	绿化区域	500×300	责任人、管护人、管护范围、管护内容
3	编号牌	设施设备上	直径 250mm 或根据设施设备的大小而定	白底红圆圈红字
4	简介牌	设施设备上或立于旁边	2000×1000	设施设备的简介
5	设备揭示表	主厂房	2000×1000	设备编号、名称、型号、投运日期、大修周期、养护周期、评定等级
6	工程图	主厂房	2000×1000	电气主接线图，油、气、水系统图，工程平、立、剖面图
7	管道标示	油、气、水、消防等管道	根据管道尺寸而定	按 SL 317 的规定执行
8	旋转方向标示	设备转动部位	根据设备大小而定	红色弧形箭头

注　标示牌尺寸可根据现场情况适当调整，与设施设备相协调。

4.2.2 泵房管理要求

1. 金属构件

建筑物上各种金属构件应定期检查维护，一般每5年油漆一次（不锈件、镀锌件除外）。腐蚀性气体侵蚀严重和漆层容易剥落的地方，应增加油漆次数。

2. 进、出水流道

（1）进、出水流道过流壁面应光滑平整，定期清除附着在壁面上的水生物和沉积物。

（2）定期对泵站的进、出水流道进行检查维护；钢筋混凝土管道，管壁无裂缝、渗漏，表面混凝土无剥落、钢筋无外露；伸缩缝正常，无渗漏水。

（3）金属管道，管壁外部及钢支承构件无锈蚀，内壁无锈蚀，无水生物附着，并定期进行冲洗和涂刷防腐漆等；冬季非运行时应防止管道内存水发生冰冻。

（4）管道支承、镇墩及基础无不均匀沉陷、位移或裂缝等现象。

3. 门窗、墙体等

门窗完好、开关灵活，玻璃完好且洁净，符合采光及通风要求。

4. 防雷接地

防雷接地装置符合规程规范要求，无破损、无锈蚀，连接可靠。

5. 管护要求

（1）泵房产生不均匀沉陷或稳定受到影响时，应及时采取补救措施；在观测检查中发现裂缝、渗漏，表面混凝土剥落、钢筋外露等现象时，应及时处理。

（2）水工建筑物的各种沉降缝、伸缩缝等，应定期检查，如发现填料不足或止水损坏时，应及时补充或修复。

（3）泵房屋顶应定期检修，防止漏水。天沟、落水斗、落水管、排水沟、排水孔等排水设施应定期清理，防止堵塞，保持排水畅通，若有堵塞，应及时疏通。

（4）未经计算和审核批准，禁止在建筑结构上开孔、增加荷重或进行其他改造工作。

（5）运行时应检查观测旋转机械或水力引起的结构振动，严禁在共振状态下运行。

（6）应防止过大的冲击荷载直接作用于泵房建筑物。

（7）定期对泵房的墙体、门窗、屋顶及止水、内外装饰等进行全面检查，并修复损坏部位。

4.2.3 进出水建筑物管理要求

1. 护底护坡

（1）上、下游衬砌河道（渠道）的护底和护坡平顺整洁，砌块完好、砌缝紧密，无勾缝脱落、松动、塌陷、隆起、底部淘空和垫层流失。

（2）石料无风化，砌石护坡无砌块松动、塌陷、隆起、滑坡、被风浪与水流冲翻以及人为破坏等现象，浆砌块石无裂缝、脱缝、倾斜、鼓肚、滑动，排水设施正常有效等。

（3）混凝土工程无磨损、风化、冻蚀、剥落、渗漏、气蚀、裂缝、碳化及其他损坏等现象。伸缩缝止水无损坏、漏水，填充物无流失。

2. 排水设施

（1）河道（渠道）两侧堤顶面平整，排水良好，无塌陷、裂缝。

（2）无雨淋沟、浪窝、裂缝、塌陷、滑坡、异常渗漏、兽洞、蚁穴等现象，排水系统应畅通有效。

3. 进、出水池

（1）泵站进、出水池的边坡和护堤，应防止牲畜、鼠蚁类等动物的破坏。在检查中如发现有上述破坏现象时，应立即进行处理与修复。

（2）泵站进水池前的杂草杂物应及时清除；各进水口的拦污栅应及时清理；泵站排涝运行时清污机及时投入运转并应正常。

（3）泵站进、出水池的边坡上或坡顶上的沙土、冲积物和堆积物应及时清除，以免坍塌滑入水中，并应防止石块滚入水中。

4. 安全设施

（1）进、出水池周边宜设置防止行人、地面杂物和牲畜落入池内的防护栅墙；泵站运行期间严禁非工作人员在进、出水池内活动。

（2）泵站在冬季运行时应注意进、出水池的结冰情况。

4.2.4 堤防及其他建筑物管理要求

1. 堤岸

（1）泵站建筑物与堤防结合完好，无开裂和绕渗破坏。

（2）泵站上、下游河道、护坡上无杂草、杂树，浆砌块石坡面平顺规整，无隆起、塌陷、裂缝，块石间浆液饱满、密实。

（3）泵站上、下游堤岸一、二级挡土墙无裂缝、外倾和块石松动现象；墙体沉陷缝的填料饱满，墙体栏杆牢固可靠。

2. 绿化环境

（1）泵站上、下游堤岸堤顶地面上的植被要满足水土保持的要求，同时防止杂草滋长，力求美观；保持排水顺畅，防止产生雨淋沟。

（2）泵站上、下游河道的坡面及堤顶地面无垃圾。

4.2.5 观测设施管理要求

1. 观测基点

（1）水平、垂直位移等观测基点表面清洁，无锈斑、缺损；基底混凝土无损坏现象；观测基点有必要的保护设施，保护盖开启方便。

（2）沉陷点、测压管、伸缩缝等能够正常观测使用；各观测设施的标志完好，外观整洁、美观。

2. 观测仪器

主要观测仪器、设备完好，并按规定进行检测。

3. 测压管

测压管淤积情况应不影响观测，管内无碎石、混凝土及其他材料堵塞现象。

4. 水尺

水尺安装牢固，表面清洁，标尺数字清晰，无损坏。

5. 断面桩

断面桩埋设牢固、编号准确、标志明显。

4.3 设 备 管 理

泵站机电设备主要包括主水泵、主电动机、变压器、电气设备、辅机设备、金属结构、自动化监控设备等。

设备管理的工作任务主要包括：制定泵站设备管理制度，明确责任人及管理责任；建立设备台账，实行挂牌管理，有条件的还可实行二维码管理；按《泵站技术管理规程》（GB/T 30948—2021）的规定，加强设备管理。

4.3.1 基本要求

（1）泵站管理单位要根据有关规程规范的要求，结合泵站设备管理实际及具体设备的有关技术要求等，制定泵站设备管理制度。

（2）泵站设备管理按泵站设备管理制度和《泵站技术管理规程》（GB/T 30948—2021）的规定执行。设备标志、标牌齐全，检查保养全面，技术状态良好，无漏油、漏水、漏气现象，表面清洁且无锈蚀、破损等。

（3）泵站所有设备均应建档挂卡，记录责任人、设备评定等级、评定日期等情况。设备管理标示牌式样可参考［示例 4.4］。

（4）泵站管理单位宜推行设备档案管理数字化，制作、张贴设备的二维码，实行二维码管理。设备二维码管理可参考［示例 4.5］。

（5）泵站内设施设备颜色应符合《泵站设备安装及验收规范》（SL 317—2015）的规定，同类型设备颜色应一致。

［示例 4.5］ **机电设备二维码管理**

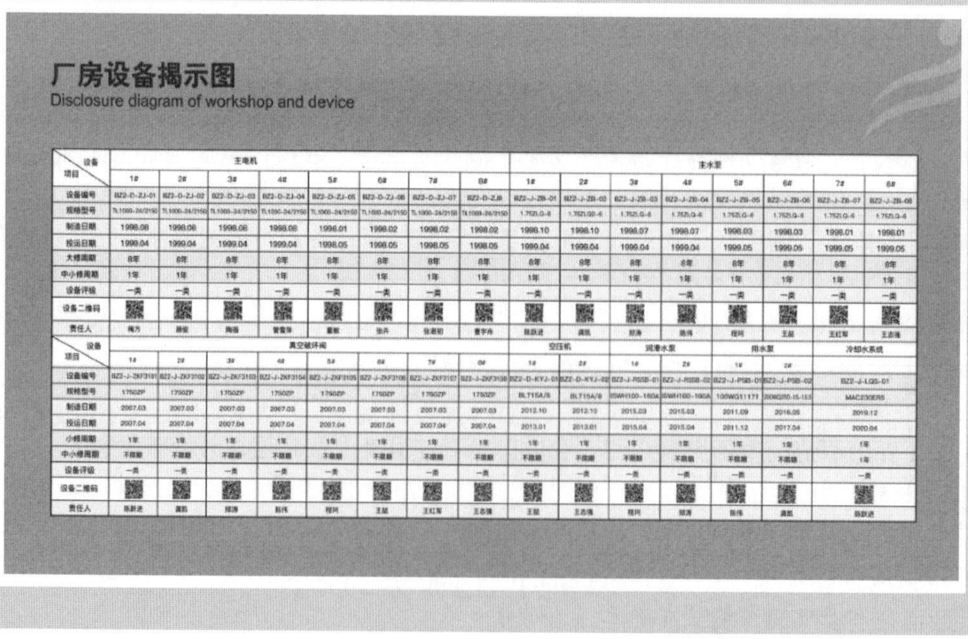

厂房设备揭示图

Disclosure diagram of workshop and device

设备 / 项目	主电机								主水泵							
	1#	2#	3#	4#	5#	6#	7#	8#	1#	2#	3#	4#	5#	6#	7#	8#
设备编号	BZ2-D-ZJ-01	BZ2-D-ZJ-02	BZ2-D-ZJ-03	BZ2-D-ZJ-04	BZ2-D-ZJ-05	BZ2-D-ZJ-06	BZ2-D-ZJ-07	BZ2-D-ZJ8	BZ2-J-ZB-01	BZ2-J-ZB-02	BZ2-J-ZB-03	BZ2-J-ZB-04	BZ2-J-ZB-05	BZ2-J-ZB-06	BZ2-J-ZB-07	BZ2-J-ZB-08
规格型号	TL1000-24/2150	TL1000-24/2150	TL1000-24/2150	TL1000-24/2150	TL1000-24/2150	TL1000-24/2150	TL1000-24/2150	TL1000-24/2150	1.752LQ-6	1.752LQ0-6	1.752LQ-6	1.752LQ-6	1.752LQ-6	1.752LQ-6	1.752LQ-6	1.752LQ-6
制造日期	1998.08	1998.08	1998.06	1998.06	1998.01	1998.02	1998.02	1998.02	1998.10	1998.10	1998.07	1998.07	1998.03	1998.03	1998.01	1998.01
投运日期	1999.04	1999.04	1999.04	1999.04	1998.05	1998.05	1998.05	1998.05	1999.04	1999.04	1999.04	1999.04	1999.05	1999.05	1999.05	1999.05
大修周期	8年	8年	8年	8年	8年	8年	8年	8年	8年	8年	8年	8年	8年	8年	8年	8年
中小修周期	1年	1年	1年	1年	1年	1年	1年	1年	1年	1年	1年	1年	1年	1年	1年	1年
设备评级	一类	一类	一类	一类	一类	一类	一类	一类	一类	一类	一类	一类	一类	一类	一类	一类
设备二维码																
责任人	梅方	[illegible]	陶磊	[illegible]	[illegible]	张丹	张君初	曹宇舟	陈跃进	龚凯	郑涛	陈伟	程珂	王喆	王红军	王志强

设备 / 项目	真空破坏阀								空压机		润滑水泵		排水泵		冷却水系统
	1#	2#	3#	4#	5#	6#	7#	8#	1#	2#	1#	2#	1#	2#	
设备编号	BZ2-J-ZKF3101	BZ2-J-ZKF3102	BZ2-J-ZKF3103	BZ2-J-ZKF3104	BZ2-J-ZKF3105	BZ2-J-ZKF3106	BZ2-J-ZKF3107	BZ2-J-ZKF3108	BZ2-D-KYJ-01	BZ2-D-KYJ-02	BZ2-J-RSSB-01	BZ2-J-RSSB-02	BZ2-J-PSB-01	BZ2-J-PSB-02	BZ2-J-LQS-01
规格型号	1750ZP	1750ZP	1750ZP	1750ZP	1750ZP	1750ZP	1750ZP	1750ZP	BLT15A/8	BLT15A/8	ISWH100-160A	ISWH100-160A	100WQ11171	[illegible]	MAC230ERS
制造日期	2007.03	2007.03	2007.03	2007.03	2007.03	2007.03	2007.03	2007.03	2012.10	2012.10	2015.03	2015.03	2011.09	2016.05	2019.12
投运日期	2007.04	2007.04	2007.04	2007.04	2007.04	2007.04	2007.04	2007.04	2013.01	2013.01	2015.04	2015.04	2011.12	2017.04	2020.04
小修周期	1年	1年	1年	1年	1年	1年	1年	1年	1年	1年	1年	1年	1年	1年	1年
中小修周期	不限期	不限期	不限期	不限期	不限期	不限期	不限期	不限期	不限期	不限期	不限期	不限期	不限期	不限期	1年
设备评级	一类	一类	一类	一类	一类	一类	一类	一类	一类	一类	一类	一类	一类	一类	一类
设备二维码															
责任人	陈跃进	龚凯	郑涛	陈伟	程珂	王喆	王红军	王志强	王喆	王志强	程珂	郑涛	陈伟	龚凯	陈跃进

4.3.2 主水泵管理要求

根据工作原理，灌排泵站常用水泵一般分为轴流泵、离心泵和混流泵。

4.3.2.1 轴流泵

1. 标志外观

（1）每台水泵必须在泵体的明显位置上牢固地装有水泵额定参数及其必要事项的铭牌，铭牌应能保证在水泵的整个使用时期内字迹清楚，积极推进设备二维码管理。

（2）表面应清洁，无锈蚀、油污、积尘。油润滑轴承的水泵水导油位、油色应正常，油杯清晰透明，油位显示器清楚、准确。

2. 填料

填料函处漏水情况正常，无偏磨、过热现象，温度不超过50℃；技术供水水压一般在0.16～0.20MPa，示流信号正常。

3. 叶片调节装置

（1）叶片角度指示准确，叶片角度指示值与水泵叶片实际角度应保持一致。

（2）叶片调节机构动作灵活，无卡阻、抖动现象，上、下限位动作正常，液压调节机构受油器密封良好，无渗油、甩油现象，机械调节机构齿轮啮合良好，润滑正常，调节时无异常响声。

4. 联轴器

水泵联轴器连接牢固，螺栓锁片无变形、脱落，泵盖内无杂物、积水。转动部分应有防护罩保护。

5. 轴承

水泵水导轴承间隙符合要求，轴承、轴径无明显磨损；稀油筒式润滑轴承密封良好，排水正常。

6. 泵管、人孔等

(1) 固定部分、转动部分、冷却水进水管、回水管等涂色应符合标准，水泵防护设施齐全，辅助管道有序，电气线路排列整齐，防护良好。

(2) 水泵环管畅通、无淤积，自吸泵运转良好，无异常。

(3) 保持水泵周围环境干燥、清洁，水泵积水坑应保持排水畅通，无杂物、积水。

(4) 检修人孔密封良好，人孔盖周围无窨潮、锈斑。

7. 量测装置

测温系统、振动测量、摆度测量等系统正常，仪表温度显示准确，符合实际情况。

4.3.2.2 离心泵

1. 标志外观

(1) 每台水泵必须在泵体的明显位置上牢固地装有水泵额定参数及其必要事项的铭牌，铭牌应能保证在水泵的整个使用时期内字迹清楚，积极推进设备二维码管理。

(2) 表面应清洁，无锈蚀、油污、积尘。

2. 填料

填料函处漏水情况正常，无偏磨、过热现象，温度不超过 50℃；技术供水水压一般在 0.16～0.20MPa，示流信号正常。

3. 轴承

水泵轴承完好，清水润滑轴承密封良好，冷却水压力正常。

4. 联轴器、泵管等

(1) 机组各联接部位应紧固无松动，泵和电机的联轴器联接牢靠完整；转动部分应有防护罩保护。

(2) 泵进出口等管口应密封，保护物和堵盖应完好，且对应的法兰、垫片及密封件应完好。

(3) 固定部分、转动部分、冷却水进水管、回水管等涂色应符合标准，水泵防护设施齐全，辅助管道有序，电气线路排列整齐，防护良好。

5. 量测装置

测温系统、振动测量、摆度测量等系统正常，仪表温度显示准确，符合实际情况。

4.3.2.3 混流泵

1. 标志外观

(1) 每台水泵必须在泵体的明显位置上牢固地装有水泵额定参数及其必要事项的铭牌，铭牌应能保证在水泵的整个使用时期内字迹清楚，积极推进设备二维码管理。

(2) 表面应清洁，无锈蚀、油污、积尘。

2. 轴承及密封

(1) 蜗壳式混流泵泵盖、泵体和进水管密封良好，泵盖平面与叶轮平面之间的间隙符合规范要求。

(2) 水泵轴封装置完好，填料处漏水情况正常。

(3) 轴承润滑油油位、油量满足使用要求，无渗漏。

3. 引水装置

泵体上端用于加灌引水或联接真空泵抽气引水的螺孔完好。

4. 联轴器

机组各联接部位应紧固无松动，泵和电机的联轴器联接牢靠完整；转动部分应有防护罩保护。

5. 管道等

电气线路排列整齐，防护良好，辅助管道涂色应符合标准。

4.3.3 主电动机管理要求

灌排泵站主电动机主要有同步电动机和异步电动机两种形式。

4.3.3.1 同步电动机

1. 标志外观

(1) 每台电动机必须在机体的明显位置上牢固地装有电动机额定参数及其必要事项的铭牌。铭牌应能保证在电动机的整个使用时期内字迹清楚。

(2) 电动机表面应清洁，无锈蚀、油污、积尘。

2. 润滑油

(1) 油缸油位、油色应正常，油位显示器清晰透明，油位标志清楚、准确。

(2) 电动机运行时油缸油温应在15～60℃范围内。

3. 滑环碳刷

(1) 碳刷与滑环接触良好，碳刷长度不宜过短，压力保持在0.15～0.25MPa，滑环表面光滑，无麻点、蚀坑等现象。

(2) 碳刷与滑环的接触面积应大于单个碳刷截面面积的75%，碳刷与刷握配合合适，碳刷伸缩灵活，无裂纹、缺损等现象。

(3) 刷握、刷架、滑环应保持清洁，刷握、刷架无积垢，滑环表面光洁，无油迹、积尘等。

4. 轴承

轴承的允许最高温度不应超过制造厂的规定值，巴氏合金轴承一般为70℃，弹性金属塑料瓦一般为65℃。

5. 电动机绝缘

(1) 保持电动机周围环境干燥、清洁，非运行期有风门的电动机应关闭风门，大风、阴雨天气应关好厂房门窗。

(2) 空气湿度过大时应利用干燥设备对电动机进行干燥，保证定子用2500V摇表测量绝缘值应大于1MΩ/kV，转子用500V摇表测量绝缘值应大于0.5MΩ。

6. 互感器

电动机进线、末端电流互感器、避雷器等应清洁，进出线端联接部位接触良好，无发热现象，附属设备表面完好，无缺陷。

4.3.3.2 异步电动机

1. 标志外观

(1) 每台电动机必须在机体的明显位置上牢固地装有电动机额定参数及其必要事项的铭牌。铭牌应能保证在电动机的整个使用时期内字迹清楚。

(2) 电机表面应清洁，无锈蚀、油污、积尘。

2. 电动机绝缘

电动机绝缘及吸收比符合有关规程规范的要求。

3. 互感器

电动机进线、末端电流互感器、避雷器等应清洁，进出线端联接部位接触良好，无发热现象，附属设备表面完好，无缺陷。

4. 电动机基础

电动机基础稳定，电动机零配件齐全，外壳保护接地良好。

5. 风道

电动机风道通畅，冷却器性能良好，冷却风机运行正常。

6. 轴承

电动机轴承完好，轴承座油量、油位满足使用要求，润滑良好。

4.3.4 传动装置管理要求

泵站主机组传动装置一般分为三种：直联传动、齿轮传动、皮带传动。目前大中型机组基本采用直联传动（联轴器），其管理相对比较简单。水泵与电动机之间采用齿轮箱降速传动装置，能提高电动机转速，减小电动机的体积。由于安装空间的限制，目前有部分大中型卧（斜）式机组、大中型潜水泵机组采用了齿轮变速传动装置。皮带传动因传动效率低、传动功率较小，目前在大中型水泵机组中应用很少。因此这里主要介绍齿轮变速传动装置的管理。

1. 标志外观

(1) 每台齿轮箱必须在设备本体的明显位置上牢固地装有额定参数及其必要事项的铭牌，铭牌应能保证在设备的整个使用时期内字迹清楚。

(2) 齿轮箱表面应清洁，无锈蚀、油污、积尘。

2. 油箱

(1) 法兰、端盖、油窗、放油孔无漏油、渗油现象。

(2) 内腔润滑油脂颜色纯正，无杂物及污物。

3. 传动部件

传动部件外观洁净，啮合、运动部位无杂物，润滑良好。

4. 其他

电气线路排列整齐，防护良好；辅助管道涂色应符合标准。

4.3.5 高低压电气设备管理要求

高低压电气设备主要包括：GIS组合开关，主变压器，高压变频器，站用变压器，高压开关柜，低压开关柜、开关箱，励磁装置，保护装置，直流装置，UPS装置，电缆及其附件，照明装置等。

4.3.5.1 GIS组合开关

1. 通风

（1）GIS室内应干净、整洁，通风设施良好，运行正常。

（2）GIS室内应安装空气含氧量或SF_6气体浓度自动检测报警装置，并定期进行校验。GIS室内空气中氧气应大于18%或SF_6气体的浓度不应超过1000μL/L（或$6mg/m^3$）。

2. 标志外观

（1）GIS组合开关表面干净、整洁，防护层完好，无脱落、锈迹等现象。

（2）GIS组合开关间隔标志明显，间隔名称明确，铭牌完好、清楚；接线桩头牢固，无松动、发热现象。

3. 开关装置等

（1）开关位置指示器指示正确，操作计数器的记录情况正常，无异常的噪声或气味，支撑件无锈蚀，螺栓、螺母无松动等。

（2）压力表盘面干净、清晰，压力指示正常。

（3）GIS本体及各间隔之间的接地连接可靠，接地标志明显。

（4）各开关拐臂、连杆机构润滑良好，无卡滞，动作灵活准确，闭锁可靠；汇控柜内清洁、元器件完好，具体按开关柜要求管理。

4. 安全设施

（1）GIS室内警告、提醒等标志齐全、明显。

（2）GIS室一般应配备安全设施设备：专用消防器材（如二氧化碳灭火器等），SF_6环境监测仪，防毒面具、防护服、橡胶手套等防护工具。

4.3.5.2 油浸式变压器

1. 标志外观

（1）主变压器一般采用油浸式变压器，其外观应干净，无油迹、积尘、锈迹等，保护层完好、无脱落；变压器室干净整洁，采光、通风良好；消防设施齐全完好，通风设备完好，储油池和排油设施应保持良好状态。

（2）变压器铭牌应固定在器身明显可见的位置，铭牌上所标示的参数应清晰且牢固。

（3）变压器表面线路、管道应排列整齐、可靠固定，端子箱整洁、无积尘，内部接线整齐、牢固。

2. 套管、继电器等

（1）变压器进出线套管、防爆管应完好无裂纹；桩头示温片齐全，标志清楚完好，无发热现象；高压套管油色、油位正常；呼吸器通畅，干燥剂未变色。

（2）压力释放阀正常，阀内无异物，密封圈无变形、老化、损坏，信号开关动作灵活可靠，开启、关闭动作灵敏，无卡阻。

（3）变压器油位计、温度计盘面干净、清晰，指示正确；气体继电器窗口干净、清晰，非运行状态下宜将窗口关闭。

3. 接地

（1）变压器铁芯接地、外壳接地应牢固可靠，标志明显，钟罩与箱底之间应有可靠的金属连接，并明确标示。

（2）变压器运行时，变压器外壳应无异常发热；必要时应测量铁芯和夹件的接地电流。

4. 油箱、放油阀等

（1）变压器在运行中滤油、补油或更换净油器的吸附剂时，应将重瓦斯保护改投信号位置。补油时不应从下部补油。

（2）变压器运行期间，变压器的油温和温度计应正常，储油柜的油位应与温度相对应，各部分无渗油、漏油现象，变压器声响应正常。

（3）变压器放油阀、取油阀关闭严密，无渗油；油箱完好，散热器规则无变形。

（4）变压器应能方便查看储油柜和套管油位、顶层油温、气体继电器，并能安全取气样等。

4.3.5.3 高压变频器

1. 标志外观

相关标志清晰完整，变频器柜内及各电路元件无异味，电路元件（电容器、电阻、电抗器、功率元件等）无变色、变形、漏液现象。

2. 电气元件

电抗器、变压器、水冷器、冷却风扇等设备运行正常，无异常声音，无振动，温度在规定范围之内。

3. 控制回路

运行中主电路电压和控制电路电压正常，现地显示屏无报警信号，转速、电流、电压等运行参数显示正常。

4. 空气滤清器

空气滤清器无脏污情况。

5. 电气线路

电气线路排列整齐，防护良好。

6. 工作环境

（1）设备存放环境应无灰尘、水滴，无腐蚀性气体，湿度不超过80%，温度应在0～40℃之间。

（2）设备内部应放置吸水干燥材料。

（3）雨季外部环境湿度较大时宜每星期检查一次设备环境湿度，湿度超过80%时应进行除湿。

（4）每3个月，或当空气湿度超过80%时，每月应进行一次通电检查。

4.3.5.4 站用变压器

1. 标志外观

（1）站用变压器一般采用干式变压器，其铭牌固定应在明显可见位置，内容清晰，高低压侧相序标识清晰正确，电缆及引出母线无变形，接线桩头连接紧固，示温片齐全，外壳及中性点接地线完好。

（2）变压器主体及各部件清洁、无杂物、无积尘，绝缘树脂完好，各连接件紧固无锈蚀，套管无破损及放电痕迹。

2. 干燥、负载等

(1) 干式变压器在停运期间，应防止绝缘受潮。

(2) 变压器中性线最大允许电流不应超过额定电流的25%，超过规定值时应重新分配负荷。

(3) 变压器运行期间，变压器的声响应正常；冷却风机运行应正常；电缆和母线无异常情况，外壳接地应良好；温度巡检仪显示各点温度应正常。

3. 照明、测温等

(1) 变压器运行时防护门必须锁好，通过观察窗能看清变压器运行状况，柜内检查用照明正常，电缆及母线出线必须封堵完好。

(2) 测温仪准确反映变压器温度，显示正常，变压器温度不超过设定值。

4. 冷却风机

柜内风机运转正常，表面清洁，可以现场手动开启，也可以根据温度参数设定值自动开启。

5. 电气试验

定期进行电气试验，检测数值在允许范围内。

6. 分接开关

合理调整分接开关动触头位置，保证输出电压符合要求。

7. 环境要求

变压器室干净整洁，通风良好，消防器材齐备。

4.3.5.5 高压开关柜

1. 标志外观

(1) 高压开关柜铭牌完整、清晰，柜前柜后均有柜名；开关按主接线中规定编号；开关柜控制部分按钮、开关（包括低压开关）、指示灯等均有名称标识；电缆有电缆标牌。

(2) 高压开关柜内安装的高压电器组件，如断路器、接触器、隔离开关及其操动机构、互感器、高压熔断器、套管等均应具有耐久而清晰的铭牌。各组件的铭牌应便于识别，若装有可移开部件，在移开位置能看清亦可。

(3) 高压开关柜柜体完整、无变形，外观整洁、干净，无积尘，防护层完好、无脱落、无锈迹，盘面仪表、仪器、指示灯、按钮以及开关等完好，仪表显示准确，指示灯显示正常。

2. "五防"要求

(1) 分、合高压断路器应通过远方控制方式进行操作，长期停运的高压断路器在正式执行操作前应通过远方控制方式进行试操作2～3次。

(2) 高压断路器操作的交、直流电源电压、液压操作机构的压力，应在规定范围内，合闸线圈在80%和110%额定电压下顺利合闸，储能分励脱扣器在65%和120%额定电压下顺利分闸。

(3) 高压开关柜应具备：防止误分、合断路器，防止带负荷分、合隔离开关或隔离插头，防止接地开关合上时（或带接地线）送电，防止带电合接地开关（或挂接地线），防止误入带电间隔等"五防"措施，"五防"功能完好。

3. 一次接线桩头等

(1) 高压开关柜柜内接线整齐，分色清楚，二次接线端子牢固，端子标志清楚，文字清晰。柜内清洁无杂物、积尘；一次接线桩头坚固，桩头示温片齐全，无发热现象；动静触头之间接触紧密、灵活，无发热现象；电缆室与电缆沟之间封堵良好。

(2) 观察窗位置应使观察者便于观察必须监视的组件及其关键部位的任意工作位置，观察窗表面应干净、透明。

4. 接地

(1) 高压开关柜接地导体应设有与接地网相连的固定连接端子，并应有明显的接地标志。

(2) 高压开关柜的金属骨架及其安装于柜内的高压电器组件的金属支架应有符合技术条件的接地，且与专门的接地导体连接牢固。

5. 断路器

(1) 高压开关柜内的断路器、接触器及其操动机构必须牢固地安装在支架上，支架不得因操作力的影响而变形。

(2) 断路器、接触器的位置指示装置应明显，并能正确指示出它的分、合闸状态。

6. 机械传动装置等

(1) 高压开关柜手车进、出灵活，柜内开关动作灵活、可靠，储能装置稳定，继电保护设备灵敏、准确。柜内干净，无积尘。

(2) 定期或不定期检查柜内机械传动装置，并对机械转动部分加油保养，确保机械传动装置灵活。

7. 高压熔断器等

因 FSR 载流桥体、高压限流熔断器及控制部件技术要求高，应保持柜内干燥，控制热源及易燃易爆物品接触桥体，定期对桥体进行检查试验，一般每 5 年进行一次，或按实际情况而定，到使用期限应及时进行更换。

8. 绝缘子等

母线、绝缘子、电流互感器及脉冲变压器等元器件定期清扫检查，紧固螺丝无松动，导电接触面无过热现象，测控柜的指示灯显示正确，测控柜性能良好，信号显示准确。

4.3.5.6 低压开关柜

1. 标志外观

(1) 低压开关柜铭牌完整、清晰，柜前柜后均有柜名，抽屉或柜内开关上应准确标示出供电用途。

(2) 低压开关柜外观整洁、干净，无积尘，防护层完好，无脱落、锈迹，盘面仪表、指示灯、按钮以及开关等完好，仪表显示准确，指示灯显示正常。

(3) 开关柜整体完好，构架无变形，固定可靠。

2. 柜内元器件

(1) 低压开关柜柜内接线整齐，分色清楚，二次接线端子牢固，端子编号清楚，电缆标牌齐全，标志清楚，柜内清洁，无杂物、积尘。

(2) 柜内导体连接牢固，导体之间连接处示温片齐全，无发热现象；开关柜与电缆沟之间封堵良好。

(3) 低压开关柜的金属构架、柜门及其安装于柜内的电器组件的金属支架与接地导体连接牢固，门体与开关柜用多股软铜线进行可靠连接，并有明显的接地标志；低压开关柜之间的专用接地导体均应相互连接，并与接地端子连接牢固。

(4) 低压开关柜手车、抽屉进出灵活，闭锁稳定、可靠，柜内设备完好。

(5) 开关柜门锁齐全完好，运行时柜门应处于关闭状态，对于重要开关设备电源或存在容易被触及的开关柜应处于锁定状态。

3. 熔断器

柜内熔断器的选用、热继电器及智能开关保护整定值符合设计要求，漏电断路器应定期检测，确保动作可靠。

4. 开关箱

(1) 操作箱、照明箱、动力配电箱的安装高度应符合规范要求，并作等电位联接，进出电缆应穿管或暗敷，外观美观整齐。

(2) 设置在露天的开关箱应防雨、防潮，主令控制器及限位装置保持定位准确可靠，触头无烧毛现象。各种开关、继电保护装置保持干净，触点良好，接头牢固。

4.3.5.7 励磁装置

1. 标志外观

(1) 励磁柜铭牌完整、清晰，柜前柜后均有柜名。

(2) 励磁装置停运期间，应防止设备受潮。

(3) 励磁柜外观整洁、干净，无积尘，防护层完好，无脱落、锈迹。

(4) 盘面仪表、指示灯、按钮以及开关等完好，仪表显示准确，指示灯显示正常；触摸屏画面清楚、触摸灵敏。

(5) 开关柜整体完好，构架无变形。

2. 柜内元器件

(1) 励磁柜柜内接线整齐，分色清楚，二次接线排列整齐，端子接线牢固。

(2) 一次接线桩头紧固，相序清楚，标志明显，桩头示温片齐全，无发热现象；开关柜与电缆沟之间封堵良好。

(3) 柜内元器件清洁、无积尘；空气开关主副触头接触良好、操作灵活。

(4) 接触器通断可靠，灭磁电阻连接良好，无过热现象。

(5) 主回路元器件完好，无发热损坏现象；散热器完好，散热片无变形；控制单元稳定可靠。

3. 灭磁装置

(1) 同步电动机异步启动时，如过早投励或启动完毕后不投励，励磁系统应能自动跳闸停机。

(2) 同步电动机产生失步时，励磁系统应能立即切除直流输出电压，并使同步电动机联锁停机。

(3) 励磁系统应有灭磁装置，灭磁装置接线完好，无过热、损坏现象，并能保证可靠灭磁。

4. 励磁变压器

（1）励磁变压器内外清洁，无积尘，铁芯无锈迹，线圈无过热现象。

（2）绝缘电阻符合正常要求。

（3）风机运行良好，无异常声音。

（4）温度指示准确。

5. 接地

励磁柜的金属构架、柜门及其安装于柜内的电器组件的金属支架应与专门的接地导体连接牢固，并有明显的接地标志。

4.3.5.8 保护装置

1. 标志外观

（1）保护柜铭牌完整、清晰，柜前柜后均有柜名。

（2）保护柜外观整洁、干净，无积尘，防护层完好，无脱落、锈迹。

（3）柜面各保护单元屏面清楚、显示准确、按钮可靠；柜体完好，构架无变形。

（4）柜内接线整齐，分色清楚，二次接线排列整齐，端子接线牢固，无杂物、积尘。

（5）保护柜与电缆沟之间封堵良好，防止小动物进入柜内。

2. 运行环境

（1）微机保护装置非运行期间不宜停电。

（2）运行中，微机保护和自动装置不能任意投入、退出和变更定值。

（3）微机保护装置室内最大相对湿度不应超过75%，环境温度应在5～30℃范围内，超出允许范围应投运空调设施。

3. 接地

（1）保护柜应有良好可靠的接地，接地电阻应符合设计规定。

（2）电子仪器测量端子与电源侧应绝缘良好，仪器外壳应与保护柜在同一点接地。

（3）测量绝缘电阻时，应拔出装有集成电路芯片的插件（光耦及电源插件除外）。

4. 检查维护

（1）定期检查盘柜上各元件标志、名称是否齐全。

（2）检查转换开关、各种按钮、动作是否灵活，接点接触有无压力和烧伤。

（3）检查各盘柜上表计、继电器及接线端子螺钉有无松动。

（4）检查电压互感器、电流互感器二次引线端子是否完好。

（5）配线是否整齐，固定卡子有无脱落。

（6）检查空气开关分合是否正常。

（7）日常检查维护中，不宜用电烙铁。如必须用电烙铁，应使用专用电烙铁，并将电烙铁壳体与保护柜在同一点接地。

（8）拔芯片应用专用起拔器，插入芯片应注意芯片插入方向。插入芯片后应经第二人检验无误后，方可通电检验或使用。

4.3.5.9 直流装置

1. 标志外观

（1）盘柜铭牌完整、清晰，名称编号准确，电池屏及周围环境通风良好，周围环境无严重积尘，无爆炸危险介质，无腐蚀金属或损坏绝缘的有害气体、导电微粒和严重霉菌，安装蓄电池的室内应严禁明火。

(2) 直流屏、UPS柜外观整洁、干净，无积尘，防护层完好，无脱落、锈迹；柜面仪表盘面清楚、显示准确，开关、按钮可靠；柜体完好，构架无变形。

(3) 直流屏、UPS柜内一次接线整齐，分色清楚，二次接线排列整齐，端子接线牢固，无杂物、积尘。

(4) 电池屏电池摆放整齐，接线规则有序，电池编号清楚，无发热、膨胀现象。

(5) 屏柜与电缆沟之间封堵良好，防止小动物进入柜内。

2. 运行环境

(1) 直流装置交流电源在正常工作状态下，不得长时间停止交流电。

(2) 蓄电池运行环境温度应在5～35℃，并保持良好的通风和照明，当环境温度长时间过高时，应采取降温措施。

3. 蓄电池保养

(1) 蓄电池每年按制造厂规定要求应进行容量核对性充放电。在放电过程中，应严密监视电池电压。

(2) 若放充3次蓄电池组均达不到额定容量的80%，可判此组蓄电池使用年限已至，应进行更换。

(3) 高频整流充电模块工作正常、切换灵活；触摸屏微机监控单元显示清晰、触摸灵敏。

(4) 绝缘监控装置稳定准确；电池巡检单元、电压调整装置、交直流配电稳定可靠。

(5) 直流系统能可靠进行数据监测及运行管理，如对单体电池监测、电池容量测试、故障告警进行记录等。

(6) 系统所有的信息均通过通信接口实现遥信、遥测、遥控等功能。

(7) 系统应能根据蓄电池状态自动选择充电模式，进行均充电、浮充电及模式的切换，使系统一直处于最佳工作状态。

4. 接地

屏柜的金属构架、柜门及其安装于柜内的电器组件的金属支架应有符合技术条件的接地，且与专门的接地导体连接牢固，并应有明显的接地标志。

5. 注意事项

(1) 更换电池以前须关闭充电模块或UPS并脱离市电，脱下如戒指、手表之类的金属物品。

(2) 使用带绝缘手柄的螺丝刀，不应将工具或其他金属物品放在电池上，以免引起短路，不应将电池正负极短接或反接。

4.3.5.10 电缆及其附件

1. 标志外观

(1) 电缆应排列整齐、固定可靠；电缆标牌应注明电缆线路的走向、编号、型号等，电缆外观应无损伤、绝缘良好。

(2) 电力电缆室内、外终端头分支要有与母线一致的黄、绿、红三色相序标志。

(3) 电缆的终端接头接地线必须良好，无松动断裂现象，电缆终端接地线不得作为电源中性线使用。

(4) 电缆沟、井及配电室的出入口电缆需要有明显的标志。

(5) 直埋电缆线路在拐弯点、中间接头等处需埋设标示桩或标志牌。

(6) 室外露出地面上的电缆的保护钢管或角钢不应锈蚀、位移或脱落，标示桩应完好无损。

2. 直埋电缆

(1) 直埋电缆线路附近地面应无挖掘痕迹。

(2) 电缆沿线不应堆放重物、腐蚀性物品及临时建筑。

3. 沟道电缆

(1) 沟道内电缆支架牢固，无锈蚀，沟道内无积水。

(2) 电缆标示牌应完整，并注明电缆线路的走向、编号、型号等。

4. 穿墙套管

引入室内的电缆穿墙套管、预留的管洞应封堵严密。

5. 运行温度

(1) 电缆的运行实际负荷电流不应超过电缆允许的最大负荷电流。

(2) 聚氯乙烯绝缘电力电缆导体工作温度不大于70℃，表面温度一般不大于55℃。

(3) 交联聚乙烯绝缘电力电缆导体工作温度不大于90℃，表面温度一般不大于70℃。

(4) 电缆应无过热情况，电缆套管应清洁，无裂纹和放电痕迹。

6. 电缆头

(1) 电缆头接地线接地良好，无松动断股、脱落现象。

(2) 动力电缆头应固定可靠，终端头要有与母线一致的黄、绿、红三色相序标志。

4.3.5.11 照明设备

1. 设置部位

主厂房、副厂房、主变室、高低压开关室、控制室、各通道、楼梯踏步、进出水口以及其他设备间等处均应布置足够亮度的照明设施。

2. 敷设、防腐等

(1) 室外高杆路灯、庭院灯、泛光灯等固定可靠，连接螺栓无锈蚀；灯具强度符合要求，无损坏坠落危险。

(2) 室外灯具线路应采用双绝缘电缆或电线穿管敷设，管路应有一定强度，草坪灯、地埋灯有防水防潮功能，损坏应及时修复，防止发生触电事故。

(3) 所有灯具防腐保护层完好，油漆表面无起皮、剥落现象，灯具接地可靠，符合规定要求。

3. 控制设备

灯具电气控制设备完好，动作可靠，标志齐全清晰，室外照明灯具应设漏电保护器。

4. 节能环保

(1) 照明灯具优先采用节能光源，因光源损坏影响照度时应及时修复，保证作业安全。

(2) 注重环保节能，定时器按照季度调整控制时间。

4.3.6 辅助设备管理要求

辅机设备主要包括油系统设备、气系统设备、水系统设备、通风系统设备等。

4.3.6.1 油系统

1. 标志外观

（1）油系统设备应有完整的铭牌，铭牌表面清洁、字迹清楚。

（2）设备及管道表面应完整清洁，无锈蚀、油污、积尘、渗漏现象。

（3）各压力表表面清晰、指示准确，油箱油质、油位正常。

（4）配套电机防护罩、风扇完好无变形，风扇表面无积尘，盘动灵活。

2. 安全装置

（1）压力油装置安全阀应定期校验，校验合格标签应在设备本体上明示。

（2）压力油装置储气罐排列整齐，固定可靠，表面整洁，铭牌、编号清楚，表面油漆无脱落。

3. 表计、继电器等

（1）压力油装置仪表柜、控制柜干净整洁，控制设备动作可靠、灵敏。

（2）油系统中的安全装置、压力继电器和各种表计等运行中不得随意调整。

4. 压力油系统

（1）压力油和润滑油的质量标准应符合有关规定，其油温、油压、油量等应满足使用要求。

（2）油系统应保持畅通，各管道安全阀、止回阀、电磁阀等动作可靠、准确，阀门开关灵活，密封良好。

4.3.6.2 气系统

1. 标志外观

（1）气系统设备应有完整的铭牌，铭牌表面清洁、字迹清楚。

（2）设备及管道表面应清洁，无锈蚀、油污、积尘、渗漏现象。

（3）各压力表表面清晰、指示准确。

（4）油箱油质、油位正常。

（5）配套电机防护罩、风扇完好无变形，风扇表面无积尘，盘动灵活。

2. 安全装置

（1）压缩空气系统安全阀应定期校验，校验合格标签应在设备本体上明示。

（2）气系统储气罐应可靠固定，表面清洁，铭牌、编号清楚，表面油漆无脱落。

3. 空压机

（1）润滑油定期检查，油质、油位应正常。

（2）空压机冷却器整洁、通畅，无杂物、积尘。

4. 管路、压力表等

（1）气系统管路应保持畅通，安全阀、止回阀等动作可靠、准确，阀门开关灵活，密封良好。

（2）工作压力符合规定要求，电接点压力表设定值不得随意调整。

5. 真空泵

真空泵排气过滤器、进出气口以及管路畅通，油质、油位正常。

6. 真空破坏阀

(1) 真空破坏阀关闭状态下密封良好。

(2) 真空破坏阀按水泵启动排气的要求调整阀盖弹簧压力，确保真空破坏阀开启、关闭灵活。

(3) 真空破坏阀吸气口附近不应有妨碍吸气的杂物。

(4) 真空破坏阀的控制设备或辅助应急措施处于能够随时投入应急运用的状态，确保机组停机后能及时打开真空破坏阀破坏虹吸管内真空。

4.3.6.3 水系统

1. 标志外观

(1) 水系统设备应有完整的铭牌，铭牌表面清洁、字迹清楚。

(2) 水系统设备及管道表面应清洁，无锈蚀、油污、积尘、渗漏现象。

(3) 各压力表表面清晰、指示准确。

(4) 配套电机防护罩、风扇完好无变形，风扇表面无积尘，盘动灵活。

2. 滤水器

技术供水的滤水器工作正常，水质、水温、水量、水压等应满足设备用水的要求。

3. 管道、闸阀等

(1) 水系统管道止回阀、电磁阀等动作可靠、准确，阀门开关灵活，密封良好。

(2) 水系统压力表盘面清晰，指示准确。

4. 回水装置

(1) 回水示流装置良好，指示准确。

(2) 信号上传正常。

5. 供、排水泵等

(1) 供、排水泵工作可靠，对备用供、排水泵应定期切换运行。

(2) 供水管路如出现渗漏现象，须及时查清原因，并进行处理。

(3) 水泵积水坑干净，无积水，排水廊道集水井无淤积，水泵进水口无堵塞。

(4) 冬季应防止管道内存水冻结。

4.3.6.4 通风系统

1. 标志外观

通风系统设备应有完整的铭牌，铭牌表面清洁、字迹清楚。

2. 配套风机

(1) 定期测量通风系统配套电机绝缘数值。

(2) 通风机配套电机防护罩、风扇完好无变形，风扇表面无积尘，盘动灵活。

(3) 风机叶片表面清洁，无变形、裂纹。

3. 风道

通风机风道通畅，无杂物，防护设施应完好，无损坏。

4.3.7 金属结构管理要求

金属结构主要包括闸门、拍门、拦污栅、清污机、金属管道和启闭机等。

4.3.7.1 闸门（拍门）

（1）闸门（拍门）无变形，表面防护涂层完好，无脱落、锈迹；发现局部锈斑、针状锈迹时，应及时处理并补漆复原。

（2）闸门（拍门）应保持清洁，梁格内无积水，闸门横梁、门槽及结构夹缝等部位的杂物应及时清理，附着的水生物、泥沙和漂浮物等杂物应定期清除。

（3）闸门（拍门）止水橡皮表面应光滑平直，止水橡皮接头胶合应紧密，接头处不应有错位、凹凸不平和疏松现象，止水压板锈蚀严重时，应予更换，压板螺栓、螺母应齐全。

（4）闸门（拍门）出现严重锈蚀或涂层出现剥落、鼓泡、龟裂、明显粉化和老化等现象，应尽快采取防腐措施加以保护，可采用喷砂除锈后再作防腐涂层或喷涂金属等。

（5）闸门（拍门）门体的局部构件锈损严重的，应按锈损程度，在其相应部位加固或更换。

（6）闸门（拍门）的连接紧固件，如有松动、损坏、缺失时，应分别予以紧固、更换、补全；焊缝脱落、开裂、锈损，应及时补焊。

（7）吊座与门体应联结牢固，销轴的活动部位应定期清洗、加油润滑。吊耳、吊座出现变形、裂纹或锈损严重时应更换。

4.3.7.2 拦污栅及清污机

1. 拦污栅

（1）定期吊出拦污栅检查，出现锈蚀现象应做防腐处理。

（2）拦污栅表面应清理干净，栅条平顺，无变形、卡阻、杂物、脱焊等。

（3）拦污栅进人孔小门应能开足位置，开关灵活、固定良好。

2. 清污机

（1）清污机及传输装置应工作正常，定期清除污物，并按环保要求进行处理。

（2）定期对清污机传动机构、制动器、齿耙、耙斗、运行机构和过载保护装置进行检修，并对清污机进行防腐处理。

4.3.7.3 金属管道

（1）管道按照规范进行标识，管道及管道接头密封良好。

（2）管道外观无裂纹、变形、损伤情况；管道上的镇墩、支墩和管床处，无明显裂缝、沉陷和渗漏。

（3）出水管道的管坡应排水通畅，无滑坡、塌陷等危及管道安全的隐患。

（4）暗管埋土表部无积水、空洞，并设置管标。

（5）地面金属管道表面防锈层应完好；混凝土管道无剥蚀、裂缝和其他明显缺陷；非金属材料管道无变形、裂缝和老化现象。

（6）定期对管道壁厚及连接处（含焊缝）进行检测。

4.3.7.4 启闭机

1. 基本要求

（1）启闭机设备应有完整的铭牌，铭牌表面清洁，字迹清楚。

（2）启闭机及电气设备状态良好，失电保护装置可靠有效，限位开关灵活可靠。

（3）启闭机供电和应急电源可靠有效。

（4）启闭机监控设备显示清晰，调节灵活可靠。

（5）远程控制操作正常，数据通信稳定、正常。

（6）定期测量启闭机配套电机绝缘数值，使其符合要求。

（7）启闭机周边无杂物，操作通道畅通。

（8）启闭机按《水工钢闸门和启闭机安全运行规程》（SL 722—2015）的要求进行维修养护。

2. 卷扬式启闭机

（1）减速器油位符合要求，各转动部件润滑良好。

（2）制动器及其他安全装置灵活可靠。

（3）双吊点启闭机两吊点高程一致。

（4）转动部件及工作范围内无阻碍物。

（5）配有手摇机构的启闭机检查手摇机构的闭合状态良好。

（6）启闭机钢丝绳无变形、打结、折弯、部分压扁、断股、电弧等情况。

3. 液压启闭机

（1）油箱油位在规定范围内。

（2）各子系统及电气参数符合要求，油泵、阀组、油缸、油箱、管路等无漏油。

（3）转动部件及工作范围内无阻碍物。

4. 螺杆式启闭机

（1）各转动部件润滑良好。

（2）螺杆无弯曲变形现象。

（3）转动部件及工作范围内无阻碍物。

（4）配有手摇机构的启闭机确保手摇机构的闭合状态良好。

4.3.8 监控系统管理要求

监控系统主要包括计算机监控系统、视频监控系统、网络通信系统等。

1. 计算机监控系统

（1）泵站监控系统维护应有专人负责，每月应检查一次系统的运行情况。

（2）运行期间每天测试一次音响，显示报警系统应正常，监控系统运行发生故障时应查明原因，及时排除。

（3）非工作人员严禁触摸主机；非管理人员不能擅自更改系统设置参数；修改机器内的原始文件，未经技术负责人同意，不得使用外来U盘及其他存储设备。

（4）计算机主机、显示器及附件完好；机箱封板严密，机箱内外部件整洁，无积尘，散热风扇、指示灯工作正常；线路板、各元器件、内部连线连接可靠，接插紧固。

（5）计算机磁盘定期维护清理，重要数据定期备份。

（6）PLC各模块接线端子紧固，模块接插紧固，接触良好，接线整齐，连接可靠，标记齐全，输入输出模块指示灯工作正常。

（7）PLC机架、模块、电源、继电器、散热风扇、加热器、除湿器均完好，安装固定可靠。

（8）PLC之间、PLC与主机及网络通信接口通信可靠，出口继电器接线正确，连接可靠，动作灵敏；继电器用途应有标识。

2. 视频监控系统

（1）硬盘录像主机、分配器、大屏、摄像机等设备运行正常，表面清洁，散热风扇、加热器等设施完好，工作正常。

（2）视频摄像机机架无锈蚀，安装固定可靠，及时清洁摄像机镜头，保持监控效果良好。

（3）视频摄像机线路整齐，连接可靠，可调视频摄像机接线不影响摄像头转动，避免频繁调节，尽量不要将摄像头调到死角位置。

（4）操作摇杆动作不能过激过猛，以免折断或造成接触不良，操作键盘应避免其他液体洒入，以免造成短路致使系统主机烧毁。

3. 网络通信系统

（1）光纤、五类线等通信网络连接正常。

（2）交换机、防火墙、路由器等通信设备运行正常。

（3）各通信接口运行状态及指示灯正常。

（4）自动控制系统、视频监视系统与上级调度系统通信正常。

（5）通信设备运行日志及登录、访问正常。

（6）完善网络构架及数据中心，提高网络安全等级保护能力。

4.4 工程检查

4.4.1 工作任务

工程检查分为日常检查、定期检查、专项检查。日常检查包括日常巡查和经常检查；定期检查分为汛前检查、汛后检查、水下检查、电气试验等；专项检查主要是在发生地震、风暴潮、台风或其他自然灾害、泵站超过设计标准运行，或发生重大工程事故后进行的特别检查。

工程检查的主要任务包括：按有关规程规范的要求，结合工程实际，制定工程检查制度；按工程检查制度开展日常检查、定期检查、专项检查，并做好记录，编制定期检查报告、专项检查报告等。

4.4.2 工作标准及要求

4.4.2.1 日常检查

（1）管理单位应对建筑物各部位、主机泵、电气设备、辅助设备、观测设施、通信设施，管理范围内的河道、堤防、护坡和水流形态等进行日常巡视检查。

（2）日常巡查应重点了解设备、设施是否完好，工程运行状态是否正常，管理范围有无违章建筑和危害工程安全的活动，工程环境是否整洁，水体是否受到污染。

（3）管理单位应对建筑物和设备进行经常性检查，检查频次、内容应符合相关规定要求。工程投入使用5年内经常检查，每周不应少于2次，以后每周1次。

（4）泵站运行期间，应按运行规定的巡视内容和要求对设备每1～2小时进行一次巡视检查。

（5）当工程处于运行状态或遭受不利因素影响时，对容易发生问题的部位应加强检查观察。

（6）发现异常情况，应及时采取措施进行处理或编制应急处置预案。若情况较为严重，及时向上级主管部门报告。

（7）规范填写检查记录。

4.4.2.2 定期检查

1. 汛前检查

（1）管理单位应成立度汛准备工作小组，制订度汛准备工作计划，明确具体的任务内容、时间要求，落实到具体部门、具体人员。

（2）对主、辅机，站变，高、低压电气设备，自动化系统，土石方及混凝土工程等进行全面检查。

（3）汛前检查可结合汛前维修项目验收工作同时进行，同时着重检查维修项目和度汛应急项目完成情况。

（4）对汛前检查中发现的问题应及时进行处理，对影响工程安全度汛而一时又无法在汛前解决的问题，应制订好应急抢险方案。

（5）全面修订防汛抗旱应急预案、反事故预案、现场应急处置预案，同时建立完善抢险队伍，有针对性地开展预案演练培训。

（6）完成规章制度修订完善和软件资料收集整理，检查增补防汛物资、备品备件等。

（7）对汛前检查情况及存在问题进行总结，提出初步处理措施，形成报告，并报上级主管部门。

（8）接受上级汛前专项检查，按要求整改提高，及时向上级主管部门反馈。

2. 汛后检查

（1）着重检查工程和设备度汛后的变化和损坏情况，一般在10月底前完成。

（2）按期完成批准的维修养护、水毁或防汛急办项目计划。

（3）对检查中发现的问题应及时组织人员修复，或作为下一年度的维修项目上报。

3. 灌溉季前、后检查

（1）泵站灌溉季前，对工程进行全面检查，消除影响安全运行的隐患，确保机组正常投运。

（2）泵站经历灌溉季运行后，结合运行中所出现的问题，进行有针对性的检查，重点检查转动部件、易损部件磨损等情况。

4. 水下检查

(1) 泵站水下检查一般每两年进行一次。

(2) 主要检查进水池底板完好情况，拦污栅是否变形，拦污栅、检修门槽部位是否存在杂物卡阻。

5. 试验检测

(1) 高、低压电气设备应定期进行预防性试验，包括绝缘试验和特性试验，试验项目及要求按《电气装置安装工程电气设备交接试验标准》(GB 50150—2016)、《继电保护和安全自动装置基本试验方法》(GB/T 7261—2016) 和《电力设备预防性试验规程》(DL/T 596—2021) 等最新标准的规定执行。

(2) 应定期对常用试验、测量工器具进行校验，对特种设备和防雷接地等进行专项检测，应委托具备资质的检测单位承担，并出具检测报告。

以上检查均应规范填写检查记录，试验检测应编制试验报告。

4.4.2.3 专项检查

(1) 专项检查内容应根据所遭受灾害或事故的特点来确定。

(2) 专项检查应对重点部位进行专门检查，规范填写检查记录和编制专项检查报告。必要时应委托第三方进行专项检测或安全评价，出具专项检测或安全评价报告。对发现的问题应进行分析，制订修复方案和计划并上报。

4.4.3 工作流程

4.4.3.1 日常检查流程

日常检查流程一般包括确定路线、制定内容、分类实施检查、异常处理、填写记录表、资料汇总归档等。

日常检查参考流程如图 4.3 所示。

4.4.3.2 汛前检查流程

汛前检查流程一般包括制订计划、成立工作组、工程措施检查、非工程措施检查、编制报告、迎接上级主管部门检查、问题整改提高、资料汇总归档等。

汛前检查参考流程如图 4.4 所示。

4.4.3.3 汛后检查流程

汛后检查流程一般包括制订计划、成立工作组、检查工程设施、汛后观测、检查防汛急办项目完成情况、问题整改、编报下一年维修养护计划、资料汇总归档等。

汛后检查参考流程如图 4.5 所示。

4.4.3.4 专项检查流程

专项检查流程一般包括成立工作组、制订检查方案、重点部位检查、发现问题处置、形成专项检查报告、资料汇总归档等。

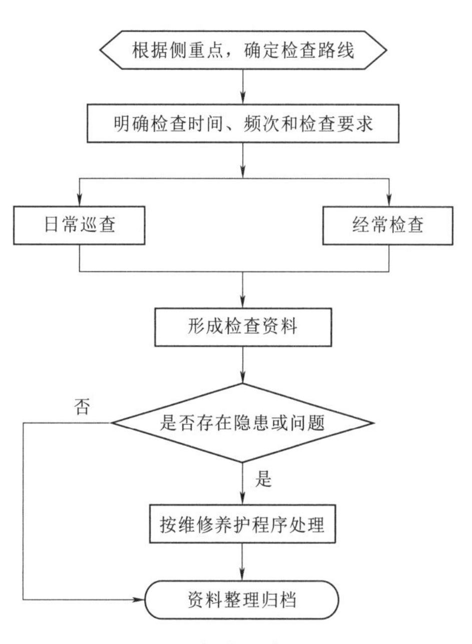

图 4.3 日常检查参考流程图

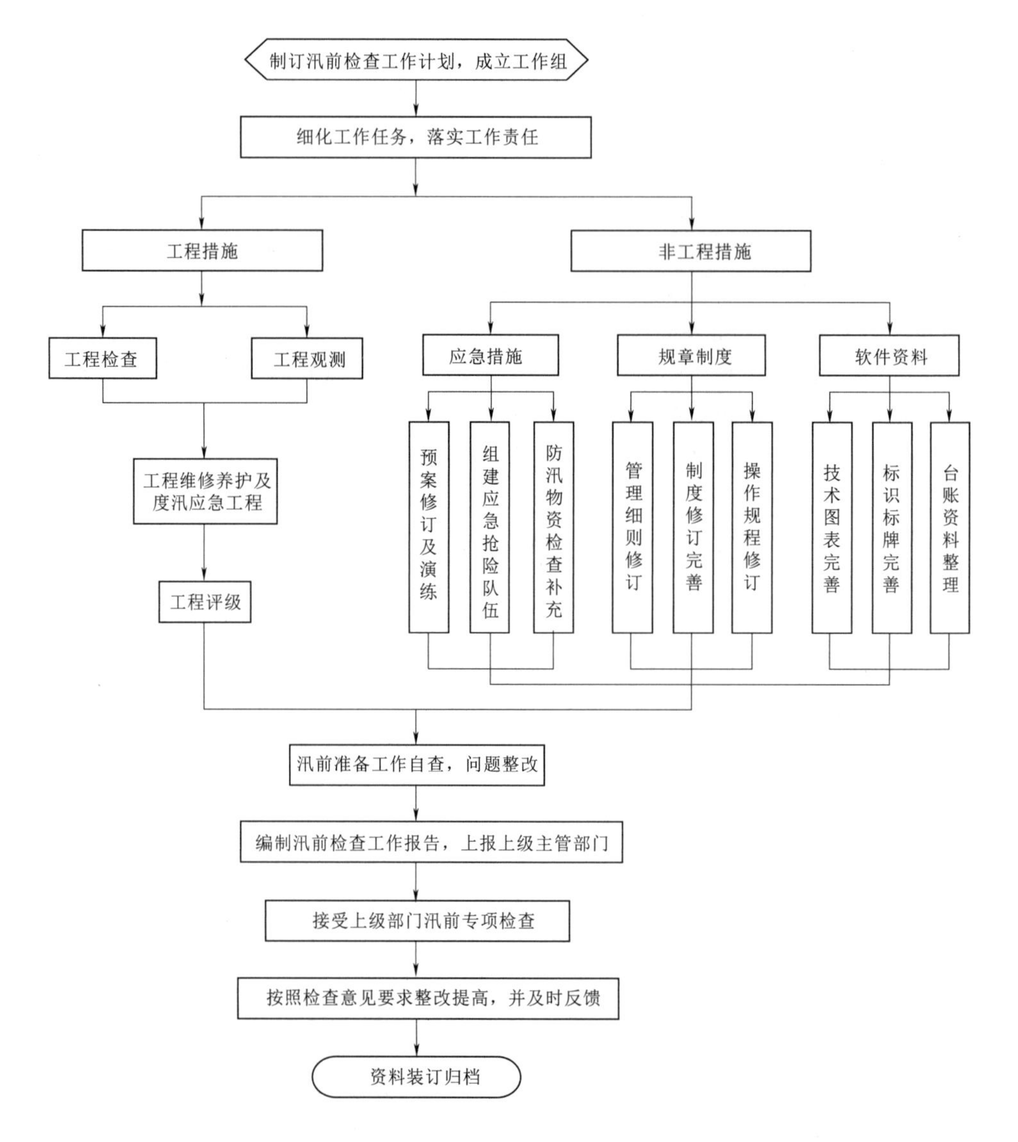

图 4.4 汛前检查参考流程图

专项检查参考流程如图 4.6 所示。

4.4.4 工程检查作业指导手册

1. 适用范围

工程检查作业指导书用于指导泵站工程开展各类工程检查工作。

2. 编制依据

作业指导书编制的主要依据，是与控制运用相关的泵站管理规程、泵站运行管理规程以及技术管理细则、规章制度与操作规程、工程设计文件等，编制时需要列出参考依据文献的技术文件名称、编号及发布时间等信息。

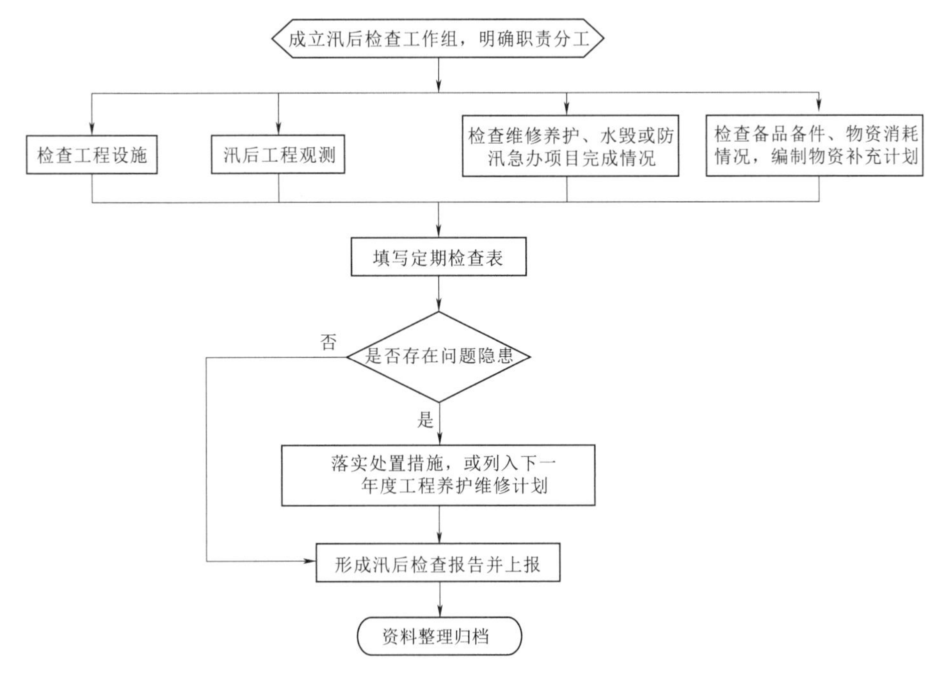

图 4.5 汛后检查参考流程图

3. 基本情况

基本情况包括泵站建成时间、泵站规模、泵房主体结构、主机泵型号、泵站流量、设计扬程、主要机电设备技术参数和泵站运行特征值等，工程基本情况尽量以图表形式表达。

4. 工作任务及职责分工

泵站工程检查主要分为日常检查、定期检查和专项检查，说明每项检查的时间频次、检查项目的主要内容和侧重点，并明确各类检查的责任人和岗位职责。

5. 日常检查

日常检查包括日常巡查和经常检查，分别说明检查要求、检查周期、检查流程、检查线路和检查内容等。

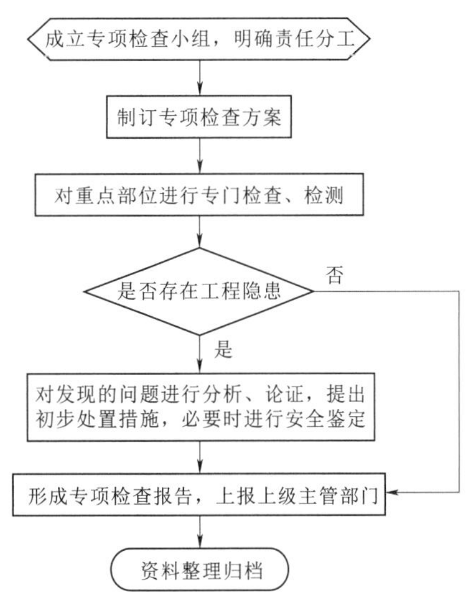

图 4.6 专项检查参考流程图

（1）日常检查要求参照工程检查工作标准相关内容，明确检查工作如何开展，以及问题如何处理等要求。

（2）日常检查周期参照相应的管理标准确定，与工作任务相对应。

（3）日常检查流程反映从开始组织到检查结束以及结果处理、台账资料管理等全过程的工作环节。绘制流程图可从责任主体、检查的步骤、相关的记录资料等方面着手。

（4）日常检查线路根据工程及管理范围实际情况进行设计。起始位置一般从值班室开始，按工程布置设计巡视检查线路；巡视路线包括管理范围内的工程建筑物、机电设备，线路尽可能简捷，无重复或少重复。

（5）检查内容主要包括水工建筑物、主机组、电气设备、辅助设备、监控设施、观测设施、管理设施等，应按照日常巡查、经常检查的侧重点分别详细说明检查内容、合格标准、注意事项等。

6. 定期检查

定期检查主要包括汛前检查、汛后检查、灌溉季前检查、灌溉季后检查、水下检查、试验检测等，分别说明检查要求、检查流程、检查内容等。

（1）定期检查的要求可参照定期检查工作标准，分别明确检查工作如何开展，以及问题如何处理等要求。

（2）定期检查流程反映检查工作如何组织与实施、结果处理以及接受上级检查、问题整改、台账资料管理等全过程的工作环节，绘制流程图。

（3）定期检查内容主要包括主机组、高低压电气设备、辅机设备、保护装置、自动化系统、试验检测、土建设施、标志标识等，详细说明检查内容、检查标准等。

7. 专项检查

（1）专项检查是针对工程遭受的异常情况或突发事件开展的有侧重点的检查，分别说明检查要求、检查流程和检查内容等。

（2）可参照定期检查的相关内容和要求编制。

8. 管理制度

本项作业应遵循的工程检查制度。

9. 台账资料

台账资料包括日常巡查记录、运行巡查记录、定期检查记录、定期检查汇总表、水下检查记录表、定期检查报告、专项（特别）检查报告等。

4.4.5 成果资料

工程检查的成果资料主要包括：

（1）泵站工程检查制度、工程检查作业指导手册等。

（2）日常巡查记录。

（3）经常检查记录。

（4）定期检查记录及报告。

（5）特别检查记录及报告等。

4.5 工 程 观 测

4.5.1 工作任务

泵站管理单位应按照相关观测标准和本工程设计的观测要求，结合工程运用中发现的主要问题，开展观测工作，保持观测工作的系统性和连续性。

工程观测的工作任务包括：制定工程观测制度、工程观测任务书编报、观测仪器校验、现场观测［观测项目主要包括：位移观测、扬压力观测、引河河床（渠道）及进出水池变形观测、专门性观测、水位观测等]、资料整编等。

4.5.2 工作标准及要求

4.5.2.1 基本要求

（1）管理单位应按照有关规程规范的要求，结合本工程设计的观测要求和工程运用中发现的主要问题，编制观测任务书，报上级主管部门批准或备案。

（2）保持观测工作的系统性和连续性，按照规定的项目、测次和时间在现场进行观测。测量工作应符合《国家一、二等水准测量规范》（GB/T 12897—2016）、《水利水电工程施工测量规范》（SL 52—2015）等规程规范的要求。

（3）观测工作要做到随观测、随记录、随计算、随校核、无缺测、无漏测、无不符合精度、无违时，测次固定和时间固定，人员和设备宜固定。

（4）委托外单位测量的，受委托单位的资质及能力应满足相关要求。

（5）工程施工期间的观测工作由施工单位负责，在交付管理单位管理后，由管理单位负责，双方应做好交接工作。

4.5.2.2 位移观测

（1）大型泵站位移观测应符合二等测量要求，中型泵站位移观测应符合三等测量要求。

（2）工程完工后5年内，应每季观测一次；以后每年汛期（灌溉季）前、汛期（灌溉季）后各观测一次。

（3）经资料分析工程位移趋于稳定的可改为每年观测一次，大中型排涝泵站和灌溉水源泵站应每年汛前、汛后各观测一次。

4.5.2.3 扬压力观测

（1）新建泵站投入使用后，每月观测15～30次；运用3个月后，每月观测4～6次；运用5年以上，且泵站位移和地基渗透压力分布均无异常情况下，每月观测2～3次。

（2）当泵站净扬程（上下游水位差）接近设计最大净扬程、超设计标准运用或遇有影响工程安全的灾害时，应随时增加测次。

（3）位于感潮河段的泵站在大潮期连续观测38小时，每隔1小时观测一次。在潮位接近峰、谷时，观测时间间隔不应大于15分钟。新建工程投入使用后，每月观测一次。当找出管内水位与上下游水位关系后，每年至少观测2次。

（4）测压管管口高程按四等水准测量的要求每年校测一次。测压管灵敏度检查可每3～5年进行一次。

4.5.2.4 河道（渠道）断面观测

（1）断面观测包括引河（渠）过水断面、大断面和水下地形观测等。

（2）在工程竣工后5年内，每年汛期（灌溉季）前、汛期（灌溉季）后各观测一次，以后可在汛期（灌溉季）前或汛期（灌溉季）后观测一次；遇工程接近设计流量运用、冲刷或淤积严重且未处理等情况，应增加测次。

（3）大断面每5年观测一次，地形发生显著变化后应及时观测。

（4）断面桩桩顶高程每5年考证一次，按四等水准测量的要求进行观测，如发现断面桩缺损，应及时补设并进行观测。

4.5.2.5 其他观测

泵站工程必要时可设置建筑物裂缝、伸缩缝、混凝土碳化深度等观测项目。

（1）经检查发现混凝土建筑物产生裂缝后，应对裂缝的分布、位置、长度、宽度、深度以及是否形成贯穿缝作出标记，进行观测。有漏水情况的裂缝，还应同时观测渗漏水情况。对于影响结构安全的重要裂缝，应选择有代表性的位置，设置固定观测标点，对其变化和发展情况，定期进行观测。

（2）伸缩缝观测测点的位置，可设在岸、翼墙顶面、底板伸缩缝上游面和工作桥或公路桥大梁两端等部位；地基情况复杂或发现伸缩缝变化较大的底板，应在底板伸缩缝下游面增设测点；观测岸、翼墙伸缩缝时应填写墙前水位，观测底板伸缩缝时应填写上、下游水位。

（3）混凝土碳化深度观测可采用凿孔的方法，用酚酞试剂（用100mL无水酒精加入2g酚酞溶解而成）试验，如颜色不变，则说明该处混凝土已碳化，如颜色变为粉红色，则说明混凝土尚未碳化。用测深尺量得该处混凝土碳化的深度，并将试验结果填入混凝土碳化试验成果表；观测结束后应用高标号水泥砂浆将试验孔封堵。

4.5.2.6 资料整理与汇编

（1）每次观测结束后，应及时对记录资料进行计算和整理，并对观测成果进行初步分析，如发现观测精度不符合要求，应重测；如发现数据异常，应立即进行复测并分析原因，并作出处理意见，同时应备案存档。

（2）大型泵站每年6月底和12月底向上级主管部门报送相关测量成果。

（3）管理单位应在年底完成本年度的资料整编工作，编写观测分析报告并报上级主管部门审查或备案。

4.5.3 工作流程

4.5.3.1 工程观测流程

工程观测流程一般包括提出观测任务书初步意见、观测任务书编制和批复、开展各类观测工作、资料计算整理、观测成果分析、成果上报主管部门、资料整编、资料审查、资料装订归档等。

工程观测参考流程如图4.7所示。

4.5.3.2 垂直位移观测流程

垂直位移观测流程一般包括选择时机、确定路线、实施观测、确认误差、资料整编及初步分析、资料整理归档等。

垂直位移观测参考流程如图4.8所示。

4.5.3.3 扬压力观测流程

扬压力观测流程一般包括参数设置、量读距离、计算水位、确认误差、资料整编及初步分析、资料整理归档等。

扬压力观测参考流程如图4.9所示。

4.5.3.4 河床（渠道）断面观测流程

河床（渠道）断面观测流程一般包括测量准备、设置参数、开始测量、确认误差、资料整编及初步分析、资料整理归档等。

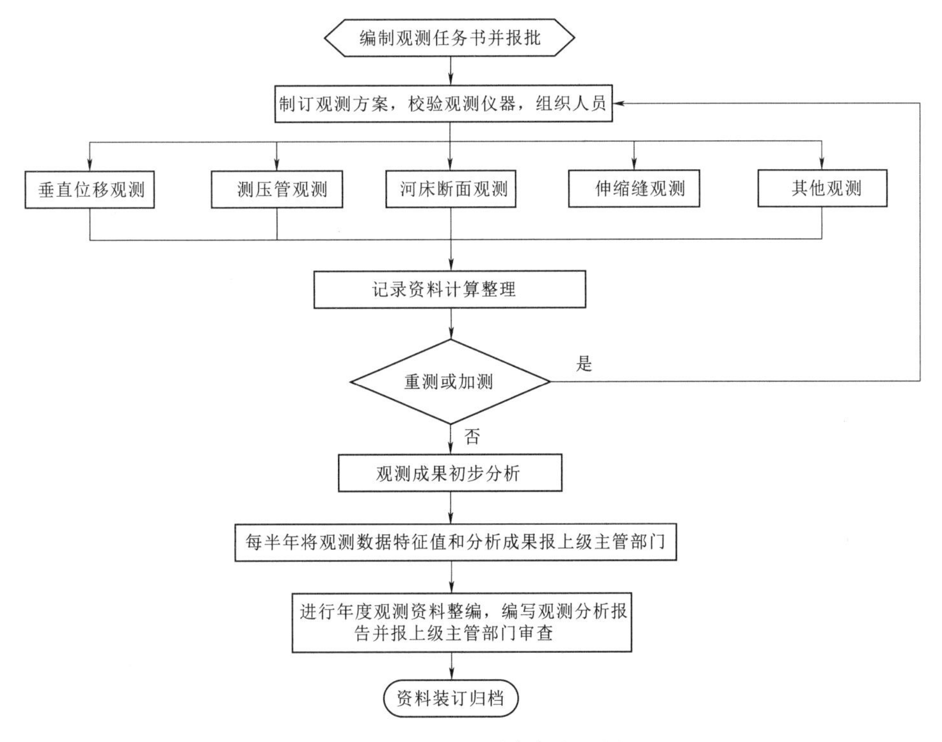

图 4.7　工程观测参考流程图

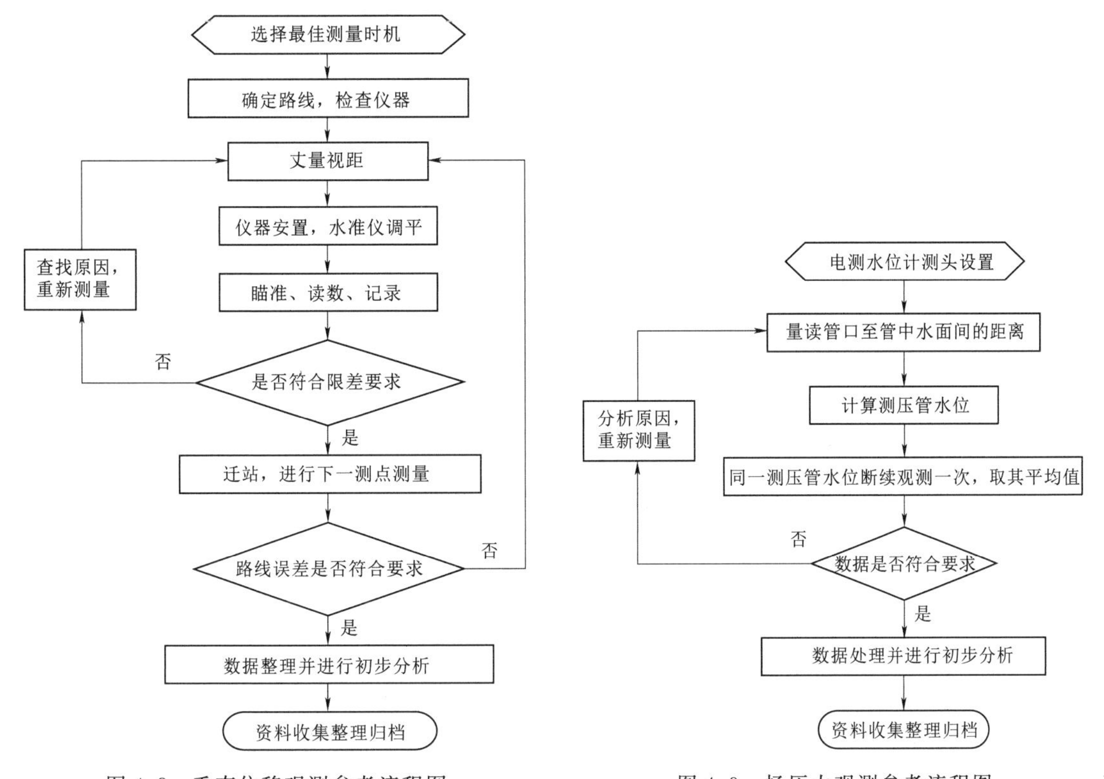

图 4.8　垂直位移观测参考流程图

图 4.9　扬压力观测参考流程图

河床（渠道）断面观测参考流程如图 4.10 所示。

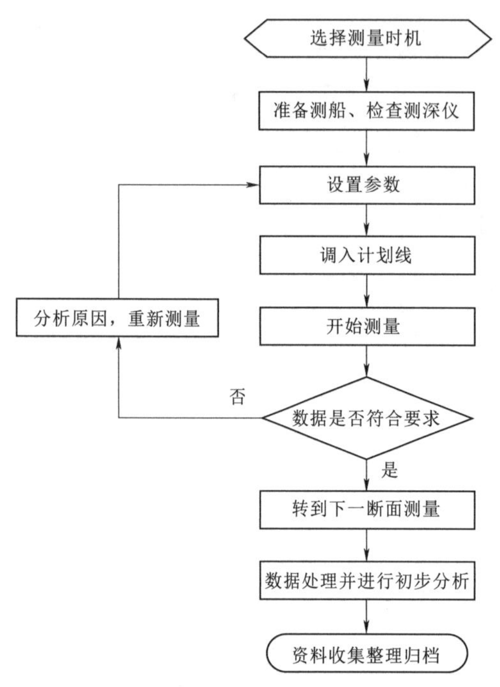

图 4.10 河床（渠道）断面观测参考流程图

4.5.4 工程观测作业指导手册

1. 适用范围

工程观测作业指导书用以指导开展泵站工程各类工程观测工作。

2. 编制依据

作业指导书编制的主要依据，是与工程观测相关的泵站管理规程、泵站观测规程以及技术管理细则、规章制度、工程设计文件等，并需要列出参考依据的技术文件名称、编号及发布时间等信息。

3. 基本情况

基本情况包括泵站建成时间、泵站规模、泵房主体结构、主机泵型号、泵站流量、设计扬程、主要机电设备技术参数和泵站运行特征值等，工程基本情况尽量以图表形式表达。

4. 工作任务及职责分工

泵站工程观测任务主要包括位移观测、扬压力水位观测、引河河床（引渠及进出水池）变形观测、建筑物伸缩缝观测和其他观测等。应说明每项观测的时间频次、外业测量、记录复核、分析汇总、资料整理和特别要求等，并明确各类观测的组织分工、具体观测人员的职责。

5. 总体要求

应规定对所有观测项目通用的要求，主要包括人员、设备、记录、分析等。

6. 位移观测

(1) 位移观测主要内容包括一般要求、操作流程及步骤、资料整理及初步分析等。

(2) 一般要求应说明本工程位移观测时间和测次、测量精度、工作基点的引用等，并绘制观测标点布置图。

(3) 操作流程主要包括检查校验观测设备，确定观测路线，电子水准仪的安置、粗平、瞄准、读数等环节，绘制流程图。操作步骤与流程各环节相对应，可采用现场测量图片配以文字说明方式描述，对相关注意事项要同步说明。

(4) 观测外业工作结束后，应及时对成果计算、校核，要明确测量的限差、需填写的图表以及初步分析的要求。

7. 扬压力观测

扬压力观测主要内容包括一般要求、操作流程及步骤、资料整理及初步分析等。

(1) 一般要求应说明观测时间和测次、观测方法与要求、测量精度，并绘制测点平面分布布置图。

（2）操作流程主要包括测头设置、量读管口至水面的距离、计算测压管水位等环节，同时记录上、下游水位，绘制流程图。操作步骤与流程各环节相对应，可采用现场测量图片配以文字说明方式描述，对相关注意事项要同步说明。

（3）观测外业工作结束后，应及时对成果计算、校核，要明确需填写的图表以及初步分析的要求。

8. 引河河床（引渠及进出水池）变形观测

引河河床（引渠及进出水池）变形观测主要内容包括一般要求、操作流程及步骤、资料整理及初步分析等。

（1）一般要求应说明断面桩的数量、布置位置、观测时间和测次、观测方法与要求等，并绘制断面布置图。

（2）操作流程主要包括检查观测仪器及相关检测资料、新建任务、GPS及测深仪的参数设置、调入计划线、开始测量、数据导出等环节，绘制流程图。

（3）操作步骤与流程各环节相对应，可采用现场测量图片配以文字说明方式描述，对相关注意事项要同步说明。

（4）观测外业工作结束后，应及时对成果计算、校核，要明确测量需填写的图表以及初步分析的要求。

9. 建筑物伸缩缝观测

建筑物伸缩缝主要内容包括一般要求、操作流程及步骤、资料整理及初步分析等。

（1）一般要求应说明泵站伸缩缝的数量和布置位置、观测的频次、测量方法以及精度要求。

（2）操作流程主要包括量读测点之间的距离、计算缝宽等环节，同时记录气温等，绘制流程图。操作步骤与流程各环节相对应，可采用现场测量图片配以文字说明方式描述，对相关注意事项要同步说明。

（3）观测外业工作结束后，应及时对成果计算、校核，要明确测量需填写的图表以及初步分析的要求。

10. 其他观测

其他观测主要包括建筑物沉降缝观测、裂缝观测、混凝土碳化深度观测、水文观测等。

（1）沉降缝观测包括测点布置、观测周期和观测方法等。

（2）裂缝观测主要包括探测坑布置、标点布置、观测时间、观测图表绘制等。

（3）混凝土碳化深度观测应规定观测时间、测点布置、观测方法及观测后保护措施、观测成果表填制。

（4）水文观测主要包括水位统计、流量统计、供排水量统计、降水量统计、工程运用情况统计等，指导手册应详细说明填表规定、精度要求、注意事项等。

11. 资料整理

资料整理主要包括资料的计算、校核、审查，资料分析和资料刊印等。

（1）观测结束后，应及时对观测资料进行计算、校核、审查。应说明一校、二校的内容，明确原始记录的审查要求，并规定资料整理的内容及要求等。

（2）通过相关参数、相关项目过程线，分析观测成果的变化规律及趋势，编写年度观测成果的初步分析并将资料进行刊印。

（3）资料刊印可按照工程基本资料、观测工作说明、垂直位移、测压管水位、河道断面、伸缩缝、其他观测项目和工程运用情况等顺序进行编制。

12. 管理制度

应遵循的相关工程观测制度。

13. 台账资料

台账资料包括：观测标点布置示意图、位移工作基点考证表、位移工作基点高程考证表、位移观测标点考证表、位移观测成果表、位移量横断面分布图、位移量变化统计表；扬压力观测的测压管位置示意图、测压管考证表、测压管管口高程考证表、测压管注水试验成果表、测压管淤积深度统计表、测压管水位统计表、测压管水位过程线；河床（引渠及进出水池）断面桩顶高程考证表、断面冲淤量比较表、断面比较图、水下地形图；混凝土建筑物裂缝位置图、混凝土建筑物裂缝观测标点考证表、混凝土建筑物裂缝观测成果表；伸缩缝观测标点考证表、伸缩缝观测成果表、伸缩缝宽度与气温过程线、混凝土碳化深度观测成果表；工程运用情况统计表、水位统计表、流量统计表、供排水量统计表、降水量统计表、工程大事记、观测工作说明、观测成果的初步分析等。

4.5.5 成果资料

工程观测的成果资料主要包括：

（1）泵站工程观测制度，工程观测作业指导手册等。

（2）位移观测记录资料。

（3）扬压力观测记录资料。

（4）河床（引渠及进出水池）断面观测记录资料。

（5）伸缩缝观测、裂缝观测和其他工程观测等记录资料。

（6）工程观测总结。

（7）工程观测设施统计表。

（8）工程观测设施检查表。

（9）水位统计表。

（10）流量统计表。

（11）供排水量统计表。

（12）工程大事记等。

4.6 维修养护

4.6.1 工作任务

泵站工程的维修养护主要包括水工建筑物、主机组、电气设备、辅机设备、金属结构、自动化监控设施、管理设施设备等的维修养护。管理单位应根据工程存在的问题，编制养护维修计划，按照项目管理要求和维修检修技术标准组织实施。

维修养护的工作任务包括：计划编报、项目实施、过程监督、安全管理、资金管理、进度管理、质量验收和绩效评价等。

4.6.2 工作标准及要求

1. 计划编报

（1）工程维修养护计划应根据工程存在问题和常规维修养护要求，依据相关标准及定额进行编制，每年年底前编制完成维修养护计划并上报。

（2）工程维修养护计划经批准后，应及时组织实施，凡影响安全度汛的项目应在汛前完成。需跨年度实施的项目，应上报批准。

2. 实施准备

（1）工程维修养护项目实行项目负责人制度，根据批准的计划，认真编制施工方案。

（2）应按照招投标或集中采购的有关规定，选择具有相应资质和能力的维修队伍，并加强项目管理。

3. 项目实施

（1）项目实施过程中应随时跟踪项目进度，建立维修施工管理日志，用文字及图像记录工程维修施工过程发生的事件和形成的各种数据。

（2）如实反映主要材料、机械、用工及经费等的使用情况，做到专款专用，并及时填写项目实施情况记录表。

（3）汛期或工程运行期间实施的项目应报上级防汛主管部门备案。

4. 项目验收

（1）维修项目验收视具体情况，分材料及设备验收、工序验收、隐蔽工程验收、阶段验收；项目完工进行项目竣工或完工验收。由几个分项目组成的维修项目除项目竣工或完工验收外，还应按分项目分别进行单项验收。

（2）材料及设备验收应具有材料各项检验资料、设备合格证、产品说明书及图样等随机资料。

（3）工序验收、工程隐蔽部分验收、阶段验收，应在该工序或隐蔽部分施工结束时进行。分部验收应具备相应的维修施工资料，包括质量检验数据、施工记载、图样、试验资料、照片等资料。

（4）分项单项验收时应具备相应的维修实施情况记录、质量检查验收记录、施工过程照片，材料设备、工序、工程隐蔽部分或阶段验收资料，以及试运行的资料。

（5）工程竣工或完工验收应具备相应的技术资料、竣工或完工总结及图样、照片、项目决算及内部审计报告等资料。

5. 项目管理卡

工程维修养护项目实行项目管理卡制度，分别建立工程维修、养护项目管理卡。

6. 绩效评价

对预算到位情况、数量指标、质量指标、时效指标、成本指标、经济效益指标、社会效益指标、生态效益指标、服务对象满意指标等进行自评价，填写绩效目标自评表。

工程维修项目管理报告目录与工程养护项目管理报告目录可参考［示例 4.6］。

[示例 4.6] 工程维修项目管理报告目录

1. 项目实施计划审批表
2. 项目实施方案
3. 项目预算
4. 开工报告审批表
5. 项目实施情况记录
6. 项目质量检查及验收
7. 项目竣工总结
8. 项目竣工决算
9. 项目竣工验收卡
10. 附件
……

工程养护项目管理报告目录

1. 养护项目计划审批表
2. 年（季）度工程养护计划
3. 年（季）度工程养护预算
4. 单项养护工程实施计划及预算
5. 单项养护工程开工申请审批表
6. 单项养护工程情况表
7. 单项养护工程费用明细表
8. 单项养护工程验收卡
9. 年度工程养护验收卡
10. 年（季）度工程养护总结
11. 工程养护大事记
……

4.6.3 工作流程

1. 工程维修养护项目管理流程

工程维修养护项目管理流程一般包括分析运行、检查、安全鉴定、工程观测等资料，编制维修养护项目及计划，项目计划批复，组织实施，填写实施记录，完成项目管理卡，上报资料，台账整理等。

工程维修养护项目管理参考流程如图 4.11 所示。

2. 主机组大修项目管理流程

主机组大修项目管理流程一般包括编制方案、准备工器具、机组拆卸、部件检查修复、机组回装、测量调整、电气试验、机组试运行、台账整理等。

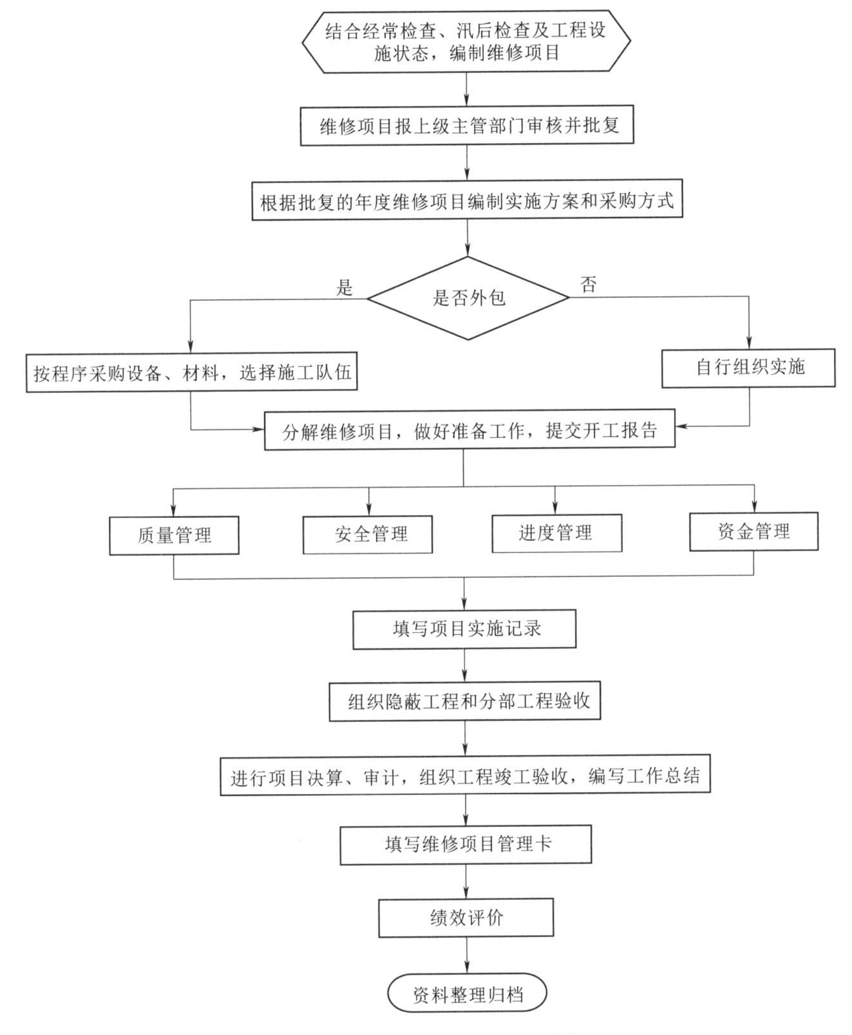

图 4.11　工程维修养护项目管理参考流程图

主机组大修项目管理参考流程如图 4.12 所示。

4.6.4　维修养护作业指导手册

1. 适用范围

维修养护作业指导手册用于指导泵站工程维修养护项目的组织实施和项目管理，以及主要工程设施的维修养护工作。

2. 编制依据

作业指导手册编制的主要依据，是与工程维修养护相关的泵站管理规程、泵站检修规程以及技术管理细则、规章制度、工程设计文件等，并需要列出参考依据的技术文件名称、编号及发布时间等信息。

3. 基本情况

基本情况包括：泵站建成时间、泵站规模、泵房主体结构、主机泵型号、泵站流量、设计扬程等设计特征值，以及主要机电设备的生产厂家、设备型号、技术参数等，并尽量

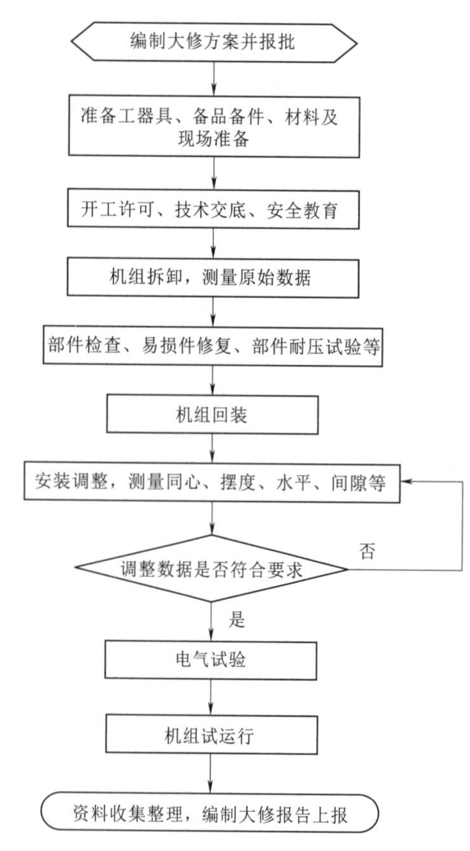

图 4.12 主机组大修项目管理参考流程图

以图表形式表达。

4. 工作任务及职责分工

泵站工程维修养护的工作任务主要包括：水工建筑物维修养护、主机泵维修养护、电气设备维修养护、自动化系统维修养护、辅助设备与金属结构维修养护等。应说明维修养护及项目管理工作内容，并明确各自的组织分工、人员职责等。

5. 维修养护总体要求

参照维修养护工作标准相关内容，明确维修养护在分类、实施时间、内容及项目管理等方面应遵循的总体要求。

6. 维修养护实施流程

维修养护实施流程主要反映从立项下达，到实施准备、过程管理，以及决算审计、档案管理及验收等全过程的重点环节，绘制流程图。

7. 水工建筑物维修养护

水工建筑物维修养护内容主要包括土工建筑物、石工建筑物、混凝土建筑物和房屋等的维修养护。应详细说明水工、石工、混凝土建筑物和房屋等维修养护的基本要求、维修养护部位、存在问题、维修养护方法及注意事项等。

8. 主机泵维修养护

主机泵检修内容主要包括主机泵检修方式、检修周期、检修项目、主机泵大修等。

（1）主机泵检修一般分为定期检查、小修和大修三种方式，应详细说明定期检查、小修、大修的主要项目内容、检修时间、技术要求等。

（2）主机泵检修周期宜按照小修、大修进行划分，结合相关检修规程绘制泵站机组小修、大修检修周期表，详细说明检修类别、检修周期、运行台时、工作内容及时间安排等。

（3）检修项目按机组小修、机组大修进行分类，明确主电机、主水泵的小修、大修项目内容及技术标准，规定主机组扩大性大修的项目内容。

（4）主机泵大修主要内容包括大修前准备、大修流程、机组拆卸、机组组装等。

（5）机组大修前应组织人员、查阅资料、编制计划、提出注意事项等，同时分准备阶段、作业阶段和结束阶段绘制主机组大修流程图。

（6）应详细说明主机组拆卸解体和机组组装的一般要求、操作步骤、项目内容、技术要求、注意事项、记录文件等，必要时配以图表说明。

9. 电气设备维修养护

电气设备维修养护内容主要包括主变压器、站（所）用变压器、GIS 组合电器、高压开关、低压开关、直流系统、励磁装置、无功补偿装置、防雷接地装置等。要详细说明各种类型设备的检修周期、检修项目、维修养护内容、技术要求以及注意事项。针对重要的检修项目，绘制检修流程。

10. 辅助设备与金属结构维修养护

辅助设备与金属结构维修养护内容主要包括泵站油气水辅助系统、拦污栅、清污机、检修闸门、工作拍门（工作阀）、起重机械、压力容器等。

（1）辅助设备与金属结构的机电设备和安全装置，应定期检查、维护，安全装置应定期校验，发现缺陷应及时修理或更换。

（2）应结合泵站工程实际情况，具体说明压力油、润滑油系统，压缩空气系统，供、排水系统的检修周期、检修项目、解体组装的步骤及技术要求、注意事项等。

（3）金属结构件维修养护，应按照相关规程规范的要求，明确检修内容、检修周期、检修流程等。起重机械每两年检测一次，其安装、维修、检测工作须由安全技术监督部门指定的单位进行；压力容器每 6 年检测一次，安全阀每年检测一次，其安装、维修、检测工作须由安全技术监督部门指定的单位进行，具体管理办法按行业规定执行。

11. 自动化系统维修养护

自动化系统维修养护内容主要包括微机监控系统、视频监视系统和网络通信系统等。

泵站管理单位每年应对自动化系统进行一次全面维护，对基本性能与重要功能进行测试。自动化系统维修养护指导书，要详细说明微机监控、视频监视、网络通信系统的盘柜、计算机、PLC 模块、打印机、UPS 电源、摄像机、系统功能的维护项目、测试内容和技术要求等。

12. 项目管理

维修养护项目管理执行水利工程维修养护项目管理报告制度。维修项目实施采用工程维修项目管理报告，养护项目实施采用工程养护项目管理报告。

（1）项目管理要求。参照项目管理工作标准相关内容，分别明确维修项目、养护项目管理应遵循的有关规定。

（2）项目管理流程。项目管理流程分别反映维修项目、养护项目从计划批复下达、项目采购、合同管理、施工管理、方案变更、中间验收、决算审核、档案专项验收、竣工验收、档案管理等全过程的工作环节，绘制流程图。

（3）项目实施。项目实施主要说明项目实施方案编制要求及内容、项目实施方案报批、施工单位的选择及材料设备的采购、项目实施过程管理、项目竣工总结编写等。

（4）竣工或完工验收。竣工或完工验收主要说明竣工或完工验收的组织、验收的内容、验收程序等。

（5）项目管理报告。工程维修项目管理报告内容主要包括：项目实施计划审批表、项目实施方案、项目预算（单价分析表）、开工报告审批表、项目实施情况记录（图片资料）、项目质量检查及验收（分部工程验收卡）、项目竣工总结、决算书封面、项目竣工决算、项目竣工验收卡、附件等。

工程养护项目管理报告内容主要包括：养护项目计划审批表、年度工程养护计划、年度工程养护计划预算表、季度工程养护计划审批表、季度工程养护计划封面、季度工程养护计划、季度工程养护计划预算表、单项养护工程项目实施计划封面、单项养护工程实施方案、单项养护工程实施计划预算表、单项养护工程开工申请审批表、单项养护工程情况表、单项养护工程费用明细表、单项养护工程验收卡、季度工程养护总结、年度工程养护验收卡、工程养护总结、工程养护大事记等。

13. 管理制度

说明维修养护应遵循的相关规章制度，主要有维修养护项目管理制度、设备管理制度等。

14. 台账资料

（1）机电设备修试记录。

（2）机组大修报告书。

（3）安装质量评定表。

（4）维修项目管理卡。

（5）养护项目管理卡等。

4.6.5 设施设备维修养护要求

4.6.5.1 土工建筑物维修养护

（1）两岸堤防出现雨淋沟、浪窝、塌陷和岸、翼墙后填土区发生跌塘、沉陷时，应随时修补夯实。

（2）两岸堤防发生渗漏、管涌时，应按照“上截下排”的原则及时进行处理。

（3）两岸堤防发生裂缝时，应针对裂缝特征按照下列规定处理：

1）干缩裂缝、冰冻裂缝和深度小于500mm、宽度小于5mm的纵向裂缝，一般可采取封闭缝口处理。

2）深度不大的表层裂缝，可采用开挖回填处理。

3）非滑动性的内部深层裂缝，宜采用灌浆处理；对自表层延伸至堤（坝）深部的裂缝，宜采用上部开挖回填与下部灌浆相结合的方法处理。裂缝灌浆宜采用重力或低压灌浆，但不宜在雨季或高水位时进行；当裂缝出现滑动迹象时，则严禁灌浆。

（4）两岸堤防出现滑坡迹象时，应针对产生原因按“上部减载、下部压重”和“迎水坡防渗、背水坡导渗”等原则进行处理。

（5）两岸堤防遭受白蚁、害兽危害时，应采用毒杀、诱杀、捕杀等方法防治；蚁穴、兽洞可采用灌浆或开挖回填等方法处理。

（6）河床冲刷坑危及防冲槽或河坡稳定时应立即组织抢护。一般可采用抛石或沉排等方法处理；不影响工程安全的冲刷坑，可不作处理。

（7）河床淤积影响工程效益时，应及时采用人工开挖、机械疏浚或利用泄水结合机具松土冲淤等方法清除。

4.6.5.2 石工建筑物维修养护

（1）浆砌块石的翼墙，必须保持结构完好、表面平整，如有塌陷、隆起、勾缝脱落或开裂、倾斜、断裂等现象时，应及时修复。

（2）浆砌、干砌块石护坡、护底，如有松动、塌陷、隆起、滑坡、底部淘空、垫层散失等现象时，应参照《水利泵站施工及验收规范》（GB/T 51033—2014）中有关规定按原状修复。

（3）浆砌块石墙墙身渗漏严重时，可采用灌浆处理；墙身发生倾斜或有滑动迹象时，可采用墙后减载或墙前加撑等方法处理；墙基出现冒水冒沙现象，应立即采用墙后降低地下水位和墙前增设反滤设施等办法处理。

（4）泵站的防冲设施（防冲槽、海漫等）遭受冲刷破坏时，一般可采用加筑消能设施或抛石笼、柳石枕和抛石等方法处理。

（5）泵站的反滤设施、减压井、导渗沟、排水设施等应保持畅通，如有堵塞、损坏，应予疏通、修复。

4.6.5.3　混凝土建筑物维修养护

（1）混凝土建筑物表面应保持清洁完好，积水、积雪应及时排除；检修门槽、隔墩等处如有苔藓、蚧贝、污垢等应予清除。检修闸门槽、底坎等部位淤积的砂石、杂物应及时清除，底板、进水池范围内的石块和淤积物应结合水下检查定期清除。

（2）岸墙、翼墙、挡土墙上的排水孔及公路桥、工作便桥拱下的排水孔均应保持畅通。公路桥、工作桥和工作便桥桥面应定期清扫，工作桥桥面排水孔的泄水应防止沿板和梁漫流。

（3）公路桥、工作便桥的拱圈和工作桥的梁板构件，其表面应因地制宜地采取适当的保护措施，一般可采用环氧厚浆等涂料进行封闭防护，如发现涂料老化、局部损坏、脱落、起皮等现象，应及时修补或重新封闭。

（4）钢筋混凝土的保护层受到冻蚀、碳化侵蚀损坏时，应根据侵蚀情况分别采用涂料封闭、高标号砂浆或环氧砂浆抹面或喷浆等措施进行修补，应严格控制修补质量。

（5）混凝土结构脱壳、剥落或遭机械损坏时，可参考［示例 4.7］的修补措施进行修补，并严格控制修补质量。

［示例 4.7］　混凝土结构局部损坏的修补措施

（1）混凝土表面脱壳、剥落或局部损坏，可采用水泥砂浆修补。

（2）虽局部损坏，但损坏部位有防腐、抗冲要求，可用环氧砂浆或高标号水泥砂浆等修补。

（3）损坏面积大、深度深的，可用浇混凝土、喷混凝土、喷浆等方法修补。

（4）为保证新老材料结合坚固，在修补之前对混凝土表面凿毛并清洗干净，有钢筋的应进行除锈。

（6）混凝土建筑物出现裂缝后，应加强检查观测，查明裂缝性质、成因及其危害程度，据以确定修补措施。混凝土的微细表面裂缝、浅层缝及缝宽小于有关标准裂缝宽度允许值时，可不予处理或采用涂料封闭。缝宽大于允许值时，则应分别采用表面涂抹、表面贴补玻璃丝布、凿槽嵌补柔性材料后再抹砂浆、喷浆或灌浆等措施进行修补。

（7）裂缝应在基本稳定后修补，并宜在低温季节开度较大时进行。不稳定裂缝应采用柔性材料修补。

(8) 混凝土结构的渗漏，应结合表面缺陷或裂缝进行处理，并应根据渗漏部位、渗漏量大小等情况，分别采用砂浆抹面或灌浆等措施。

(9) 伸缩缝填料如有流失，应及时填充。止水设施损坏，可用柔性化学材料灌浆，或重新埋设止水予以修复。

(10) 位于水下的底板、岸墙、翼墙、进水池等部位，如发生表层剥落、冲坑、裂缝、止水设施损坏，应根据水深、部位、面积大小、危害程度等不同情况，选用钢围堰、气压沉柜等设施进行修补，或由潜水员进行水下修补。

4.6.5.4 机电设备维修养护

1. 主机泵检修

(1) 大修。主机组大修是对机组进行全面解体、检查和处理，更换损坏件，更新易损件，修补磨损件，对机组的同轴度、摆度、垂直度（水平）、高程、中心、间隙等进行重新调整，消除机组运行过程中的重大缺陷，恢复机组各项指标。主机组大修通常分为一般性大修和扩大性大修。

一般性大修主要内容包括：叶片、叶轮外壳的气蚀处理；泵轴轴颈磨损的处理及轴承的检修和处理；密封的检修和处理及填料的检修和处理；叶片调节机构分解、清理，轴承及密封的处理；电机轴瓦的研刮；磁极线圈或定子线圈损坏检修更换；油冷却器的检查、试验、检修；机组的垂直同心，轴线的摆度、垂直度、中心及各部分的间隙，磁场中心的测量及油、气、水压试验等。

扩大性大修主要内容包括：叶轮解体、检查、修理；叶轮的静平衡试验；叶轮的油压试验；导叶体拆除；轴窝磨损加工处理；一般性大修的所有内容。

(2) 小修。主机组小修是根据机组运行情况及定期检查中发现的问题，在不拆卸整个机组和较复杂部件的情况下，重点处理一些部件的缺陷，从而延长机组的运行时间。机组小修一般与定期检查结合或设备产生应小修的故障时进行。机组定期检查是根据机组运行的时间和情况进行检查，了解设备存在的缺陷和异常情况，为确定机组检修性质提供资料，并对设备进行相应的维护。

小修的主要内容包括：更换橡胶轴承；主泵填料密封更换；叶片调节机构轴承的更换及安装调整；供排水检修；叶片、叶轮外壳局部汽蚀区域的检查和修补；液位信号器、测温装置的检修；水导轴承更换；油冷却器的检修，铜管更换；上下油缸的检修；滑环的处理。

2. 主变压器检修

变压器检修按照《电力变压器检修导则》(DL/T 573—2021) 的规定执行。变压器检修后经验收合格，才能投入运行。验收时须检查检修项目、检修质量、试验项目以及试验结果，隐蔽部分的检查应在检修过程中进行。检修资料应齐全、填写正确。

(1) 大修。主变压器在投入运行后根据设备运行情况、技术状态和试验结果综合分析实施状态检修。若运行中发现异常状况或经试验判明有内部故障时，应进行大修。

大修的主要内容包括：检查清扫外壳，包括本体、大盖、衬垫、油枕、散热器、阀门等，消除渗油、漏油；根据油质情况，过滤变压器油，更换或补充硅胶；若不能利用打开大盖或人孔盖进入内部检查时，应吊出芯子，检查铁芯、铁芯接地情况及穿芯螺丝的绝缘，检查及清理绕组及绕组压紧装置，垫块、各部分螺丝、油路及接线板等；检查清理冷却器、阀门等装置，进行冷却器的油压试验；检查并修理有载或无载调度接头切换装置，包括附加电抗器、定触点、动触点及传动机构；检查并修理有载分接头的控制装置，包括电动机、传动机械及其全部操作回路；检查并清扫全部套管；检查充油式套管的油质、油位情况；校验及调整温度表；检查及校验仪表、保护装置、控制信号装置及其二次回路；检查及清扫变压器电气连接系统的配电装置及电缆；检查接地装置；室外变压器外壳油漆。

（2）小修。主变压器、站用变压器、励磁变压器每年结合电气预防性试验进行一次小修。

小修的主要内容包括：检查并消除已发现的缺陷；检查并拧紧套管引出线的接头；检查油位计；冷却器、储油柜、安全气道及压力释放器的检修；套管密封、顶部连接帽密封衬垫的检查，瓷绝缘的检查、清扫；各种保护装置、测量装置及操作控制箱的检修、试验；有载调压开关的检修；充油套管及本体补充变压器油；油箱及附件的检修涂漆；进行规定的测量和试验。

4.6.6 成果资料

维修养护的成果资料主要包括：

（1）泵站设备检修制度，泵站维修养护作业指导书等。

（2）工程养护、维修记录，电气设备试验报告等。

（3）设备登记卡，设备缺陷登记卡。

（4）主机组大修报告书。

（5）主变压器大修报告书。

（6）电气设备、辅助设备、金属结构大修总结报告。

（7）维修项目管理卡。

（8）养护项目管理卡等。

4.7 泵房及周边环境管理

4.7.1 工作任务

泵房及周边环境管理的工作任务主要包括：

（1）保证泵房内整洁卫生，地面无积水，房顶及墙壁无漏雨，门窗完整、明亮，金属构件无锈蚀。

（2）保证工具、物件等摆放整齐，防火设施齐全，照明灯具齐全，完好率90%以上。

（3）保证泵房周边场地清洁、整齐，无杂草、杂物。

4.7.2 工作标准及要求

（1）划分泵站及周边环境管理责任区，建立责任制和管理台账，经常对泵房及周边进行保洁卫生，定期开展环境整治，做到泵房内整洁卫生，地面无积水，房顶及墙壁无漏雨，门窗完整、明亮，金属构件无锈蚀；做到泵房周边场地清洁、整齐，无杂草、杂物。

（2）泵站及周边环境卫生、绿化养护、零星维修等由物业公司管护的，应与物业公司签订合同，并制定管理办法、考核标准，加强管理，定期进行检查和考核。

（3）泵房工具、物件等应有明细统计和摆放位置分布示意图，且分类合理、摆放整齐，标签内容齐全、清晰。

（4）防火设施应定期检验，贴合格标签，统一编号，有摆放位置分布图、使用说明和日常巡查记录。

（5）照明灯具有统计记录和日常巡查记录，定期进行检查维护，及时更换损坏的灯具，完好率达到90%以上。室外照明定时器应按夏季、冬季适时进行时间调节。

4.7.3 成果资料

泵房及周边环境管理的成果资料主要包括：

（1）泵站环境卫生管理制度，泵房及周边环境管理责任区划分及管理台账。

（2）泵站泵房及周边环境检查记录。

（3）泵房及周边环境卫生、绿化养护等物业管理合同及管理办法、考核标准、检查记录、考核结果等资料。

（4）泵站消防器材检查和更换记录。

（5）室内外照明灯具统计表及巡查记录。

4.8 工程评级

4.8.1 工作任务

工程评级的工作任务主要是结合工程定期检查或年度维修养护项目验收，定期对各类建筑物、机电设备和金属结构等进行评级，填写评级表，并报上级主管部门（指泵站管理单位）审批或认定。

工程评级任务清单主要包括编制计划、组织评定、成果认定、评级总结等。

4.8.2 工作标准及要求

1. 评级范围

（1）管理单位每年应对泵站机电设备、每1～2年应对泵站建筑物进行全面评级，并对评级结果分析总结，评级资料应及时归档。

（2）机电设备评级范围应包括主水泵、主电机、主变压器、站用变压器、主要电气设备、辅助设备、自动化系统等设备。

（3）水工建筑物评级范围应包括引水建筑物、进口拦污清污设施、前池及进水池、泵房、进出水流道（压力管道）、出水池、上下游翼墙、附属建筑物等。

2. 单元划分

工程评级应按工程情况、功能划分评级单元、单项设备、单位工程逐级评定。

3. 组织评定

成立工程评级工作小组对泵站设备和建筑物等级进行评定。评级工作小组成员宜包括泵站负责人、技术负责人、技术人员、技术工人等。评级应根据每年汛期（灌溉季）前、汛期（灌溉季）后检查情况、运行情况及维修检修记录、观测资料、缺陷记载等情况进行，按规定项目和内容详细填写并签字。

4. 评定标准

(1) 泵站设备等级分四类，其中三类和四类设备为不完好设备。主要设备的等级评定应符合下列规定，各类设备评级的具体标准可按《泵站技术管理规程》(GB/T 30948—2021) 的规定执行：

一类设备：主要参数满足设计要求，技术状态良好，能保证安全运行。

二类设备：主要参数基本满足设计要求，技术状态基本完好，某些部件有一般性缺陷，仍能安全运行。

三类设备：主要参数达不到设计要求，技术状态较差，主要部件有严重缺陷，不能保证安全运行。

四类设备：达不到三类设备标准以及主要部件符合报废或淘汰标准的设备。

(2) 泵站主要建筑物等级评定应符合下列规定，各类建筑物评级标准可按《泵站技术管理规程》(GB/T 30948—2021) 的规定执行：

一类建筑物：运用指标能达到设计标准，无影响正常运行的缺陷，按常规养护即可保证正常运行。

二类建筑物：运用指标基本达到设计标准，建筑物存在一定损坏，经维修后可达到正常运行。

三类建筑物：运用指标达不到设计标准，建筑物存在严重损坏，经除险加固后才能达到正常运行。

四类建筑物：运用指标无法达到设计标准，建筑物存在严重安全问题，需降低标准运用或报废重建。

5. 评定结果运用

(1) 评定为一类、二类的设备、建筑物为完好设备、完好建筑物，应加强管理和养护维修。

(2) 单项设备被评为三类、四类设备的应列入更新改造计划，改造应符合《泵站设计规范》(GB 50265—2010) 等标准的要求；凡需报废的设备，应提出申请，按规定程序报批。单项建筑物 (单项工程) 安全类别评定为三类、四类的泵站应进行安全鉴定，经安全鉴定为三类、四类的应更新改造。更新改造前，确需投入运用的，应采取相应安全措施或降等使用。

6. 评级成果认定和总结

泵站工程评级工作小组应对泵站设备、建筑物评级成果进行认定，编制泵站设备、建筑物评级报告，形成评级成果，将评级有关过程资料及报告归档。必要时，将评级成果报上级主管部门审批或备案。

4.8.3 工作流程

工程评级流程一般包括成立工作小组、制订方案、基层站所评定，报上级主管部门 (指管理单位) 审批或认定，对工程缺陷提出处置意见，工作总结，资料整理归档等。

工程评级参考流程如图 4.13 所示。

4.8.4 成果资料

工程评级的成果资料主要包括：

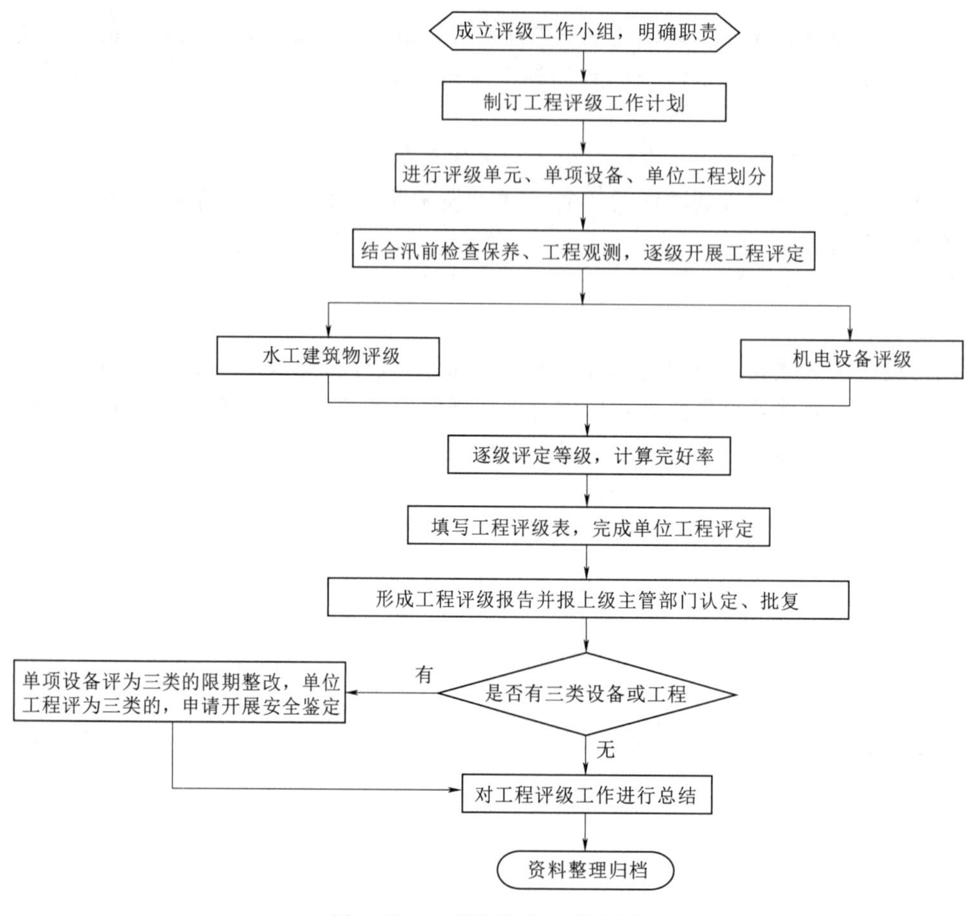

图 4.13　工程评级参考流程图

（1）成立工程评级工作小组的文件，工程评级方案。

（2）建筑物评级表、设备评级表。

（3）工程评级报告等。

4.9　管理及配套设施

管理及配套设施主要包括管理房、档案室、物资仓库、文体设备设施等。

4.9.1　管理房管理要求

1. 值班室

（1）室内保持清洁、卫生，空气清新，无杂物，隔音良好。

（2）墙面设有值班管理制度。

（3）桌面电话机、对讲机、记录本等应定点摆放。

（4）座椅摆放整齐，衣物设置衣柜摆放，禁止随意放于桌面、椅背等处。

（5）室内窗帘保持洁净，安装可靠，空调设施完好。

（6）配备巡视检查交通工具。

（7）照明、灭火器材等设施齐全、完好。

2. 控制室

（1）控制台面划定区域定点摆放鼠标、监视屏、打印机、电话机、对讲机及文件架，设备设施完好、清洁；各种记录空白表、签字笔、打印纸等应摆放整齐。

（2）控制台内设备应保持完好、清洁，布线整齐合理，通风良好。

（3）配备钥匙箱、常用工具等。

（4）置于墙面、悬挂于屋顶的监视电视机等应保持完好、清洁。

（5）消防设施完备，室内禁止吸烟，保持清洁、卫生，空气清新，无杂物，隔音良好。

（6）墙面设有控制室设备运行及操作的主要管理制度和流程等。

3. 食堂

（1）食堂内必须做到门窗明亮，墙面无污渍、无蜘蛛网、无蚊蝇、无烟尘，物品摆放整齐，及时分类清理垃圾，严禁随地乱摆放东西，保证通道畅通。

（2）食堂内部地面、餐桌台面、工作台面应干净，无杂物、积水、污垢，炊具干净、整洁，无污点。油污应定期清理，排油烟设施能正常使用。

（3）液化气罐专人管理，不使用时及时关闭，防火防爆防中毒等安全措施到位。

（4）食堂应配备消毒柜，确保餐具卫生。

（5）食品原料应在食品架上整齐摆放、保持清洁。

（6）电气设备应有防潮装置，不超负荷使用，绝缘良好。

（7）储存温度符合要求，冷冻、冷藏食品时间不宜过长。

4. 卫生间

（1）卫生间应随时保持清洁，空气清新，无蜘蛛网及其他杂物，地面无积水。

（2）卫生间的洁具应清洁，无破损、结垢及堵塞现象，冲水顺畅。

（3）洗手台面干净整洁，台面无污垢、杂物，洗手间镜面光亮整洁，无水痕水渍。

（4）卫生间内墙壁卫生干净整洁，无灰尘、污渍、尿碱等污垢痕迹。

（5）卫生间地面及小便池内不得有烟头、纸屑等杂物。大便池内干净整洁，无脏水和未冲掉的粪便。

（6）卫生间内厕所间的隔断没有乱涂乱画现象，隔断顶端无灰尘状态。

（7）卫生间内不得堆放任何与清洁工作无关的物品，所有清洁用具应选择角落摆放整齐。

4.9.2 档案室管理要求

（1）室内保持整洁、卫生，空气清新，无关物品不得存放。

（2）档案室墙面设有相关制度及工作流程。

（3）档案柜及档案排列规范、摆放整齐、标识明晰。

（4）照明灯具及亮度符合档案室要求。

（5）室内窗帘保持洁净，安装可靠，空调设施完好。

（6）温湿度计、碎纸机、除湿机配备齐全、完好。

（7）符合防火、防盗、防潮、防光、防尘、防虫鼠的要求。

（8）配备灭火器、温湿度计等设施，四周无危及档案室安全的隐患。

4.9.3 物资仓库管理要求

（1）仓库应保持整洁、空气流通，无蜘蛛网，物品摆放整齐。

（2）仓库指定专人管理，管理制度在醒目位置上墙明示，清晰完好。

（3）货架排列整齐有序，物品分类详细合理，编号齐全。

（4）物品按照分类划定区域摆放整齐合理、便于存取，有通风、防潮或特殊保护要求的应有相应措施。

（5）危险品应单独存放，防范措施齐全，定期检查。

（6）仓库应有通风、防潮、防火、防盗的措施，有特殊保护要求的应有相应措施。储存物品不可直接与地面接触。

（7）照明、灭火器材等设施齐全、完好。

（8）墙面合适位置设有仓库管理制度和工作流程等。

4.9.4 文体设备设施管理要求

（1）室内外所有文体设施、器械及场地干净、整洁，设施、器械无损坏，定期检查及维护，其强度及功能等符合有关标准要求。

（2）管理员负责文体场馆钥匙的管理，并严格按规定的时间开放或关闭场馆。

（3）篮球、羽毛球、乒乓球、桌球等球类运动的相关附属配套物品（例如球拍、球、球杆等）统一管理，使用人在领用、归还时需进行登记。

（4）凡在文体活动场地活动者，必须服从管理人员的安排及管理，遵守活动规则。严禁在活动场地乱丢垃圾，乱扔纸屑、果核、食品袋等杂物，不随地吐痰，不大吵大闹，不高声喧哗，不在室内吸烟。

（5）活动场地的文体器材、电气设备等，未经管理员同意不得随意挪动、拆装。

4.9.5 成果资料

管理及配套设施的成果资料主要包括：

（1）管理及配套设施平面布置示意图。

（2）管理及配套设施管理制度。

（3）管理及配套设施台账。

4.10 生产及技术管理

4.10.1 工作任务

生产及技术管理的工作任务主要包括：

（1）结合工程具体情况，及时制定完善运行管理规程，并报经上级主管部门批准。

（2）泵站平、立、剖面图，高低压电气主接线图，油、气、水系统图，主要设备检修情况表及主要工程技术指标表齐全，并在合适位置明示。

4.10.2 工作标准及要求

（1）工程管理单位要结合工程实际情况编制运行规程，内容齐全，针对性、可操作性强；运行规程应按单个工程进行编制。

（2）工程管理单位应根据工程变化情况和管理要求的提高，如改造或加固、功能变化、水位组合改变等，及时对运行规程进行修订完善。

（3）各类上墙图表内容应准确，电气模拟图、电气主接线图、油气水系统图等图上设备名称和开关编号应与现场保持一致。

（4）主要机电设备检修揭示图上应有设备等级及评定时间，设备大修、小修及试验情况，有条件的泵站管理单位可制作设备管理二维码，主要技术参数及检修试验记录在二维码后台进行数据更新。

（5）应有泵站工程平立剖面图、工程主要技术指标表、设备指示图、巡视路线图及巡视内容。泵站站身剖面图参见［示例4.8］。

（6）所有技术图表布置应与厂房整体风格一致，在控制室或主、副厂房内合适位置进行悬挂，表面整洁美观，安装固定牢靠。

［示例4.8］　泵站站身剖面图

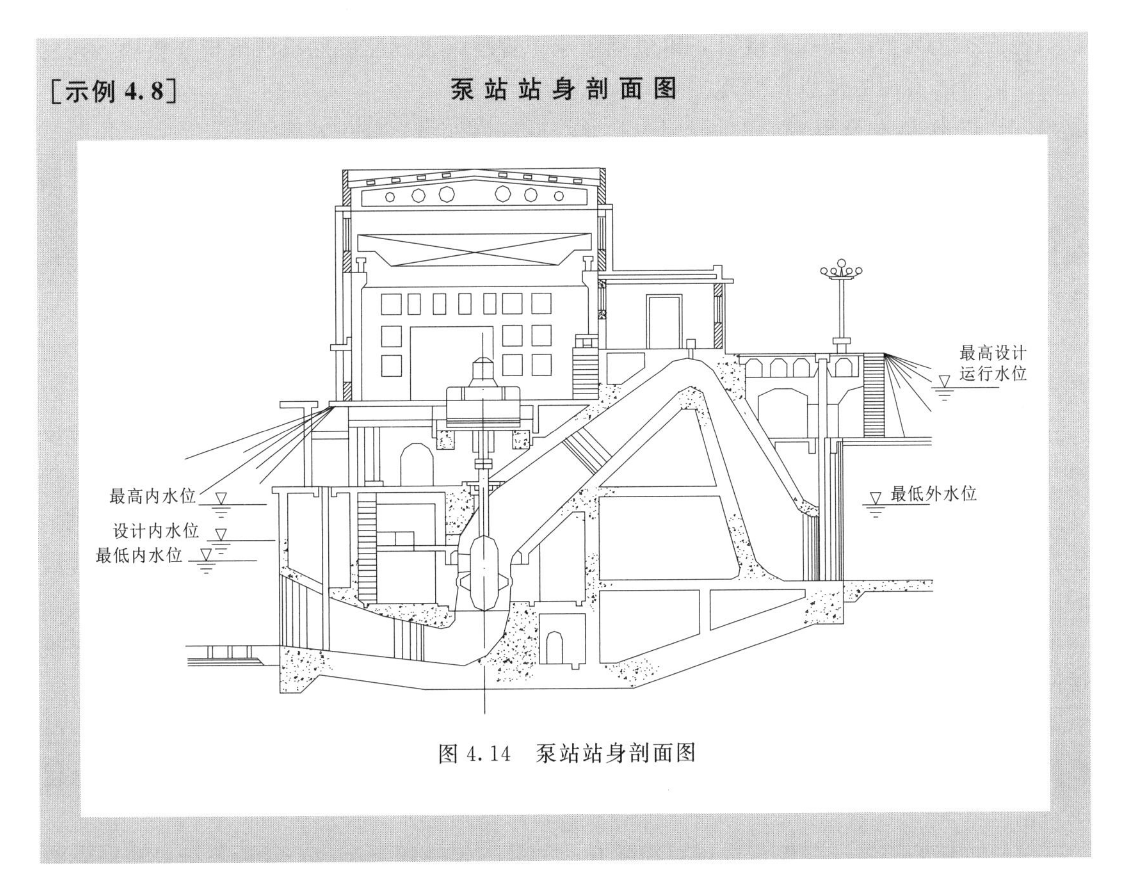

图4.14　泵站站身剖面图

4.10.3　成果资料

生产及技术管理的成果资料主要包括：

（1）泵站运行管理规程。

（2）泵站技术图表汇总表及布置示意图、实物照片等。

4.11 信息化管理

4.11.1 工作任务

信息化管理的工作任务主要包括：

（1）制订泵站工程现代化发展规划及实施计划和泵站信息化建设规划及实施方案等，并按规划及方案（计划）组织实施。

（2）利用先进的信息化技术手段推进工程管理信息化、智能化，改变工程管理方式，全面提升管理效能。

（3）设置信息管理机构，建立健全系统管理、运行维护、安全保障等信息管理制度，配备相应的专业技术人员。

（4）基于现代信息技术和水利工程管理发展新形势，切合泵站工程管理特点和实际需求，将信息化与精细化深度融合，重点围绕业务管理、工程监测监控两大核心板块，构建安全、先进、实用的信息化管理平台。

4.11.2 工作标准及要求

（1）泵站管理单位应根据国家有关规程规范的要求，结合泵站工程实际，按先进实用、适度超前的原则，组织编制泵站工程现代化发展规划及实施计划、泵站信息化建设规划及实施方案等，并按有关程序报批或备案。规划、方案（计划）批准后，严格按有关规定组织实施。

（2）信息化管理平台应符合网络安全分区分级防护的要求，一般将工程监测监控系统和业务管理系统布置在不同网络区域。

（3）信息化管理平台要采用当今运用成熟、先进的信息技术方案，功能设置和内容要素符合水利工程管理标准和规定，能适应当前和未来一段时期的使用需求。

（4）信息化管理平台要紧密结合泵站工程业务管理特点，客户端符合业务操作习惯。系统具有清晰、简洁、友好的中文人机交互界面，操作简便、灵活、易学易用，便于管理和维护。

（5）信息化管理平台各功能模块以工作流程为主线，实现闭环式管理。不同的功能模块间相关数据应标准统一、互联共享，减少重复台账。

（6）定期对电子台账和数据备份，保障数据存储安全；定期查验备份数据，确保备份数据的可用性、真实性和完整性；同时根据运行管理条件和要求的变化，及时升级信息化平台。

（7）工程监控系统应实行专网封闭管理，与外部系统物理隔离；采取有效的病毒防范措施和防止非法入侵手段，具有完善的数据访问安全措施与系统控制的安全策略；不得擅自修改软件和使用任何未经批准的软件。

（8）按照网络安全等级保护的要求，开展等级测评和安全防护工作。

（9）做好日常设备维护与维修、系统运行状态、故障情况及排除等日常维护日志记录工作。

4.11.3 成果资料

信息化管理的成果资料主要包括：

（1）泵站工程现代化规划及上级批文。

（2）泵站工程现代化实施计划及实施的有关资料。

（3）泵站工程信息化建设规划。

（4）泵站工程管理信息系统方案及实施的有关资料。

（5）泵站工程监控系统方案及实施的有关资料。

（6）泵站工程信息化系统检查、维护记录。

4.12 技术经济指标考核及运行能效管理

4.12.1 工作任务

技术经济指标考核及运行能效管理的工作任务主要包括：

（1）每年开展一次建筑物完好率、设备完好率、泵站效率、能源单耗、供排水成本、供排水量、安全运行率、财务收支平衡率等泵站技术经济指标考核。

（2）灌溉或供水泵站应根据用水计划编制供水计划；排水泵站应根据水文气象资料和可供调蓄的湖泊、河道的运行资料，制订泵站、排水闸排水预案。

（3）根据泵站进水方式和水泵的安装位置，水泵效率，不同型号水泵流量差别，各区间分水流量大小，各级泵站流量的平衡匹配，各级泵站前后水位、泵站供电负荷平衡等因素，编制各泵站需要运行的水泵台数、顺序，形成多种组合方案。

（4）合理利用泵站设备和其他工程设施，按供水计划或排水预案进行调度。

4.12.2 工作标准及要求

（1）泵站技术经济指标考核应按《泵站技术管理规程》（GB/T 30948—2021）的规定执行。建筑物完好率、设备完好率、泵站效率、能源单耗、供排水成本、供排水量、安全运行率、财务收支平衡率等八项技术经济指标应符合本单位或本地制定的评价标准。当本单位或本地无评价标准的，应符合《泵站技术管理规程》（GB/T 30948—2021）的规定。

（2）灌溉、供水泵站运行期间，应在保证安全运行和满足供水计划的前提下，实施优化调度。

（3）以泵站效率最高为准则，选择水泵并联运行台数最少、前池水流态最佳、水泵效率较高的一组方案作为调度运行方案。

（4）梯级泵站或泵站群，应使站（级）间流量、水位配合最优进行调度。

（5）泵站运行调度应与相关部门用电负荷及供电质量相协调。有条件的泵站，宜根据供排水需要实行电能峰谷调度。

（6）平原湖区、圩垸排涝闸站群宜按最高水位不超过安全水位、泵站能耗最小的原则进行调度。

（7）可利用泵站信息管理系统统计、分析运行资料，获得各机组的装置效率特性或能耗特性，建立泵站运行调度决策支持系统，确保机组安全高效运行。

4.12.3 成果资料

技术经济指标考核及运行能效管理的成果资料主要包括：

（1）泵站技术经济指标年度考核表。

（2）优化调度运用方案。

（3）泵站能耗分析资料。

4.13 技术档案

4.13.1 工作任务

技术档案的工作任务主要包括：

（1）按《中华人民共和国档案法》和地方档案管理条例等相关法律法规的规定，制定档案管理制度、档案利用制度、档案保管制度、档案管理网络图等，规范档案管理工作。

（2）及时整理归档各类技术资料，按照有关规定建立完整的技术档案。

（3）设置专门档案室及档案保管设施设备，并做好防火、防水、防潮、防虫等措施，确保档案设施齐全、清洁、完好。

（4）定期组织对技术文档借阅、归还等信息进行分析，指导档案资料的共享利用。

（5）积极开展星级档案管理测评工作。

4.13.2 工作标准及要求

1. 范围及周期

（1）技术档案包括以文字、图表等纸质件及音像、电子文档等磁介质、光介质等形式存在的各类资料。

（2）管理单位应及时收集技术资料，对于控制运用频繁的工程、运行资料整理与整编宜每季度进行一次；对于运用较少的工程、运行资料整理与整编宜每年进行一次。

2. 建档立卡

各类工程及设备均应建档立卡，文字、图表等资料应规范齐全、分类清楚、存放有序、及时归档。

3. 保管借阅

（1）严格执行保管、借阅制度，做到收借有手续，按时归还。

（2）档案管理人员工作变动时，应按规定办理交接手续。

4. 档案室管理

（1）库房温度、湿度应控制在规定范围内。

（2）档案管理制度、档案分类方案应上墙；档案库房照明应选用白炽灯或白炽灯型节能灯。

5. 电子化管理

档案应以纸质件及磁介质、光介质的形式存档，并逐步实现档案管理数字化。纸质档案可通过扫描的方式转化为数字档案。纸质档案数字化工作应按国家档案管理有关规定执行。

档案管理制度可参考［示例 4.9］。

4.13.3 工作流程

技术档案管理流程一般包括档案归档、档案保管、档案借阅等。档案管理参考流程如图 4.15 所示。

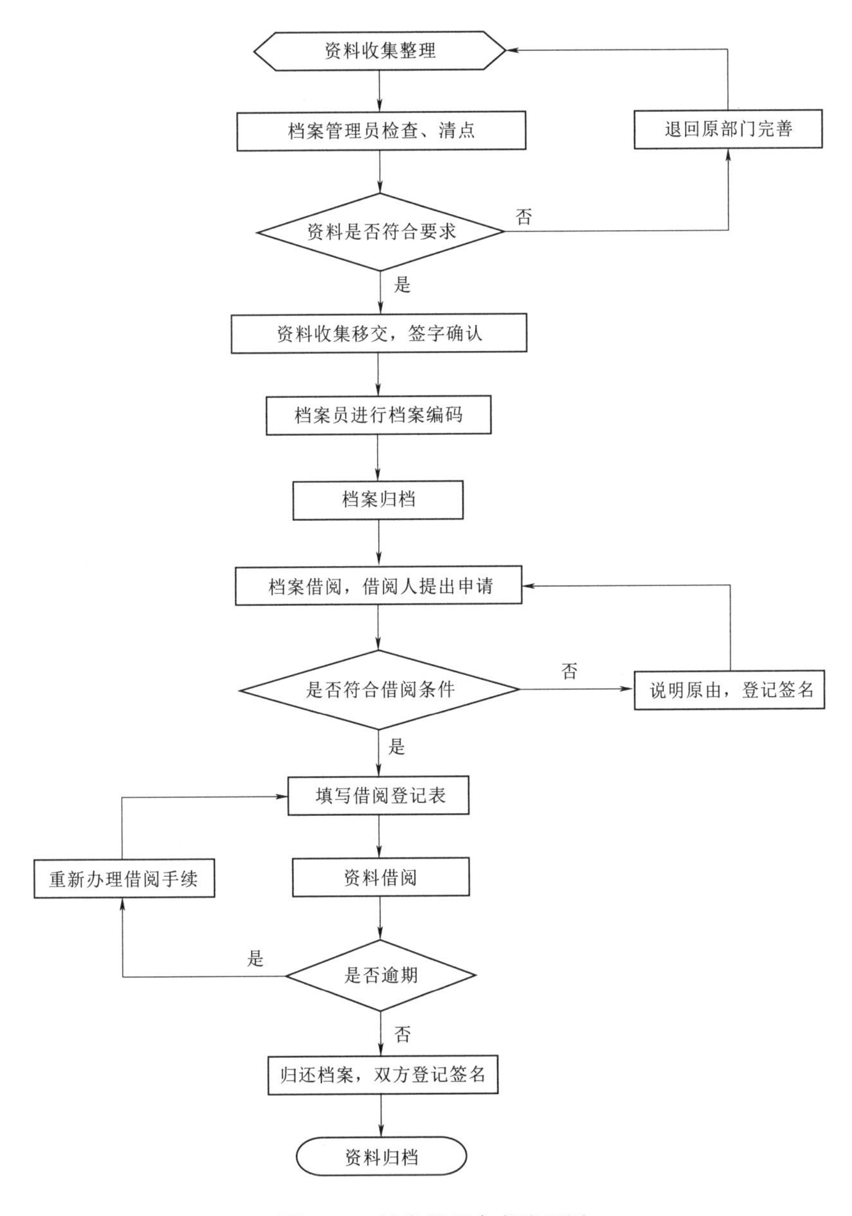

图 4.15 档案管理参考流程图

4.13.4 成果资料

技术档案的成果资料主要包括：

（1）档案全引目录。
（2）案卷目录。
（3）档案借阅记录。
（4）档案销毁记录。
（5）档案室温湿度记录等。

[示例 **4.9**] **档案管理制度**

技术资料存档制度

- 加固改造、维修养护项目资料，工程结束后一个月内整理成册，交处档案室一份存档，自存一份。有必要保存的原始数据记录整理后装订成册，原件交处档案室存档，复印件存于本所。
- 每年工程观测整编资料（含机组运行统计数据）交处档案室一份，自存一份。各观测项目原始记录交处档案室保存。
- 工程定期检查、设备评级资料应交处档案室一份，自存一份。原始检查记录表由管理所保存。
- 设备技术资料为设备的随机资料，检修资料、试验资料、设备检修记录，蓄电池充放电记录等应在工作结束后由技术人员认真整理，编写总结，及时归档。运行值班记录、交接班记录等必须在下月月初整理，装订成册。年底将本年度所有的试验记录、运行记录、检修记录、工程大事记、日常检查记录等装订成册，保证资料的完整性、正确性、规范性，由管理所保存。

技术资料查阅制度

- 单位技术资料一般不对外，外单位一律到处档案室查阅。
- 本所、本处有关人员需查阅时，须在本所阅档室内查阅。
- 查、借阅资料者，必须爱护资料，保证资料完好无损，严禁撕毁、拆卷、划线、画圈、涂改、剪页、水湿、烟烧等。
- 遵守保密规则，所查、借阅的资料材料，未经有关领导同意，不准复制和对外公布。
- 资料一般不外借，确需借出利用，应经主管领导同意，办理借阅手续后，方可借出，但必须按期如数归还。
- 凡查、借阅资料，均应登记清楚，并记录存档。

5 泵站经济管理

经济管理是泵站管理单位完成供排水任务，充分发挥效益的重要手段，主要包括：财务管理、费用管理、职工待遇管理、供水成本核算与费用征收管理、国有资产管理、国有资源（资产）利用等六部分内容。

财务与资产管理部门（科）是泵站管理单位负责财务管理与国有资产管理的职能部门。

5.1 财务管理

5.1.1 工作任务

财务管理的工作任务主要包括：

（1）建立健全财务规章制度，规范单位内部经济秩序。

（2）依据国家及地方的有关规定，组织各部门编制预算草案，下达泵站管理单位预算方案并对预算执行过程进行控制和管理。

（3）充分利用泵站资源依法多渠道筹集事业资金。

（4）管理好泵站工程运行与维护和水费等资金。

（5）如实反映单位财务状况，及时提供财务信息。

（6）参与单位重要经济政策的制定，为单位重大经济决策提供咨询。

（7）加强资产管理，防止国有资产流失，提高资产使用效率和经济效益。

（8）对单位经济活动的合法性、合理性进行监督。

5.1.2 工作标准及要求

（1）贯彻执行国家财经方针、政策、法规，结合泵站事业发展实际情况，制定并组织实施各项财务政策法规和制度，实施“统一领导、集中管理、分级核算”的财务管理体制。

（2）收集年度财务预算资料，起草预算草案，编制预算调整方案，实施预算控制。根据预算执行情况，及时提供财务分析报告，编制财务决算报告。负责上报单位部门预算和决算。

（3）多渠道、多形式、多层次地筹集资金，争取更多的优惠政策和资金投入，积极防范金融风险。

（4）实行会计电算化管理，推进会计信息网络化。

（5）按有关规定办理各类经费收支的审核、记账、报表等日常的会计核算工作。

（6）按有关规定做好各项收入的结算和分配。

（7）按有关规定做好经营性收费管理、投资与贷款管理。

（8）按政府采购有关规定对货物、服务、工程进行采购管理。

(9) 按有关规定做好基本建设支出、决算报表编制与分析。

(10) 做好维修经费预算及维修经费使用管理，明晰维修经费来源。

(11) 配合上级主管部门或其他相关部门进行财务检查、审计等工作。

(12) 按照水利发展资金使用、绩效管理办法的有关要求，做好项目绩效评价工作，按时报送进度绩效、自评报告和举证材料。

(13) 做好单位财会人员的业务培训、上岗考核等工作，提高财会人员整体素质和管理水平。

(14) 利用多种方式做好财务服务宣传工作。

(15) 规范地管理好会计档案与票据。

5.1.3 工作流程

5.1.3.1 工作流程分类

工作流程按其功能可以分为业务流程和管理流程两大类：业务流程指过程节点及执行方式有序组成的工作过程；管理流程指为了控制风险、降低成本、提高工作效率和服务质量的工作过程。

5.1.3.2 工作流程管理的拟定

1. 梳理编制流程

(1) 组织流程管理的需求调研。

(2) 确定流程梳理范围。

(3) 流程描述：①明确流程的目标及关键节点构成；②绘制流程图；③描述各环节规范。

2. 优化流程与实施

(1) 聘请专家顾问论证，内部工作团队成员确认，领导审批。

(2) 实现流程描述，利用流程管理工具优化流程。

(3) 将优化后流程编印成册装帧存档，作为日常工作的指导和执行的依据。

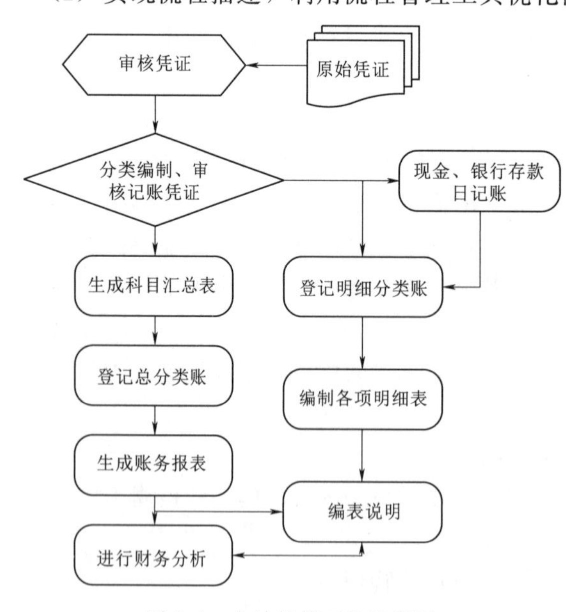

图 5.1 会计核算工作流程图

5.1.3.3 工作流程图示例

会计核算工作流程可参考图 5.1。财务管理系统业务流程可参考图 5.2。询价采购流程可参考图 5.3。

5.1.4 成果资料

账务管理的成果资料主要包括：

(1) 财务管理规章制度汇编。

(2) 年度经费预算及批复文件。

(3) 年度财务报表、财务分析报告。

(4) 年度财务审计报告。

(5) 年度财务管理工作总结。

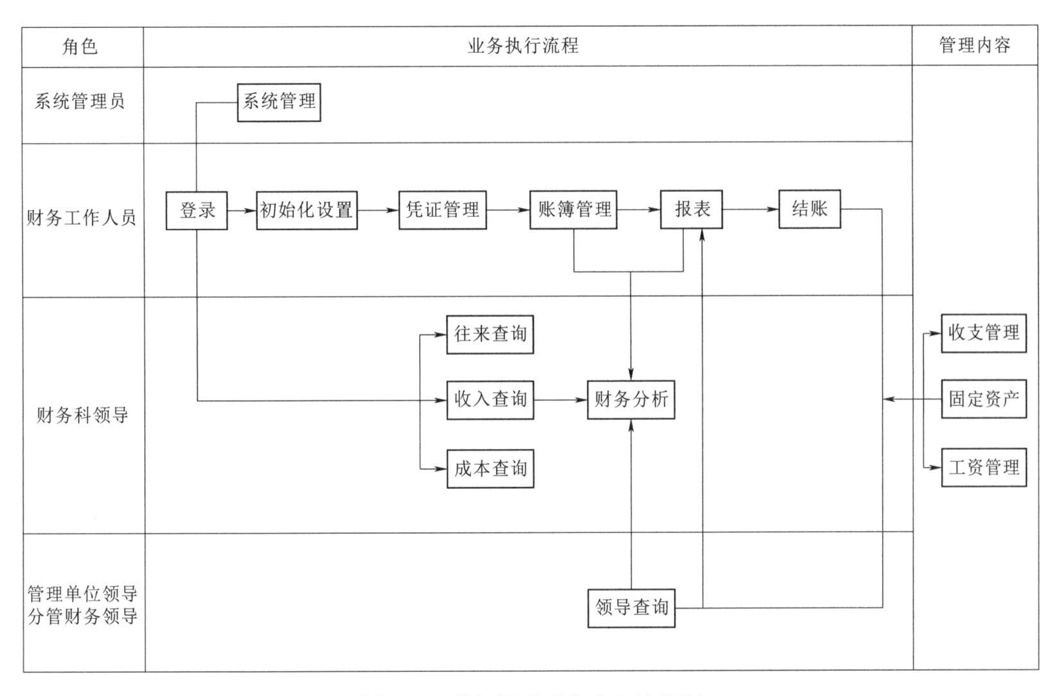

图 5.2　财务管理系统业务流程图

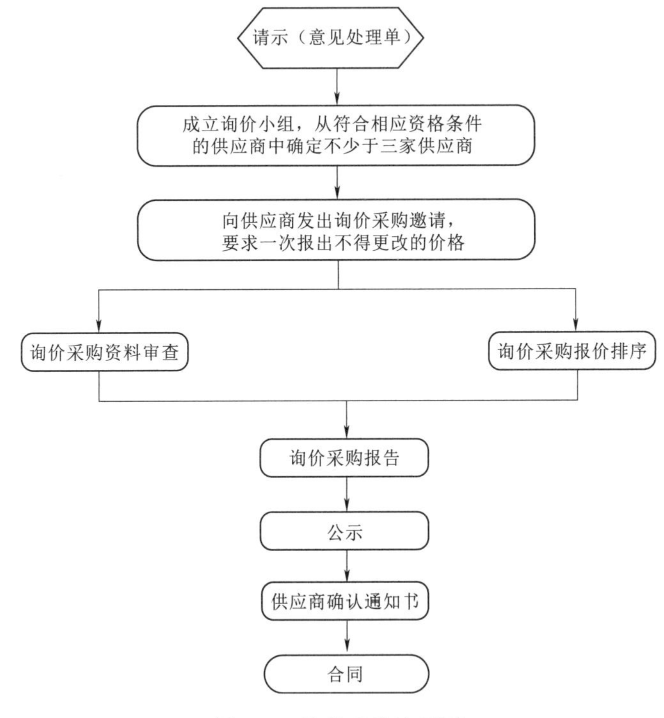

图 5.3　询价采购流程图

5.2 费 用 管 理

5.2.1 工作任务

费用管理的工作任务主要包括：

（1）编制公用经费、泵站运行费、电费及维修养护费等经费预算。

（2）落实公用经费、泵站运行费、电费及维修养护费等经费。

（3）按规定使用公用经费、泵站运行费、电费及维修养护费等经费。

（4）按规定做好公用经费、泵站运行费、电费及维修养护费等经费的决算工作。

5.2.2 工作标准及要求

（1）按国家有关法规及管理单位财务制度、管理办法的要求，加强公用经费、泵站运行费、电费及维修养护费等经费管理，杜绝违规违纪行为。

（2）按规定编制公用经费、泵站运行费、电费及维修养护费等经费预算，并按规定报批。

（3）按批复的预算和有关规定使用公用经费、泵站运行费、电费及维修养护费等经费，并开展经费使用情况的检查。

（4）当实际情况变化较大需调整经费预算时，按相关规定调整，并按规定报批。

（5）及时按规定做好公用经费、泵站运行费、电费及维修养护费等经费的年度决算工作，并配合做好经费的年度审计工作。

5.2.3 工作流程

费用管理流程可参考图5.4。

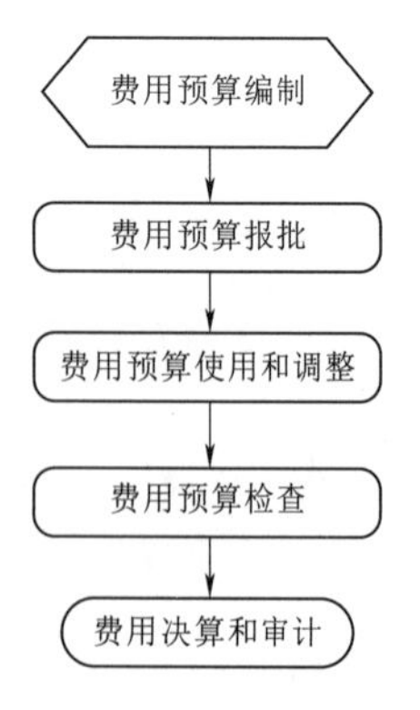

图5.4 费用管理流程图

5.2.4 成果资料

费用管理的成果资料主要包括：

（1）公用经费、泵站运行费、电费及维修养护费等经费预算及批复文件。

（2）公用经费、泵站运行费、电费及维修养护费等经费预算调整报告及批复文件。

（3）公用经费、泵站运行费、电费及维修养护费等经费年度决算报告。

（4）公用经费、泵站运行费、电费及维修养护费等经费年度审计报告。

5.3 职 工 待 遇 管 理

5.3.1 工作任务

职工待遇管理的工作任务主要包括：

（1）根据国家相关法规，结合实际，制定管理制度。

(2) 按规定统一制定单位职工的工资和福利待遇标准。

(3) 按时发放单位职工工资及福利待遇，并确保人员工资、福利待遇达到当地平均水平。

(4) 按规定落实和交纳单位职工“五险一金”等。

5.3.2 工作标准及要求

(1) 根据国家有关规定，核定职工工资水平，积极筹措职工工资经费，每月按时发放职工工资。

(2) 根据国家有关规定，按工资总额一定比例提取“五险一金”和工会经费、教育经费等费用。

(3) 根据国家有关规定，为全体职工办理“五险一金”，保障职工合法权益。

5.3.3 工作流程

职工待遇管理流程可参考图5.5。

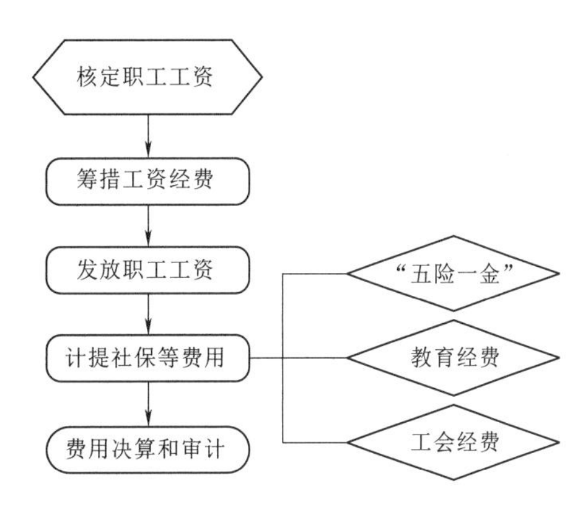

图5.5 职工待遇管理流程图

5.3.4 成果资料

职工待遇管理的成果资料主要包括：

(1) 职工工资表及所在地县级区域人均工资证明材料。

(2) 职工福利待遇发放清单及所在地县级区域人均福利待遇证明材料。

(3) 职工养老、失业、医疗、工伤、生育和住房公积金等各种社会保险交纳的材料。

(4) 免交各种社会保险的文件。

5.4 供水成本核算与费用征收管理

5.4.1 工作任务

供水成本核算与费用征收管理的工作任务主要包括：

(1) 按照国家相关法规，科学核算泵站供水成本，配合主管部门做好水价调整工作。

(2) 制定水费等费用征收管理办法。

(3) 按有关规定收取、管理水费和其他费用。

5.4.2 工作要求

(1) 按照国家有关政策和《泵站技术管理规程》(GB/T 30948—2021) 的规定，结合泵站工程实际，核算近三年的泵站供水成本，可取其平均值作为泵站供水成本。

(2) 向主管部门提供泵站供水成本核算等水价调整的支撑材料，积极配合主管部门和财政、发改等部门做好水价调整工作。

(3) 开展水费等费用征收管理方面的调研，按照国家有关法规，借鉴先进管理经验，制定或修订水费等费用征收管理办法。

(4) 按照国家有关法规和本单位的水费等费用征收使用管理办法，收取水费和国有资

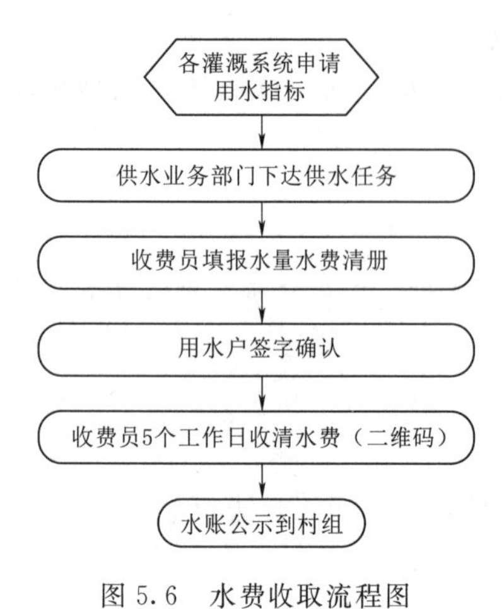

图 5.6 水费收取流程图

源有偿使用费等费用。

5.4.3 工作流程

水费收取流程可参考图 5.6。

5.4.4 成果资料

供水成本核算与费用征收管理的成果资料主要包括：

（1）××泵站供水成本核算资料。

（2）××泵站关于水价调整的请示及水价调整的批文。

（3）水费等费用征收管理办法。

（4）水费、国有资源有偿使用费等费用征收清单及征收率。

5.5 国有资产管理

5.5.1 工作任务

国有资产管理的工作任务主要包括：

（1）按照国家有关法规制定国有资产管理办法，对国有资产进行管理。

（2）按照政府采购管理制度购置设施设备及货物等资产，并进行入账登记。

（3）加强国有资产使用的监督管理，建立资产管理台账，定期进行清查盘点，确保资产安全完整和账实相符。

（4）按上级财政部门和管理单位的规定对废旧资产进行处置。

5.5.2 工作要求

（1）对财政部门配置的国有资产软件管理系统进行操作和维护。

（2）根据上级主管部门或财政部门批复的国有资产采购计划，按照实际需要安排采购。

（3）做好国有资产登记、清查、处置、统计、报告等基础管理工作，做到账账、账卡、账实相符。

（4）每年年终对国有资产进行全面盘点清查，资产管理部门可以根据需要随时进行抽查，对盘盈、盘亏的资产由资产使用部门及时查明原因，形成书面报告，按相关规定处理，确保资产安全完整。

（5）国有资产正常出售、报损、报废时，由资产管理人员填制《国有资产处置审批表》。经有关部门确认（仪器仪表、机器设备等专用资产处置必须由专业人员到现场检测鉴定），经单位领导审批后，按照相关规定进行处置。对属于责任原因造成的国有资产损失，要查明原因，分清责任，按有关规定处理。

（6）对需处置的废旧物资，应报上级主管部门和同级财政部门，按照财政部门的批复意见进行处置，做好处置物资的账务处理。

（7）按规定做好资产月报的编制工作。

（8）按规定组织国有资产产权年检。

5.5.3 工作流程

国有资产购置流程可参考图5.7。国有资产处置流程可参考图5.8。

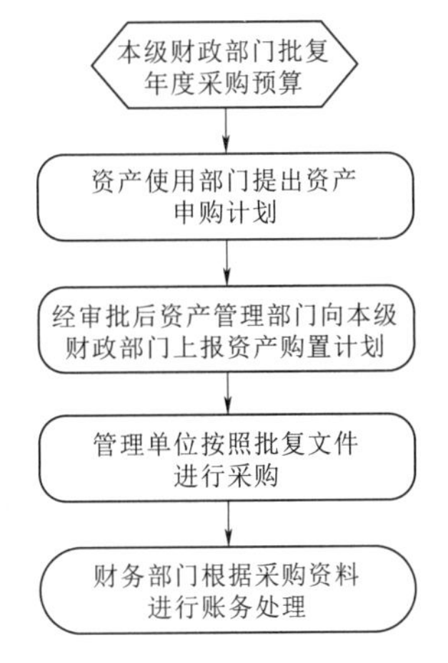

图5.7 国有资产购置流程图

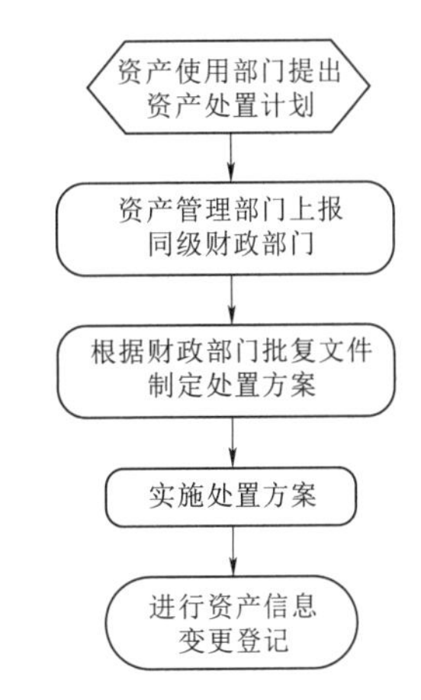

图5.8 国有资产处置流程图

5.5.4 成果资料

国有资产管理的成果资料主要包括：

（1）泵站管理单位国有资产管理办法。

（2）泵站管理单位国有资产盘点表。

（3）泵站管理单位国有资产管理台账及二维码标识。

（4）泵站管理单位国有资产处置清册（含批复文件）。

5.6 国有资源（资产）利用

5.6.1 工作任务

国有资源（资产）利用的工作任务主要包括：

（1）制定国有资源（资产）利用的管理制度或办法。

（2）定期开展国有资源（资产）调查或清理，建立台账，制订开发利用规划或方案。

（3）加强国有资源（资产）的管理，提高利用、使用效率，保障国有资源（资产）保值增值。

5.6.2 工作要求

（1）根据国家相关法规，结合实际，制定国有资源（资产）利用的管理制度或办法。

（2）组织开展国有资源（资产）调查或清理，建立国有资源（资产）利用台账，做到账账、账卡、账实相符。加强对专利权、土地使用权、商誉等无形资产的管理。防止国有资源（资产）流失。

（3）按照国家有关法规的规定，结合实际，制订或修订国有资源开发利用规划，并按有关程序批准实施。规划要符合泵站工程防洪、运行和生态安全的要求。

(4) 合理配置与调配资源（资产），提高利用率，避免资源（资产）浪费。

(5) 按照批准的国有资源开发利用规划，组织国有资源开发利用活动，并加强对国有资源开发利用的管理，按有关规定和制度有偿利用国有资源（资产）。

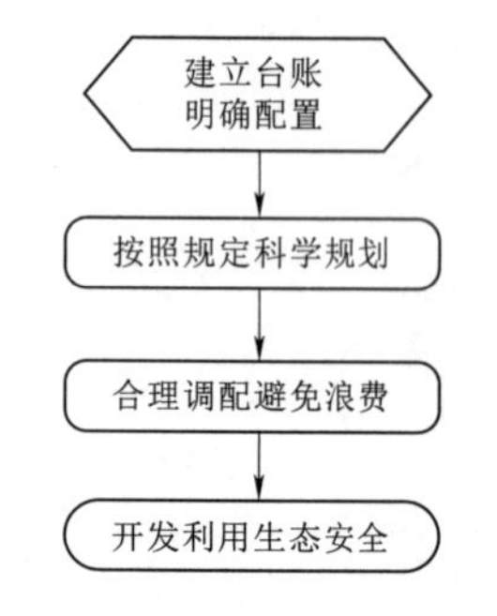

图 5.9 国有资源（资产）管理流程图

5.6.3 工作流程

国有资源（资产）管理流程可参考图 5.9。

5.6.4 成果资料

国有资源（资产）的成果资料主要包括：

(1) 国有资源（资产）利用的管理制度或办法。

(2) 国有资源（资产）开发利用规划。

(3) 国有资源（资产）利用管理台账。

(4) 国有资源（资产）开发利用评价报告。

6 泵站标准化规范化管理实施与考核评估

6.1 实 施 原 则

大中型灌排泵站管理单位应坚持以下原则实施泵站标准化规范化管理工作：

（1）健全管理机制。建立健全与灌排泵站发展相适应的管理机制，实行分级分类管理。加强灌排泵站组织、安全、运行、经济等方面的全流程管理，健全过程管控、绩效考核、应急处置、问责追责等机制。

（2）落实管理责任。泵站管理单位应明确各单位（部门）及各岗位的管理责任，建立完善的管理责任清单，补齐管理短板，形成横向到边、纵向到底的管理网格。

（3）依规依章管理。科学制定制度和标准，增强全体职工依规依章办事意识，规范管理行为，确保管理公平、公正、公开，做到及时、有力、有效。

（4）注重管理实效。坚持问题导向，聚焦薄弱环节，细化各项管理措施，抓早、抓小、抓苗头，把影响灌排泵站组织、安全、运行、经济管理的各种风险隐患消灭在萌芽状态，确保取得管理实效。

（5）加强督促检查。加强制度和标准执行情况的日常检查、定期和不定期督促检查。规范检查行为，做好检查记录，发现问题及时制止并提出整改意见和措施，对严重问题启动问责追责机制。

6.2 创 建 工 作 流 程

标准化规范化管理创建工作是灌排泵站管理单位实施标准化规范化管理的重要一环。为使标准化规范化创建过程中消除多余的工作环节，合并同类活动，使创建过程更为经济、合理和简便，从而提高创建工作效率，泵站管理单位可参考图6.1所示创建工作流程进行标准化规范化管理创建。

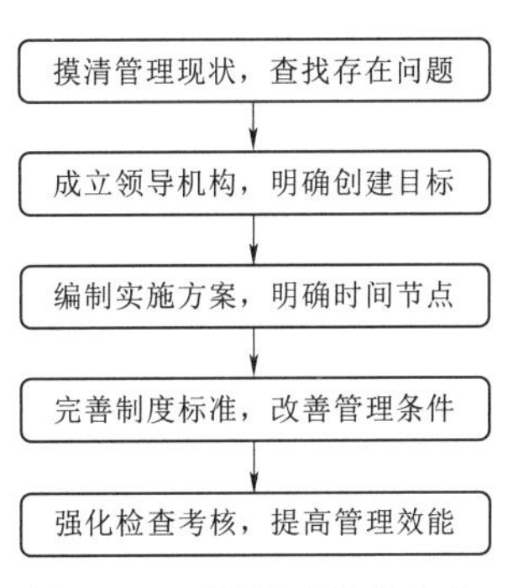

图6.1 泵站标准化规范化管理创建工作流程图

1. 摸清管理现状，查找存在问题

（1）根据水利部《大中型灌排泵站标准化规范化管理指导意见（试行）》的精神和本省（自治区、直辖市）灌排泵站标准化规范化管理实施细则或办法的要求，对照《水利工程标准化管理评价办法》及有关评价标准和本省（自治区、直辖市）大中型灌排泵站标准化规范化管理考核标准，梳理泵站工程管理现状，查找存在的问题，并分析成因。

（2）明确泵站工程管理任务及管理范围，构建管理组织框图，划分部门工作职责，建立健全组织管理体系。

(3) 理清事项-岗位-人员对应关系，明确岗位责任主体和管理人员工作职责，因事设岗、以量定员，做到事项不遗漏、不交叉，事项有岗位，岗位有人员，岗位管操作，制度管岗位。

2. 成立领导机构，明确创建目标

(1) 成立标准化规范化创建工作领导小组，分工落实任务，责任到人；组织全员培训学习，统一思想认识，使全体职工认识到标准化规范化管理创建工作对提升灌排泵站服务水平和保障工程安全运行、可持续发挥效益的重要性。

(2) 结合泵站实际情况，明确泵站标准化规范化管理创建工作目标，对硬件设施设备的升级改造要充分评估认证，切忌生搬硬套。

3. 编制实施方案，明确时间节点

(1) 为确保扎实推进泵站标准化规范化管理创建工作，按照《大中型灌排泵站标准化规范化管理指导意见（试行）》要求，各泵站管理单位需要编制实施方案。

(2) 实施方案应涵盖组织实施责任机构（部门）、现状分析、创建标准、量化目标、突出重点、保障措施和呈现特色等内容，并以列表方式明确任务完成的时间节点。

4. 完善制度标准，改善管理条件

(1) 泵站标准化规范化管理的核心是有章可循、有规可依。因此，明确岗位职责、制定工作标准、完善考核办法是标准化规范化管理创建工作的重中之重。

(2) 完善泵站各项制度，健全工程管护标准规范，夯实硬件基础，提升管理和服务水平，展现环境文化亮点，凝练泵站管理特色。

5. 强化检查考核，提高管理效能

(1) 及时掌握各项工作进展的落实执行情况，做好具体督促检查、考核等管理工作，确保责任落实到位、制度执行有力，促进管理工作效能提高。

(2) 培育典型，总结经验，表彰先进，全面推行，持续改进，稳步提升。

6.3 编制实施方案

实施方案，是指对泵站标准化规范化管理创建工作，从目标要求、工作内容、方式方法及工作步骤等，做出全面、具体、又明确安排的计划书；也是开展泵站标准化规范化创建工作的具体操作指南，是督促与检查工作进展及创建质量的依据。

6.3.1 实施方案编制依据与要求

大中型灌排泵站管理单位开展标准化规范化管理创建，应按《大中型灌排泵站标准化规范化管理指导意见（试行）》和本省（自治区、直辖市）出台的大中型灌排泵站标准化规范化管理实施细则或办法的要求，编制本泵站标准化规范化管理创建实施方案。

实施方案编制前，要充分开展调研，一是摸清本泵站工程的管理现状及存在的主要问题，以及标准化规范化需开展的重点工作等；二是学习和借鉴其他地区、其他泵站开展标准化规范化管理的经验和做法等；三是对本单位已有管理制度、标准进行梳理，对照泵站标准化规范化管理要求，找出管理制度、标准缺项及不足，找出管理上存在的突出问题等。

以问题为导向，参考创建实施方案编制大纲编制实施方案。实施方案形成初稿后，要广泛征求本单位干部职工和上级主管部门的意见和建议，组织干部职工代表以召开座谈会或其他形式，对实施方案进行讨论和修改完善，如有必要，可邀请本单位以外的有关专家进行咨询，形成实施方案送审稿。泵站管理单位要以党政班子联席会、单位行政办公会、单位职代会等形式，对实施方案送审稿进行审查，并以单位正式文件印发实施。

6.3.2 创建实施方案编制大纲

大中型灌排泵站标准化规范化建设实施方案通常应包括以下内容：

(1) 创建目标，说明创建工作的指导思想、任务目标和年度阶段目标。

(2) 创建工作详细内容，说明创建的工作范围、具体内容、技术要求、完成的标准等，在项目实施方案创建过程中，这一部分内容能量化的指标尽可能量化。

(3) 项目实施所采取的方法手段和保障措施。

(4) 预期效果，说明创建工作完成时所达到的有形或无形的成果。

(5) 创建工作的进度安排，详细说明各阶段工作安排的时间和项目工作内容完成的时间，并经过创建工作组成员讨论落实；同时，需要创建项目实施方案的负责人对项目有全方位的掌控和评估能力，尽力让项目实施的时间进度与方案所计划的时间吻合；经泵站管理单位会议审核通过。

(6) 实施组织形式，详细说明承担部门（单位）、协作单位（部门）和各自分工的主要内容，细化到具体人员。

(7) 创建工作及实施经费投入预算表、经费来源及保障措施，这是项目实施方案中很重要的一项的内容，也是提升泵站工程面貌的关键举措。

创建实施方案可参考［示例 6.1］。

［示例 6.1］ 大中型灌排泵站标准化规范化管理创建实施方案编制大纲

一、概述

（一）基本情况

1. 工程概况。包括工程地理位置、工程规模、主要功能、年供排水量、主要建筑物和设备基本情况；泵站工程历年改造情况及管理、保护范围划界确权情况；现代化管理情况；工程存在的主要问题等内容。

2. 管理单位基本情况。主要介绍单位性质、行政隶属关系、人员基本情况（包括领导班子、职工干部、技术人员的配备、构成等）；单位经济效益情况（包括财务收支、水费收取、职工工资福利、职工社会保险等）；管理单位体制改革情况（包括理顺管理体制、明确管理权限、管养分离、物业化管理等）。

（二）管理现状及存在的主要问题

主要对照水利部《大中型灌排泵站标准化规范化管理指导意见（试行）》和

省级大中型灌排泵站标准化规范化管理实施细则或办法中的具体管理内容，分析泵站管理的现状及存在问题。

1. 管理体制机制。分析现行管理体制机制能否满足本泵站运行管理的需要，以及存在的主要问题。

2. 管理制度。分析泵站组织、安全、运行、经济管理等方面制度建设的现状及存在的主要问题。

3. 标准建设。分析泵站管理的技术标准、管理标准、工作标准、环境建设标准、考核标准等现状及存在的主要问题。

4. 管理条件。分析泵站管理设施设备、管理人员、信息化建设等情况及存在的主要问题。

5. 管理方式。分析管理单位计划目标、组织实施、检查督查、考核激励，以及预算管理、核算方式等情况及存在的主要问题。

6. 档案管理。除工程档案外，重点分析管理制度、标准及其执行情况等档案的管理现状及存在的主要问题。

二、标准化规范化管理要求及重点工作

（一）总体要求

泵站实施标准化规范化管理的总体要求。根据水利部《大中型灌排泵站标准化规范化管理指导意见（试行）》和省（自治区、直辖市）水利行政部门制定的大中型灌排泵站标准化规范化管理实施细则或办法的总体要求，结合实际写。

（二）具体要求

包括组织管理、安全管理、运行管理、经济管理的具体要求。综合水利部《大中型灌排泵站标准化规范化管理指导意见（试行）》和省、市水利行政部门制定的大中型灌排泵站标准化规范化管理实施细则或办法的具体管理内容及要求，结合实际写。

（三）重点工作

按照实际情况（标准化规范化管理工作现状及存在的主要问题），对照上面提出的总体要求和具体管理内容及要求，对本单位开展标准化规范化管理创建需要开展的重点工作进行叙述。

如：修订完善一批制度、建立一套标准、开展试点创建、开展环境提升建设（包括泵房及进出水建筑物两侧、站区、办公区、安全设施、标识标牌及巡视路线等）、建立标准化规范化管理平台、总结试点创建经验及开展培训、全面实施等。

三、标准化规范化创建组织机构

1. 领导机构及职责

2. 工作机构及职责

四、实施工作方案

（一）基本原则

（二）总体目标

（三）工作任务

分别针对重点工作逐项分解描述。

（四）实施步骤

对应工作任务，列出怎么做、什么时间做。

（五）工作措施

五、经费预算

（一）硬件提升项目

包括环境提升（包括泵房及进出水建筑物两侧、站区、办公区域等）、标识标牌建设、安全设施建设、标准化规范化管理平台建设等。

（二）软件提升项目

包括制度建设、标准建设、人员培训等。

（三）日常经费

包括办公、印刷、会议、调研等费用。

六、实施计划

包括制度和标准建设、试点建设、环境提升、标识标牌及巡视路线建设、安全设施建设、标准化规范化管理平台建设、总结和培训、全面实施、检查评估和考核等的实施计划。

要求：时间节点细化到周、月，责任到部门（单位）、到人。

七、建议

八、附件

1. 工作任务清单。内容包括工作内容、完成时间、责任部门（单位）、责任人等。

2. 经费预算表

6.4 明确责任与建立机制

6.4.1 落实责任

（1）落实主体责任。大中型灌排泵站管理单位是泵站标准化规范化管理的责任主体，要强化主体意识，严格落实主体责任，大力推进标准化规范化管理体系建设，制订泵站标准化规范化管理创建实施方案并组织实施，实现泵站组织、安全、运行、经济等方面全过程的标准化规范化管理。标准化规范化管理达标后要长期坚持和持续改进，不断提高管理水平。

（2）落实监管责任。各级水行政主管部门要按照管理权限依法依规对所管辖大中型灌排泵站的标准化规范化管理工作进行组织、指导和监管。按照标准化规范化管理有关要求，有序组织和指导大中型灌排泵站开展标准化规范化管理创建工作，及时组织对标准化规范化管理达标泵站进行考核。按照依法行政有关要求，规范监管行为，采取过程考核与结果考核相结合等方式，加强泵站标准化规范化管理的全过程监管，发现重大问题严格问责追责。

6.4.2 形成长效机制

大中型灌排泵站管理单位开展标准化规范化管理，要形成如下长效管理机制：

（1）制度和标准形成机制。泵站管理单位要依据国家现行政策、法律法规和标准，在充分调研和广泛征求意见的基础上，结合实际制定泵站管理的制度和标准，并经过相应的组织程序讨论或表决通过后印发执行，形成科学合理的制度和标准形成机制。

（2）日常督促检查机制。泵站管理单位要建立制度和标准执行过程的日常督促检查机制，督促管理人员在泵站各项管理工作中规范执行管理制度和标准，发现问题及时整改，发现制度和标准缺陷及时完善。

（3）运行安全过程追溯机制。泵站管理单位要根据管理制度和标准等规定，加强泵站设备检查、操作、运行巡视、维护检修、事故处理、工程检查观测等环节的全过程、全方位管理，建立信息共享和追溯机制，实现全程管理。

（4）管理绩效考核分配机制。泵站管理单位要进一步深化分配制度改革，不断强化内部管理，完善绩效考核分配体系，建立健全激励和约束并重的绩效考核分配机制，充分发挥绩效分配的杠杆作用，激发管理人员干事创业的内生动力。

（5）应急处置机制。泵站管理单位要建立健全防汛抗旱、泵站运行、安全生产、水事件处理等领域的应急处置工作机制。完善应急预案，落实应急预案定期修订和备案管理制度，加强应急知识培训和预案演练。落实应急物资储备，加强应急队伍建设，提高突发事件处置能力。

（6）信息公开机制。泵站管理单位要建立完善科学的信息发布机制，明确信息发布时机、方式、内容，积极引导社会舆论，防止敏感和负面信息叠加，影响稳定。

（7）问责追责机制。泵站管理单位要制定问责追责办法，强化巡查督查，聚焦泵站管理制度和标准执行不力等突出问题，对责任落实不到位、失职渎职、失责失察等，采取约谈问责、挂牌督办、通报批评等方式督促落实。

（8）持续改进机制。泵站管理单位要根据自查结果以及泵站主管部门给出的考核结论等，客观分析泵站标准化规范化管理体系的运行质量，及时调整和完善相关管理制度、标准和过程管控，持续改进，不断提高管理效能。

6.5 考核评估

为全面客观评价大中型灌排泵站管理单位标准化规范化管理体系的运行质量，检验管理成效，各省（自治区、直辖市）可依据水利部《大中型灌排泵站标准化规范化管理指导意见（试行）》和《水利工程标准化管理评价办法》等要求，结合本地实际情况，制定出台省级大中型灌排泵站标准化规范化管理考核办法及评分标准，组织对本地区的大中型灌排泵站标准化规范化管理创建进行验收，之后对其进行年度或定期考核。

6.5.1 考核程序

大中型灌排泵站标准化规范化管理考核工作按照分级负责的原则进行，可分为管理单位自检和上级主管部门考核两个阶段。上级主管部门考核又可分为年度考核、省级达标考核两个层次。各级主管部门应组织所管辖的泵站管理单位开展年度自检和年度考核工作。

省级水行政主管部门负责全省（自治区、直辖市）大中型灌排泵站标准化规范化管理省级达标考核工作；市级水行政主管部门负责所管辖的大中型灌排泵站标准化规范化管理省级达标初验考核工作；泵站上级主管部门负责所管辖的大中型泵站标准化规范化管理年度考核工作。省级直管泵站标准化规范化管理的各项考核工作由省级水行政主管部门负责。

6.5.1.1 年度自检及年度考核

泵站管理单位应建立标准化规范化管理体系，加强日常管理，根据考核标准每年进行年度自检，并将年度自检结果报其主管部门。主管部门组织对其进行年度考核，并公示结果。图 6.2 为大中型灌排泵站标准化规范化管理年度考核工作流程图。

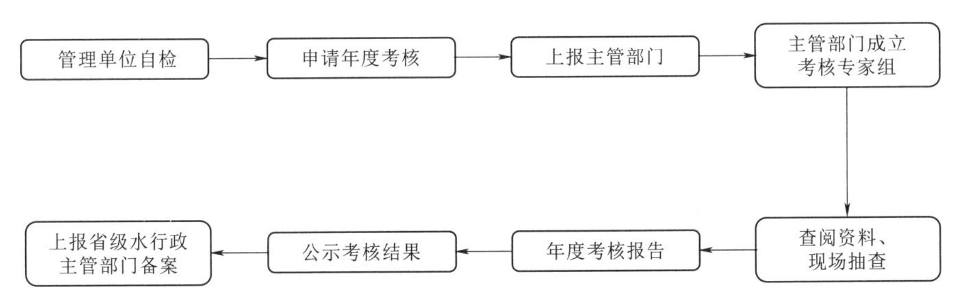

图 6.2 大中型灌排泵站标准化规范化管理年度考核工作流程图

（1）泵站管理单位应在每年年底前组织开展本泵站标准化规范化管理体系运行情况自检工作，并向其主管部门报送年度考核申请（格式见附录 11）。

（2）主管部门或其委托单位（以下简称年度考核组织单位）收到泵站管理单位年度考核申请后，及时组织成立年度考核专家组，专家组人数应为奇数，不宜少于 5 人，专家组组长由年度考核组织单位确定。

（3）年度考核工作由专家组组长负责，采取现场抽查及查阅佐证资料和核实问题整改情况等方式，对照考核标准逐项进行打分，并提出年度考核报告（格式见附录 12）。

（4）年度考核工作结束后，主管部门将年度考核结果按相应程序审定并在其网站上公示（格式见附录 13），公示时间不应少于 3 个工作日。公示无异议后，由主管部门公布年度考核结果。

6.5.1.2 省级达标考核

年度考核结果达到省级达标考核标准的泵站，可提出申请，经市（州）级水行政主管部门组织初验后，申报省级达标考核。省级达标考核工作由省级水行政主管部门组织。大中型灌排泵站标准化规范化管理省级达标考核程序可参考图 6.3 的流程进行。

6.5.2 考核内容

大中型灌排泵站标准化规范化管理考核内容包括组织管理、安全管理、运行管理和经济管理四类。考核内容见表 6.1。

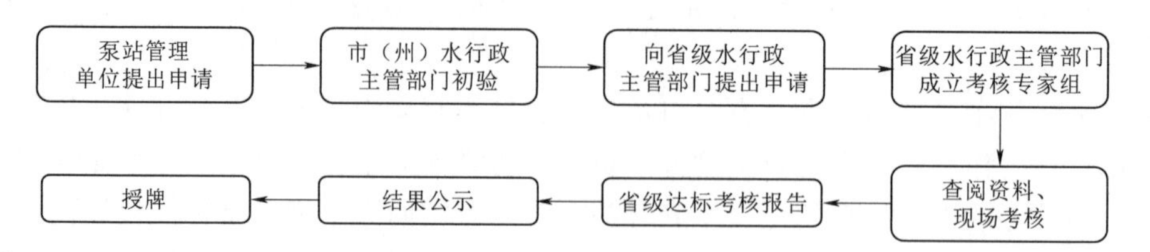

图 6.3 大中型灌排泵站标准化规范化管理省级达标考核工作流程图

表 6.1 大中型灌排泵站标准化规范化管理考核内容

类别	考核内容
组织管理	（1）管理体制与运行机制改革 （2）制度建设及执行 （3）人才队伍建设 （4）精神文明及宣传教育
安全管理	（5）安全管理体系建设 （6）管理范围及安全标志管理 （7）安全检查管理 （8）安全设施管理 （9）环境建设与管理
运行管理	（10）调度及控制运用管理 （11）设备管理 （12）建筑物管理 （13）运行管理 （14）工程检查、观测管理 （15）维修检修管理 （16）泵房及周边环境管理 （17）技术经济指标考核 （18）信息化管理 （19）技术档案管理
经济管理	（20）财务和资产管理 （21）职工待遇 （22）水费及资源利用

泵站管理单位存在以下情况之一的，应不予考核：

（1）未开展年度自检工作。

（2）对考核或有关检查发现突出问题未按期整改。

（3）泵站安全鉴定为三类及以下（不可抗力造成的险情除外）。

（4）发生造成人员死亡、重伤 3 人以上或直接经济损失超过 100 万元的生产安全事故。

（5）发生其他造成社会不良影响的重大事件。

生产安全事故的界定可参考［示例 6.2］。

[示例 6.2] 如何界定是否属于生产安全事故?

生产安全事故是指生产经营单位在生产经营活动（包括与生产经营有关的活动）中突然发生的，伤害人身安全和健康，或者损坏设备设施，或者造成经济损失的，导致原生产经营活动（包括与生产经营活动有关的活动）暂时中止或永远终止的意外事件。

参照《生产安全事故报告和调查处理条例》有关规定，按照下列程序认定：

（1）造成3人以下死亡，或者10人以下重伤，或者1000万元以下直接经济损失的事故，由县级人民政府初步认定，报设区的市人民政府确认。

（2）造成3人以上10人以下死亡，或者10人以上50人以下重伤，或者1000万元以上5000万元以下直接经济损失的事故，由设区的市级人民政府初步认定，报省级人民政府确认。

（3）造成10人以上30人以下死亡，或者50人以上100人以下重伤，或者5000万元以上1亿元以下直接经济损失的事故，由省级人民政府初步认定，报国家安全监管总局确认。

（4）造成30人以上死亡，或者100人以上重伤，或者1亿元以上直接经济损失的事故，由国家安全监管总局初步认定，报国务院确认。

（5）已由公安机关立案侦查的事故，按生产安全事故进行报告。侦查结案后认定属于刑事案件或者治安管理案件的，凭公安机关出具的结案证明，按公共安全事件处理。

6.5.3 考核标准

大中型灌排泵站标准化规范化管理考核对象应为泵站管理单位。泵站管理单位是指具有独立法人地位、管理泵站或以管理泵站为主的水利工程管理单位。考核工作应遵循实事求是、规范严格、客观公正、注重实效的原则。

以灌排泵站管理为主，同时管理堤坝枢纽、水闸、灌区等其他工程的管理单位，其他工程的标准化规范化管理应与泵站标准化规范化管理同步创建、同步考核。其他工程的标准化规范化管理创建和考核按国家及省级现行有关文件及标准的规定执行，其中组织、安全、经济等共性管理内容考核应以灌排泵站考核标准为主统筹考虑。

各省（自治区、直辖市）应依据水利部《大中型灌排泵站标准化规范化管理指导意见（试行）》《水利工程标准化管理评价办法》及有关评价标准等要求，确定泵站标准化规范化的考核内容、标准分和赋分原则，形成本地区大中型灌排泵站标准化规范化管理考核标准。对泵站标准化规范化管理工作的考核重点围绕组织管理、安全管理、运行管理、经济管理四个方面进行。灌排泵站标准化规范化管理考核可实行千分制。考核结果总分达到800分（含）以上，可定为省级标准化规范化管理达标泵站；考核结果总分达到900分（含）以上，且其中各类考核得分均不低于该类总分的85%，可定为省级标准化规范化管理示范泵站。

大中型灌排泵站标准化规范化管理考核评分标准可参考表6.2。

表 6.2　　大中型灌排泵站标准化规范化管理考核评分标准

类别	内容	考核要求	标准分	赋分原则	备注
一、组织管理（120分）	1. 管理体制与运行机制改革	根据灌排泵站职能和批复的泵站管理体制改革方案或机构编制调整意见，健全组织机构，明确划分职能职责，落实管理人员编制，按有关规定完成岗位设置工作，实行竞争上岗。积极争取财政、水利等部门全额落实核定的公益性人员基本支出和工程维修养护财政补助经费。结合泵站工程实际，合理确定管理职责范围，确保职责界限清晰，不遗漏、不重叠。逐步推行事企分开、管养分离和物业化管理等多种形式，建立职能清晰、权责明确的灌排泵站管理体制和运行机制。	24	（1）根据批复的管理体制改革方案或机构编制调整意见，完成了改革并通过了验收。满分3分。完成了改革但未进行验收的扣1.5分，未完成改革的扣3分。 （2）泵站管理单位组织机构健全，职能职责划分清晰，满足泵站工程职能要求。满分2分。 （3）落实了管理人员编制，按有关规定完成了岗位设置工作，实行了竞争上岗。满分5分。 （4）积极协调财政、水利等部门全额落实核定的公益性人员基本支出和工程维修养护财政补助经费。满分4分。 （5）确定了各内设机构（单位）及各岗位的管理职责范围，职责界限清晰，无遗漏、重叠现象，且符合泵站工程管理实际。满分4分。 （6）基本实现了事企分开、管养分离或物业化管理的。满分3分。存在事企不分现象的扣3分。 （7）建立了职能清晰、权责明确的泵站管理体制和运行机制。满分3分。	管养分离包括内部实行管养分离。
	2. 制度建设及执行	根据灌排泵站管理需要，建立健全泵站组织、安全、运行、经济等方面的管理制度体系，形成“两册一表”，即管理手册、操作手册和人员岗位对应表，理清事项-岗位-人员对应关系，明确岗位责任主体和管理人员工作职责，做到事项不遗漏、不交叉，事项有岗位，岗位有人员，制度管岗位，岗位管操作。做好制度执行的督促检查、考核等工作，确保责任落实到位、制度执行有力。	40	（1）建立健全了组织、安全、运行、经济等方面的管理制度体系，且符合泵站管理需要。满分8分。根据泵站管理实际每缺一项制度扣1分，制度不符合国家及地方有关规定或不合理、不符合实际，每发现一项扣0.5分。 （2）管理手册、操作手册和人员岗位对应表齐全、完善，理清了管理事项-岗位-人员的对应关系，明确了岗位责任主体和管理人员工作职责。满分8分。管理手册、操作手册和人员岗位对应表不齐全、不完善的扣1～2.5分，未理清管理事项-岗位-人员对应关系的扣1～2.5分，未明确岗位责任主体和管理人员工作职责的扣1～3分。 （3）做到了事项不遗漏、不交叉，事项有岗位，岗位有人员，制度管岗位，岗位管操作。满分8分。根据泵站工程管理实际，发现事项有遗漏或交叉，事项无岗位，岗位无人员、岗位无制度、岗位无操作现象的每发现一项扣1分。 （4）制度执行的督促检查、考核等工作有计划且计划合理，并按计划执行，每次检查、考核有记录。满分8分。无计划的扣2分，计划不合理的扣0.5～1分，未按计划执行的每少一次扣2分（以记录为依据）。 （5）做到了责任落实到位、制度执行有力。满分8分。责任落实不到位或制度执行不力的每发现一起扣2分。	

续表

类别	内容	考核要求	标准分	赋分原则	备注
一、组织管理（120分）	3. 人才队伍建设	优化管理人员结构，不断创新人才激励机制；制订专业技术和职业技能培训计划并积极组织实施，实行培训上岗，特种岗位持证上岗。职工职业技能培训年培训率达到50%以上，确保泵站管理人员素质满足岗位管理需求。	24	（1）管理人员结构合理，制定了人才激励的制度或办法并得到落实。满分5分。管理人员结构不合理的扣1～2分，无人才激励制度或办法的扣1分，制度或办法未得到落实的扣1～2分。 （2）制订了专业技术和职业技能培训计划且计划合理，并按计划实施，每次培训有记录或总结。满分8分。无计划的此小项得0分，计划不合理的扣0.5～1分，未按计划实施的每少一次扣2分（以培训通知或记录、总结为依据）。 （3）有培训上岗、特种岗位持证上岗制度，且按制度执行。满分4分。无制度的扣2分，未培训上岗或特种岗位未持证上岗的每发现一起扣1分。 （4）职工职业技能培训年培训率（按培训计划全时参加培训人数/在岗职工人数×100%）达到50%以上。满分4分。年培训率低于50%的每低5%扣1分。 （5）管理人员素质满足岗位管理需求。满分3分。	
	4. 精神文明及宣传教育	重视党建工作，党的各项工作依规正常开展。加强党风廉政建设教育，干部职工廉洁奉公。精神文明建设扎实推进，职工文明素质好，敬业爱岗。水文化建设有序推进，具有地方特色。工青妇组织健全，各项工作有计划开展。离退休干部职工服务管理工作有人负责。加强国家及地方相关法律法规、工程保护和安全知识等宣传教育，在重要工程设施等部位，设置醒目的水法、规章、制度等宣传标语、标牌等。	32	（1）重视党的组织建设，党的各项工作依规正常开展。满分5分。 （2）党风廉政建设教育深入进行，单位风清气正，干部职工廉洁奉公。满分5分。 （3）精神文明建设扎实推进，职工文明素质好，职工敬业爱岗。满分5分。 （4）水文化建设有序推进，具有地方特色。满分4分。 （5）工青妇组织健全，各项工作有计划开展，单位凝聚力增强。满分5分。 （6）离退休干部职工服务管理工作有人负责。满分2分。 （7）国家及地方相关法律法规和工程保护、安全等知识宣传教育到位，在重要工程设施等部位设置了醒目的水法、规章、制度等宣传标语、标牌等。满分6分。 近三年（从上一年算起）连续获得地市级及以上精神文明单位或先进单位称号，此项得满分。 有下列三种情况之一，此项不得分：①上级主管部门对单位领导班子的年度考核结果不合格；②不重视党建工作和党风廉政建设，领导班子成员发生违规违纪行为，受到党纪政纪处分；③单位发生违法违纪行为，造成社会不良影响的。	

续表

类别	内容	考核要求	标准分	赋分原则	备注
二、安全管理（250分）	5. 安全管理体系建设	建立健全安全生产管理体系，落实安全生产责任制。制订防汛抢险、事故救援、重大工程事故处理等应急预案，确保物资器材储备和人员配备满足应急救援、防汛抢险的要求；按要求开展事故应急救援、防汛抢险等培训和演练。安全生产工作管理规范，有关记录及资料齐全，杜绝较大及以上安全生产责任事故，不发生或减少发生一般生产安全责任事故。	70	（1）建立健全了安全生产管理体系，安全生产组织机构健全，安全生产责任制落实到位。满分15分。安全生产管理体系不健全的扣1～5分，安全生产组织机构不健全的扣1～5分，安全生产责任制落实到位不到位的扣1～5分。 （2）制订了防汛抢险、事故救援、重大工程事故处理等应急预案，且符合有关规定和工程实际。满分10分。根据工程实际，应制订应急预案但未制订的每缺一项扣2分，应急预案不符合有关规定或工程实际的每发现一项扣1分。 （3）物资器材储备和人员配备满足应急救援、防汛抢险的要求。满分5分。 （4）制订了事故应急救援、防汛抢险等培训和演练计划，按要求开展培训和演练，记录齐全。满分8分。无计划的此小项得0分。计划不符合有关规定或不符合工程实际的扣1～4分，未按要求开展培训和演练的每少一次扣2分（以记录为依据），记录不齐全的每发现一次扣0.5～1分。 （5）安全生产工作管理规范，安全生产有关活动按时按要求开展，各项安全生产措施到位，有关记录及资料齐全。满分16分。 （6）一年内未发生一般性安全生产责任事故。满分16分。每发生一起（以事故调查、责任认定或处罚的有关文件、材料为准）扣4分。 近三年内发生了造成人员死亡、重伤3人以上或直接经济损失超过100万元的生产安全事故，此项不得分。	“一年内”指考核之日的前365天内。 “一般性的生产安全责任事故”以事故调查的责任认定为依据。
	6. 管理范围及安全标志管理	明确工程管理和保护范围，并设置界桩界碑，在重要工程设施、危险区域等部位设置醒目的禁止事项告示牌、安全警示标志等。依法依规对工程进行管理和巡查，对在工程管理和保护范围内的其他活动依法进行管理，确保工程安全和设施完好、功能正常。	40	（1）工程管理和保护范围已明确划定，并设置了界桩界碑。满分8分。未明确划定工程管理和保护范围的此小项得0分。根据工程实际，应设置界桩界碑但未设置的每发现一处扣1分，界桩界碑设置不规范的每发现一处扣0.5分。 （2）重要工程设施、危险区域（含险工险段）等部位设置了醒目的禁止事项告示牌、安全警示标志等。满分12分。根据工程安全管理实际应设置禁止事项告示牌、安全警示标志但未设置的每发现一处扣2分，设置不规范的每发现一处扣1分。 （3）按工程安全巡查制度的要求，依法依规对工程进行管理和巡查，对在工程管理和保护范围内的其他活动依法进行管理，并有规范完整的记录。满分12分。管理和巡查无记录的此小项得0分。未按要求对工程进行管理和巡查的每发现一起扣2分，记录不规范不完整的每发现一起扣1分。 （4）工程设施设备完整，功能正常。满分8分。工程设施设备因管理和巡查不到位而遭到破坏、损坏、被盗的每发生一起扣4分。	

续表

类别	内容	考核要求	标准分	赋分原则	备注
二、安全管理（250分）	7. 安全检查管理	建立健全工程安全检查、隐患排查和登记建档制度，建立工程风险分级防控、隐患排查治理双重机制和事故报告及应急响应机制等。按要求开展工程安全检查、隐患排查及登记建档，检查记录齐全规范；工程安全风险实行分级防控，并有防控措施，防控责任落实；及时消除工程安全隐患，安全隐患消除前落实相应的安全保障措施；发生工程事故及时按有关程序报告，并启动相应的应急响应机制；按照《泵站安全鉴定规程》（SL 316—2015）的规定开展泵站安全鉴定。	60	（1）建立健全了工程安全检查、隐患排查和登记建档等制度，建立了工程风险分级防控、隐患排查治理双重机制和事故报告及应急响应机制等。满分16分。根据工程安全管理实际，每缺一项制度或机制的扣3分，制度或机制不符合有关规定的每发现一项扣1分。 （2）按要求开展了工程安全检查、隐患排查，检查记录、隐患登记建档等齐全规范。满分12分。未按要求开展工程安全检查、隐患排查的每少一次扣3分，检查记录、隐患登记建档等不齐全不规范的每发现一起扣1～2分。 （3）按要求对工程安全风险实行了分级防控，并有对应防控措施，落实了防控责任。满分10分。未按要求对工程安全风险实行分级防控的扣3分，工程安全风险无对应防控措施的每缺一项扣2分，防控责任落实不到位的扣1～3分。 （4）按要求及时消除了工程安全隐患，对一时无法消除的安全隐患落实了相应的安全保障措施。满分10分。根据实际，能及时消除的安全隐患未及时消除的每发现一起扣2～4分，对一时无法消除的安全隐患未落实相应安全保障措施的每发现一起扣3～4分。 （5）发生工程安全事故及时按有关程序报告，并启动了应急响应机制。满分6分。发生工程安全事故未及时按有关程序报告的每发现一起扣2～3分，应启动应急响应机制但未启动的每发现一起扣2～3分。 （6）按照《泵站安全鉴定规程》（SL 316—2015）的规定开展泵站安全鉴定。满分6分。按规定应进行泵站安全鉴定而未进行的此小项不得分。安全鉴定不符合规程要求的扣1～3分。	
	8. 安全设施管理	确保工程安全设施设备齐备、完好，定期进行检查、检修、试验。劳动保护用品配备满足安全生产要求。特种设备、计量装置按国家有关规定管理和检定。	40	（1）工程安全设施设备齐备、完好。满分12分。安全设施设备不齐备或不完好的每发现一处（台套）扣3分。 （2）定期对安全设施设备进行检查、检修、试验。满分12分。未定期进行检查、检修、试验的每发现一起扣3分。 （3）劳动保护用品配备和管理能满足安全生产要求。满分8分。配备不能满足安全生产要求的扣1～5分，管理不规范的扣1～3。 （4）特种设备、计量装置按国家有关规定进行管理和检定。满分8分。	

续表

类别	内容	考核要求	标准分	赋分原则	备注
二、安全管理（250分）	9. 环境建设与管理	结合当地实际，开展管理范围环境建设和绿化。管理范围内水土保持良好，绿化程度高；管理单位及基层站所庭院整洁，环境优美；管理用房及配套设施完善，管理有序。	40	（1）环境建设和绿化有专人管理，结合当地及工程实际，制订了环境建设和绿化相关规划，并按规划开展管理范围环境建设和绿化。满分12分。无专人管理的扣3分；无相关规划的扣4分，未按规划开展管理范围环境建设和绿化的扣1～5分。 （2）管理范围内水土保持良好，绿化程度高。满分8分。水土保持差的扣1～3分，管理范围绿化率（已绿化面积/可绿化面积×100%）低于80%的每低5%扣2分。 （3）管理单位及基层站所庭院整洁，环境优美。满分12分。 （4）管理用房及配套设施完善，管理有序。满分8分。	
三、运行管理（530分）	10. 调度及控制运用管理	制定泵站运行调度及控制运用制度，涉及防汛工作的有关内容应按规定报批或报备。严格执行运行调度指令及控制运用制度，调度运用规范，实现设备操作及运行自动化，确保安全、高效、经济运行。	52	（1）制定了泵站运行调度及控制运用制度，且符合有关规程规范的要求，满足泵站工程运行管理需要。满分10分。未制定制度的此小项得0分。根据泵站运行调度及控制运用需要，每缺一项制度扣5分，制度不符合有关规程规范的要求或不符合泵站工程运行管理实际的每发现一项扣2分。 （2）泵站运行调度及控制运用制度的有关内容，涉及防汛工作的按规定进行了报批或报备。满分5分。未报批或报备的此小项得0分。报批或报备不符合有关规定的扣1～5分。 （3）严格执行运行调度指令及控制运用制度，调度运用规范。满分16分。未严格执行运行调度指令及控制运用制度的每发现一起扣4分，调度运用不规范的每发现一起扣1～2分。 （4）实现了泵站设备操作及运行监控自动化。满分5分。 （5）泵站运行符合有关规程规范的要求，实现了安全、高效、经济。满分16分。泵站运行不符合有关规程规范要求的每发现一起扣1～4分，运行不安全的扣1～4分，运行不高效的扣1～3分，运行不经济的扣1～2分。	

续表

类别	内容	考核要求	标准分	赋分原则	备注
三、运行管理（530分）	11. 设备管理	制定泵站设备管理制度，管理责任明晰且落实到位。泵站所有设备均应建档挂卡，记录责任人、设备评定等级、评定日期等情况；设备标志、标牌齐全，检查保养全面，技术状态良好，无漏油、漏水、漏气现象，表面清洁且无锈蚀、破损等。按《泵站管理技术规程》（GB/T 30948—2021）的要求对各类设备进行检查和维护。	66	（1）制定了泵站设备管理制度，且符合有关规程规范的要求，满足泵站设备管理需要。满分 8 分。无制度的此小项得 0 分，制度不符合有关规程规范要求或不满足泵站设备管理实际的扣 1～4 分。 （2）泵站设备管理责任明晰，且落实到位。满分 10 分。管理责任不明晰的扣 1～5 分，管理责任未落实到位的扣 1～5 分。 （3）泵站所有设备已建档挂卡，记录了责任人、设备评定等级、评定日期等情况。满分 18 分。每发现一台（套）设备未建档挂卡的扣 2 分，建档挂卡的内容不全的扣 1～4 分。 （4）设备标志、标牌齐全，检查保养全面，技术状态良好，无漏油、漏水、漏气等现象，表面清洁且无锈蚀、破损等。满分 20 分。设备标志、标牌不齐全的每发现一台（套）扣 1 分，检查保养全面的扣 1～5 分，主要设备技术状态差的每发现一台（套）扣 2 分，存在漏油、漏水、漏气等现象或表面有锈蚀、破损等的每发现一处扣 1 分。 （5）按《泵站管理技术规程》（GB/T 30948—2021）的要求对各类设备进行检查和维护。满分 10 分。	
	12. 建筑物管理	制定泵站建筑物管理制度，管理责任明晰且落实到位。泵站建筑物应完整无损，及时消除安全隐患；主要建筑物无明显的不均匀沉陷；主泵房建筑物无严重裂缝、严重变形、剥落、露筋、渗漏等现象；进出水流道、压力箱涵、压力管道等建筑物无断裂、严重变形、剥落、露筋、渗漏等现象；进出水池等无严重冲刷、淤积，护坡、挡土墙无倒塌、破损、严重变形，砌体完好；必要的建筑物观测设施齐全、规范。按建筑物设计标准运用，当确需超标准运用时，应经过技术论证并有应急预案。	52	（1）制定了泵站建筑物管理制度，且符合有关规程规范的要求，满足泵站建筑物管理需要。满分 6 分。无制度的此小项得 0 分，制度不符合有关规程规范的要求或不满足泵站建筑物管理需要的扣 1～3 分。 （2）泵站建筑物管理责任明晰且落实到位。满分 8 分。管理责任不明晰的扣 1～4 分，管理责任未落实到位的扣 1～4 分。 （3）泵站建筑物完整无损，及时消除了安全隐患或隐患未消除的有安全保障措施。满分 10 分。泵站建筑物不完整或有损坏现象的每发现一处扣 1～5 分，安全隐患未及时消除或隐患既未消除也无安全保障措施的每发现一起扣 2～5 分。 （4）主泵房建筑物无严重裂缝、严重变形、剥落、露筋、渗漏等现象。满分 6 分。 （5）进出水流道、压力箱涵、压力管道等建筑物无断裂、严重变形、剥落、露筋、渗漏等现象。满分 6 分。 （6）进出水池等无严重冲刷、淤积，护坡、挡土墙无坍塌（倒塌）、破损、严重变形，砌体完好。满分 6 分。 （7）必要的建筑物观测设施齐全、规范。满分 5 分。按规程规范的要求应设置建筑物观测设施但未设置的每发现一处扣 2 分，建筑物观测设施不规范的每发现一处扣 1 分。 （8）按建筑物设计标准运用，当确需超标准运用时，经过技术论证并有应急预案。满分 5 分。正常工况下，建筑物未按设计标准运用的此小项得 0 分；超标准运用时没有经过技术论证或没有应急预案的扣 2～5 分。	

续表

类别	内容	考核要求	标准分	赋分原则	备注
三、运行管理（530分）	13. 规范运行	制定《泵站安全操作规程》《泵站运行规程》和运行管理制度并严格执行。运行人员组织图、管理制度、操作规程，泵站平立剖面图、电气主接线图、油气水系统图、主要技术指标表和主要设备规格、检修情况表等齐全，并在适宜位置明示主要制度、规程和技术图表。按《泵站技术管理规程》（GB/T 30948—2021）等有关规程规范的要求，做好泵站运行管理工作，严格执行“两票三制”（操作票、工作票，交接班制、巡回检查制、设备缺陷管理制），设备检查、操作和运行巡视记录齐全、规范。每年应对泵站运行情况进行分析和总结。	76	（1）制定了《泵站安全操作规程》《泵站运行规程》和运行管理制度且符合有关规程规范的要求和泵站运行管理实际，并严格执行制度和规程。满分20分。无制度或规程的此小项得0分。根据泵站运行管理实际，每缺一项制度或规程的扣2～4分，制度或规程不符合有关规程规范要求的每发现一项扣1～2分，未严格执行制度和规程的每发现一起扣2～5分。 （2）泵站管理制度、操作规程和技术图表等齐全，满足泵站运行需要，并在适宜位置明示主要制度、规程和技术图表。满分20分。根据泵站技术管理实际，运行人员组织图、管理制度、操作规程、泵站平立剖面图、电气主接线图、油气水系统图、主要技术指标表和主要设备规格、检修情况表等不齐全的每缺一项扣1分，主要制度、规程和技术图表未在适宜位置明示的每缺一项扣1分。 （3）按《泵站技术管理规程》（GB/T 30948—2021）等有关规程规范的要求，做好泵站运行管理工作。满分10分。 （4）严格执行“两票三制”，设备检查、操作和运行巡视记录齐全、规范。满分20分。未严格执行“两票三制”的每发现一起扣5分，设备检查、操作和运行巡视记录不齐全、不规范的每发现一起扣1分。 （5）每年对泵站运行情况进行了分析和总结。满分6分。无总结报告的此小项得0分。分析和总结不全面或不符合实际的扣1～6分。	
	14. 工程检查、观测管理	制定泵站工程检查、观测制度，按规定开展工程观测和经常性巡查、检查；每年汛期或灌溉供水期前、后，对泵站工程各部位进行全面检查和观测；当泵站工程遭受特大洪水、地震等自然灾害或发生重大工程事故时，及时进行特别（专项）检查。检查和观测内容应全面，记录真实、详细和符合有关规定。观测工作系统、连续并有分析成果，观测设施及仪器仪表的检查、保养、校验符合有关规定。	52	（1）制定了泵站工程检查、观测制度，且符合有关规程规范的要求和泵站工程管理实际。满分8分。无制度的此小项得0分。根据泵站工程管理实际，每缺一项制度扣3分，制度不符合有关规程规范要求的每发现一项扣1～2分。 （2）按规定开展了工程观测和经常性巡查、检查。满分12分。未按规定开展工程观测和经常性巡查、检查的每发现一起扣1～2分（以检查记录为依据）。 （3）每年汛期或灌溉供水期前、后，对工程各部位进行了全面检查和观测。满分10分。未按时按要求对工程各部位进行全面检查和观测的每发现一起扣2～5分（以检查记录为依据）。 （4）当工程遭受特大洪水、地震等自然灾害或发生重大工程事故时，及时进行了特别（专项）检查。满分6分。未及时按要求进行特别（专项）检查的每发现一起扣1～3分（以检查记录为依据）。 （5）检查和观测内容全面，记录真实、详细和符合有关规定。满分8分。检查和观测内容不全面的扣1～4分，记录不真实、不详细或不符合有关规定的扣1～4分。 （6）观测工作系统、连续，并有分析成果。满分4分。 （7）观测设施及仪器仪表的检查、保养、校验符合有关规定。满分4分。	

续表

类别	内容	考核要求	标准分	赋分原则	备注
三、运行管理（530分）	15. 维修检修管理	制定泵站维修检修制度，及时、全面编报工程维修检修计划，按批复预算落实维修检修经费；按时、保质、保量完成维修检修项目，严格控制项目经费，项目调整严格执行报批程序，及时上报维修检修项目完成进度；维修检修项目完工后及时办理验收手续，维修检修及验收资料及时归档。逐步实现设备状态检修。按《泵站技术管理规程》（GB/T 30948—2021）的有关规定，组织对建筑物、设备进行评级。	52	（1）制定了工程维修检修制度，且符合有关规程规范的要求和工程实际。满分6分。无制度的此小项得0分。根据工程实际，每缺一项制度扣2分，制度不符合有关规程规范要求的每发现一项扣1分。 （2）及时、全面编报了工程维修检修计划，并按批复预算落实检修维修经费。满分8分。未及时、全面编报工程维修检修计划的扣1～4分，未按批复预算100%落实检修维修经费的每低1%扣0.08分。 （3）按时、保质、保量完成了维修检修项目，严格控制了项目经费，项目调整严格执行了报批程序，及时上报了维修检修项目完成进度。满分20分。未按时、保质、保量完成维修检修项目的扣1～6分，未严格控制项目经费的扣1～4分，项目调整未严格执行报批程序的扣1～6分，未及时上报维修检修项目完成进度的扣1～4分。 （4）维修检修项目完工后及时办理了验收手续，维修检修及验收资料及时进行了整理归档。满分8分。维修检修项目完工后未及时办理验收手续的扣1～5分，维修检修及验收资料未及时进行整理归档的扣1～3分。 （5）实现了设备状态检修。满分2分。 （6）按《泵站技术管理规程》（GB/T 30948—2021）的有关规定，按时组织对建筑物、设备进行了评级。满分8分。未进行建筑物、设备评级的此小项得0分。建筑物、设备评级不符合有关要求和实际的扣1～4分。	
	16. 泵房及周边环境管理	加强泵房及周边环境管理。泵房内整洁卫生，地面无积水，房顶及墙壁无漏雨，门窗完整、明亮，金属构件无锈蚀；工具、物件等摆放整齐；防火设施齐全；照明灯具齐全、完好；泵房周边场地清洁、整齐，无杂草、杂物；进出水池水面无漂浮物。	52	（1）泵房及周边环境有专人管理，并按有关规定及要求进行泵房及周边环境管理。满分6分。无专人管理的扣2分，未按有关规定及要求开展泵房及周边环境管理的扣1～4分。 （2）泵房内整洁卫生，地面无积水，房顶及墙壁无漏雨，门窗完整、明亮，金属构件无锈蚀；工具、物件等摆放整齐。满分18分。 （3）按有关规程规范的要求，结合实际配置消防设施，消防设施齐全、完好。满分8分。消防设施配置不齐全的扣1～4分，消防设施不完好的扣1～4分。 （4）按有关规程规范的要求，结合实际配置照明灯具，照明灯具齐全、完好。满分6分。照明灯具配置不齐全的扣0.5～3分，照明灯具不完好的扣0.5～3分。 （5）泵房周边场地清洁、整齐，无杂草、杂物。满分10分。 （6）进出水池水面无漂浮物。满分4分。	

续表

类别	内容	考核要求	标准分	赋分原则	备注
三、运行管理（530分）	17. 技术经济指标考核	加强泵站技术经济指标考核。泵站建筑物完好率、设备完好率、泵站效率、能源单耗、供排水成本、供排水量、安全运行率、财务收支平衡率等八项技术经济指标符合《泵站技术管理规程》（GB/T 30948—2021）的规定。	42	（1）泵站技术经济指标考核工作有专人管理，并按有关规定开展泵站技术经济指标考核工作。满分10分。无专人管理的扣4分，未按有关规定开展考核工作的扣2～6分。 （2）泵站八项技术经济指标均达到规定指标。满分32分。建筑物完好率达不到规定指标的每低1%扣1分，最多扣5分；设备完好率达不到规定指标的每低1%扣1分，最多扣5分；泵站效率达不到规定指标的每低1%扣2分，最多扣5分；能源单耗达不到规定指标的每高0.1kt·m/(kW·h)扣1分，最多扣5分；安全运行率达不到规定指标的每低1%扣1分最多扣6分；供排水成本、供排水量、财务收支平衡率等指标未达到规定指标的扣2～6分。 未开展泵站技术经济指标考核的，此项不得分。	“规定指标”指《泵站技术管理规程》（GB/T 30948—2021）规定的指标。
	18. 信息化管理	积极推进泵站管理现代化建设，依据泵站管理需求，制订管理现代化发展相关规划和实施计划，积极引进、推广使用管理新技术，开展信息化基础设施、业务应用系统和信息化保障环境建设，改善管理手段，增加管理科技含量，做到泵站管理信息系统运行可靠、设备管理完好，利用率高，不断提升泵站管理信息化水平。	36	（1）积极推进泵站管理现代化建设，依据泵站管理需求，制订了管理现代化发展相关规划和实施计划，积极引进、推广使用管理新技术。满分8分。未制订管理现代化发展相关规划和实施计划的此小项得0分。制订的管理现代化发展相关规划和实施计划不符合泵站管理需求的扣1～4分，未积极引进、推广使用管理新技术的扣1～4分。 （2）开展了信息化基础设施、业务应用系统和信息化保障环境建设，改善了管理手段，增加了管理科技含量。满分12分。未开展建设的此小项得0分。开展了建设但不全面、科技含量不高的扣2～6分，管理手段改善效果不佳的扣2～6分。 （3）泵站管理信息系统运行可靠、设备完好、利用率高，不断提升泵站管理信息化水平。满分16分。系统运行不可靠的扣1～6分，设备不完好的扣1～6分，利用率不高的扣1～4分。	

续表

类别	内容	考核要求	标准分	赋分原则	备注
三、运行管理（530分）	19. 技术档案管理	制定泵站技术档案管理制度，及时分析、总结、上报、归档有关运行、检查观测、维修检修、工程改造等技术文件及资料。技术文件及资料、工程大事记等技术档案应齐全、清晰、规范，保管符合有关规定。技术文件和资料应以纸质件及磁介质、光介质的形式存档，逐步实现档案管理数字化。	50	（1）档案管理规章制度健全且符合相关标准的规定及工程管理实际。满分8分。根据工程管理实际每缺一项制度扣2分，制度不符合相关标准规定的每发现一项扣0.5～1分。 （2）按照水利部《水利工程建设项目档案管理规定》和本省有关水利工程档案管理与验收办法等规定，建立了完整、规范的技术档案，有专人管理。满分12分。无专人管理的扣2分；根据工程管理实际，应建立的技术档案而未建立的每缺一项扣2分，建立的技术档案不规范的每发现一项扣0.5～1分。 （3）及时分析、总结、上报、归档有关运行、检查观测、维修检修、工程改造、工程大事记等技术文件及资料，且技术档案齐全、清晰、规范，保管符合有关规定。满分20分。分析、总结、上报、归档不及时的每发现一项扣1～2分，不齐全、不清晰、不规范的扣2～5分，保管、借阅等不符合有关规定的扣1～5分。 （4）技术文件和资料均以纸质件及磁介质、光介质的形式存档，实现了档案管理数字化。满分10分。未实现档案管理数字化扣2分。	
四、经济管理（100分）	20. 财务和资产管理	建立健全财务管理和资产管理等制度。泵站人员经费、运行电费和维修养护费等经费落实且使用符合相关规定，建立资产管理台账且账物相符、管理规范，杜绝违规违纪行为。	40	（1）单位财务管理和资产管理等制度健全且符合国家及地方有关规定和泵站管理实际，并严格执行。满分12分。根据泵站管理实际应制定的制度但未制定的每缺一项扣2分，制定的制度不符合国家、地方有关规定的每发现一项扣0.5～1分，未严格执行制度的每发现一起扣3～12分（以有关检查、审计发现问题为依据，以问题程度扣分）。 （2）泵站人员经费、运行电费和维修养护费等经费全额落实。满分15分。泵站人员经费落实率低于100%的每低5%扣1分，最多扣5分；运行电费落实率低于100%的每低5%扣1分，最多扣5分；维修养护经费落实率低于100%的每低5%扣1分，最多扣5分。 （3）泵站人员经费、运行电费和维修养护费等经费使用及管理符合有关规定，无违规违纪行为。满分8分。发现有违规违纪行为的此小项得0分。经费使用及管理不符合相关规定的每发现一起扣2分（以有关检查、审计发现问题为依据）。 （4）建立了管理单位资产管理台账且账物相符、管理规范的。满分5分。未建立发现资产管理台账的此小项得0分。账物不相符或管理不规范的每1起扣1分。	经费落实率＝实际落实经费/全额核定经费×100%。 “违规违纪行为”以有关检查或审计结论为准。

续表

类别	内容	考核要求	标准分	赋分原则	备注
四、经济管理（100分）	21. 职工待遇管理	确保泵站人员工资、福利待遇达到或超过当地平均水平，按规定落实泵站职工养老、失业、医疗、工伤、生育和住房公积金等各种社会保险。	30	（1）按现行政策及时足额兑现了人员工资，并达到或超过当地平均水平。满分12分。未及时足额兑现的每发现一起扣2分，人员平均工资全年金额未达到当地平均水平的每低5%扣1分。 （2）按现行政策及时发放了职工福利待遇，并达到或超过当地平均水平。满分6分。未按有关规定发放的每发现一起扣1分，人均福利待遇未达到当地平均水平的每低5%扣0.5分。 （3）按规定落实了职工养老、失业、医疗、工伤、生育和住房公积金等社会保险。满分12分。各种社会保险未全面落实的每少落实一种扣2分。	
	22. 水费及资源利用	科学核算供水成本，配合主管部门做好水价调整工作；制定水费等费用计收使用办法，按有关规定收取水费和其他费用。在确保防洪安全、运行安全和生态安全的前提下，合理利用管理范围内的水土资源和资产，保障国有资源（资产）保值增值。	30	（1）科学核定了供水成本，配合水行政主管部门和财政、发改等部门认真做好水价调整工作。满分8分。未科学核定供水成本的扣1～4分，未配合做好水价调整工作的扣1～4分。 （2）制定了水费等费用计收使用办法，且符合国家及地方有关规定，并按有关规定收取水费和其他费用。满分16分。未制定水费等费用计收使用办法的此小项得0分。制定的费用计收使用办法不符合国家及地方有关规定的扣1～4分；水费收取率低于95%的每低5%扣2分，最多扣8分；其他费用收取率（分别计算，取自述平均值）低于95%的每低5%扣1分，最多扣4分。 （3）制订了水土资源开发利用规划且符合防洪安全、运行安全和生态安全的要求，泵站管理范围内的可开发水土资源利用率（实际开发水土资源面积/按有关规定可开发水土资源面积×100%）≥80%。满分4分。无水土资源开发利用规划或规划不符合防洪安全、运行安全和生态安全要求的扣1～2分（无水土资源开发利用规划扣2分），开发水土资源利用率低于80%的扣2分。 （4）水土资源和资产开发利用效果好，充分发挥了综合效益，保障了国有资源（资产）保值增值。满分2分。	按规定不收取水费的，有关水费方面的考核内容属合理缺项。

注 1. 本标准分4类22项109个小项。每个单项、单小项扣分后最低得分为0分。

2. 在考核中，如出现合理缺项（单项），该项得分为：合理缺项得分=[合理缺项所在类得分/(该类总标准分－合理缺项标准分)]×合理缺项标准分。

7 泵站标准化规范化管理持续改进

7.1 建立持续改进机制

按照《水利单位管理体系要求》（SL/Z 503—2016）10.3“持续改进”的条款要求：“水利单位应持续改进管理体系的适应性、充分性和有效性，提升水安全保障能力和绩效；水利单位应考虑分析、评价结果以及管理单位评审的输出，确定是否存在应关注的持续改进的需求和机遇”。

泵站管理单位要建立标准化规范化管理持续改进制度，构建符合泵站特点的持续改进机制。结合自检结果以及上级水行政主管部门给出的考核结论等，客观分析泵站标准化规范化管理体系的运行质量，及时调整和完善相关管理制度、标准和过程管控措施，并不断持续改进，不断提高管理效能。

泵站管理单位在推行标准化规范化管理策略中，要让全体员工不断提高思想认识，消除员工的认知盲区；引导员工积极踊跃地参与，并且不断完善和创新管理手段，让员工在第一时间看到变化的同时也看到了单位的未来，从而增强改善活动的信心，以便提高工作效率。

泵站管理单位要不断地提出更高的发展目标。泵站管理体系运行模式，应采用过程方法、基于风险的思维和“策划-实施-检查-改进”（PDCA）循环建立、实施、保持和持续改进管理体系。标准化规范化管理体系的维护始终遵循“PDCA”运行模式，如图7.1所示。

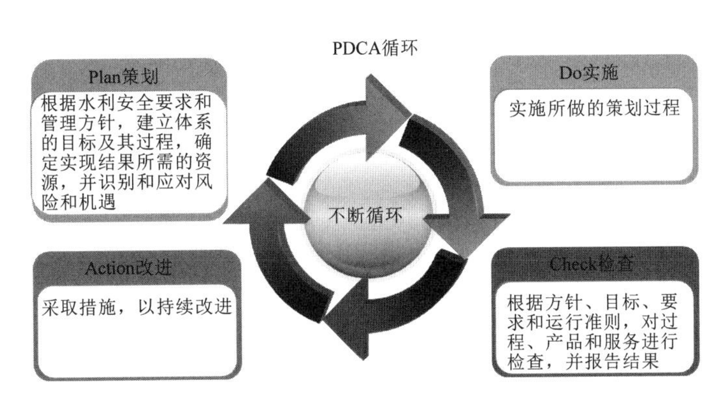

图7.1 管理体系PDCA运行模式

P——策划，根据水利安全要求和管理方针，建立体系的目标及其过程，确定实现结果所需的资源，并识别和应对风险和机遇。

D——实施，实施所做的策划过程。

C——检查，根据方针、目标、要求和运行准则，对过程、产品和服务进行检查，并报告结果。

A——改进，采取措施，以持续改进。

如何引导泵站全体职工参与泵站管理水平的改进与提高，一直是个值得讨论的问题。泵站标准化规范化管理过程中如何建立“持续改进”机制，可参考［示例7.1］。

［示例7.1］ TPM管理概念

因为企业在改进中仅仅依靠几个管理者的力量显然不能够实现目标，在这种情况下就需要让员工参与到企业的改进活动中，这样才能发挥出最好的效果。需要让全体职工感受到企业的发展动力，以及自身在企业中的价值。如果员工在企业中看不到发展前景，或者自己的价值无法在企业中得以体现，那么他们就不太可能和企业一起进行改进和成长。因此，泵站管理单位领导应该鼓励员工，并给予他们足够的信任，这样才能激发出员工的热情，以便让他们加入企业改进和发展成长的行列当中。

目前TPM（Total Productive Maintenance）定义为全员生产维护，已经从单纯意义上的设备维护或者管理提升到囊括所有企业活动的一种现代管理制度，所强调的是“全员、全过程、全系统”，设备管理是TPM所强调中的全过程中的一大主要方面。想要让TPM活动执行的效果明朗，企业应该掌握循序渐进的原则。可在现实中一些企业却经常犯这样的错误：一开始就将目标定得非常高，员工不仅会产生遥不可及的感觉，还会丧失改善的信心和动力，最终企业的改善活动也以失败告终。最科学的方法是，不断提出更高的目标，而不断提高的过程需要循序渐进，企业应该根据改善执行的情况，在适当的时机提出不同的目标，逐渐提高目标层次，从而提高效率。

TPM管理，即“全员生产维修”，20世纪70年代起源于日本，是一种全员参与的生产维修方式，其主要点就在“生产维修”及“全员参与”上。通过建立一个全系统员工参与的生产维修活动，使设备性能达到最优。TPM管理包括以下几种类别：

（1）事后维修（Breakdown Maintenance，BM）。这是最早期的维修方式，即出了故障再修，不坏不修。

（2）预防维护（Preventive Maintenance，PM）。这是以检查为基础的维修，利用状态监测和故障诊断技术对设备进行预测，有针对性地对故障隐患加以排除，从而避免和减少停机损失，分定期维修和预知维修两种方式。

（3）改善维护（Corrective Maintenance，CM）。改善维修是不断地利用先进的工艺方法和技术，改正设备的某些缺陷和先天不足，提高设备的先进性、可靠性及维修性，提高设备的利用率。

（4）维护预防（Maintenance Prevention，MP）。维修预防实际就是可维修性设计，提倡在设计阶段就认真考虑设备的可靠性和维修性问题。从设计、生产上提高设备品质，从根本上防止故障和事故的发生，减少和避免维修。

（5）生产维护（Productive Maintenance，PM）。生产维护是一种以生产为中心，为生产服务的一种维修体制。它包含了以上四种维修方式的具体内容。对不重要的设备仍然实行事后维修，对重要设备则实行预防维修，同时在修理中对设备进行改善维修，设备选型或自行开发设备时则注重设备的维修性（维修预防）。

7.2 自 检

7.2.1 自检要求

泵站管理单位要按照水利部《大中型灌排泵站标准化规范化管理指导意见（试行）》和《水利工程管理考核办法》及《泵站工程管理考核标准》，或本省（自治区、直辖市）发布的大中型灌排泵站标准化规范化管理实施细则及大中型灌排泵站标准化规范化管理考核标准，对本单位标准化规范化管理体系运行情况每年至少进行一次自检，验证各项标准化规范化管理体系（管理制度、标准和管控措施）的适应性、充分性、有效性，检查标准化规范化管理目标、指标的完成情况等。

7.2.2 自检结果形成文件

泵站管理单位主要负责人应全面负责自检工作，组织开展自检工作并将结果向本单位所有部门、所属单位和全体职工通报。自检结果应形成正式文件，并作为年终管理绩效考评的重要依据。

7.2.3 上报自检结果接受考核（复核）

泵站管理单位应每年定期向上级主管部门或其委托单位报告泵站标准化规范化管理年度自检结果，并提出考核（复核）申请，接受其进行的考核或复核。

泵站上级主管部门或其委托单位应在泵站管理单位自检的基础上，定期组织专家对泵站管理单位标准化规范化管理情况进行考核或复核，给出考核或复核结论，对发现的问题提出整改意见和建议。

7.3 改 进

7.3.1 分析问题成因，明确整改目标

泵站管理单位收到上级主管部门的考核或复核结论及其提出的整改意见和建议后，要启动持续改进程序，按标准化规范化管理持续改进的要求，分析落实整改意见。

（1）强化组织领导，压实工作责任。泵站管理单位领导应高度重视考核或复核反馈意见的整改工作，成立整改工作领导小组，召开整改部署协调会议，明确各自职责，落实具体任务。各相关整改部门和具体责任人应立行立改，认真抓好各项整改任务的落实。

（2）全面梳理分析，制订整改方案。根据反馈意见要求，整改工作领导小组应进行专题研究，深刻剖析产生问题的深层次原因，制订整改方案。明确目标任务，对整改问题主动认领、深刻反思，进一步落实责任、明确措施、严格标准，确保各项整改工作取得实效。逐一制订整改措施、建立整改台账，以“问题清单＋任务清单＋责任清单”的方式，

编制整改工作的时间表和路线图，保证整改工作的质量和进度。

（3）结合实际工作，抓好整改落实。泵站管理单位要严格对照整改意见或建议，持续改进，坚持目标不变、标准不降、力度不减，不断提升泵站管理标准化规范化水平，推进泵站管理再上新台阶。

7.3.2 排查安全隐患，强化整改措施

（1）泵站管理单位发生造成人员死亡、重伤3人以上或直接经济损失超过100万元的生产安全事故和其他造成社会不良影响的重大事件的，应重新对标准化规范化管理体系进行自检，查找标准化规范化管理体系中存在的缺陷。

（2）泵站管理单位还应对平时工程运行管理中发现的问题定期进行汇总，分析问题的原因，全面查找标准化规范化管理体系中存在的缺陷，并进行改进。同时，融入新的管理思想和方法。

（3）泵站管理单位应确定其管理体系范围内的潜在水安全风险和紧急情况，根据有关规定及规程规范进行风险评价，并制订相应的风险和紧急情况应对措施。潜在的风险和紧急情况可包括（但并不限于）：极端天气、自然灾害、超标准洪水、突发水环境污染、火灾、人员健康安全事故、工程安全事故等。

（4）泵站管理单位应建立风险评价准则，用于评价所确定的风险和紧急情况的重要程度。体现泵站管理单位对相关风险的承受度，并与本单位的管理方针保持一致。

（5）泵站管理单位应将所制订的相关措施形成文件并加以并保持。应对风险可以选择规避风险，为寻求机遇承担风险；消除风险源，改变风险的可能性或后果；分担风险，或通过信息充分决策并保留风险。

（6）泵站设备管理可应用“计划保全”体系。计划保全是通过对泵站建筑物和设备的点检、分析、预知，利用收集的信息，早期发现泵站建筑物和设备事故、故障停止及性能低下的状态，按计划树立对策实施的预防保全活动和积极运用其活动中收集信息的保全技术体系，提高泵站建筑物和设备的可靠性、保全性和经济性以确立MP（保全预防）设计支援及初期流动管理体系。计划保全活动是以专业维修人员为主，对泵站建筑物和设备及工器具依据特定的针对性计划，凭借专业技术和工器具，对泵站建筑物和设备进行保养、检查、维修或更换、校准、恢复、改善等一系列活动。

7.3.3 提升岗位标准，完善管理制度

泵站管理单位应根据标准化规范化管理的自检结果和标准化规范化管理信息平台所反映的趋势，结合上级主管部门给出的考核结果、复核结论、整改意见和建议等，客观分析泵站标准化规范化管理体系的运行质量，及时调整和完善相关管理制度、技术标准、管理标准、工作标准和过程管控措施，持续改进，不断提高管理效能。

随着社会经济和科学技术的快速发展，泵站工程领域新工艺、新技术、新材料、新设备设施也不断投入使用，对操作运行和管理人员的规格标准也越来越高，原有的岗位标准就不再适用，因此某些岗位标准需要修订或重新制定；随之而来的评价考核标准也需要完善和修订；操作规程也需要按照新设备的要求进行修订或重新制定。随着新的管理理念和管理方法被大多数员工所接受，为促进泵站管理水平持续不断提高，相应的各项管理制度有必要进行全面系统的梳理，不适用的规范、规程、制度将被更新或者需要重新编制，以满足泵站管理单位不断提升服务水平和发展的需要。

附　　录

附录1　泵站控制运用相关记录表

附表1.1　　　　工 程 调 度 记 录

工程名称					
时间	发令人	接受人	执行内容	执行情况	备注

附表1.2　　　　运 行 值 班 记 录

<table>
<tr><td>工程名称</td><td></td><td>时间</td><td>年　　月　　日</td><td>天气</td><td></td></tr>
<tr><td colspan="6">运行值班情况记录：

值班人员：</td></tr>
<tr><td colspan="6">交接班记录：
1. 工程运行情况：
2. 需交接的其他事项：

交班人：　　　　接班人：　　　　交接时间：　　时　　分</td></tr>
</table>

附表 1.3　　泵站运行日志

年　月　日

<table>
<tr><td colspan="2">0—8 时</td><td colspan="2">8—16 时</td></tr>
<tr><td colspan="2"></td><td colspan="2"></td></tr>
<tr><td>值班长</td><td></td><td>值班长</td><td></td></tr>
<tr><td>值班员</td><td></td><td>值班员</td><td></td></tr>
</table>

年　月　日

<table>
<tr><td colspan="2" rowspan="7">16—24 时</td><td colspan="8">机组开机台时统计</td></tr>
<tr><td colspan="2">1 号机组</td><td colspan="2">2 号机组</td><td colspan="2">3 号机组</td><td colspan="2">4 号机组</td></tr>
<tr><td>当日运行</td><td>累计运行</td><td>当日运行</td><td>累计运行</td><td>当日运行</td><td>累计运行</td><td>当日运行</td><td>累计运行</td></tr>
<tr><td></td><td></td><td></td><td></td><td></td><td></td><td></td><td></td></tr>
<tr><td colspan="2">5 号机组</td><td colspan="2">6 号机组</td><td colspan="2">7 号机组</td><td colspan="2">8 号机组</td></tr>
<tr><td>当日运行</td><td>累计运行</td><td>当日运行</td><td>累计运行</td><td>当日运行</td><td>累计运行</td><td>当日运行</td><td>累计运行</td></tr>
<tr><td></td><td></td><td></td><td></td><td></td><td></td><td></td><td></td></tr>
<tr><td colspan="2"></td><td colspan="2">9 号机组</td><td colspan="2">10 号机组</td><td colspan="2"></td><td colspan="2"></td></tr>
<tr><td colspan="2"></td><td>当日运行</td><td>累计运行</td><td>当日运行</td><td>累计运行</td><td></td><td></td><td></td><td></td></tr>
<tr><td>值班长</td><td></td><td colspan="8" rowspan="2">所值班：__________</td></tr>
<tr><td>值班员</td><td></td></tr>
</table>

附表 1.4 **操作票格式**

<table>
<tr><td colspan="6">________泵站
________操作票
____年　第____号</td></tr>
<tr><td colspan="6">操　作　任　务：</td></tr>
<tr><td>顺序</td><td colspan="4">操　作　项　目</td><td>操作记号
(√)</td></tr>
<tr><td></td><td colspan="4"></td><td></td></tr>
<tr><td></td><td colspan="4"></td><td></td></tr>
<tr><td></td><td colspan="4"></td><td></td></tr>
<tr><td></td><td colspan="4"></td><td></td></tr>
<tr><td></td><td colspan="4"></td><td></td></tr>
<tr><td></td><td colspan="4"></td><td></td></tr>
<tr><td></td><td colspan="4"></td><td></td></tr>
<tr><td></td><td colspan="4"></td><td></td></tr>
<tr><td></td><td colspan="4"></td><td></td></tr>
<tr><td></td><td colspan="4"></td><td></td></tr>
<tr><td></td><td colspan="4"></td><td></td></tr>
<tr><td colspan="2">发令人：</td><td colspan="4">发令时间：　　年　　月　　日　　时　　分</td></tr>
<tr><td colspan="2">受令人：</td><td>操作人：</td><td colspan="3">监护人：</td></tr>
<tr><td colspan="6">操作开始时间　____年____月____日____时____分
操作完成时间　____年____月____日____时____分</td></tr>
<tr><td colspan="2" rowspan="4">备注</td><td colspan="4"></td></tr>
<tr><td colspan="4"></td></tr>
<tr><td colspan="4"></td></tr>
<tr><td colspan="4"></td></tr>
</table>

注：对实现一键开机的自动化泵站操作时也填写此操作票。

附表 1.5　　工作票格式（一）

单位：________　编号：________

一、工作负责人（监护人）：________；班组：________；工作班人员：________

________；现场安全员：________

共________人

二、工作内容和工作地点：________

____

____

三、计划工作时间：自____年____月____日____时____分

至____年____月____日____时____分

四、安全措施：

下列由工作许可人（值班员）填写：

1. 应拉断路器（开关）和隔离开关（刀闸），包括填写前已拉断路器（开关）和隔离开关（刀闸）：（注明编号）

____

____

____

2. 应装接地线、应合接地刀闸：（注明装设地点、名称及编号）

____

____

____

3. 应设遮栏、应挂标示牌：（注明地点及标示牌名称）

____

____

____

工作票签发人签名：________

下列由工作票签发人填写：

1. 已拉断路器（开关）和隔离开关（刀闸）：（注明编号）

____

____

____

2. 已装接地线、应合接地刀闸：（注明装设地点、名称及编号）

____

____

____

3. 已设遮栏、已挂标示牌：（注明地点及标示牌名称）

____

____

____

工作地点保留带电部分和补充安全措施：

____

____

收到工作票时间：____年____月____日____时____分________

值班负责人签名：________　工作许可人签名：________

值班负责人签名：________

五、许可开始工作时间：____年____月____日____时____分

工作许可人签名：________　工作负责人签名：________

六、工作负责人变动：原工作负责人＿＿＿＿＿＿＿＿离去，变更＿＿＿＿＿＿＿＿为工作负责人。

变动时间：＿＿＿＿年＿＿月＿＿日＿＿时＿＿分

工作票签发人签名：＿＿＿＿

七、工作人员变动：

增添人员姓名	时间	工作负责人	离去人员姓名	时间	工作负责人

八、工作票延期：有效期延长到＿＿＿＿年＿＿月＿＿日＿＿时＿＿分。

工作负责人签名：＿＿＿＿＿＿＿＿　　工作许可人签名：＿＿＿＿＿＿＿＿

九、工作终结：全部工作已于＿＿＿＿年＿＿月＿＿日＿＿时＿＿分结束，设备及安全措施已恢复至开工前状态，工作人员全部撤离，材料、工具已清理完毕。

工作负责人签名：＿＿＿＿＿＿＿＿　　工作许可人签名：＿＿＿＿＿＿＿＿

十、工作票终结：

临时遮栏、标示牌已拆除，常设遮栏已恢复，接地线共＿＿＿组（＿＿＿）号已拆除，接地刀闸＿＿＿组（＿＿＿＿）号已拉开。

工作票于＿＿＿＿年＿＿月＿＿日＿＿时＿＿分终结。

工作许可人签名：＿＿＿＿＿＿＿＿

十一、备注：＿＿＿＿＿＿＿＿＿＿＿＿＿＿＿＿＿＿＿＿＿＿＿＿＿＿＿＿＿＿

十二、每日开工和收工时间

开 工 时 间	工作许可人	工作负责人	收 工 时 间	工作许可人	工作负责人
年 月 日 时 分			年 月 日 时 分		
年 月 日 时 分			年 月 日 时 分		
年 月 日 时 分			年 月 日 时 分		
年 月 日 时 分			年 月 日 时 分		
年 月 日 时 分			年 月 日 时 分		
年 月 日 时 分			年 月 日 时 分		

十三、执行工作票保证书

<table>
<tr><td colspan="2">工作班人员签名：</td></tr>
<tr><td>开　工　前</td><td>收　工　后</td></tr>
<tr><td>1. 对工作负责人布置的工作任务已明确。
2. 监护人被监护人互相清楚分配的工作地段、设备，包括带电部分等注意事项已清楚。
3. 安全措施齐全，工作人员确在安全措施保护范围内工作。
4. 工作前保证认真检查设备的双重编号，确认无电后方可工作。工作期间，保证遵章守纪、服从指挥、注意安全，保质保量完成任务。
5. 所有工具包括试验仪表等齐全，检查合格；开工前对有关工作进行检查确认可以开工</td><td>1. 所布置的工作任务已按时保质保量完成。
2. 施工期间发现的缺陷已全部处理。
3. 对检修的设备项目自检合格，有关资料在当天交工作负责人。
4. 检查场地已打扫干净，工具（包括仪表）及多余材料已收回保管好。
5. 经工作负责人通知本工作班安全措施已拆除（经三级验收后确定），检修设备可投运。
6. 对已拆线已全部恢复并接线正确</td></tr>
</table>

姓　名	时　　间

注： a）工作班人员在开工会结束后签名，工作票交工作负责人保存。

b）工作结束收工会后工作班人员在保证书上签名，并经工作负责人同意方可离开现场。

附表 1.6 **工 作 票 格 式（二）**

单位：__________ 编号：__________

一、工作负责人（监护人）：____________________班组：____________________

工作班人员：____

____共______人。

二、工作任务：____

____

____

三、计划工作时间：自______年______月______日______时______分；

至______年______月______日______时______分。

四、工作条件（停电或不停电）：____

____

五、注意事项（安全措施）：____

____

____

____

____

____

工作票签发人（签名）：______签发日期：______年______月______日______时______分

六、许可工作时间：______年______月______日______时______分

工作许可人（值班员）签名：__________工作负责人签名：__________

七、工作票终结

全部工作于______年______月______日______时______分结束，工作人员已全部撤离，材料、工具已清理完毕。

工作负责人签名：__________工作许可人（值班员）签名：__________

八、备注：____

____

____

____

附录 2　泵站技术经济指标计算方法及考核标准

泵站技术经济指标包括建筑物完好率、设备完好率、泵站效率、能源单耗、供排水成本、供排水量、安全运行率、财务收支平衡率等 8 项，计算方法如下。

1. 建筑物完好率

泵站建筑物完好率是反映泵站建筑物技术状态好坏的重要指标，可按式（附 2.1）计算：

$$K_{jz}=\frac{N_{wj}}{N_j}\times 100\% \quad \text{（附 2.1）}$$

式中　K_{jz}——建筑物完好率，即完好的建筑物数与建筑物总数的百分比，%；

N_{wj}——完好的建筑物数，座或个；

N_j——建筑物总数，座或个。

《泵站技术管理规程》（GB/T 30948—2021）规定：建筑物完好率不应低于 85%，其中主要建筑物的等级不应低于该规程中附录 C 规定的二类建筑物标准。完好建筑物是指建筑物评级达到该规程中附录 C 的一类或二类标准。

2. 设备完好率

泵站设备完好率是反映泵站抽水机组技术状态的重要指标，可按式（附 2.2）计算：

$$K_{sb}=\frac{N_{ws}}{N_s}\times 100\% \quad \text{（附 2.2）}$$

式中　K_{sb}——设备完好率，即泵站机组的完好台套数与总台套数的百分比，%；

N_{ws}——机组完好的台套数，台或台套；

N_s——机组总台套数，台或台套。

注：对于长期连续运行的泵站，备用机组投入运行后能满足泵站提排水要求的，计算设备完好率时，机组总台套数中可扣除轮修机组数量。

《泵站技术管理规程》（GB/T 30948—2021）规定：设备完好率不应低于 90%，其中主要设备的等级不应低于该规程中附录 D 规定的二类设备标准。完好设备是指设备评级达到该规程中附录 D 的一类或二类标准。

3. 泵站效率

泵站效率是反映泵站运行的关键技术经济性指标，可按式（附 2.3）或式（附 2.4）计算。

（1）测试单台机组：

$$\eta_{bz}=\frac{\rho g Q_b H_{bz}}{1000P}\times 100\% \quad \text{（附 2.3）}$$

式中　η_{bz}——泵站效率，%；

ρ——水的密度，kg/m³；

g——重力加速度，m/s²；

Q_b——水泵流量，m³/s；

H_{bz}——泵站净扬程，m；

P——电动机输入功率，kW。

（2）测试整个泵站：

$$\eta_{bz}=\frac{\rho g Q_z H_{bz}}{1000\sum P_i}\times 100\% \tag{附 2.4}$$

式中 η_{bz}——泵站效率，%；

ρ——水的密度，kg/m³；

g——重力加速度，m/s²；

Q_z——泵站流量，m³/s；

H_{bz}——泵站净扬程，m；

P_i——第 i 台电动机输入功率，kW。

注：泵站净扬程指泵站引水渠道（管道、进水河道）末端到出水渠道（管道、出水河道）首端的水位差。

《泵站技术管理规程》（GB/T 30948—2021）规定：泵站效率应根据泵型、泵站设计扬程或平均净扬程以及水源的含沙量情况，并符合附表 2.1 的规定。

附表 2.1　　泵站效率规定值

泵站类别		泵站效率/%
轴流泵站或导叶式混流泵站	净扬程小于 3m	≥55
	净扬程为 3～5m（不含 5m）	≥60
	净扬程为 5～7m（不含 7m）	≥64
	净扬程 7m 以上	≥68
离心泵站或蜗壳式混流泵站	输送清水	≥60
	输送含沙水	≥55

注：对于长距离管道输水的泵站，考虑到输水管道水力损失所占比重较高，可根据工程实际运行情况考核泵段效率。

4. 能源单耗

能源单耗是反映机组配套、设备效率和机组运行工况等的综合性技术经济指标，可按式（附 2.5）计算：

$$e=\frac{\sum E_i}{3.6\rho\sum Q_{zi}H_{bzi}t_i} \tag{附 2.5}$$

式中 e——能源单耗，即水泵每提水 1000t、提升高度为 1m 所消耗的能量，电的单位为 kW·h/(kt·m)，燃油单位为 kg/(kt·m)；

E_i——泵站第 i 时段消耗的总能量，电的单位为 kW·h，燃油单位为 kg；

Q_{zi}——泵站第 i 时段运行时的总流量，m^3/s；

H_{bzi}——第 i 时段的泵站平均净扬程，m；

t_i——第 i 时段的运行历时，h。

《泵站技术管理规程》（GB/T 30948—2021）规定：泵站能源单耗考核指标应符合下列规定：

a）对于电力泵站，净扬程小于 3m 的轴流泵站或导叶式混流泵站和输送含沙水的离心泵站或蜗壳式混流泵站能源单耗不应大于 4.95kW·h/(kt·m)，其他泵站不应大于 4.53kW·h/(kt·m)；

b）对于内燃机泵站，能源单耗不应大于 1.28kg/(kt·m)；

c）对于长距离管道输水的泵站，能源单耗考核标准可根据工程实际运行情况，在本条 a）、b）款规定的基础上适当降低。

5. 供排水成本

泵站供排水成本是泵站的一项重要的技术经济指标，直接反映泵站运行成本。供排水成本包括电费或燃油费、水资源费、工资、管理费、维修费、固定资产折旧和大修理费等。泵站工程固定资产折旧率应按《泵站技术管理规程》（GB/T 30948—2021）附录 O 的规定计算。供、排水成本的核算有三种方法，各泵站可根据具体情况选定适合的核算方法，分别按式（附 2.6）、式（附 2.7）、式（附 2.8）计算。

（1）按单位面积核算：

$$U=\frac{f\sum E+\sum C}{\sum A} \tag{附 2.6}$$

（2）按单位水量核算：

$$U=\frac{f\sum E+\sum C}{\sum V} \tag{附 2.7}$$

（3）按千吨米核算：

$$U=\frac{1000(f\sum E+\sum C)}{\sum GH_{bz}} \tag{附 2.8}$$

式中 U——供排水成本，按单位面积核算为元/(hm^2·次）或元/(hm^2·年)，按单位水量核算为元/m^3，按千吨米核算为元/(kt·m)；

f——能源单价，电单价为元/(kW·h)，燃油单价为元/kg；

$\sum E$——供、排水作业消耗的总能源量，电量为 kW·h，燃油量为 kg；

$\sum C$——除电费或燃油费外的其他总费用，元；

$\sum A$——供排水的实际受益面积，hm^2；

$\sum G$、$\sum V$——供、排水期间的总提水量，t 或 m^3；

H_{bz}——供、排水作业期间的泵站平均扬程，m。

《泵站技术管理规程》（GB/T 30948—2021）规定：供排水成本宜与本泵站前三年平均水平比较，或在同类泵站间比较。

6. 供排水量

供排水量是指泵站每年供排水运行的总提水量，可按式（附2.9）计算：

$$V=\sum Q_{zi}t_i \tag{附2.9}$$

式中 V——供排水量，m^3；

Q_{zi}——泵站第 i 时段的平均流量，m^3/s；

t_i——泵站第 i 时段的历时，s。

不同的泵站供排水运行的总供排水量是不一样的；即使同一泵站每年（或每个灌排期）因天气情况不一样，供排水量也不尽相同。因此，很难确定一个统一的考核指标。

虽然《泵站技术管理规程》（GB/T 30948—2021）未对泵站供排水量的考核标准进行规定，但是泵站供排水量应满足泵站受益区对抗旱灌溉、供水或抗洪排涝的要求。

7. 安全运行率

安全运行率是考核泵站安全运行的重要指标，可按式（附2.10）计算：

$$K_a=\frac{t_a}{t_a+t_s}\times 100\% \tag{附2.10}$$

式中 K_a——安全运行率，%；

t_a——主机组安全运行台时数，h；

t_s——因设备和工程事故，主机组停机台时数，h。

《泵站技术管理规程》（GB/T 30948—2021）规定，安全运行率应符合下列规定：

a）电力泵站不应低于98%；

b）内燃机泵站不应低于90%；

c）对于有备用机组的泵站，计算安全运行率时，主机组停机台时数中可扣除轮修机组的停机台时数。

8. 财务收支平衡率

财务收支平衡率是泵站年度内财务收入与运行支出费用的比值。泵站财务收入包括国家和地方财政补贴、水费、综合经营收入等；运行支出费用包括电费、油费、工程及设备维修保养费、大修费、职工工资及福利费等。财务收支平衡率可按式（附2.11）计算：

$$K_{cw}=\frac{M_j}{M_c} \tag{附2.11}$$

式中 K_{cw}——财务收支平衡率；

M_j——资金总流入量，万元；

M_c——资金总流出量，万元。

9. 泵站技术经济指标考核结果

泵站技术经济指标考核结果可按附表2.2的内容和格式填写。

附表 2.2　　泵站技术经济指标考核表（　　年）

泵站名称：____________________（盖章）：　　　　考核时间：　　年　　月　　日

序号	考核项目		单位	要求目标	实际指标
1	建筑物完好率		%		
2	设备完好率		%		
3	泵站效率		%		
4	能源单耗		kW·h/(kt·m)		
5	供排水量	灌溉或城镇供水量	m^3		
		排水量	m^3		
6	供排水成本	按千吨米核算	元/(kt·m)		
		按水量核算	元/m^3		
		按面积核算	元/(hm^2·次) 或元/(hm^2·年)		
7	安全运行率		%		
8	财务收支平衡率		%		
基本情况	装机台套与装机功率/(台套/kW)：				
	实际灌排面积/hm^2：				
	水泵型号：				
	实际运行台时：				

附录 3　泵站工程检查相关记录表

附表 3.1　　日常巡查记录表

____年____月____日　天气____

序号	巡查内容	巡查情况
1	管理范围内有无违章建筑	
2	管理范围内有无危害工程安全的活动	
3	有无影响泵站安全运行的障碍物	
4	建筑物、设备、设施是否受损	
5	工程运行状态是否正常	
6	工程环境是否整洁	
7	水体是否受到污染	
8	其他	
巡查人：		技术负责人：

附表 3.2　　泵站经常检查记录（机电设备）

____年____月____日　天气____

序号	巡查部位	巡查内容及要求	巡查记录
1	主电机	主电机外观整洁完整，上、下油缸油位、油质正常，碳刷接触良好，滑环表面清洁，无锈迹划痕，测温系统完好、准确，励磁装置正常	
2	主水泵	主水泵外观整洁完整，叶轮外壳无渗漏，叶角调节机构完好，现场叶角指示与微机指示相符，填料密封良好，管道无滴漏现象	
3	6kV 系统	高压断路器部件完整，零件齐全，瓷件、绝缘子无损伤，无放电痕迹，操作机构灵活，无卡阻现象，指示正确，高压进线开关完好、齐全，电流、电压互感器完好，避雷器、绝缘子表面清洁、无损伤、无放电痕迹，母线构架牢固，无弯曲变形，无明显锈蚀	
4	低压配电系统	站用变压器完整齐全，表计、信号正常，高低压接线桩头紧固可靠，示温片完好，冷却系统正常，动力系统盘面仪表齐全良好，分、合闸指示明显、正确，照明系统完好，事故照明装置正常，母线及电缆桩头无过热现象	
5	测量、保护、监控系统	盘柜清洁、端子及连接件紧固，仪表正常，数据显示准确，监控系统工作正常，调节稳定可靠	
6	供、排水系统	表计及零部件完好，指示准确，填料密封良好，叶片无碰擦、卡死现象，轴承润滑良好，电机工作正常，风叶完好，水泵出口压力在合格范围	
7	压力油系统	零部件完整、齐全，表计完好，指示准确，冷却系统工作正常可靠，储能罐完好、无漏气，配套安全阀正常，管路无滴漏现象	
8	压缩空气系统	零部件完整、齐全，表计指示准确，冷却系统正常，储气罐完好、无漏气，配套安全阀正常，管路无滴漏现象	
9	真空破坏阀系统	本体动作安全、灵活、可靠，电磁阀工作正常，相关管路无漏气现象	
10	通风系统	通风机运行正常、可靠	
11	变频发电机系统	主电机外观整洁完整，油位、油质正常，碳刷接触良好，滑环表面清洁，无锈迹划痕，可控硅正常，稀油站正常	
巡查综述：			

检查人：　　　　　　　　　　　　技术负责人：

附表 3.3　　泵站经常检查记录（水工设施）

____年____月____日　天气____

序号	巡查项目	巡查内容及要求	巡查情况
1	主厂房	墙面、门窗完好，无缺损、渗漏现象，伸缩缝完好	
2	副厂房	墙面、门窗完好，无缺损、渗漏现象，伸缩缝完好	
3	管理用房	墙面、门窗完好，无缺损、渗漏现象	
4	工作桥及交通桥	混凝土无损坏和裂缝，伸缩缝完好，栏杆柱头完好，桥面排水孔正常	

续表

序号	巡查项目	巡查内容及要求	巡查情况
5	工作便桥	混凝土无损坏和裂缝，伸缩缝完好，栏杆柱头完好	
6	上游左岸翼墙	墙体完好，无倾斜、裂缝，伸缩缝完好，观测标志完好，水尺完好	
7	上游右岸翼墙	墙体完好，无倾斜、裂缝，伸缩缝完好，观测标志完好	
8	下游左岸翼墙	墙体完好，无倾斜、裂缝，伸缩缝完好，观测标志完好，水尺完好	
9	下游右岸翼墙	墙体完好，无倾斜、裂缝，伸缩缝完好，观测标志完好	
10	上游左岸护坡	块石护坡完好，排水畅通，无塌陷，混凝土无开裂破损	
11	上游右岸护坡	块石护坡完好，排水畅通，无塌陷，混凝土无开裂破损	
12	下游左岸护坡	块石护坡完好，排水畅通，无塌陷，混凝土无开裂破损	
13	下游右岸护坡	块石护坡完好，排水畅通，无塌陷，混凝土无开裂破损	
14	进水池	进水顺畅，无杂物、水草等	
15	出水池	出水顺畅，无杂物、水草等	
巡查综述：			

检查人：　　　　　　　　　　　　　　　技术负责人：

附表 3.4　　泵站运行期巡查记录

巡查日期：____年____月____日

巡查部位	巡查内容及要求	巡查情况（每班巡查 4 次）			
高压开关室	各种表计指示正常，开关分、合闸指示正常，指示灯正常，接线桩头无过热，示温片完好				
低开室、励磁室	各种表计指示正常，开关分、合闸指示正常，指示灯正常，接线桩头无过热，示温片完好，励磁各电磁部件无异常声响及过热现象				
继保室、PLC 室	继电器工作正常，无报警信号，直流装置工作状态正常，蓄电池外观完好				
主变室、站变室、隔变室	变压器油位、温度指示正常，各部位无渗漏油，套管正常，无破损、裂纹，无油污、放电痕迹，变压器声响正常，无杂异音，接线桩头无发热，示温片完好				
主机层	主电机运行声响正常，气蚀、振动在允许范围内，上油缸油位、油色正常，各温度指示值在合格范围内，碳刷与滑环无火花，无异常声响及气味，叶片角度与设定值相符，压油系统压力正常，闸阀管道无渗漏				
联轴层	冷却水、润滑水压力正常，示流器回水正常，回水管无发热现象，水泵顶盖无渗漏现象，下油缸油色、油位正常，闸阀管道无滴漏现象				
水泵层	水泵运行声响正常，振动在合格范围内，水导油位、油色正常，供排水泵运行正常，出口压力在合格范围内，排水廊道水位正常				

续表

巡查部位	巡查内容及要求	巡查情况（每班巡查4次）			
副厂房	储气罐压力在合格范围内，空压机运行正常，真空破坏阀无漏气，吸气口无妨碍吸气的杂物				
进、出水池	进、出水池无妨碍运行的船只、漂浮物等，无钓鱼、游泳现象，拦污栅前无杂草、杂物				
发电机房	主电机运行声响正常，碳刷与滑环无火花，无异常声响及气味，可控硅运行正常，稀油站运行正常，瓦温、油位、油色正常				
主要问题上报及处理情况：					

巡查负责人：　　　　　　　　　　　　　　　　巡查人：

附表 3.5　　　　泵站定期检查情况汇总表

（一）主电动机

设备名称	工作现状及存在问题	结论
1号主电动机		
2号主电动机		
3号主电动机		
4号主电动机		
5号主电动机		
6号主电动机		
7号主电动机		
8号主电动机		
9号主电动机		
10号主电动机		
其　他		

（二）主水泵

设备名称	工作现状及存在问题	结论
1号主水泵		
2号主水泵		
3号主水泵		
4号主水泵		
5号主水泵		
6号主水泵		

续表

设备名称	工作现状及存在问题	结论
7号主水泵		
8号主水泵		
9号主水泵		
10号主水泵		
其　　他		

（三）高压系统

部位名称	工作现状及存在问题	结论
高压断路器		
高压进线开关		
电流、电压互感器		
电容器		
避雷器		
绝缘子		
高压电缆		
母线及绝缘		
其　　他		

（四）低压配电系统

部位名称	工作现状及存在问题	结论
站用变压器		
动力系统		
照明系统		
干燥系统		
低压电缆		
行车及检修门起吊装置		
其　　他		

（五）控制、保护、测量系统

部位名称	工作现状及存在问题	结论
控制系统		
保护系统		
测量系统		
信号系统		
直流系统		
其　　他		

（六）供、排水、润滑系统

部位名称	工作现状及存在问题	结论
供水泵及电机		
排水泵及电机		
润滑泵及电机		
莲蓬头及闸阀		
管路系统		
电机接地		
相应电气部分		
其　　他		

（七）压缩空气、抽真空系统

部位名称	工作现状及存在问题	结论
空压机及电机		
真空泵及电机		
冷却水系统		
真空破坏阀本体		
真空破坏阀电磁阀		
储气罐		
压缩空气管路系统		
抽真空管路系统		
相应电气部分		
其　　他		

（八）压力油系统

部位名称	工程现状及存在问题	结论
齿轮油泵及电机		
储能罐		
回油箱		
相应电气部分		
其　　他		

（九）通风机系统

部位名称	工程现状及存在问题	结论
风　　机		
电　　机		
其　　他		

（十）水工部分

部位名称	工程现状及存在问题	结论
主厂房		
副厂房		
进、出水流道		
上、下游引河		
上、下游翼墙		
上、下游护坡		
公路桥		
伸缩缝		
其他		

（十一）附属设施

分部名称	工程现状及存在问题	结论
控制室		
启闭机房		
交通道路		
办公设施		
消防设施		
生活设施		
标志标牌		
观测设施		
照明系统		
输电线路		
通信线路		
拦河设施		
警示灯		
绿化		
卫生		
其他		

附表 3.6　　泵站定期检查记录表（______主电动机）

时间：

部位名称	检查项目及标准	检查结果	检查人
定子绝缘	≥10MΩ		
	$R_{60}/R_{15} \geqslant 1.3$		

续表

部位名称	检查项目及标准	检查结果	检查人
定子外表	外观整洁，完整		
上、下油缸	无渗漏		
	油位指示器内油位、油质正常		
冷却器	无渗漏		
转子绝缘	≥0.5MΩ		
转子外表	外观整洁，完整		
空气间隙	间隙均匀、畅通，无杂物卡阻		
滑环、碳刷	电刷联接软线应完整		
	电刷与滑环接触应良好，弹簧压力应正常		
	电刷边缘无剥落现象，磨损较轻		
	刷握、刷架无积垢		
	滑环表面干燥、清洁，无锈迹、划痕，光洁度高		
测温系统	接线正确、牢固可靠		
	测温数据准确，与现场表计相符		
励磁装置	接线正确、牢固可靠		
	调试正常、工作可靠		
励磁变压器	表面清洁无尘垢		
	运行正常		
其他			

附表 3.7　　泵站定期检查记录表（______主水泵）

时间：

部位名称	检查项目及标准	检查结果	检查人
动叶轮外圈	无渗漏、汽蚀或汽蚀轻微		
液压调节机构	调节灵活、可靠，无异常声响		
	现场叶角指示与微机叶角指示相符		
	受油器工作正常，无甩油现象		
动叶头	导水锥完好，无明显汽蚀、破损		
	无明显锈蚀、破损		
	叶轮头无损坏，无渗漏		
叶片与外壳间隙	叶片无汽蚀或汽蚀轻微		
	叶片无碰壳现象，间隙均匀		

续表

部位名称	检查项目及标准	检查结果	检查人
检修闸门	止水橡皮完好		
	吊杆、吊耳、卸扣完好		
	钢闸门本体无明显破损、锈蚀或变形		
拦污栅	吊杆、吊耳、卸扣完好		
	拦污栅小门固定牢固		
	金属结构无明显锈蚀、变形、损坏		
进、出水流道	流道内无明显破损、露筋、裂缝		
进人孔	无渗漏		
水导轴承	表面无过度磨损现象		
	间隙符合要求		
长手柄检修闸阀	启闭灵活		
其他	水泵周围（联轴层、积水坑）清洁		
	联轴层防护罩完好		
	填料密封良好		
	其　　他		

附表 3.8　　泵站定期检查记录表（高压系统）

时间：

部位名称	检查项目及标准	检查结果	检查人
高压断路器	桩头无过热现象		
	部件完整、零件齐全，瓷件、支撑绝缘子无损伤，无放电痕迹		
	操作机构灵活无卡阻，调试后分、合闸灵活，指示准确		
	按照规定定期进行试验		
高压进线开关	桩头无过热现象		
	部件完整、零件齐全，瓷件无损伤，无放电痕迹		
	操作机构灵活无卡阻，调试后分、合闸灵活，指示准确		
	按照规定定期进行试验		
电流、电压互感器	部件完整，瓷件无损伤，无放电现象		
	二次侧接线正确，电流互感器二次侧不开路，外壳接地良好		
	按照规定定期进行试验		

续表

部位名称	检查项目及标准	检查结果	检查人
避雷器	按照规定定期进行试验		
绝缘子	表面清洁，无损伤，无放电痕迹		
高压电缆	电缆头应无裂纹或受潮现象		
	无机械损伤		
	按照规定定期进行试验		
母线及绝缘	桩头无过热现象		
	绝缘符合要求		
	支柱瓷瓶及穿墙套管绝缘良好，无污垢		
	构架牢固，无弯曲变形、明显锈蚀		
	母排按相序涂色，绝缘良好		
其他			

附表3.9　　泵站定期检查记录表（低压配电系统）

时间：

部位名称	检查项目及标准	检查结果	检查人
站用变压器	零部件完整、齐全，性能良好		
	冷却系统工作正常可靠		
	表计、信号、保护完备，符合规程要求		
	变压器本身及周围环境整洁，必要的标志、编号齐全		
	高低压接线桩头紧固可靠，示温片未熔化		
	设备基础、接地良好		
	按照规定定期进行试验		
动力系统	盘面仪表齐全良好，开关分、合闸指示明显、正确		
	操作机构灵活可靠，辅助接点接触良好		
照明系统	灯具、开关、插座完好，工作正常		
	线路绝缘良好		
	事故照明系统		
干燥系统	线路绝缘良好		
低压电缆	电缆头应无裂纹或受潮现象		
	无机械损伤		
行车装置	按照规定定期进行检验		
其他			

附表 3.10　　泵站定期检查记录表（测量、控制、保护、监控系统）

时间：

部位名称	检查项目及标准	检查结果	检查人
测量系统	仪表正常，数据显示正确，表计准确度在规定范围内		
控制系统	盘柜清洁，端子及各连接件紧固、可靠		
信号系统	盘柜清洁，端子及各连接件紧固		
	信号准确可靠		
直流系统	盘柜清洁，端子及各连接件紧固、可靠		
测温系统	完好，温度显示正常		
监控系统	摄像头完好，图像显示清晰		
其他			

附表 3.11　　泵站定期检查记录表（供、排水系统）

时间：

部位名称	检查项目及标准	检查结果	检查人
供水泵及电机	表计及相关零部件完好，指示准确		
	填料密封良好		
	叶片无碰擦、卡死现象		
	轴承润滑良好		
	电机工作正常，风叶完好		
排水泵及电机	表计及相关零部件完好，指示准确		
	叶片无碰擦、卡死现象		
	轴承润滑良好		
	电机工作正常，风叶完好		
闸阀	供水系统闸阀（含逆止阀）		
	排水系统闸阀（含底阀）		
管路系统	供水管路及附件		
	排水管路及附件		
电机接地	1 号供水泵电机接地		
	2 号供水泵电机接地		
	1 号排水泵电机接地		
	2 号排水泵电机接地		
相应电气部分	绝缘良好，正常可靠		
其他			

附表 3.12　　　　泵站定期检查记录表（压缩空气系统）

时间：

<table>
<tr><th colspan="2">部位名称</th><th>检查项目及标准</th><th>检查结果</th><th>检查人</th></tr>
<tr><td colspan="2" rowspan="4">空压机及电机</td><td>零部件完整齐全</td><td></td><td></td></tr>
<tr><td>表计完好，指示准确</td><td></td><td></td></tr>
<tr><td>冷却系统工作正常可靠</td><td></td><td></td></tr>
<tr><td>空压机及电机运转正常可靠</td><td></td><td></td></tr>
<tr><td colspan="2" rowspan="4">真空泵及电机</td><td>零部件完整齐全</td><td></td><td></td></tr>
<tr><td>表计完好，指示准确</td><td></td><td></td></tr>
<tr><td>气水分离器完好</td><td></td><td></td></tr>
<tr><td>真空泵及电机运转正常可靠</td><td></td><td></td></tr>
<tr><td colspan="2" rowspan="3">润滑油泵及电机</td><td>零部件完整齐全</td><td></td><td></td></tr>
<tr><td>表计完好，指示准确</td><td></td><td></td></tr>
<tr><td>润滑油泵及电机运转正常可靠</td><td></td><td></td></tr>
<tr><td colspan="2" rowspan="3">压力油泵及电机</td><td>零部件完整齐全</td><td></td><td></td></tr>
<tr><td>表计完好，指示准确</td><td></td><td></td></tr>
<tr><td>压力油泵及电机运转正常可靠</td><td></td><td></td></tr>
<tr><td colspan="2">冷却水系统</td><td>管路及附件无跑、冒、滴、漏、锈、污现象</td><td></td><td></td></tr>
<tr><td rowspan="2">真空破坏阀</td><td>本体</td><td>动作安全、灵活、可靠</td><td></td><td></td></tr>
<tr><td>电磁阀</td><td>电磁阀工作正常</td><td></td><td></td></tr>
<tr><td colspan="2" rowspan="2">储气罐</td><td>完好，无漏气</td><td></td><td></td></tr>
<tr><td>配套安全阀定期检验</td><td></td><td></td></tr>
<tr><td colspan="2">压缩空气管路系统</td><td>表计完好，指示准确，闸阀等附件完好，性能可靠，符合要求</td><td></td><td></td></tr>
<tr><td colspan="2">润滑油及压力油管路及附件</td><td>无跑、冒、滴、漏、锈、污现象</td><td></td><td></td></tr>
<tr><td colspan="2">相应电气部分</td><td>绝缘良好，正常可靠</td><td></td><td></td></tr>
<tr><td colspan="2">其他</td><td></td><td></td><td></td></tr>
</table>

附表 3.13　　　　泵站定期检查记录表（稀油站）

时间：

<table>
<tr><th>部位名称</th><th>检查项目及标准</th><th>检查结果</th><th>检查人</th></tr>
<tr><td rowspan="3">油泵及电机</td><td>零部件完整齐全</td><td></td><td></td></tr>
<tr><td>表计完好，指示准确</td><td></td><td></td></tr>
<tr><td>压力油泵及电机运转正常可靠</td><td></td><td></td></tr>
</table>

续表

部位名称	检查项目及标准	检查结果	检查人
冷却水系统	管路及附件无跑、冒、滴、漏、锈、污现象		
油管及附件	无跑、冒、滴、漏、锈、污现象		
相应电气部分	绝缘良好，正常可靠		

附表 3.14　　泵站定期检查记录表（通风机）

时间：

部位名称	检查项目及标准	检查结果	检查人
电机	电机完好，转动灵活		
	绝缘合格		
	风叶完好		
轴承	润滑良好		
叶片	无碰擦、卡死现象		
电气部分	电气控制、信号正常，绝缘良好		
其他			

附表 3.15　　水下检查记录表

<table>
<tr><td>工程名称</td><td colspan="2"></td><td>时间</td><td>年　月　日</td></tr>
<tr><td>检查部位</td><td colspan="2">检查内容与要求</td><td colspan="2">检查情况及存在问题</td></tr>
<tr><td>拦污栅、检修门槽</td><td colspan="2">拦污栅前后淤积情况，门槽有无树根、块石等杂物，杂物应予清除</td><td colspan="2"></td></tr>
<tr><td>伸缩缝</td><td colspan="2">有无错缝，缝口有无破损，填料有无流失</td><td colspan="2"></td></tr>
<tr><td>底板、护坦、消力池</td><td colspan="2">混凝土有无剥落、露筋、裂缝，有无异常磨损，消力池内有无块石，块石应予清除</td><td colspan="2"></td></tr>
<tr><td>水下护坡</td><td colspan="2">有无坍塌</td><td colspan="2"></td></tr>
<tr><td>其他</td><td colspan="2"></td><td colspan="2"></td></tr>
<tr><td>检查目的</td><td colspan="4"></td></tr>
<tr><td>对今后工程管理的建议</td><td colspan="4"></td></tr>
<tr><td>建筑物运行状态及水文、气候情况</td><td colspan="4">上游水位：　m　下游水位：　m　风向：　风力：
天气：　气温：　℃</td></tr>
<tr><td>作业时间</td><td colspan="4">自　时　分起至　时　分止</td></tr>
<tr><td>作业人员</td><td colspan="4">信号员：　记录员：　潜水班负责人：
潜水员：　其他有关人员：</td></tr>
<tr><td colspan="3">管理单位负责人：</td><td colspan="2">技术负责人：</td></tr>
</table>

附录 4 泵站工程评级相关记录表

附表 4.1 设备等级评定情况表

<table>
<tr><td rowspan="2">工程名称</td><td rowspan="2" colspan="2"></td><td rowspan="2">工程规模</td><td rowspan="2"></td><td colspan="2">竣工日期</td><td colspan="3"></td></tr>
<tr><td colspan="2">改造日期</td><td colspan="3"></td></tr>
<tr><td rowspan="2">单位设备名称</td><td rowspan="2">等级</td><td rowspan="2">单项设备名称</td><td rowspan="2">规格型号</td><td rowspan="2">数量</td><td colspan="4">等级</td><td rowspan="2">完好率/%</td></tr>
<tr><td>一类</td><td>二类</td><td>三类</td><td>四类</td></tr>
<tr><td></td><td></td><td></td><td></td><td></td><td></td><td></td><td></td><td></td><td></td></tr>
<tr><td></td><td></td><td></td><td></td><td></td><td></td><td></td><td></td><td></td><td></td></tr>
<tr><td></td><td></td><td></td><td></td><td></td><td></td><td></td><td></td><td></td><td></td></tr>
<tr><td></td><td></td><td></td><td></td><td></td><td></td><td></td><td></td><td></td><td></td></tr>
<tr><td></td><td></td><td></td><td></td><td></td><td></td><td></td><td></td><td></td><td></td></tr>
<tr><td></td><td></td><td></td><td></td><td></td><td></td><td></td><td></td><td></td><td></td></tr>
<tr><td></td><td></td><td></td><td></td><td></td><td></td><td></td><td></td><td></td><td></td></tr>
<tr><td></td><td></td><td></td><td></td><td></td><td></td><td></td><td></td><td></td><td></td></tr>
<tr><td></td><td></td><td></td><td></td><td></td><td></td><td></td><td></td><td></td><td></td></tr>
<tr><td></td><td></td><td></td><td></td><td></td><td></td><td></td><td></td><td></td><td></td></tr>
<tr><td></td><td></td><td></td><td></td><td></td><td></td><td></td><td></td><td></td><td></td></tr>
<tr><td></td><td></td><td></td><td></td><td></td><td></td><td></td><td></td><td></td><td></td></tr>
<tr><td></td><td></td><td></td><td></td><td></td><td></td><td></td><td></td><td></td><td></td></tr>
<tr><td></td><td></td><td></td><td></td><td></td><td></td><td></td><td></td><td></td><td></td></tr>
<tr><td></td><td></td><td></td><td></td><td></td><td></td><td></td><td></td><td></td><td></td></tr>
<tr><td></td><td></td><td></td><td></td><td></td><td></td><td></td><td></td><td></td><td></td></tr>
<tr><td>评级情况综述</td><td colspan="9"></td></tr>
<tr><td rowspan="2">评级组织</td><td colspan="4">评级单位自评：</td><td colspan="5">上级主管部门认定：</td></tr>
<tr><td colspan="4">负 责 人：
组成人员：</td><td colspan="5">负 责 人：
认定人员：</td></tr>
</table>

附表 4.2　　　　　　　　　　**水泵设备评级表**

机组号：__________　　　　　　　　　　　　　　　　　评定日期：__________

设备单元	评定项目及标准	检查结果		单元等级				备注
		合格	不合格	一	二	三	四	
叶片调节机构	调节灵活，限位可靠，无异常声响							
	叶角指示正确							
	表面清洁、无油迹							
水泵轴	轴颈表面无锈蚀、无擦伤、无碰痕							
	轴颈光洁度符合要求，无过度磨损							
	大轴无弯曲							
联轴器	间隙符合要求							
	表面清洁、无油迹，周围环境清洁，泵盖处无积水							
	防护链完好							
填料函	填料函与水泵轴四周间隙均匀							
	填料函密封良好							
水导轴承	表面无烧伤、过度磨损现象							
	轴承间隙符合要求							
水泵外壳	表面清洁、无锈蚀							
	无渗漏							
叶轮室	叶轮头密封良好，无损坏、无渗漏							
	叶片及叶轮外壳无或少量汽蚀							
	叶片无碰壳现象，间隙符合要求							
进人孔	无渗漏现象							
指示信号装置	压力表、示流计工作正常，指示准确							
	表计端子及连接线紧固、可靠							
运行性能	运行噪声符合要求							
	运行振动符合要求							
	运行摆度符合要求							
安装要求	同心、摆度、中心、间隙等安装技术参数合格							
技术资料	图纸资料齐全							
	检修资料、检修记录齐全							
	试验资料齐全							

设备等级评定		数量	百分比	评定等级
	一类单元			
	二类单元			
	三类单元			
	四类单元			

检查：__________　　记录：__________　　责任人：__________

附表4.3 **电机设备评级表**

机组号：__________ 评定日期：__________

设备单元	评定项目及标准	检查结果		单元等级				备注
		合格	不合格	一	二	三	四	
上机架上油缸	表面清洁、无锈蚀							
	油缸无渗漏油现象							
	冷却器无渗漏，运行正常，冷却效果良好							
	油位、油质符合要求							
碳刷滑环	碳刷完整良好，联接软线完整、无脱落							
	碳刷与滑环接触良好，弹簧压力符合要求							
	碳刷边缘无剥落，磨损正常							
	刷握、刷架无积垢，滑环表面干燥清洁，无锈迹、无划痕，光洁度符合要求							
转子	表面清洁，绕组无变形、损伤							
	磁极接头、阻尼装置、风叶、引线牢固							
	绝缘良好，试验数据合格							
上导轴承	轴承间隙符合标准							
	运行温度正常							
	测温元件良好							
推力头、推力瓦	表面清洁，无锈迹、无划痕，光洁度符合要求							
	表面无烧伤、过度磨损现象							
	运行瓦温正常，测温元件良好							
定子	表面清洁							
	绝缘良好，试验数据合格							
	定子绕组端部无变形，槽楔、垫块、绑扎紧固							
	空气间隙均匀、无杂物							
下导轴承	轴承间隙符合标准							
	运行温度正常							
	测温元件良好							
下机架、下油缸	表面清洁、无锈蚀							
	油缸无渗漏油现象							
	冷却器无渗漏，运行正常，冷却效果良好							
	油位、油质符合要求							

续表

设备单元	评定项目及标准	检查结果		单元等级				备注
		合格	不合格	一	二	三	四	
联轴器	间隙符合要求							
	联轴器表面清洁、无油迹							
	周围环境清洁、无杂物，泵盖处无积水							
信号装置	电压表、电流表工作正常，指示准确							
	压力表、温度计工作正常，指示准确							
	示流计指示正常							
	表计端子及连接线紧固、可靠							
运行性能	机组运行噪声符合要求							
	机组振动符合要求							
	机组摆度符合要求							
安装要求	同心、摆度、中心、间隙等安装技术参数合格							
技术资料	图纸资料齐全							
	检修资料、检修记录齐全							
	试验资料齐全							
设备等级评定		数量	百分比	评定等级				
	一类单元							
	二类单元							
	三类单元							
	四类单元							

检查：__________ 记录：__________ 责任人：__________

附表 4.4

变压器设备评级表

站变号：__________ 评定日期：__________

设备单元	评定项目及标准	检查结果		单元等级				备注
		合格	不合格	一	二	三	四	
变压器本体	表面清洁							
	绝缘良好，试验数据合格							
	高低压绕组表面清洁、无变形，绝缘完好，无放电痕迹，引线桩头、垫块、绑扎紧固							
	铁芯一点接地且接地良好							
分接档位	运行档位正确，指示准确，接触良好							
高低压桩头	接线牢固，示温片未熔化							
	高低压桩头清洁，瓷柱无裂纹、破损、闪络放电痕迹							
	高低压相序标识清晰正确							

续表

设备单元	评定项目及标准	检查结果		单元等级				备注
		合格	不合格	一	二	三	四	
温控仪	接线可靠，温度指示准确							
	风机开停机温度设置正确							
接地	接地电阻符合要求							
风机	接线牢固，运行良好							
指示信号装置	温度计工作正常，指示准确							
	表计端子及连接线紧固、可靠							
运行性能	运行无异常振动、声响							
	运行温度符合要求							
技术资料	图纸资料齐全							
	检修资料、检修记录齐全							
	试验资料齐全							

设备等级评定		数量	百分比	评定等级
	一类单元			
	二类单元			
	三类单元			
	四类单元			

检查：______ 记录：______ 责任人：______

附录 5　泵站工程观测相关记录表

附表 5.1　　**测压管水位统计表**

观测时间				水位/m		测压管水位/m					
月	日	时	分	上游	下游						

附表 5.2 **垂直位移观测成果表**

始测日期		年　月　日	上　　次 观测日期	年　月　日	本　　次 观测日期	年　月　日	间隔　天
测点		始测高程 /m	上　　次 观测高程 /m	本　　次 观测高程 /m	间隔位移量 /mm	累计位移量 /mm	备注
部位	编号						

附表 5.3 **垂直位移量变化统计表**

测点		累 计 位 移 量/mm							
部位	编号	年　月　日	年　月　日	年　月　日	年　月　日	年　月　日	年　月　日	年　月　日	年　月　日
统计	部位	最大累计 位移量 /mm	测点 编号	观测日期	历时 /年	相邻最大 不均匀量 /mm	相邻两测点 部位、编号	观测日期	历时 /年

附表5.4 河道断面观测成果表

断面编号			里程桩号			观测日期		
点号	起点距/m	高程/m	点号	起点距/m	高程/m	点号	起点距/m	高程/m

注 起点距从左岸断面桩起算，以向右为正，向左为负。

附表5.5 河道断面冲淤量比较表

工程竣工日期： 年 月 日 上次观测日期： 年 月 日 本次观测日期： 年 月 日
计算水位： m

断面编号	里程桩号	计算水位断面宽/m			深泓高程/m			断面积/m²			断面间距/m	河床容积/m³			间隔冲淤量/m³	累计冲淤量/m³
		标准断面	上次观测	本次观测	标准断面	上次观测	本次观测	标准断面	上次观测	本次观测		标准断面	上次观测	本次观测		

附表 5.6

建筑物伸缩缝观测记录表

日期		伸缩缝编号	标点间水平距离/mm			标点坐标/mm			气温/℃	水位/m		备注
月	日		a	b	c	x	y	z		上游	下游	

观测：__________记录：__________一校：__________二校：__________

附表 5.7

建筑物伸缩缝观测成果表

始测日期					上次观测日期						本次观测日期							间隔 天			
编号	位置	始测			上次观测			本次观测			间隔变化量			累计变化量			气温/℃	水位/m		备注
		x/mm	y/mm	z/mm	x/mm	y/mm	z/mm	x/mm	y/mm	z/mm	Δx/mm	Δy/mm	Δz/mm	Δx/mm	Δy/mm	Δz/mm		上游	下游	

附录 6　泵站主机组及辅助设备大修主要项目记录表

附表 6.1

主水泵及辅助设备大修主要项目记录表

部件名称	检　修　项　目

附表 6.2　　主电动机及辅助设备大修主要项目记录表

部件名称	检　修　项　目

附表 6.3　　设 备 登 记 卡

设备名称：________　　型号：________　　编号：________

设备资料：________

制造日期：________

投运日期：________

备　　注：________

附表 6.4　　设 备 修 试 卡

检 修 试 验 记 载

第　　页

修试时间	修 试 项 目	结 果 或 数 据	修 试 者	备　　注

附录7　泵站技术档案归档范围和保管期限表

序号	应归档材料内容	保管期限
1	规范、规程	
1.1	《水法》等相关法规	
1.2	有关技术文件	
1.3	有关准则、条例、技术规程等	
1.4	泵站设计、安装、管理规范	
1.5	种类相关操作规程	
1.6	管理制度	
1.7	相关设计手册、定额等	
2	扩建、加固、改造	
2.1	安全鉴定资料、文件	
2.2	设计书	
2.3	工程地质勘察资料	
2.4	竣工总结、报告	
2.5	竣工验收文件	
2.6	土建竣工图	
2.7	电气竣工图	
2.8	电机资料	
2.9	水泵资料	
2.10	管道（辅机）竣工图	
2.11	变压器资料	
2.12	自动监测、监控、视频系统技术文件和图纸	
2.13	设备验收、试运行等记录	
3	工程基本资料	
3.1	工程基本情况资料	
3.2	事故报告	
3.3	工程大事记	

续表

序号	应归档材料内容	保管期限
3.4	工程运行统计资料	
4	设备基本资料	
4.1	设备随机资料	
4.2	设备登记卡	
4.3	设备评级资料	
4.4	压力容器等资料	
4.5	消防器材资料	
5	设备大修	
5.1	机组大修报告	
5.2	变压器大修报告	
5.3	其他电气设备大修报告	
5.4	辅机设备大修报告	
6	设备修试卡	
6.1	主机、泵修试卡/设备缺陷登记	
6.2	辅机修试卡/设备缺陷登记	
6.3	电气设备修试卡/设备缺陷登记	
7	设备试验	
7.1	高压试验	
7.2	继电保护	
7.3	仪表校验	
7.4	可控硅试验	
7.5	油化验	
8	运行记录	
8.1	工作票	
8.2	操作票	

续表

序号	应归档材料内容	保管期限
8.3	绝缘记录	
8.4	运行值班记录	
8.5	运行值班记录（机务）	
8.6	运行记录统计	
9	工程维修	
9.1	大站维修项目计划	
9.2	上级部门审批下达的工程维修项目文件	
9.3	大站维修、防汛急办项目实施计划	
9.4	工程设计书及概算	
9.5	设备购置、安装、施工合同	
9.6	开工报告	
9.7	施工期资料	
9.8	竣工决算	
9.9	竣工总结	
9.10	竣工图	
9.11	竣工验收纪要或竣工验收卡	
10	检查观测	
10.1	定期检查报告	
10.2	水下检查记录	
10.3	特别检查、安全检测报告	
10.4	垂直位移观测原始记录	
10.5	垂直位移观测报表	
10.6	测压管（扬压力）观测原始记录	
10.7	测压管（扬压力）观测报表	
10.8	伸缩缝观测原始记录	
10.9	伸缩缝观测报表	
10.10	观测资料汇编	
10.11	本单位地形图	

续表

序号	应归档材料内容	保管期限
11	防洪、抗旱	
11.1	上级部门对防洪、抗旱的指示、通知、通报等	
11.2	防洪预案	
11.3	防洪、抗旱上报材料	
11.4	年度防洪抗旱总结等	
12	科技教育	
12.1	本单位革新建议、成果、科研成果资料	
12.2	成果申报、鉴定、审批及推广应用材料	
12.3	职工教育资料	

附录8　泵站安全检查、安全学习培训、隐患排查治理记录表

附表8.1　　特别检查表

单位名称：＿＿＿＿＿＿　检查类别：＿＿＿＿＿＿　检查日期：＿＿＿＿

序号	检查项目	检查内容	检查结果		具体情况及原因说明
1	安全责任落实	安全责任是否落实到人	是	否	
2	预防措施落实	预防措施是否落实到位	是	否	
3	厂房、机房、管理用房	墙面、门窗、伸缩缝是否完好	是	否	
4	工作桥、交通桥、工作便桥	混凝土、伸缩缝、栏杆柱头、桥面排水孔是否完好正常	是	否	
5	水工建筑物	混凝土、墙体、伸缩缝完好、观测标志、水尺、块石护坡、排水设施是否完好	是	否	
6	机电设备	各类机械设备安全装置是否齐全、灵敏可靠	是	否	
		各类电气设备防护装置是否完好	是	否	
		设备运行工况是否符合要求	是	否	
7	户外配电、线缆	架空线绝缘、支撑、架空线间距是否符合要求	是	否	
		电缆绝缘、电缆桥架是否符合要求	是	否	
8	防雷设施	建筑物、变配电设备避雷设施是否完好	是	否	
		防雷带、避雷引线是否完好	是	否	

续表

序号	检查项目	检　查　内　容	检查结果		具体情况及原因说明
9	消防设施	消防器材的配置和数量是否符合要求	是	否	
		消防器材摆放位置是否符合规定	是	否	
		各类供水系统取水设施是否安全可靠	是	否	
10	安全设施、标牌	各类安全围栏、防护设施是否完整可靠	是	否	
		各类安全警示标牌是否完好无缺失	是	否	
检查中发现的问题和隐患					检查人：
改进措施及建议					

附表 8.2　　　　节假日安全检查表

单位名称：		检查时间：			
节假日名称：		放假时间：			
检查目的：通过节假日前的安全检查，发现存在的隐患和不安全因素，及时整改，保障节假日期间的安全					
检查要求：按照检查标准认真检查					
检查内容：按下表内容检查					
序号	检　查　项　目	检查方法（或依据）	检查结果		不符合项及主要问题
1	是否有值班安排	检查值班表	是	否	
2	值班人员是否按时巡视及严格执行交接班制度	现场检查	是	否	
3	是否认真进行安全会议和安全检查并形成记录	检查会议纪要	是	否	
4	职工的劳动防护用品是否配备齐全	现场检查	是	否	
5	消防器材配备、消防系统是否完好	现场检查	是	否	
6	是否有各类突发事件应急救援预案	检查预案	是	否	
7	应急救援器材是否配备齐全	现场检查	是	否	
8	现场是否有安全防护措施和明显的安全警示标志	现场检查	是	否	
9	设备及安全设施是否无超负荷运行现象	现场检查	是	否	
10	各个现场监控运行是否正常	现场检查	是	否	
11	厂房及各个闸室是否清洁，各机组设备是否正常	现场检查	是	否	
12	各个场所是否无安全隐患	现场检查	是	否	
13	是否存在违规操作现象	现场检查	是	否	
14	用水用电是否存在安全隐患	现场检查	是	否	
15	电话、对讲机各类通信设施是否畅通	现场检查	是	否	
16	设备运行记录是否完整	检查记录	是	否	
17	配电用电情况是否良好，变、配电高压室门窗、玻璃及安全防护措施是否齐全	现场检查	是	否	

检查人：________

附表 8.3　　____年____月事故隐患排查治理统计分析表

项目	单位名称	隐患名称	检查日期	发现隐患的人员	隐患评估	整改措施	计划完成日期	实际完成日期	整改负责人	复验人	未完成整改原因	采取的监控措施
本月查出隐患												
本月前发现隐患												
本月查出隐患____项，其中本单位自查出____项，隐患自查率____%；本月应整改隐患____项，实际整改合格____项，隐患整改率__%。												

部门领导（签字）：____________　　填表人（签字）：____________

附表 8.4　　______年事故隐患排查治理统计分析表

填报时间：____________

序号	隐患名称	检查日期	整改日期	整改效果	跟踪、上报、回复	隐患等级
本年查出隐患__项，其中一般隐患____项，重大隐患__项；本年应整改隐患__项，实际整改合格__项，隐患整改率______%。						

部门负责人：____________　　填表人：____________

附表 8.5　　职工学习培训记录

培训内容	
培训时间、地点	
授课人	
参加培训人员对象及人数	
培训记录：	
培训成效	
（职工学习教育培训台账附页）	

附录 9　泵站水政管理相关记录表

附表 9.1　　　　行政执法巡查记录表

编号：______

巡查时间	
巡查地点 或线路	
巡查情况	
对巡查出的问题 所采取的措施	
巡查人员 签　名	
巡查负责人 签　名	
备　注	

附表 9.2　　　　水行政执法巡查月报表

（____年____月）

填报单位：____________________

巡查人次	巡查次数	巡查重点	违章建筑/m^2	违章圈圩/(亩/处)	违章取土/起	违章占用/m^2	违章种植/亩	违章凿井/眼	网、簖	违章坝埂道	非法采砂船/只	备注
		水工程管理范围										
案件查处数/件	案件受理/件		案件类型/件						案件执行情况			备注
	现场处理	立案查处	水资源案	河道案	水工程案	水土保持案	非法采砂案	其他案	结案数	上月遗留数	当月查结数	
典型情况（具体事由及处理情况）：												

审核人：　　　　填报人：　　　　联系电话：　　　　填报日期：　　年　　月　　日

附录10 泵站设备涂色、标志标准

附表10.1 电气设备颜色标准表

序号	项 目 名 称	颜色标准	备 注
1	GIS组合开关	驼灰	
2	110kV GIS汇控柜	米白	
3	主变压器	葱绿/冰灰	
4	主变压器中性点接地刀闸操作机构箱	银灰	
5	主变压器中性点接地刀闸操作连杆	黑色	
6	主变压器分接开关操作机构箱	葱绿	
7	所用变压器外壳防护罩	不锈钢原色/冰灰	
8	高压开关柜柜体	冰灰/驼灰	
9	低压开关柜柜体	冰灰/驼灰	
10	三相母线（A、B、C）	黄、绿、红	
11	保护接地	黄、绿相间	
12	中性线	蓝色（黑色）	
13	共箱母线箱体	冰灰/驼灰	
14	直流屏柜	冰灰/驼灰	
15	PLC控制柜	冰灰/驼灰	
16	微机保护柜	冰灰/驼灰	
17	电容无功补偿柜	冰灰/驼灰	

附表10.2 主机泵颜色标准表

序号	项 目	颜色名称	备注
1	主电机外壳	蓝灰	
2	主水泵外壳	蓝灰	
3	电机轴、水泵轴	红色	
4	电动机脚踏板、泵盖、回油箱、联轴器护网	黑色	

附表10.3 辅机泵颜色标准表

序号	项 目	颜色名称	备注
1	储气罐、真空破坏阀	蓝灰	
2	供水泵	蓝色	
3	排水泵	绿色	

续表

序号	项　　目	颜色名称	备注
4	真空泵	绿色	
5	空压机	蓝灰	
6	压力油装置（电机、压力油罐、仪表柜）	浅灰	
7	压力油槽	黑色	
8	门式起重机	橙红	
9	桥式起重机	橘黄	
10	桥式起重机吊钩	黄、黑相间，间距相等	
11	电动葫芦	黄、黑相间，间距相等	

附表 10.4　　管道及附件颜色标准表

序号	项　　目	颜色名称	备注
1	变压器附属油管道	葱绿/冰灰	
2	变压器蝴蝶阀	葱绿/冰灰	
3	变压器蝴蝶阀位置指向针	红色	
4	压力油管、进油管、净油管	红色	
5	回油管、排油管、溢油管、污油管	黄色	
6	技术供水进水管	天蓝	
7	技术供水排水管	绿色	
8	生活用水管	蓝色	
9	污水管及一般下水管	黑色	
10	低压压缩空气管	白色	
11	抽气及负压管	白底绿色环（选用）	
12	消防水管及消防栓	橙黄（非消防用水）/红色	
13	阀门及管道附件	黑色	
14	阀门手轮（铜阀门不涂色）	红色	

附表 10.5　　金属结构颜色标准表

序号	项　　目	颜色名称	备注
1	钢制踏板	黑色	
2	建筑物避雷网	银灰	
3	金属爬梯	银灰	
4	110kV 架空线杆塔	深灰	
5	电缆桥架、电缆井	银灰	
6	电缆沟盖板	黑色/灰色	

附表 10.6　　设备编号标准表

序号	部　位	要　　求	备注
1	主变压器	主变压器按首次投运时间由小到大依次编号，要求采用阿拉伯数字，宋体汉字、红色，统一悬挂于监控巡查通道的变压器本体侧合适位置。	
2	所用变压器	按电压等级由低到高对应由小到大依次编号，要求采用阿拉伯数字，宋体汉字、红色，统一悬挂于临近巡查通道变压器防护罩左上角	
3	高低压开关	按照《电力系统厂站和主设备命名规范》（DL/T 1624—2016）执行	
4	110kV 架空线杆塔	深灰	
5	电缆桥架、电缆井	银灰	
6	电缆沟盖板	黑色/灰色	
7	主电机	主电机按照受电方向从小到大依次编号，要求采用阿拉伯数字，宋体、红色，尺寸 30cm（高）×20cm（宽），位于上油缸部位，朝向巡查主通道方向	
8	主水泵	主水泵编号位于水泵叶轮外壳上或附近墙面上、检修孔盖板上、联轴器层对应位置上，要求与电机相同	
9	蓄电池	蓄电池应顺序编号，编号位于蓄电池本体朝向前门一侧，要求采用阿拉伯数字，宋体、红色	
10	辅机	供水泵、排水泵、空压机、油泵应参照主电机编号方向顺序编号，编号位于辅机本体朝向巡查通道一侧，要求采用阿拉伯数字，宋体、红色	
11	闸阀	供排水系统闸阀应有编号牌，常开/常闭闸门应注明，编号与供排水系统图相一致，阀门上应标有开关方向	
12	接地线	对 2 组及以上的接地线应编号管理	
13	真空破坏阀	真空破坏阀阀体编号与主电机编号相一致，编号朝向巡查通道一侧，要求采用阿拉伯数字，宋体、红色	

附表 10.7　　方向指示表

序号	部　位	要　　求	备注
1	主电机旋转方向	主电机旋转方向应在电机上机架处以红色箭头标识，要求标识醒目，大小、位置统一，每年更换一次	
2	辅机旋转方向	辅机转动轴旋转方向应在电动机外壳处以红色箭头标识，要求标识醒目，大小、位置统一，每年更换一次	
3	油管示流方向	供油管用白色箭头，回油管用红色箭头标示工作流向，贴于管道醒目处	
4	气管示流方向	气管以红色箭头标识，贴于管道醒目处	
5	供排水管示流方向	供水管、排水管均以红色箭头标识，贴于管道醒目处	

附录 11　大中型泵站标准化规范化管理考核申请书格式

大中型泵站标准化规范化管理考核

申
请
书

申请单位：______________________________

申报时间：_______年_______月_______日

××省（自治区、直辖市）水利厅（局）印制

填　写　说　明

本申请书适用于泵站管理单位申请标准化规范化管理年度考核和省级达标考核、复核时使用。申请书按考核工作程序一式两份逐级报至年度考核和省级达标考核、复核对应的考核组织单位（或部门）。

一、泵站管理单位自检表

1. 此部分由泵站管理单位组织填写。

2. 工程概况：应填明工程地理位置、工程规模、主要功能、年供（排）水量、工程[主要建筑物、构筑物（含渠道）和设备]基本情况；泵站工程历年改造情况；管理范围和保护范围划界确权情况；现代化管理情况；工程存在的主要问题等内容。

3. 管理单位基本情况：单位性质、行政隶属关系、人员基本情况（包括领导班子、职工干部、技术人员的配备、构成等）；单位经济效益情况（包括财务收支、水费收取、职工工资福利、职工社会保险等）；管理单位体制改革情况（包括理顺管理体制、明确管理权限、实行管养分离或政府购买服务、物业化管理等）。

4. 奖惩情况：如近三年获县级（包括行业主管部门）及以上精神文明单位、先进单位、水利工程建设与管理相关竞赛评比获奖等荣誉或称号。

5. 自检情况：对照考核标准要求，分类、逐项简述各考核内容的执行情况，说明得分、扣分原因，以及自检得分情况。（说明：本表只是一个简要的自检情况报告，应另附详细的自检报告，对应考核标准逐项说明自检情况）。

二、泵站标准化规范化管理自检报告提纲

1. 此部分由泵站管理单位准备。

2. 对照考核标准要求，分类、逐项详细描述各考核内容的执行情况，说明得分、扣分原因以及自检得分情况等。

3. 指出管理方面存在的问题，分析原因，提出整改措施。

4. 逐项准备相关佐证材料，并作为申请书附件一并报送。

泵站管理单位自检表

<table>
<tr><td>泵站名称</td><td colspan="3"></td></tr>
<tr><td>管理单位名称</td><td></td><td>联系人及方式</td><td></td></tr>
<tr><td>单位所在地</td><td></td><td>上级主管部门</td><td></td></tr>
<tr><td>申请考核类型</td><td colspan="3">□年度考核　　□省级达标考核　　□省级达标复核</td></tr>
<tr><td>工程概况</td><td colspan="3"></td></tr>
<tr><td>管理单位
基本情况</td><td colspan="3"></td></tr>
<tr><td>奖惩情况</td><td colspan="3"></td></tr>
<tr><td rowspan="7">自检情况</td><td>考核内容</td><td>标准分</td><td>得分</td></tr>
<tr><td>一、组织管理</td><td>120</td><td></td></tr>
<tr><td>二、安全管理</td><td>250</td><td></td></tr>
<tr><td>三、运行管理</td><td>530</td><td></td></tr>
<tr><td>四、经济管理</td><td>100</td><td></td></tr>
<tr><td>合　计</td><td>1000</td><td></td></tr>
<tr><td colspan="3">简要介绍自检情况：

自检单位（签字、盖章）：
时间：</td></tr>
</table>

附：泵站标准化规范化管理自检报告（按以下格式编写）。

泵站标准化规范化管理自检报告提纲

一、基本情况

（一）工程概况。详细描述工程地理位置、工程规模、主要功能、年供（排）水量、工程［主要建筑物、构筑物（含渠道）和设备］基本情况；泵站工程历年改造情况；管理范围和保护范围划界确权情况；现代化管理情况；工程存在的主要问题等。

（二）管理单位基本情况。详细介绍单位性质、行政隶属关系、人员基本情况（包括领导班子、职工干部、技术人员的配备、构成等）；单位经济效益情况（包括财务收支、水费收取、职工工资福利、职工社会保险等）；管理单位体制改革情况（包括理顺管理体制、明确管理权限、实行管养分离或政府购买服务、物业化管理等）。

（三）奖惩情况。介绍近三年获县级（包括行业主管部门）及以上精神文明单位、先进单位、水利工程建设与管理相关竞赛评比获奖等荣誉或称号。

（四）申报条件。对照有关规定及要求，介绍对应考核具备的条件。

二、自检报告

泵站管理单位自检得分××分，其中，组织管理得分××分，安全管理得分××分，运行管理得分××分，经济管理得分××分。

（一）组织管理。对应考核标准逐项（第1～4项）说明得分情况，并说明扣分原因。

如：1. 管理体制和运行机制改革，标准分24分，得分××分，扣分××分。

得分项依据：(1) 根据批复的泵站管理体制改革方案或机构编制调整意见，完成了改革，得1.5分。××编办以××文件批复××泵站管理单位，隶属××管理；改革总结或申请改革验收的文件等佐证文件及其他相关资料。

扣分项及原因：完成了改革但未通过验收，扣1.5分。

(2) ××××××。

（二）安全管理。对应考核标准逐项（第6～9项）说明得分情况，并说明扣分原因。

（三）运行管理。对应考核标准逐项（第10～19项）说明得分情况，并说明扣分原因。

（四）经济管理。对应考核标准逐项（第20～22项）说明得分情况，并说明扣分原因。

三、存在的问题及解决思路

提出制约泵站工程发展和管理上的突出问题及解决思路。

四、下一步整改措施

针对自检过程中的扣分情况，提出可行的整改措施，并明确整改时限等。

附件：相关佐证材料。

附录12　大中型泵站标准化规范化管理考核报告书格式

大中型泵站标准化规范化
管理考核报告书

工程名称：________________

管理单位：________________

验收时间：　　年　　月　　日

××省（自治区、直辖市）水利厅（局）印制

<table>
<tr><td>泵站名称</td><td></td><td>所在市（州）、县（市、区）</td><td></td></tr>
<tr><td>管理单位名称</td><td></td><td>所在地</td><td></td></tr>
<tr><td>考核类型</td><td>□年度考核
□省级达标考核
□省级达标复核
□省级达标抽查</td><td>考核得分</td><td></td></tr>
<tr><td>考核组织单位</td><td></td><td>考核时间</td><td></td></tr>
<tr><td>考核专家组组长</td><td colspan="3"></td></tr>
<tr><td>考核专家组成员</td><td colspan="3"></td></tr>
<tr><td>工程概况</td><td colspan="3">（简要说明泵站工程建成时间、规模及功能，工程主要建筑物和设备组成）</td></tr>
<tr><td>自检情况</td><td colspan="3">（说明泵站标准化规范化管理自检得分及扣分项）</td></tr>
<tr><td>考核情况</td><td colspan="3">（说明泵站标准化规范化管理考核得分及扣分项）</td></tr>
<tr><td>存在的主要问题</td><td colspan="3">（简要说明考核中发现的主要问题）</td></tr>
<tr><td colspan="4">泵站标准化规范化管理考核结论：

考核专家组组长：（签名）
时间：</td></tr>
<tr><td colspan="4">对泵站标准化规范化长效管理的意见和建议：</td></tr>
<tr><td colspan="4">考核组织单位审查意见：

单位（公章）：
年　　月　　日</td></tr>
</table>

××泵站标准化规范化管理考核专家组名单

姓　名	单　位	职务/职称	签名

说明：该报告书格式适用于年度考核和省级达标考核、复核、抽查后编制考核报告。

附录 13　大中型泵站标准化规范化管理考核结果公示格式

关于××泵站通过标准化规范化管理年度考核（省级达标考核、复核）的公示

××水利局（水利厅）于××××年××月××日至××月××日对××泵站标准化规范化管理情况组织了年度考核（或省级达标考核、复核），认为××泵站责任主体明确，管护经费保障到位，管护模式和管护人员满足实际需求，标准化规范化管理体系完善且运行良好，管理人员基本掌握自身工作内容及要求，工程及设施完好、外观整洁，设施设备维修养护较好，能正常运行，标识标牌设置基本合理，基本实现了泵站标准化规范化管理的目标。

××水利局（水利厅）准予××泵站通过标准化规范化管理年度考核（省级达标考核、复核），考核得分为×××分，现予公示。有关单位和个人如有异议，请于公示期内提出书面意见，逾期不予受理（以邮局邮戳为准）。以单位名义投诉的应加盖单位公章，以个人名义投诉的提倡使用真实姓名和联系电话。

公示时间：××××年××月××日至××月××日

联 系 人：×××

联系电话：×××

传　　真：×××

地　　址：×××

公示单位（盖章）

注：适用于年度考核和省级达标考核、复核结果的公示。

附录14　大中型泵站标准化规范化管理省级达标考核（复核）申报书格式

大中型泵站标准化规范化管理省级达标考核（复核）

申报书

申报单位：______________________________

申报时间：________年________月________日

××省（自治区、直辖市）水利厅（局）印制

填 写 说 明

本申报书适用于申报标准化规范化管理省级达标考核、复核时使用。申报书按考核工作程序一式两份逐级报至省水利厅。

一、标准化规范化管理省级达标考核（复核）申报表

1. 此部分由市（州）级泵站主管部门组织填写。

2. 按照考核标准要求，分类、逐项进行填写。

3. 在相应栏目填写考核得分。

二、标准化规范化管理省级达标考核（复核）申报书提纲

1. 此部分由市（州）级泵站主管部门组织准备。

2. 对照考核标准要求，分类、逐项详细描述各考核内容的执行情况，说明得分、扣分原因，以及初验得分情况等。

3. 指出管理方面存在的问题，分析原因，提出整改措施。

4. 逐项准备相关佐证材料，并作为报告附件一并报送。

标准化规范化管理省级达标考核（复核）申报表

<table>
<tr><td colspan="2">管理单位名称</td><td colspan="2"></td><td>联系人及方式</td><td></td></tr>
<tr><td colspan="2">单位所在地</td><td colspan="4"></td></tr>
<tr><td colspan="2">上级主管部门</td><td colspan="2"></td><td>联系人及方式</td><td></td></tr>
<tr><td colspan="2">市（州）级主管部门</td><td colspan="2"></td><td>联系人及方式</td><td></td></tr>
<tr><td colspan="2">申报考核类型</td><td colspan="4">□省级达标考核　□省级达标复核</td></tr>
<tr><td colspan="2">年度考核年度</td><td colspan="4"></td></tr>
<tr><td>工程概况</td><td colspan="5"></td></tr>
<tr><td>管理单位基本情况</td><td colspan="5"></td></tr>
<tr><td>奖惩情况</td><td colspan="5"></td></tr>
<tr><td>管理单位申报意见</td><td colspan="5">单位名称（盖章）：
时间：</td></tr>
<tr><td rowspan="7">年度考核情况</td><td colspan="2">考核类别</td><td colspan="2">标准分</td><td>得分</td></tr>
<tr><td colspan="2">一、组织管理</td><td colspan="2">120</td><td></td></tr>
<tr><td colspan="2">二、安全管理</td><td colspan="2">250</td><td></td></tr>
<tr><td colspan="2">三、运行管理</td><td colspan="2">530</td><td></td></tr>
<tr><td colspan="2">四、经济管理</td><td colspan="2">100</td><td></td></tr>
<tr><td colspan="2">合　计</td><td colspan="2">1000</td><td></td></tr>
<tr><td colspan="5">简要介绍年度考核情况及结论：

年度考核组织单位（签字、盖章）：
时间：</td></tr>
</table>

续表

<table>
<tr><td>上级主管部门申报意见</td><td colspan="3">
主管部门名称（盖章）：
时间：</td></tr>
<tr><td rowspan="7">市（州）级初验情况</td><td>考核类别</td><td>标准分</td><td>得分</td></tr>
<tr><td>一、组织管理</td><td>120</td><td></td></tr>
<tr><td>二、安全管理</td><td>250</td><td></td></tr>
<tr><td>三、运行管理</td><td>530</td><td></td></tr>
<tr><td>四、经济管理</td><td>100</td><td></td></tr>
<tr><td>合　计</td><td>1000</td><td></td></tr>
<tr><td colspan="3">简要介绍市（州）级主管部门组织省级达标考核初验情况及结论：

初验组织单位（签字、盖章）：
时间：</td></tr>
<tr><td>市（州）级主管部门申报意见</td><td colspan="3">
市（州）级主管部门名称（盖章）：
时间：</td></tr>
</table>

附件：××泵站标准化规范化管理省级达标考核（复核）申报书（按以下格式编写）。

标准化规范化管理省级达标考核（复核）申报书提纲

一、基本情况

（一）工程概况。详细描述工程地理位置、工程规模、主要功能、年供（排）水量、工程［主要建筑物、构筑物（含渠道）和设备］基本情况；泵站工程历年改造情况；管理范围和保护范围划界确权情况；现代化管理情况；工程存在的主要问题等。

（二）管理单位基本情况。详细介绍单位性质、行政隶属关系、人员基本情况（包括领导班子、职工干部、技术人员的配备、构成等）；单位经济效益情况（包括财务收支、水费收取、职工工资福利、职工社会保险等）；管理单位体制改革情况（包括理顺管理体制、明确管理权限、实行管养分离或政府购买服务、物业化管理等）。

（三）奖惩情况。介绍近三年获县级（包括行业主管部门）及以上精神文明单位、先进单位、水利工程建设与管理相关竞赛评比获奖等荣誉或称号。

（四）申报条件。对照有关规定及要求，介绍对应考核具备的条件。

二、初步验收报告

市（州）级泵站主管部门初步验收得分××分，其中，组织管理得分××分，安全管理得分××分，运行管理得分××分，经济管理得分××分。

（一）组织管理。对应考核标准逐项（第1～4项）说明得分情况，并说明扣分原因。

如：1. 管理体制和运行机制改革，标准分24分，得分××分，扣分××分。

得分项依据：（1）根据批复的泵站管理体制改革方案或机构编制调整意见，完成了改革，得1.5分。××编办以××文件批复××泵站管理单位，隶属××管理；改革总结或申请改革验收的文件等佐证文件及其他相关资料。

扣分项及原因：完成了改革但未通过验收，扣1.5分。

（2）××××××。

（二）安全管理。对应考核标准逐项（第6～9项）说明得分情况，并说明扣分原因。

（三）运行管理。对应考核标准逐项（第10～19项）说明得分情况，并说明扣分原因。

（四）经济管理。对应考核标准逐项（第20～22项）说明得分情况，并说明扣分原因。

三、存在的问题及解决思路

提出制约泵站工程发展和管理上的突出问题及解决思路。

四、下一步整改措施

针对初验过程中的扣分情况，提出可行的整改措施，并明确整改时限等。

五、主管部门及管理单位申报意见及建议考核时间

（一）管理单位申报意见

（二）上级主管部门申报意见

（三）市（州）级主管部门申报意见

（四）建议省级达标考核（复核）时间

附件：

1.××泵站标准化规范化管理年度考核申请书（含泵站标准化规范化管理自检报告）；

2.××泵站标准化规范化管理年度考核报告书及公示材料和公布年度考核结果的文件等；

3.××泵站标准化规范化管理省级达标初验报告书及相关佐证材料。

申报单位名称（盖章）：

时间：

大中型灌区
标准化规范化管理
工作指南

主　编　陈华堂

副主编　李端明　徐成波

主　审　徐跃增

·北京·

图书在版编目（CIP）数据

大中型灌排泵站（灌区）标准化规范化管理工作指南/陈华堂，李娜主编. -- 北京：中国水利水电出版社，2022.5
ISBN 978-7-5226-0682-8

Ⅰ. ①大… Ⅱ. ①陈… ②李… Ⅲ. ①排灌工程－泵站－标准化管理－中国 Ⅳ. ①S277.9-65

中国版本图书馆CIP数据核字(2022)第077104号

书　　名	**大中型灌区标准化规范化管理工作指南** DA-ZHONGXING GUANQU BIAOZHUNHUA GUIFANHUA GUANLI GONGZUO ZHINAN
作　　者	主　编　陈华堂 副主编　李端明　徐成波 主　审　徐跃增
出版发行	中国水利水电出版社 （北京市海淀区玉渊潭南路1号D座　100038） 网址：www.waterpub.com.cn E-mail：sales@mwr.gov.cn 电话：（010）68545888（营销中心）
经　　售	北京科水图书销售有限公司 电话：（010）68545874、63202643 全国各地新华书店和相关出版物销售网点
排　　版	中国水利水电出版社微机排版中心
印　　刷	北京印匠彩色印刷有限公司
规　　格	184mm×260mm　16开本　23.25印张（总）　566千字（总）
版　　次	2022年5月第1版　2022年5月第1次印刷
印　　数	0001—2000册
总 定 价	**158.00**元（共2册）

凡购买我社图书，如有缺页、倒页、脱页的，本社营销中心负责调换

编 委 会 名 单

主　　编　陈华堂（中国灌溉排水发展中心）

副 主 编　李端明（中国灌溉排水发展中心）

　　　　　　徐成波（中国灌溉排水发展中心）

编写人员（按姓氏笔画排序）

　　　　　　仝道斌（江苏省宿迁市宿城区水利局）

　　　　　　同套文（陕西省交口抽渭灌溉中心）

　　　　　　陈晓东（浙江水利水电学院）

　　　　　　陈　鹏（湖南省水利工程管理局）

　　　　　　曹斌军（渭南市东雷二期抽黄工程管理中心）

主　　审　徐跃增（浙江同济科技职业学院）

前 言

大中型灌区灌溉面积约占我国农田灌溉面积的一半，是我国粮食安全的重要保障和农业农村经济社会发展的重要支撑。二十几年来，国家通过实施大中型灌区续建配套节水改造，灌区工程条件有了较大改善，同时对灌区管理水平也提出了更高要求。然而，当前灌区管理水平总体上与其所处的地位和承担的功能不相适应，难以满足灌区高质量发展的要求。

为全面提升大中型灌区管理水平，保障灌区工程安全运行和持续发挥效益，服务乡村振兴战略和经济社会高质量发展，2019 年水利部印发了《水利部办公厅关于印发大中型灌区、灌排泵站标准化规范化管理指导意见（试行）的通知》（办农水〔2019〕125 号，以下简称《指导意见》），以努力建成“节水高效、设施完善、管理科学、生态良好”的现代化灌区为目标，通过构建科学高效的灌区标准化规范化管理体系，加快推进灌区建设管理现代化进程，不断提升灌区管理能力和服务水平。《指导意见》要求各地结合当地实际情况制定实施细则或办法，构建灌区标准化管理体系，试点先行，稳步推进。

为进一步落实《指导意见》要求，从深度和广度推动大中型灌区标准化规范化管理，指导地方水利部门和灌区管理单位开展灌区标准化规范化管理创建具体工作，中国灌溉排水发展中心组织编写了本书。

本书由陈华堂担任主编，李端明、徐成波担任副主编，参加编写的还有（按姓氏笔画排序）仝道斌、同套文、陈晓东、陈鹏、曹斌军，徐跃增担任主审。全书共由八部分内容组成：第 1 章概述，第 2 章至第 6 章为大中型灌区标准化规范化管理五项主要内容（组织管理、安全管理、工程管理、供用水管理、经济管理）的工作任务、工作标准及要求、制度成果及相关案例等，第 7 章为推进灌区标准化规范化管理的具体组织工作措施，第 8 章为灌区标准化规范化管理持续改进措施。本书内容全面、具体，程序步骤清晰，案例丰富，操作性强，对各级水利部门和灌区管理单位推进灌区标准化规范化管理有较好的参考借鉴价值。

在本书编写过程中，承蒙许多同志提供资料，谨在此一并表示衷心感谢。同时，对湖南省水利工程管理局、宁夏回族自治区水利厅农村水利处、宁夏回族自治区灌溉排水服务中心、江苏省江都水利工程管理处、浙江水利水电学院、江苏省宿迁市宿城区水利局、浙江同济科技职业学院、陕西省交口抽渭灌溉工程管理中心、陕西省渭南市东雷二期抽黄工程管理中心等单位对本书编写工作给予的支持表示感谢。

限于时间和水平，书中难免存在疏漏和错误，恳请专家、读者批评指正。

编者

2022年1月

目　录

1 概　述

1.1 全国大中型灌区基本情况

1.1.1 全国大中型灌区工程概况

1.1.1.1 大型灌区工程概况

我国现有大型灌区（设计灌溉面积30万亩及以上）459处，设计灌溉面积约3.2亿亩，有效灌溉面积约2.8亿亩，占全国有效灌溉面积的28%，灌区内的粮食产量、农业总产值均超过全国总量的1/4，是我国粮食安全的重要保障和农业农村经济社会发展的重要支撑。

为全面改善大型灌区工程状况，遏制灌溉效益衰减趋势，提高灌溉水利用效率和农业综合生产能力，同时推动灌区管理体制改革，国家发展改革委、水利部安排中央预算内投资于1998年启动开展了大型灌区续建配套与节水改造工作。2001年，水利部商国家发展改革委批复了《全国大型灌区续建配套与节水改造规划报告》，全国纳入规划的大型灌区共402处。2001—2005年，水利部又陆续批复了新申报的32处大型灌区续建配套与节水改造规划，共有434处大型灌区列入全国大型灌区续建配套与节水改造规划。2009年，国务院办公厅印发了《全国新增1000亿斤粮食生产能力规划（2009—2020年）》（简称《规划》），《规划》中有268处大型灌区续建配套与节水改造涉及粮食生产大县。2017年，国家发展改革委、水利部组织编制了《全国大中型灌区续建配套与节水改造实施方案（2016—2020年）》，提出“完成434处大型灌区续建配套和节水改造任务”，列入实施方案的灌区为规划内434处尚未完成骨干工程规划投资任务的大型灌区，共有341处灌区列入，其他93处灌区因已完成骨干工程规划投资任务或水土资源发生变化无法实施等原因，没有纳入实施方案。

2021年，水利部、国家发展改革委联合印发了《“十四五”重大农业节水供水工程实施方案》，将124处大型灌区列入大型灌区实施续建配套和现代化改造规划，改造内容主要是灌溉水源工程、渠系工程、灌排泵站等续建配套或现代化改造，灌区计量监测设施与信息化建设，以及配套完善灌溉试验设施设备、工程管理设施设备和推广节水技术、水文化建设等，以提升现有灌区的供水保障能力和供用水管理能力；同时计划新建30处现代化灌区，以加大特殊地区灌溉发展补短板力度。通过“十四五”重大农业节水供水工程项目实施，以及推进大型灌区标准化规范化管理，将进一步提升大型灌区的管理能力和服务水平，更好地服务乡村振兴战略实施和农业农村经济高质量发展。

1.1.1.2 中型灌区工程概况

我国现有中型灌区（设计灌溉面积1万～30万亩）6876处，设计灌溉面积约3.2亿亩。其中，重点中型灌区（设计灌溉面积 5 万～30 万亩）2157 处，设计灌溉面积约 2.2 亿亩，有效灌溉面积约 1.58 亿亩，占全国有效灌溉面积的 15.5%。

自 1997 年起，利用国家农业综合开发资金，水利部组织开展了全国中型灌区节水改造项目建设，水利部分别编制印发了《全国重点中型灌区规划（2001—2020 年）》《全国中型灌区节水配套改造"十二五"规划》《全国中型灌区节水配套改造"十三五"规划》。截至 2018 年年底，各地利用中央财政约 159 亿元农发资金及地方财政配套资金，共对 1297 处重点中型灌区实施了改造，累计完成重点中型灌区输配水骨干渠道开挖疏浚、衬砌防渗长度约 3.7 万 km，建筑物改造约 10.8 万处。

2019 年水利部印发了《全国重点中型灌区节水配套改造实施方案（2019—2020 年）》，到 2020 年，基本完成了 680 多处重点中型灌区节水配套改造任务。2021 年水利部、财政部组织编制了《全国中型灌区续建配套与节水改造实施方案（2021—2022 年）》，筛选提出 461 处灌区纳入 2021—2022 年项目实施范围，项目主要建设内容为新建和改造渠首工程、输配水工程、骨干排水工程、渠（沟）系建筑物及配套设施、用水量测设施、管理设施及灌区信息化建设，同时鼓励具备条件的地区开展中型灌区现代化改造，将进一步提升我国重点中型灌区建设水平，促进中型灌区标准化规范化管理。

1.1.2 大中型灌区管理情况

1.1.2.1 灌区管理制度

迄今为止，关于大中型灌区管理的全国性行业管理办法为 1981 年水利部出台的《灌区管理暂行办法》，至今已有 40 余年，已经不太适用。总的来说，灌区管理制度建设相对滞后，与当前灌区现代化建设和贯彻新发展理念，构建新发展格局的发展改革新形势、新要求不相适应。2016 年 7 月 1 日起施行的《农田水利条例》规定："灌区农田水利工程实行灌区管理单位管理与受益农村集体经济组织、农民用水合作组织、农民等管理相结合的方式。"

大中型灌区一般采用"专管机构＋群管组织"的方式进行管理，小部分规模较小的中型灌区由群管组织管理。大中型灌区一般支渠以上工程由专管机构管理，支渠以下工程由群管组织管理。

专管机构管理方式一般有两种：一种是由一个灌区专管机构管理全部国有骨干工程，俗称"一竿子管到底"，这种管理方式在北方较为常见；另一种是由多个灌区专管机构按照属地原则分级管理国有骨干工程，这种管理方式在南方较为常见。

从灌区隶属关系看，大型灌区隶属于省级的有 47 处，地市级 149 处，其他属于县级或以下管理；中型灌区绝大部分隶属于县级或乡镇管理。

大中型灌区群管工程管理有村集体经济组织管理、用水户协会管理、农民专业合作社管理、农户管理等多种方式。

1.1.2.2 灌区管理体制改革

为了保证水利工程的安全运行，充分发挥水利工程的效益，促进水资源的可持续利用，保障经济社会的可持续发展，2002 年 9 月 17 日国务院办公厅转发国务院体改办水利工程管理体制改革实施意见，拉开了全国水管体制改革序幕。大中型灌区积极推进灌区管理体制改革，列入全国大型灌区续建配套及节水改造项目的 434 处大型灌区基本完成分类定性，其中428处灌区定性为公益性或准公益性事业单位，388处灌区已核定管理人员数量，316处灌区核定了公益性人员经费，283处灌区核定了公益性维修养护经费，426处大型灌区进行了成本水价测算。用水户参与灌溉管理的积极性明显提高，大型灌区共成立用水户协会1.8万个，管理灌溉面积超过1亿亩。

2016年1月21日，国务院办公厅印发《关于推进农业水价综合改革的意见》，农业水价综合改革工作稳步推进。截至2021年年底，全国改革面积达到5亿亩。改革主要任务包括：一是要科学有序推进农业用水计量；二是建立总量控制、定额管理的农业用水管理制度；三是推进农业水价核定和调整工作，建立合理的水价形成机制；四是开展农业用水精准补贴和节水奖励；五是加强农业终端用水管理和工程管护，加强农民用水合作组织建设。

1.2 灌区标准化规范化管理要求

1.2.1 总体要求及基本原则

1. 总体要求

以习近平新时代中国特色社会主义思想为指导，贯彻落实“节水优先、空间均衡、系统治理、两手发力”的治水思路，按照水利工程建设与管理高质量发展的要求，着力构建科学高效的灌区标准化规范化管理体系，加快推进灌区管理现代化进程，不断提升灌区管理能力和服务水平，努力建成“节水高效、设施完善、管理科学、生态良好”的现代化灌区，以保障灌区工程运行安全、高效、节水和持续充分发挥效益，更好地服务乡村振兴和经济社会发展。

2. 基本原则

大中型灌区标准化规范化管理应坚持以下原则有序推进：

(1) 政府主导、部门协作。大中型灌区标准化规范化管理创建应由各级地方政府主导，水行政主管部门与财政、发展改革等部门协作推进。

(2) 落实责任、强化监管。灌区管理单位是标准化规范化管理创建的责任主体，上级水行政主管部门应强化监管，加强督促指导，确保取得管理实效。

(3) 全面规划、稳步推进。各级地方政府及水行政主管部门应对所管辖的大中型灌区标准化规范化管理创建工作进行全面规划，开展试点示范，总结经验，稳步推进本地灌区标准化规范化管理工作。

(4) 统一标准、分级实施。省级水行政主管部门制定全省（自治区、直辖市）统一的大中型灌区标准化规范化管理相关标准和考核标准等，各级水行政主管部门分级组织实施。

1.2.2 具体要求

1. 组织管理

(1) 管理体制与运行机制改革。灌区管理单位要根据灌区职能和批复的灌区管理体制改革方案或机构编制调整意见，健全组织机构，明确划分职能职责，落实管理人员编制，按有关规定完成岗位设置工作，实行竞争上岗；结合灌区工程实际，合理确定管理职责范围，确保职责界限清晰，不遗漏、不重叠，确立统一管理、分级负责、基层用水组织参与等灌区管理模式；逐步推行事企分开、管养分离和物业化管理等多种形式，建立职能清晰、权责明确的灌区管理体制和运行机制。

（2）制度建设及执行。灌区管理单位要根据工程管理需要，建立健全灌区组织、安全、工程、供用水、经济等方面的管理制度体系，形成“两册一表”，即管理手册、操作手册和人员岗位对应表，理清事项-岗位-人员对应关系，明确岗位责任主体和管理人员工作职责，做到事项不遗漏、不交叉，事项有岗位，岗位有人员，制度管岗位，岗位管操作；做好制度执行的督促检查、考核等工作，确保责任落实到位、制度执行有力。

（3）人才队伍建设。灌区管理单位要进一步优化灌区人员结构，不断创新人才激励机制；制订专业技术和职业技能培训计划并积极组织实施，实行培训上岗，特种岗位持证上岗，对于影响安全运行的岗位人员要定期组织参加上级主管部门主办的培训和考核；职工职业技能培训年培训率应达到50%以上，确保灌区管理人员素质满足岗位管理需求。

（4）基层用水组织建设。灌区管理单位要指导灌区基层用水组织的建设和管理，协助当地水利部门督促基层用水组织做好用水管理和工程运行维护，经常性听取基层用水组织的意见和建议，充分发挥基层用水组织的作用。

（5）党建及宣传教育。灌区管理单位要重视党建工作，党的各项工作依规正常开展；党风廉政建设教育深入进行，单位风清气正，干部职工廉洁奉公；精神文明建设扎实推进，职工文明素质好、敬业爱岗。水文化建设有序推进，具有地方特色；工青妇组织健全，各项工作有计划开展，单位凝聚力增强；离退休干部职工服务管理工作有人负责；加强工程保护及安全生产等法律法规和知识的宣传教育。在重要工程设施等部位，设置醒目的涉水法律、规章、制度等宣传标语、标牌等。

2. 安全管理

（1）安全管理体系建设。灌区管理单位要建立健全安全生产管理体系，落实安全生产责任制；建立健全工程安全巡查、排查制度，对安全隐患登记建档并有相应的解决方案；建立健全事故应急报告和应急响应机制，落实相应的安全保障措施；安全生产工作管理规范，各项安全生产措施到位，有关记录及资料齐全，杜绝较大及以上生产安全责任事故，不发生或减少发生一般生产安全责任事故。

（2）防汛抗旱和应急管理。灌区管理单位应建立健全防汛抗旱和应急管理责任制，明确机构及岗位职责，落实防汛抗旱抢险和应急救援队伍；根据有关法律法规及标准和工程实际，制订防汛抗旱、重要险工险段事故处理等应急预案；防汛抗旱和应急救援器材、物料储备和人员配备应满足应急抢险等需求；定期按要求开展应急救援、防汛抢险、抗旱救灾培训和演练。

（3）安全设施管理和工程评估。灌区管理单位要定期对安全和检测设施进行检查、检修和校验或率定，确保设施及装置齐备、完好；劳动保护用品配备应满足安全生产要求；特种设备、计量装置要按国家有关规定管理和检定；要依据有关水利工程安全鉴定等规程规范要求，定期对工程状况进行评估，对影响工程安全运行的重要建筑物进行安全鉴定。

（4）安全标志管理。灌区管理单位要在重要工程设施、重要保护地段、危险区域（含险工险段）等部位设置醒目的禁止事项告示牌、安全警示标志，并依法依规对工程及安全标志等进行管理和巡查，对在工程管理和保护范围内的其他活动依法进行管理，确保工程设施设备不受影响，功能正常。

3. 工程管理

（1）工程日常管理。灌区管理单位要建立健全灌区工程日常管理、工程巡查、运行运用、观测及维修养护制度，落实工程设施及设备的管理与维修养护责任主体，筹措落实管护经费；严格按照操作手册要求操作和记录，开展日常巡查、定期检查、特别检查和工程观测，检查和观测内容全面，记录详细规范，发现缺陷或异常及时报告和处理，确保工程设施设备状态完好，形象良好，运行运用正常。

（2）工程管理范围。灌区管理单位要积极推进灌区划界确权工作，明确灌区工程管理和保护范围，办理土地使用手续；设置界碑、界桩、保护标志，各类工程管理标志、标牌齐全、醒目；管理运行配套道路通畅安全；工程管理范围内水土保持良好、绿化程度高，水生态环境良好；灌区管理单位及基层管理站所庭院整洁、环境优美，管理用房及配套设施完善，管理有序。

（3）工程维修养护。灌区管理单位要建立健全渠系骨干工程维修养护制度，定期对工程进行维修养护，保证维修养护质量，确保工程设施设备技术状态良好、功能正常，达到设计标准。

（4）信息化管理。灌区管理单位要积极推进灌区管理现代化建设，依据灌区管理需求，制订管理现代化发展相关规划和实施计划，积极引进、推广使用管理新技术；开展信息化基础设施、业务应用系统和信息化保障环境建设，改善管理手段，增加管理科技含量，做到灌区管理系统运行可靠、设备管理完好且利用率高，不断提升灌区管理信息化水平。

（5）技术档案管理。灌区管理单位要建立健全灌区档案管理规章制度，按照水利部《水利工程建设项目档案管理规定》和省级有关水利工程档案管理与验收办法等规定，建立完整、规范的技术档案；有专人管理档案，有专门档案用房及设施；灌区工程建设与运行管理资料及工程主要技术指标表、工程分布图、骨干渠道纵横断面图、重要建筑物平面图、重要建筑物立剖面图、闸站电气主接线图、主要设备控制图、主要设备规格及检修资料等齐全；技术文件和资料以纸质件及磁介质、光介质的形式存档，逐步实现技术档案管理数字化。

4. 供用水管理

（1）用水管理。灌区管理单位要建立灌区用水管理制度，编制灌区水量调度方案及年度（取）供水计划，统筹兼顾灌区范围内生活、生产和生态用水需求，科学合理调配供水。

（2）取水许可。灌区管理单位要严格执行国务院《取水许可制度实施办法》的有关规定，取水许可手续规范完善，按照取水许可申请办理取水指标；推行总量控制与定额管理，农业用水总量指标细化分解到用水主体；灌区水量调配涉及防汛、抗旱等内容应按规定报备或报批。

（3）规范供用水管理。灌区管理单位要成立灌溉管理组织机构，明确管理职责，规范供水、用水、收费等行为，灌溉服务良好，灌溉用水效率测算分析及时、准确；灌区水量调度指令畅通，水量调配及时、准确，记录完整，调度应急预案完善、职责明确，抢险物资储备到位；建立供用水监督制度体系，实行灌溉水量、水价、水费公开公示，收费开票到基层用水组织或到户；年度供水结束后，及时统计灌溉面积、作物种植结构、灌溉用水量等，并做相应分析，灌溉年度总结全面、客观、翔实。

（4）水量计量管理。灌区管理单位要根据需要设置用水计量设施设备，配备量测水技术人员，水源（渠首）、泵站、骨干分水口、骨干工程和田间工程分界点要逐步实现供水计量，推广使用自动监测设备和在线监测，为灌区配水计划实施、用水统计、水费计收以及灌溉用水效率测算分析等提供基础支撑；制定用水计量系统管护制度与标准，定期检测和率定用水计量设施设备，确保工作可靠、精度满足要求。

（5）水质管理。灌区管理单位要根据需要开展水质监测工作，制订防治水污染事故的应急预案和应急措施，定期开展水污染防治知识宣传活动。

（6）灌溉试验和技术推广。灌区管理单位应结合灌区生产实际，积极建立灌溉试验基地，开展灌溉试验和用水管理、工程管理等相关科学研究，推进科研成果转化；积极推广应用新技术、新设备、新材料、新工艺，逐步实现工程运行自动化和供用水管理信息化。

（7）节约用水。灌区管理单位要建立健全节水管理制度，积极推广应用节水技术和工艺，每年制订农田灌溉节水技术推广计划并组织实施，开展节水宣传活动，积极推进农业水价综合改革；建立健全节水激励机制，提高灌区用水效率和效益，推进节水型灌区创建工作，灌区灌溉水利用率达到省级水行政主管部门确定的考核目标值及以上。

（8）提高管理能力和服务水平。灌区管理单位每年要开展用水户服务满意度调查，针对用水主体对管理单位供（用）水管理工作，包括用水计划、用水次序、用水时间、用水量、用水效益、配水、用水的公平程度等提出的意见应及时整改，不断提高管理能力和服务水平。

5. 经济管理

（1）财务与资产管理。灌区管理单位要建立健全财务管理和资产管理等制度；管理人员基本支出和工程运行维修养护等经费使用及管理符合相关规定，杜绝违规违纪行为；积极争取水利、财政等部门全额落实核定的公益性人员基本支出和工程维修养护财政补贴经费。

（2）职工待遇管理。灌区管理单位要按现行政策及时足额兑现管理人员工资、福利待遇，并达到或超过当地平均水平；按规定落实职工养老、失业、医疗等各种社会保险。

（3）供水成本核算。灌区管理单位要及时科学核算供水成本，配合主管部门做好水价调整工作；完善灌区水费计收管理办法，按有关规定收取水费和其他费用。

（4）基层用水组织费用管理。灌区管理单位要按分级管理原则，督促基层用水组织按规定标准收取水费，指导用于田间工程维修养护和人员费用支出；协调落实相关补助经费。

（5）水土资源利用。灌区管理单位要在确保防洪、供水和生态安全的前提下，合理利用灌区管理范围内的水土资源，充分发挥灌区综合效益，保障国有资产保值增值。

1.2.3 保障措施

（1）加强组织领导。各级水行政主管部门要高度重视大中型灌区标准化规范化管理工作，积极争取地方党委、政府及财政、发展改革等相关部门的支持，建立部门协同推进机制，按照管理权限组织所管辖大中型灌区按水利部《大中型灌区标准化规范化管理指导意见（试行）》的要求开展标准化规范化管理工作，完成标准化规范化管理创建任务。灌区管理单位应按《大中型灌区标准化规范化管理指导意见（试行）》和相关规程规范的要求，结合实际，制订标准化规范化管理创建实施方案，扎实开展本单位标准化规范化管理工作。

（2）强化经费保障。各地要加强部门协调，多渠道筹措资金，为开展灌区标准化规范化管理工作提供经费保障。全面测算和核定灌区工程标准化规范化管理必需的人员及经费，科学合理编制标准化规范化管理规划方案和预算经费，按隶属关系列入各级公共财政预算；经营性为主的水利工程标准化规范化管理所需经费由管理单位自行承担，并按有关规定在其经营收入中计提，专款专用。地方政府要完善水费收缴机制，采取地方财政转移和用水管理单位直接收缴相结合等办法，保证水费收缴率；要按照《国务院办公厅转发国务院体改办关于水利工程管理体制改革实施意见的通知》（国办发〔2002〕45号）的要求，将灌区公益性人员基本支出及公益性工程运行、维修养护经费按隶属关系纳入同级公共财政预算，全额落实，为灌区管理提供经费保障。工程老化严重、存在重大安全隐患或建设未达设计标准的，要加大投入尽快达到有关标准要求。省级水利建设与发展专项资金在按因素法分配时，应充分考虑各地灌区标准化规范化管理的开展情况及实际绩效。

（3）深化管理改革。各级党委、政府及水行政主管部门、灌区管理单位要按照集约化、专业化、物业化管理的思路，不断深化管理改革，大力推行灌区管养分离、政府购买服务等形式，整合现有水利工程管理单位的资源，组建水利工程管理专业公司，积极培育和发展灌区工程养护维修、物业管理等市场体系，鼓励发展不同形式的物业管理公司，开展一揽子承接或分专业承接等不同形式的物业管理服务。引导和鼓励具有较强专业力量的工程设计施工、制造安装、维修养护等企业和行业协会、中介机构参与灌区标准化规范化管理，改变目前物业市场发育滞后和市场主体缺乏的状况。

对于跨区域水利工程标准化规范化管理，应实行统一管理、分级负责，专业队伍管理为主、基层用水组织参与的灌区管理模式，按照政府主导、属地负责的原则，实行区域集约管理方式，县级水行政主管部门指导乡镇政府理清和明确乡镇、村两级水利工程管理事权。

（4）加强培训和指导。各级水行政主管部门及灌区管理单位要制订大中型灌区标准化规范化管理培训计划，落实培训经费，对灌区标准化规范化管理的相关法律法规、规程规范、管理内容及要求、考核标准以及实施方案编制等内容，有计划地组织专业和专项培训，为大中型灌区标准化规范化管理提供支撑。

（5）坚持稳步推进。各地要根据本地经济社会发展和灌区管理现状，明确灌区标准化规范化管理总体目标、主要任务、分阶段实施计划和主要措施，有计划、分步骤地组织实施。可根据实际，按照典型示范、重点突破、以点带面的原则，在管理水平较高、基础条件较好的灌区先行先试，及时总结经验、完善措施、稳步推进。

（6）强化监督考核。各级水行政主管部门要根据水利部《大中型灌区标准化规范化管理指导意见（试行）》和省级大中型灌区标准化规范化管理实施细则（办法）及考核标准的要求开展年度考核、省级达标考核及定期复核等考核工作，规范灌区管理行为，提高管理水平。要加强监督检查，发现问题限期整改到位；没有整改到位的，要给予严肃问责，确保各项管理措施落实到位。

（7）其他保障措施。对通过省级达标考核的灌区，省级水行政主管部门颁发“省级标准化规范化管理达标灌区”或“省级标准化规范化管理示范灌区”证书和牌匾。各级政府及水行政主管部门应在项目和资金安排时，对标准化规范化管理工作推进效果明显的灌区给予倾斜支持，优先纳入灌排工程建设与改造相关规划。

1.3 灌区标准化规范化管理重点工作

灌区管理要按照“分级管理、各负其责”的原则，明确整个灌区从水源工程到输配水工程到田间用水工程的管理主体和管理职责，建立“专管机构＋群管组织”的灌区管理体系。灌区标准化规范化管理主要从管理任务、管理标准、管理流程、管理制度、管理激励等方面着手，提高工作实效和管理水平。灌区管理单位要详细梳理、分解工程管理任务，列出管理任务清单。根据所管工程特点和运行管理实际，以提高工作效率和准确性为目的，明确工程管理每一项工作任务、每个环节的工作标准和执行流程，结合相关技术标准，不断修订和细化完善技术管理细则及各项制度体系，更新各类检查记录表格和操作票样式，编制工程控制运用、检查观测、维修养护等工程管理作业指导手册。作业指导手册要简单、易懂，实用性和可操作性要强，相关岗位职工经简单培训就能掌握。

1. 细化落实管理任务

（1）细化工作任务。针对本单位、本工程的具体情况，按照灌区工程管理规范规程等相关要求，制订年度工作目标计划，对控制运用、检查观测、维修养护、安全生产、水政监察、制度建设、档案管理、应急管理、工作场所与环境管理以及汛前（灌季前）、汛后（灌季后）检查等重点工作按年、月、周分解细化，明确各阶段工作任务，编制工作任务清单。

（2）落实工作责任。逐步将工作任务清单落实到相应管理岗位、具体人员。同时，完善管理岗位设置，明确岗位工作职责、岗位工作标准和考核要求。

2. 明晰规范管理标准

（1）针对本单位和工程实际，按照水利工程管理相关技术标准和规定要求，参照其他行业类似做法，重点梳理制定灌区渠道及建筑物、设备运行维护、工作场所管理、环境绿化管护、标识标牌设置、岗位管理等方面的工作标准。

（2）对管理过程中涉及的各类管理资料、技术图表等不断规范、补充、完善，不仅要注重工作最终成果资料，还应加强工作过程资料的收集整理，达到内容完整准确、格式相对统一、填写认真详细。对规定需要明示的制度、图表应明确其内容、格式和合适的位置。

（3）参照有关技术标准，在渠道及建筑物、机电设备、管理设施、工作场所等设置必要的标识标牌，主要包括：工程简介牌、规章制度、操作规程及技术图表、宣传牌、水政公告牌、管理范围界桩、各类安全警示标牌、机电设备管理责任牌及编号，以及工作指引标识标牌等。标识标牌内容应简略精粹、便于识记，格式规范，设置位置恰当、醒目。

3. 规范固化管理流程

(1) 重点从工程控制运用、工程检查、设备评级、工程观测、维修养护和经费管理等典型性专项工作入手，编制相应的操作手册，明确工作内容、标准要求、方法步骤、工作流程、注意事项、资料格式等。用于指导专项工作从开始到结束的全流程管理，并逐步向其他工作拓展延伸。

(2) 按照专项工作操作手册，推行作业流程化管理，强化工作过程中的管理行为的规范、管理流程的衔接、管理要求的执行和工作动态的跟踪，实现专项工作从开始到结束全流程、闭环式管理。结合信息化系统建设，将流程化管理的要求在相关工程监控或应用系统中固化。

4. 健全执行管理制度

(1) 依据水利工程管理法规、标准和有关规定，结合本单位、本工程实际及变化情况，制定并及时修订工程管理实施细则，提高准确性、完整性和针对性，按程序审定、报批和发布。

(2) 管理规章制度应包括：灌区工程控制运用和调度管理、运行操作和值班管理、检查观测、维修养护、设备管理、安全生产、水政管理、档案管理、岗位管理、教育培训、目标管理和考核奖惩、财务管理、精神文明建设、综合管理等方面的制度，并不断修订完善，提高适用性、可操作性，汇编成册，印发给职工学习和执行。

(3) 经常开展灌区工程管理细则、规章制度的学习培训，将制度要求和执行情况纳入相关考核内容，提高执行力，注重执行效果的监督评估和总结提高。

5. 强化完善管理激励

(1) 围绕工程管理年度及各阶段工作任务，建立目标管理考核制度，制定完善考核办法和考核标准，做到专项考核与全面考核相结合、月（季）度考核与年度考核相结合、单位工作效能考核与个人工作绩效考核相结合，逐级分解落实责任，层层传导工作压力，形成常态化的工作业绩考评机制。

(2) 坚持精神鼓励与物质奖励、正面引导与奖惩措施相结合，按照绩效工资分配政策，建立完善考核奖惩激励机制，将考核结果与评奖评优、收入分配及岗位聘用、职务晋升等相挂钩，鼓励和引导职工增强能力、履职尽责、爱岗敬业。

6. 全面提高管理成效

(1) 工作高效、成绩显著。做到工作目标任务明确，执行力强，管理规范高效；单位内部管理规范有序，职工爱岗敬业、团结协作，各项工作成绩显著。

(2) 调度精准、效益发挥。调度管理按批准的控制运用方案、计划和上级指令执行，操作符合技术规定，运行值班管理规范，各项记录资料规范完整。工程安全运行，效益充分发挥。

(3) 工程安全、管理有序。检查观测、维修养护、安全生产、水政执法、设备评级、注册登记、安全鉴定、档案资料等业务管理符合有关规定，无违规行为和安全责任事故发生。

(4) 工程完整、运行可靠。加强工程及附属设施（渠道及建筑物、机电设备、金属结构、监控设备等主体工程以及防汛道路、备用电源、通信设施、管理用房、环境设施、辅助设施等）检查维护，保持状态完好、运行可靠、整洁美观。

2 灌区组织管理

2.1 管理体制与运行机制改革

2.1.1 工作任务

管理体制与运行机制改革的工作任务主要包括：

(1) 完成管理单位管理体制与运行机制改革。

(2) 健全组织机构，划分职能职责，落实管理人员编制。

(3) 完成岗位设置工作，实行竞争上岗。

(4) 确定管理职责范围，建立统一管理、分级负责、基层用水组织参与等灌区管理模式。

(5) 建立合理有效的分配激励机制。

(6) 推行事企分开、管养分离和物业化管理等。

2.1.2 工作标准及要求

管理体制与运行机制改革的工作标准及要求如下：

(1) 根据《国务院办公厅转发国务院体改办关于水利工程管理体制改革实施意见的通知》(国办发〔2002〕45号) 及有关水利改革、高质量发展的要求，完成灌区工程管理体制与运行机制改革，建立职能清晰、权责明确的水利工程管理体制和管理科学、经营规范的管理运行机制，形成一套完备的水管体制改革验收台账资料。

(2) 根据灌区工程职能和批复的管理体制改革方案或机构编制调整意见，健全组织机构（内设机构可参考图2.1)，明确划分职能职责，落实管理人员编制，依据《水利工程管理单位定岗标准（试点)》，结合批准的人员编制和工程运行管理实际，设置岗位及岗位定员，并按有关程序批准及报备。制订人员竞争上岗方案，按有关程序批准后，组织职工全员竞争上岗。

(3) 管理体制顺畅，管理职责明确，分类定性清晰、人员定岗定编、经费测算合理；持续推进内部改革，建立岗位竞争机制，公开竞聘，择优录用。

(4) 结合灌区工程实际，合理确定管理职责范围，确保职责界限清晰，不遗漏、不重叠，确立统一管理、分级负责、基层用水组织参与等灌区管理模式，建立职能清晰、权责明确的灌区工程管理体制和运行机制。

(5) 建立合理有效的分配激励机制，分配档次适当拉开，充分调动各方面的积极性，提高工作效率。

(6) 结合灌区工程实际，推行事企分开、管养分离和物业化管理等多种形式，逐步将工程维修养护等工作分离出去，走向市场，向社会公开招标选择有资质、有经验的维修养护队伍，实行社会化管理，建立市场化、专业化和社会化的灌区水利工程维修养护体系。

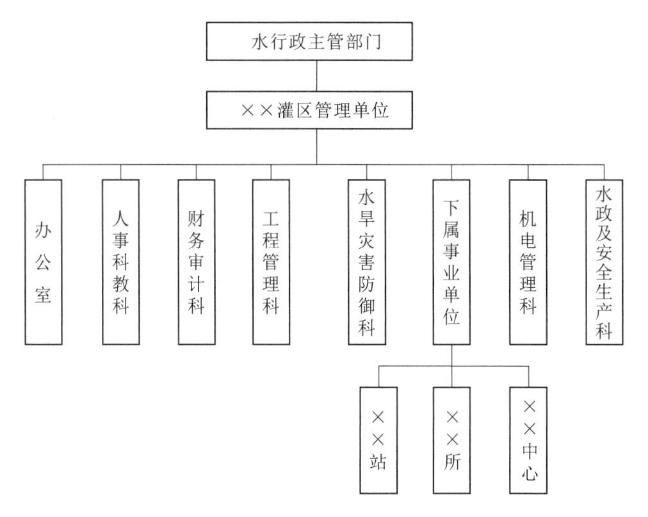

图 2.1 灌区管理单位组织结构图

(7) 目前尚不具备管养分离条件的灌区管理单位，应首先实行内部管养分离，将工程管理工作任务及管理人员、待遇等与维修养护工作任务及人员、待遇等进行分离，将管理工作与维修养护工作分开。

2.1.3 成果资料

管理体制与运行机制改革的成果资料主要包括：

(1) 工程管理体制改革实施方案及批复文件。

(2) 水管体制改革验收台账资料。

(3) 工程“企事分开”“管养分离”“物业化管理”等实施方案及批复文件。

(4) 内设机构及岗位设置和岗位定员方案及批复或报备文件。

(5) 工程管理考核办法（或目标管理考核办法）。

(6) 职工工作绩效考评办法（或绩效工资实施方案）。

(7) 职工竞争上岗管理办法及职工竞争上岗资料。

(8) 工程管理考核资料。

(9) 绩效工资发放资料。

(10) 工程典型“管养分离”“物业化管理”合同、项目实施资料。

(11) 事业单位法人证书（含统一社会信用代码）。

2.2 制度建设和执行

2.2.1 工作任务

制度建设和执行的工作任务主要包括：

(1) 根据灌区工程管理需要，建立健全组织、安全、工程、供用水、经济等方面的管理制度体系。

(2) 理清事项-岗位-人员对应关系，明确岗位责任主体和管理人员工作职责。

(3) 根据工程管理需要，制定重点制度或对其进行修订完善。

(4) 公平公正公开制定、执行各项制度。

(5) 建立完善的考核机制，做好制度执行情况的督促检查、考核等管理工作。

2.2.2 工作标准及要求

1. 基本要求

(1) 对本单位现有管理制度进行梳理，依据国家有关法律法规及对水利工程管理的要求，根据本灌区工程管理需要，并借鉴其他灌区工程管理制度建设方面的经验，建立健全本灌区工程组织管理、安全管理、工程管理、供用水管理、经济管理等方面的管理制度体系。

(2) 根据本灌区工程运行管理实际，理清事项-岗位-人员对应关系，明确岗位责任主体和管理人员工作职责，做到事项不遗漏、不交叉，事项有岗位，岗位有人员，岗位有制度，操作有规程。

(3) 根据本灌区工程管理需要，制定重点制度或对其进行修订完善。灌区工程管理单位可按表 2.1 建立健全管理制度（不限于）。

表 2.1 灌区工程管理规章制度参考目录

分类	序号	制度名称
一、党务工作制度	1	党委（党支部）会议议事规则
	2	党委（党支部）关于落实“三重一大”制度的实施细则
	3	党建工作制度
	4	党委（党支部）理论学习中心组学习管理办法
	5	基层党支部及文明创建目标管理考核办法
	6	党风廉政建设责任制实施办法
	7	党风廉政建设承诺制度
	8	党风廉政建设报告制度
	9	党风廉政建设约谈制度
二、行政工作制度	10	行政工作规则
	11	目标管理考核办法
	12	职工代表大会实施细则
	13	政务公开管理办法
	14	单位文明办公管理规定
	15	公务接待管理办法
	16	公务车辆使用管理办法
	17	保密工作规则
	18	信息公开保密审查规定
	19	信访工作制度
	20	档案管理制度
	21	电子文件归档与管理办法
	22	公文处理办法

续表

分类	序号	制度名称
三、人事工作与职工管理制度	23	职工教育培训管理办法
	24	职工年度绩效考核办法
	25	专业技术职务聘用管理办法
	26	工人技能等级聘用管理办法
	27	师徒结对实施办法
	28	专业技术资格证书和工人技术等级证书管理办法
	29	特殊人才聘用管理办法
	30	编外用工管理办法
	31	职工福利待遇管理办法
	32	退休职工服务工作办法
四、安全生产制度	33	单位安全生产管理办法
	34	单位安全生产目标管理制度
	35	工程安全工作制度
	36	工程维修与检修安全制度
	37	危险品管理制度
	38	事故调查、报告与处理制度
	39	安全器具管理制度
	40	消防安全管理规定
	41	消防器材管理制度
	42	特种设备安全制度
	43	安全学习、演练制度
	44	安全保卫制度
	45	安全技术教育与考核制度
五、工程管理制度	46	工程管理考核办法
	47	防汛抗旱管理办法
	48	工程维修养护项目管理办法
	49	工程汛前、汛后检查工作考核办法
	50	工程设备等级评定办法
	51	工程检查观测管理办法
	52	工程控制运行管理办法
	53	工程技术档案管理办法
	54	水行执法巡查制度
	55	工程水雨情及运行信息报告报送管理制度
六、经济管理制度	56	单位财务管理制度
	57	财务内部控制管理和检查制度

续表

分 类	序号	制 度 名 称
六、经济管理制度	58	会计人员管理办法
	59	单位集中采购管理办法
	60	差旅费管理办法
	61	单位国有资产（资源）管理办法
	62	单位对外经营管理办法

注 1. 上述制度中不包含灌区供用水方面的管理制度。
2. 灌区管理单位可以根据本单位、本工程的实际情况和上级主管部门的相关要求增减、优化管理制度。

（4）建立完善的考核机制并有效执行。做好具体管理制度的督促检查、考核等管理工作，确保责任落实到位、制度执行有力。

（5）制度制定时，要公开、广泛征求干部职工的意见，必要时对制度制定情况进行公示；制度形成后，要按一定的组织程序批准，并以单位正式文件印发执行。制度执行情况检查及发现问题处理结果要定期或不定期公示。

2. 技术管理细则

管理单位应结合工程的规划设计和具体情况，编制灌区工程技术管理细则，并报上级主管部门批准或报备。

技术管理细则应有针对性、可操作性，能全面指导工程技术管理工作，主要内容包括总则、工程概况、控制运用、工程检查与建筑物、设备评级、工程观测、养护维修、安全管理、信息管理、技术资料与档案管理、其他工作等。

当工程实际情况和管理要求发生改变时要及时进行修订。

3. 规章制度

（1）规章制度条文应规定工作的内容、程序、方法，要有针对性和可操作性。

（2）规章制度应经过批准并印发执行。

（3）管理单位应将规章制度汇编成册，组织学习培训。

（4）管理单位应开展规章制度执行情况监督检查，并将规章制度执行情况与单位、个人评先评优和绩效考核挂钩。

（5）管理单位应每年对规章制度执行效果进行评估、总结。

4. 操作规程

（1）操作规程必须保证操作步骤的完整、细致、准确、量化，确保技术指标、技术要求、操作方法的科学合理。

（2）操作规程应由管理、技术、操作三个层次的人员参与制修订，确保其适宜性和有效性。

（3）操作规程经组织审查后，报上级主管部门审核批准或报备后，方可发布执行。

（4）操作规程应及时修订、补充和完善；在采用新技术、新工艺、新设备、新材料时，应及时以补充规定的形式进行修改，或者进行全面修订。

2.2.3 工作流程

制度管理流程一般包括各类规章制度的制定、培训、执行、评估、持续改进等工作。

制度管理参考流程如图 2.2 所示。

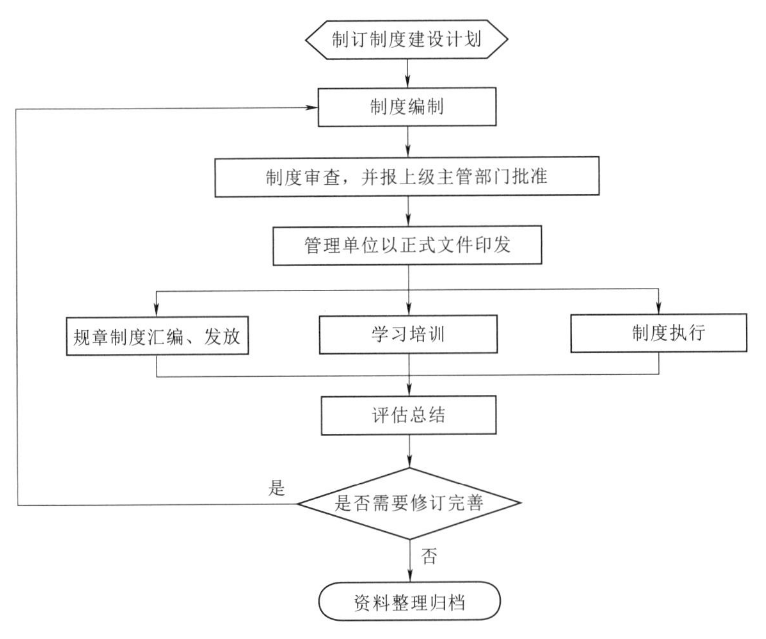

图 2.2 制度管理参考流程图

2.2.4 成果资料

制度建设和执行的成果资料主要包括：

（1）工程管理规章制度制（修）订发布的文件。

（2）工程管理规章制度汇编。

（3）关键规章制度上墙资料。

（4）重要规章制度制（修）订资料。

（5）规章制度执行情况检查及效果评估、总结等支撑材料。

2.3 岗 位 管 理

2.3.1 工作任务

岗位管理的工作任务主要包括：

（1）理清灌区工程管理、运行及养护维修事项-岗位-人员对应关系，明确岗位责任主体和管理人员工作职责。

（2）合理设置岗位及配备人员。

（3）技术岗位人员经培训上岗，特种岗位持证上岗。

（4）建立健全岗位责任制及岗位考核机制，进一步优化管理人员结构，不断创新人才激励机制。

2.3.2 工作标准及要求

（1）根据本灌区工程运行管理实际，划分工程管理、运行及养护维修的事项，合理设置本工程管理、运行及养护维修的岗位；列出每个岗位的事项及有关要求和工作内容，测算每个岗位的工作量，根据工作量配备专职或兼职人员。岗位定员，可以是一人多岗，也可以是一岗多人，主要考虑岗位工作量及事项执行过程的有关要求，如中型及以上或重要的闸门启闭操作事项，按安全操作规程要求，必须是一人操作，一人监护。

（2）根据本灌区工程运行管理及维修养护事项划分、岗位设置及定员，明确事项-岗位-人员对应关系，明确岗位责任主体和管理人员工作职责，做到事项不遗漏、不交叉，事项有岗位，岗位有人员，岗位有制度，操作有规程。中型及以上或重要的闸门启闭操作的事项-岗位-人员对应关系可参照表 2.2。

表 2.2　　闸门操作事项-岗位-人员对应关系表

分类	管理事项		管理岗位	人员
闸门操作	1	接受并下达闸门开启通知	闸门运行负责岗	张三
	2	闸门开启操作	闸门运行工	李四
	3	问题处理		王五
	4	操作票签发、记录汇总审核	闸门运行负责岗	张三
	5	资料整理归档	闸门运行工	李四 王五

（3）按照水管体制改革的要求和批准的编制，结合划分的事项，合理设置岗位和配备人员。设置岗位主要有单位负责岗位、管理岗位、专业技术岗位和工勤技能岗位等。

（4）岗位设置要按科学合理、精简效能的原则，坚持按需设岗、竞聘上岗，按岗聘用，合同管理。

（5）人员配备不得超编，并且不得高于部颁或省颁标准，技术人员配备要满足工程管理工作需要；技术人员需持有专业技术职称证书，技能岗位人员需持有相应的技术等级证书或职业资格证书，特种岗位人员须持有相应的特有工种上岗证（如：电工证、焊工证、高空操作、起重设备作业、压力容器作业等证书）、财务人员、档案管理人员等应通过专业培训获得具备发证资质的机构颁发的相应资格证书。

（6）关键岗位制度应上墙明示（关键岗位应根据工程特点、单位实际需要确定），并在工作中认真落实、严格执行。

（7）建立完善的考核机制并有效执行。重点加强岗位职责、履职能力、实际操作等制度执行情况的考核与评价，并作为考核、奖惩、绩效的参考依据。

2.3.3 成果资料

岗位管理的成果资料主要包括：

（1）灌区工程事项-岗位-人员对应关系表。

（2）单位设岗及定员情况表。

（3）技术人员基本情况表。

（4）工勤技能人员基本情况表。

（5）专业技术岗位持证情况表。

（6）技能岗位及特种岗位持证情况表。

(7) 关键岗位制度内容。

(8) 岗位制度执行效果支撑资料。

2.4 人才队伍建设

2.4.1 工作任务

人才队伍建设工作任务主要包括:

(1) 领导班子团结,职工敬业爱岗。

(2) 定期考核干部职工。

(3) 规范干部职工管理工作。

(4) 加强对职工的培养,做好各梯级的教育培训。

(5) 制订职工培训计划并按计划实施落实。

2.4.2 工作标准及要求

(1) 按照各级党委、政府及有关部门要求,组织班子成员和干部职工开展各类学习活动。

(2) 领导班子考核合格,成员无违规违纪行为,职工遵纪守法,无违反《治安管理条例》,无违法刑拘人员。

(3) 制定干部职工考核规定,应针对考核内容、程序、结果及应用。做好干部职工量化考核,全面、客观、公正、准确地评价干部职工的德才表现和工作实绩。

(4) 加强干部职工管理工作,推进干部职工管理制度化、规范化建设。

(5) 制定职工教育管理办法,加强职工教育培训工作,使其规范化、制度化、科学化,努力建设一支高素质的职工队伍。

(6) 做好技术岗和工勤岗的技术职务、技术等级聘用及管理工作。

(7) 管理单位应制订年度职工培训计划,按计划开展培训。培训计划应针对工作需要制订,并明确培训内容、人员、时间、奖惩措施、组织考试(考核)等具体内容。

(8) 管理单位要按计划组织培训,职工年培训率不低于50%。培训应有通知、记录及总结。对于影响安全运行的相关岗位人员要积极组织参加上级主管部门举办的培训和考核。

2.4.3 成果资料

人才队伍建设成果资料主要包括:

(1) 管理单位领导班子考核资料。

(2) 管理单位领导班子及干部职工各项政治理论、业务学习资料。

(3) 干部职工定期考核规定及考核资料。

(4) 干部职工规范管理实施办法及应用成果。

(5) 技术岗和工勤岗聘用管理办法及相关资料。

(6) 年度培训计划、培训通知、记录和总结等。

(7) 学习培训考试试卷、答案及阅卷评分表等。

2.5 基层用水组织建设与监管

2.5.1 工作任务

基层用水组织建设与监管的工作任务主要包括：

（1）监管、指导基层用水组织的各项工作。

（2）定期举办基层用水组织有关的培训，召开例会、年度总结会等。

（3）经常性听取基层用水组织的意见和建议。

2.5.2 工作标准及要求

（1）督促基层用水组织建立健全管理体系、建设管理制度，加强灌溉管理技术与服务体系建设，按统一管理、分级负责的原则，实行专业管理和基层用水组织管理相结合的方式，逐步推进基层用水组织、用水户参与管理。

（2）指导基层用水组织编制年度用水计划，实行总量控制和定额管理。

（3）指导基层用水组织及用水户节约用水，提高水资源利用效率和效益；监管基层用水组织的廉政供水，做好相关政策的宣传、公布以及相关事项的公开、公示工作，做好程序、台账等规范工作。

（4）指导基层用水组织开展培训，进行技术指导，定期举办专业技术培训班，提高管理人员素质。定期召开会议布置、总结工作。

（5）经常性与基层用水组织、用水户等进行交流，听取意见和建议。开展用水户服务满意程度调查。针对用水户对基层用水组织用水管理工作提出的意见应及时整改，包括用水计划、用水次序、用水时间、用水量、用水效益、配水、用水的公平程度等。

2.5.3 成果资料

基层用水组织建设与监管的成果资料主要包括：

（1）基层用水组织管理体系、管理制度相关材料。

（2）年度用水计划、调度的方案或计划。

（3）节水技术推广、宣传、培训等材料。

（4）账、表、票据等规范管理资料。

（5）培训计划、过程、总结资料，各类会议记录等。

（6）用水户满意程度调查等相关资料。

2.6 党建及精神文明建设

2.6.1 工作任务

党建及精神文明建设的工作任务主要包括：

（1）重视党建工作和党风廉政建设。

（2）重视精神文明创建和水文化建设，职工文体活动丰富。

（3）单位内部秩序良好，职工遵纪守法，无违法犯罪行为发生。

（4）争获县级（包括行业主管部门）及以上精神文明单位或先进单位等。

2.6.2 工作标准及要求

（1）重视党建工作和党风廉政建设，台账资料齐全，上级党组织定期对基层党支部开展考核，并做好党建宣传阵地标准化建设工作。

（2）建立健全职工代表大会制度，职工提案有记录、有回复意见，重大问题公开透明，台账资料齐全。

（3）加强职工教育，大力倡导社会公德、职业道德、家庭美德、个人品德；建立健全精神文明单位创建活动制度，水文化建设规划合理，争创国家级文明单位、省级文明单位、水利风景区。

（4）基层工青妇组织健全，各项工作有计划开展，工会、妇委会、共青团作用得到充分发挥，职工文体活动丰富，文体活动场地建设规范，职工参与度高。离退休干部职工服务管理工作有人负责。

（5）行政、党建宣传力度大，形式多样地宣传党的方针、政策和法律法规，提高职工的政治思想觉悟、法治意识和道德素质，努力形成遵纪守法、热爱集体、团结友善、敬业爱岗、担当作为、乐于奉献、争先创优的良好氛围。

2.6.3 成果资料

党建及精神文明建设的成果资料主要包括：

（1）党建及党风廉政建设责任状。

（2）党支部目标管理考核细则。

（3）精神文明单位创建活动台账资料。

（4）水文化建设方案及实施台账。

（5）基层群众各类文体活动台账资料。

（6）获得的国家级、省（部）级、市级精神文明单位或先进单位称号证明材料。

（7）获得上级行政主管部门先进单位称号或考核成绩名列前茅等资料。

3 灌区安全管理

3.1 安全管理体系建设

3.1.1 工作任务

安全管理体系建设的工作任务主要包括：

(1) 贯彻落实安全生产法律法规，加强安全生产管理工作，明确安全生产责任，防止和减少安全生产事故发生。

(2) 建立健全安全组织网络和安全生产组织机构。

(3) 建立安全生产责任制，明确安全责任并落实到人。

(4) 制定安全生产责任考核及奖惩办法。

(5) 建立健全安全管理相关制度。

(6) 建立事故应急报告和应急响应机制。

3.1.2 工作标准及要求

(1) 收集、整理、学习并贯彻落实安全生产的相关法律法规，如《中华人民共和国安全生产法》，地方相关安全生产条例，工程施工、工程管理相关的安全方面的规程规范等。

(2) 建立健全安全生产组织网络，明确安全生产管理机构的组成及常设机构、基层安全工作小组以及人员；人员出现变动应及时调整、充实。

(3) 建立安全生产责任制，应按照“一岗双责、党政同责、失职追责”“管生产、必须管安全”“谁主管、谁负责”的原则，严格落实“一把手”负责制和安全生产“一票否决”制，切实履行好安全生产监管职责和主体责任，并将安全生产责任逐级分解，明确各层各级的安全生产职责，做到职责明晰、任务明确、措施到位。

(4) 安全生产责任考核坚持“谁主管、谁负责”“管生产、必须管安全”“分级管理、分级负责”的原则，明确考核部门、考核形式和考核具体办法。

(5) 建立健全工程安全巡查、隐患排查及登记建档、安全风险管控等制度，对安全隐患、安全风险登记建档并有相应的解决方案。

(6) 建立健全事故应急报告和应急响应机制，按有关规程规范的要求，结合工程实际，制订完善各类安全生产应急预案。

3.1.3 成果资料

安全管理体系建设的成果资料主要包括：

(1) 安全生产法律法规、规程规范资料。

(2) 建立安全生产组织网络的文件，上墙明示的安全岗位责任制。

（3）安全生产责任制执行情况资料。

（4）安全生产责任制考核奖惩办法。

（5）工程安全巡查、隐患排查及登记建档、安全风险管控等制度汇编及记录资料。

（6）安全隐患、安全风险登记建档资料。

（7）事故应急报告和应急响应机制资料。

（8）安全生产应急预案及批复文件。

3.2 防汛抗旱和应急管理

3.2.1 工作任务

防汛抗旱和应急管理的工作任务主要包括：

（1）建立健全防汛抗旱和应急工作体系。

（2）建立健全安全生产事故应急预案体系。

（3）建立专（兼）职应急救援队伍。

（4）设置应急设施和储备防汛抢险、应急物资器材。

（5）开展应急预案培训、演练。

（6）定期评估应急预案并修订完善。

3.2.2 工作标准及要求

（1）按规定建立防汛抗旱和应急管理组织机构，指定专人负责防汛抗旱和应急管理工作；建立健全应急工作体系，明确应急工作职责。

（2）建立健全生产安全事故应急预案体系，制订生产安全事故应急预案，针对工程险工险段、安全风险较大的重点场所（设施设备）编制重点岗位、人员应急处置卡。

（3）建立与本工程安全生产特点相适应的专（兼）职应急救援队伍，或指定专（兼）职应急救援人员，必要时可与邻近专业应急救援队伍签订应急救援服务协议。

（4）根据可能发生的事故种类特点，设置应急设施，配备应急装备，储备应急物资器材，建立管理台账，安排专人管理，并定期检查、维护、保养，确保其完好、可靠。

（5）根据本工程的事故风险特点，每年至少组织一次综合应急预案演练或专项应急预案培训、演练，每半年至少组织一次现场处置方案培训、演练，同时对演练进行总结和评估，根据评估结论和演练发现的问题，修订完善应急预案。

（6）定期评估应急预案，根据评估结果及时进行修订和完善，并按照有关规定将修订的应急预案报备。

（7）发生事故后，启动相关应急预案，采取应急处置措施，开展事故救援，必要时寻求社会支援。应急救援结束后，应尽快完成善后处理、环境清理、监测等工作。

（8）每年进行一次应急准备工作的总结评估，完成险情或事故应急处置后，应对应急处置工作进行总结评估。

3.2.3 工作流程

应急管理流程一般包括启动应急预案、事件处置、总结经验教训、资料收集整理等。

应急管理参考流程如图 3.1 所示。

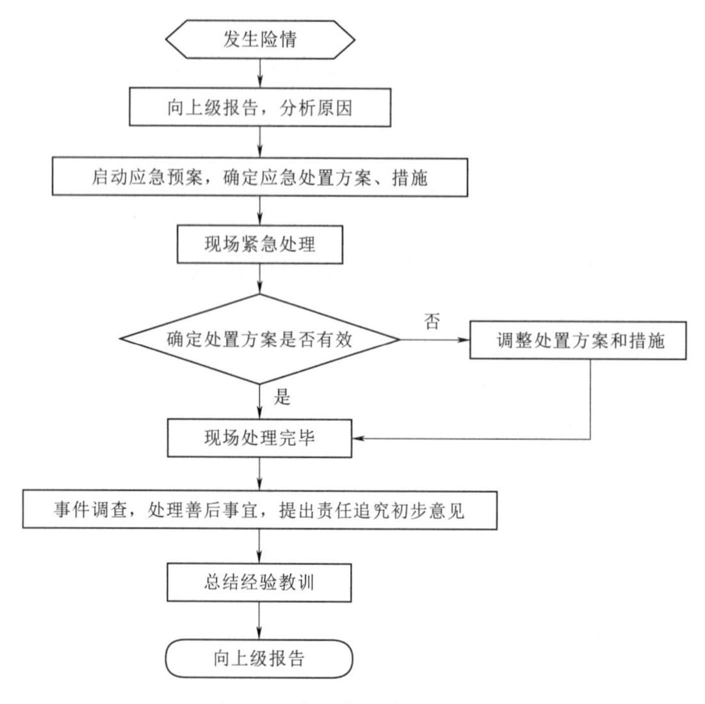

图 3.1 应急管理参考流程图

3.2.4 成果资料

防汛抗旱和应急管理的成果资料主要包括：

(1) ××××年度工程管理责任状。

(2) 防汛抗旱和应急管理组织机构设置文件。

(3) 相关安全岗位职责制。

(4) 应急抢险人员学习培训资料（计划、学习、演练、考核评估）。

(5) 关于同意《××××年度××××应急预案》的批复。

(6) 相关的应急预案。

(7) 应急物资器材代储协议。

(8) 应急救援服务协议。

(9) 应急物资器材储备测算清单。

(10) 自储物资器材清单、备品备件清单。

(11) 应急物资器材管理制度。

(12) 应急物资器材调运方案及调运线路图。

(13) 应急物资器材台账。

(14) 应急物资仓库物资器材分布图。

(15) 应急物资器材检查保养记录。

(16) 防汛抗旱和应急管理工作总结。

3.3 管理范围划定及安全标志管理

3.3.1 工作任务

管理范围划定及安全标志管理的工作任务主要包括：

（1）依法做好管理范围确权划界工作，领取土地使用证。

（2）设置界碑、界桩和保护标志标牌。

（3）依规巡查、保护工程设施设备。

（4）依法依规对工程管理和保护范围内的建设项目监督管理。

3.3.2 工作标准及要求

（1）灌区工程应依法划定工程管理范围、保护范围和安全警戒区，完善确权划界相关手续，领取土地使用证，设置明显界碑、界桩和保护标志标牌，并依法管理。

（2）按有关规定对灌区工程保护范围内的生产、生活活动进行安全管理，严禁在灌区工程管理范围内进行爆破、取土、埋葬、建窑、倾倒垃圾或排放有毒有害污染物等危害工程安全的活动。按工程安全巡查制度的要求，依法依规对工程进行管理和巡查，对在工程管理和保护范围内的建设项目及其他活动依法进行监督管理。

（3）在取水口、输配水渠道及建筑物处设立安全警戒标志标牌，禁止在警戒区内停泊船只、捕鱼、游泳。重要工程设施、危险区域（含险工险段）等部位设置醒目的禁止事项告示牌、安全警示标志。

（4）泵站、水闸运行和维修中产生的废油、有毒化学品等应按有关规定处理，不得直接排入输水渠道；拦污栅前清理的污物等应堆放到专用场地，不得随意倾倒。

（5）对处于居民区的渠道宜采取有效的防人员落水措施。

（6）泵站、水闸、渡槽等建筑物应实行封闭式管理，非工作人员不得擅自进入可能影响工程安全运行或影响人身安全的区域，入口处设置明显的标志。

（7）过渠农桥两端应设立限载、限速标志，如确需通过超载车辆，应报请上级主管部门和有关部门会同协商，并进行验算复核，采取有效防护措施后，方能通行。

（8）妥善保护机电设备和水文、通信、观测设施，防止人为毁坏。

（9）不得在翼墙后填土区上堆置超重物料，不宜种植高大树木。

（10）位于通航河道上的取水口，应设置拦船设施和助航设施。

3.3.3 工作流程

1. 水政巡查流程

水政巡查流程一般包括制订方案、明确巡查人员、实施巡查、违法行为处理和巡查记录整理归档等。

水政巡查参考流程如图 3.2 所示。

2. 涉水建设项目监管流程

涉水建设项目监管流程一般包括建设项目初审、转报审批、实施过程检查监督、对超过许可的建设行为进行处理、资料整理归档等。

涉水建设项目监管参考流程如图 3.3 所示。

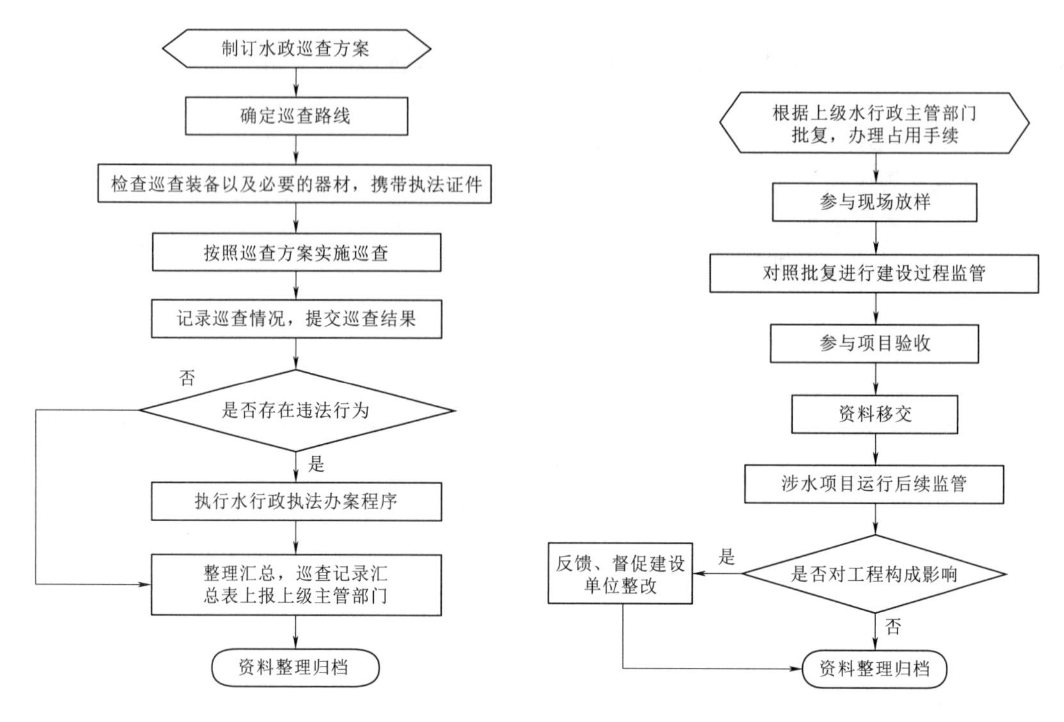

图 3.2 水政巡查参考流程图

图 3.3 涉水建设项目监管参考流程图

3.3.4 成果资料

管理范围划定及安全标志管理的成果资料主要包括：

(1) 工程管理范围划界图（明确管理范围和保护范围、电子地图）。

(2) 土地证统计情况表。

(3) 管理范围内的产权证。

(4) 工程管理范围界碑、界桩及保护标志标牌统计表和分布图。

(5) 水政监察队机构成立及人员设置文件。

(6) 行政执法证和水政监察证。

(7) 水行政管理制度汇编。

(8) 执法装备统计表。

(9) 水法规宣传教育资料。

(10) 水政执法人员学习培训制度、计划和学习考核资料。

(11) 水行政执法巡查制度。

(12) 水行政执法管理工作计划和总结。

(13) 水行政执法巡查记录及月报表。

(14) 行政处罚案件卷宗（如有）。

(15) 水法规宣传标语、警示标志标牌统计表及检查记录。

(16) 灌区工程管理范围内建设项目监管记录。

3.4 隐患排查管控

3.4.1 工作任务

隐患排查管控的工作任务主要包括：

（1）做好安全风险管理。

（2）做好重大危险源辨识和管理。

（3）做好隐患排查治理。

（4）做好预测预警。

3.4.2 工作标准及要求

1. 安全风险管理

（1）制定安全风险管理制度，明确风险辨识与评估的职责、范围、方法、准则和工作程序等内容。

（2）参照《水利水电工程（水库、水闸）运行危险源辨识与风险评价导则（试行）》《水利水电工程（水电站、泵站）运行危险源辨识与风险评价导则（试行）》对灌区工程运行危险源进行全面、系统的辨识及风险评估，对辨识资料进行统计、分析、整理和归档。

（3）根据评估结果，确定安全风险等级，实施分级分类差异化动态管理，制定并落实相应的安全风险控制措施（包括工程技术措施、管理控制措施、个体防护措施等），对安全风险进行控制。

（4）在重点区域设置醒目的安全风险公告栏，针对存在安全风险的岗位，制作岗位安全风险告知卡，明确主要安全风险、隐患类别、事故后果、管控措施、应急措施及报告方式等内容。

（5）将评估结果及所采取的控制措施告知从业人员，使其熟悉工作岗位和作业环境中存在的安全风险；变更前，应对变更过程及变更后可能产生的风险进行分析，制定控制措施，履行审批及验收程序，并告知和培训相关从业人员。

2. 重大危险源辨识和管理

（1）制定重大危险源管理制度，明确重大危险源辨识、评价和控制的职责、方法、范围、流程等要求。

（2）对本工程的设施、装置或场所进行重大危险源辨识，对确认的重大危险源应进行安全评估，确定等级，制订管理措施和应急预案。

（3）对重大危险源进行登记建档，并按规定进行备案。

（4）对重大危险源采取措施进行监控，包括技术措施（设计、建设、运行、维护、检查、检验等）和组织措施（职责明确、人员培训、防护器具配置、作业要求等）。

3. 隐患排查治理

（1）制定隐患排查治理制度，明确排查的责任部门和人员、范围、方法、要求等，逐级建立并落实从主要负责人到相关从业人员的事故隐患排查治理和防控责任制。

（2）组织制定各类活动、场所、设备设施的隐患排查治理标准或排查清单，明确排查的时限、范围、内容、频次和要求，并组织开展相应的培训。

(3) 结合本工程安全生产的需要和特点，采用定期综合检查、专项检查、季节性检查、节假日检查和日常检查等方式进行隐患排查，对排查出的事故隐患，及时书面通知有关部门，定人、定时、定措施进行整改。

(4) 对隐患进行分析评价，确定隐患等级，并登记建档，包括将相关方排查出的隐患纳入本工程隐患管理。

(5) 对于一般事故隐患应按照责任分工立即或限期组织整改；对于重大事故隐患，由主要负责人组织制订并实施事故隐患治理方案，治理方案应包括目标和任务、方法和措施、经费和物资、机构和人员、时限和要求，并制订应急预案。

(6) 重大事故隐患排除前或排除过程中无法保证安全的，应从危险区域内撤出作业人员，疏散可能危及的人员，设置警戒标志，暂时停运或者停止使用相关装置、设备、设施；隐患治理完成后，按规定对治理情况进行评估、验收。

(7) 重大事故隐患治理工作结束后，应组织本工程的安全管理人员和有关技术人员进行验收或委托依法设立的为安全生产提供技术、管理服务的机构进行评估。

(8) 对事故隐患排查治理情况如实记录，至少每月进行统计分析 1 次，及时将隐患排查治理情况向从业人员通报。

(9) 通过水利安全生产信息系统对隐患排查、报告、治理、销号等过程进行电子化管理和统计分析，并按照水行政主管部门和当地安全监管部门的要求，定期或实时报送隐患排查治理情况。

(10) 根据生产经营状况、隐患排查治理及风险管理、事故等情况，运用定量或定性的安全生产预测预警技术，建立体现水利生产经营单位安全生产状况及发展趋势的安全生产预测预警体系。

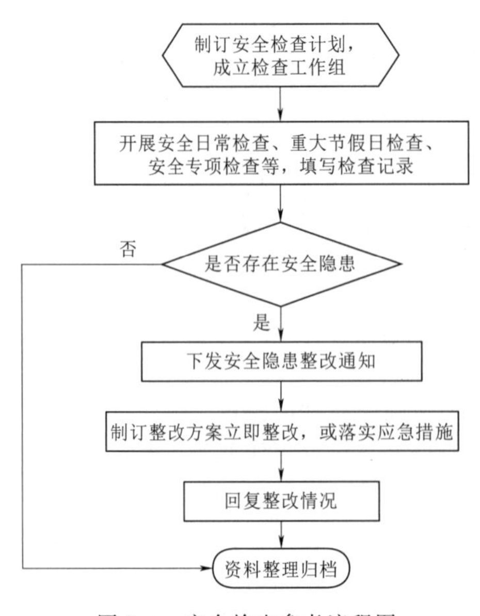

图 3.4 安全检查参考流程图

3.4.3 工作流程

3.4.3.1 安全检查流程

安全检查流程一般包括制订安全生产检查计划、开展安全生产检查活动、填写检查记录、发现问题及落实整改措施、形成书面报告、检查资料归档等。

安全检查参考流程如图 3.4 所示。

3.4.3.2 危险源辨识和风险评价流程

危险源辨识和风险评价流程一般包括制订工作方案、现场辨识、重大危险源辨识、一般危险源风险评价、建立专项档案、形成危险源辨识和风险评价报告并上报、资料整理归档等。

危险源辨识和风险评价参考流程如图 3.5 所示。

3.4.4 成果资料

隐患排查管控的成果资料主要包括：

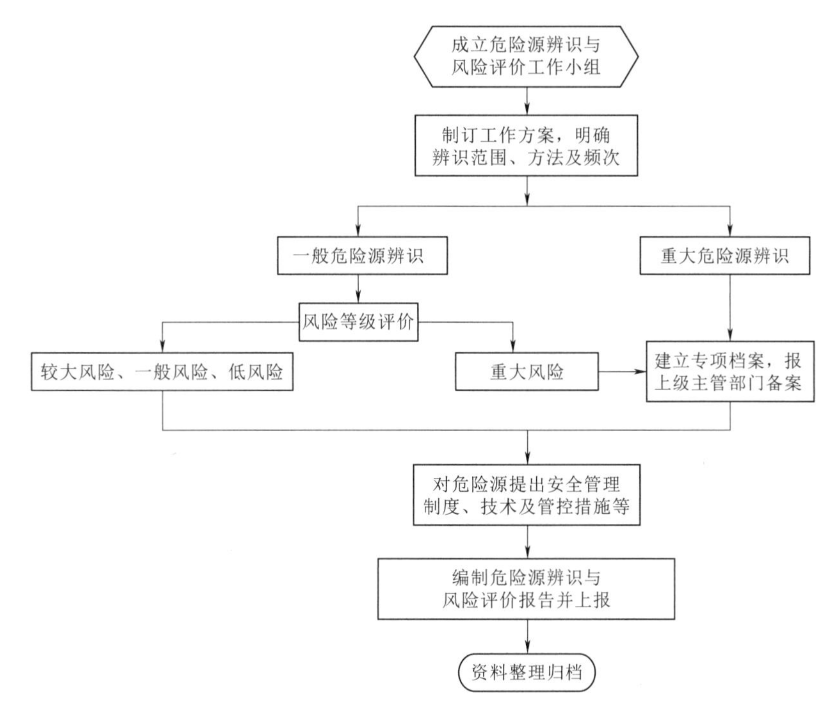

图 3.5　危险源辨识和风险评价参考流程图

(1) 安全风险管理、重大危险源辨识和管理、隐患排查治理等相关制度及正式印发的文件。

(2) 风险、重大危险源辨识及评估材料。

(3) 风险等级分类差异化动态管理材料，相关管理措施、监控措施及应急预案文件。

(4) 风险管理相关标牌统计表。

(5) 风险告知相关材料。

(6) 风险变更的相关材料。

(7) 隐患排查标准或清单。

(8) 隐患台账。

(9) 隐患整改、治理方案及措施。

(10) 事故隐患排查治理记录，统计分析、通报、报送资料。

(11) 安全生产分析资料、预防措施及预警信息资料。

3.5　安全设施管理

3.5.1　工作任务

安全设施管理的工作任务主要包括：

(1) 建立健全安全设施管理制度。

(2) 在施工、维修检修过程中应设置相应的安全防护设施。

(3) 在工程管理中按规定配备安全设施及劳保用品。

（4）做好特种设备的管理。

3.5.2 工作标准及要求

（1）建立健全建设（维修检修）项目安全设施、职业病防护设施“三同时”（同时设计、同时施工、同时投入生产和使用）管理、设备设施管理、安全设施管理、危险物品管理、警示标志管理、消防安全管理、交通安全管理、工程安全监测观测、用电安全管理、仓库管理、劳动防护用品（具）管理等相关制度。

（2）临边、孔洞、沟槽等危险部位的栏杆、盖板等设施齐全、牢固可靠；高处作业、危险作业等部位按规定设置安全网等设施；垂直交叉作业等危险作业场所设置安全隔离棚；机械、传送装置等的转动部位安装防护栏等安全防护设施；临水和水上作业有可靠的救生设施设备；暴雨、暴风雪、台风等极端天气前后组织有关人员对安全设施进行检查或重新评估验收。

（3）按规定配置灭火器（根据不同的灭火要求配备）、消防砂箱（含消防铲、消防桶）、消防栓等消防设施；配置升降机、脚手架、登高板、安全带等高空作业安全设施；配置救生艇、救生衣、救生圈、白棕绳等水上作业安全设施设备；配置绝缘鞋、绝缘手套、绝缘垫、绝缘棒、验电器、接地线、警告（示）牌、安全绳等电气作业安全设施设备。

（4）对移动电气设备配置隔离变压器或加装漏电开关，检修照明使用36V以下安全电压。

（5）电气安全用具应定期检验，并且有有资质部门出具的报告；电气安全用具试验合格证必须贴在工、器具本体上。

（6）按规定配置防盗窗、隔离栅栏、报警装置、视频监视系统等；按规程规范配置避雷针、避雷器、避雷线（带）、接地装置等防雷设施。

（7）按规定配置拦河（渠）设施。

（8）按规定对特种设备进行登记、建档、使用、维护保养、自检、定期检验以及报废；制订特种设备事故应急措施和救援预案；达到报废条件的及时向有关部门申请办理注销。

（9）建立特种设备技术档案。包括设计文件、制造单位、产品质量合格证明、使用维护说明等文件以及安装技术文件和资料；定期检验和定期自行检查的记录；日常使用状况记录；特种设备及其安全附件、安全保护装置、测量调控装置及有关附属仪器仪表的日常维护保养记录；运行故障和事故记录；高耗能特种设备的能效测试报告、能耗状况记录以及节能改造技术资料。

3.5.3 成果资料

安全设施管理的成果资料主要包括：

（1）安全设施管理制度。

（2）施工作业防护方案或措施及检查、验收文件等。

（3）安全设施检查、检测、维护记录或报告，标牌、标志等清单。

（4）特种设备行登记、建档、使用、维护保养、自检、定期检验以及报废等相关记录，特种设备事故应急措施和救援预案。

3.6 工程安全评估与安全鉴定

3.6.1 工作任务

工程安全评估与安全鉴定的工作任务主要包括：

（1）制订灌区工程安全评估与安全评估计划，并建立台账。

（2）按有关标准的规定对灌区渠道及配套建筑物开展安全评估。

（3）按有关标准的规定对灌区工程中的水闸、泵站、渡槽等进行安全鉴定。

3.6.2 工作标准及要求

1. 基本要求

灌区工程中的水闸、泵站、渡槽等工程应进行安全鉴定；渠道及其他建筑物因目前缺乏相应的安全鉴定标准，应按有关技术标准开展安全评估。

安全评估为全面评估和专项评估，主要包括编制评估计划、现场调查分析及必要的安全检测、安全诊断、成果审定、成果运用等。

安全鉴定分为全面鉴定和专项鉴定，主要包括编制鉴定计划，现场调查分析、安全检测、安全复核、安全评价、成果审定、成果运用等。

2. 评估与鉴定条件

（1）灌区渠道及其配套建筑物应按《灌溉与排水工程设计规范》（GB 50288—2018）、《灌区改造技术标准》（GB/T 50599—2020）等标准的规定，结合工程设计要求进行安全评估；灌区工程中的水闸、泵站、渡槽等的安全鉴定应分别按《水闸安全评价导则》（SL 214—2015）、《泵站安全鉴定规程》（SL 316—2015）、《渡槽安全评价导则》（T/CHES 22—2018）的规定执行。

（2）灌区工程达到使用年限和拟列入改造计划、需要扩建增容、建筑物发生较大险情、主要设备状态恶化、规划的水情工情发生较大变化、存在影响安全运行的安全隐患、遭遇超标准洪水和地震等严重自然灾害等，应及时进行全面安全鉴定（评估）或专项安全鉴定（评估）。

3. 鉴定范围

（1）全面安全鉴定（评估）范围包括灌区渠道及建筑物、机电设备、金属结构等。

（2）专项安全鉴定（评估）范围宜为全面安全鉴定（评估）中的一项或多项。

4. 鉴定（评估）实施

（1）安全评估具体内容包括现场调查分析及必要的安全检测、安全诊断；安全鉴定具体内容包括现状调查、安全检测、安全复核等。

（2）根据评估诊断结论或安全复核结果，进行研究分析，作出综合评估，确定工程改造结论或安全类别，编制安全评估（评价）报告，并提出加强工程管理、改变运用方式、进行技术改造、除险加固、设备更新或降等使用、报废重建等方面的意见。

5. 成果运用

（1）评估诊断结论或安全鉴定成果应报上级主管部门审定。

（2）经安全评估为改造的，管理单位应及时组织编制除险加固或改造计划，报上级主管部门审查批准。

（3）经安全鉴定为三类的，管理单位应及时组织编制除险加固或改造计划，报上级主管部门批准；经安全鉴定为四类的，管理单位应报上级主管部门申请降低标准运用或报废、重建。在三、四类工程未处理前，管理单位应制订安全应急方案，并采取限制运用措施。

3.6.3 工作流程

3.6.3.1 安全评估流程

安全评估流程一般包括制订计划、现场检查及必要的安全检测、安全诊断、形成安全评估报告书、成果报批、资料整理归档等。

安全评估参考流程如图 3.6 所示。

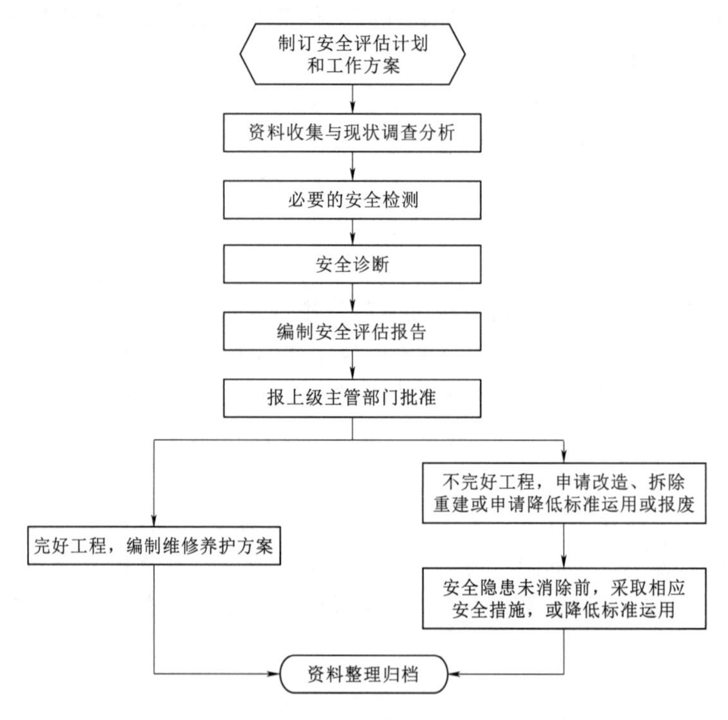

图 3.6 安全评估参考流程图

3.6.3.2 安全鉴定流程

安全鉴定流程一般包括制订计划、现场检查、安全检测、安全复核计算分析、安全评价、形成安全鉴定报告书、成果报批、资料整理归档等。

安全鉴定参考流程如图 3.7 所示。

3.6.4 成果资料

工程安全评估与安全鉴定的成果资料主要包括：

（1）工程安全评估与鉴定计划及批复（备案）文件。

（2）工程现状调查分析报告。

（3）工程安全检测报告。

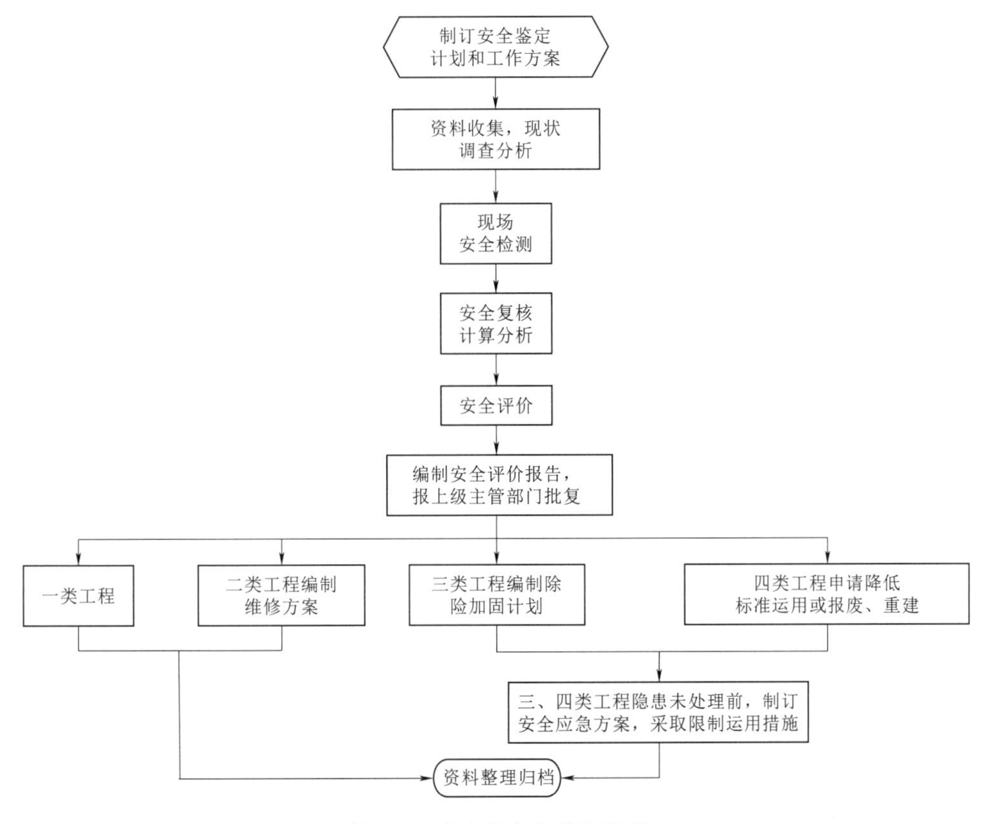

图3.7　安全鉴定参考流程图

（4）水闸、泵站、渡槽等工程安全复核报告。

（5）灌区安全诊断报告。

（6）水闸、泵站、渡槽等工程安全鉴定报告。

3.7　安全生产管理

3.7.1　工作任务

安全生产管理的工作任务主要包括：

（1）制订安全生产目标。

（2）开展水利工程安全生产标准化达标工作。

（3）足额落实安全生产费用。

（4）定期开展安全生产培训及有关活动。

（5）持续改进安全生产工作。

3.7.2　工作标准及要求

（1）按照《水利工程管理单位安全生产标准化评审标准》开展安全生产标准化达标工作，明确安全目标责任，做好安全生产制度化管理、教育培训、现场管理、安全风险管控及隐患排查治理、应急管理、事故处置管理等。

（2）制定安全生产目标管理制度，应明确目标的制订、分解、实施、检查、考核等内容，制订安全生产总目标和年度目标，对任务进行分解并对完成情况进行检查、评估、考核奖惩。逐级签订安全生产责任书，并明确实现目标的保证措施。

（3）安全生产费用保障制度应明确费用的提取、使用、管理的程序、职责及权限。按有关规定保证具备安全生产条件所必需的资金投入。根据安全生产需要编制安全生产费用使用计划，并严格审批程序，建立安全生产费用使用台账。

（4）落实安全生产费用使用计划，并保证专款专用。每年对安全生产费用的落实情况进行检查、总结和考核，并以适当方式公开安全生产费用提取和使用情况。按照有关规定，为从业人员及时办理相关保险。

（5）按国家及地方安全生产的有关规定和要求，开展安全生产有关活动。根据识别安全教育培训需求，编制培训计划，按计划进行培训，对培训效果进行评估，并根据评估结论进行改进，建立教育培训记录、档案。

（6）对各级管理和运行人员进行安全生产教育培训，确保其具备正确履行岗位安全生产职责的知识与能力，每年按规定进行再培训。新员工上岗前应接受三级安全教育培训，教育培训时间满足规定学时要求。

（7）在新工艺、新技术、新材料、新设备设施投入使用前，应根据技术说明书、使用说明书、操作技术要求等，对有关管理、运行人员进行培训；作业人员转岗、离岗一年以上重新上岗前，应经部门（站、所）、班组安全教育培训，经考核合格后上岗。

（8）特种作业人员应接受规定的安全作业培训，并在取得特种作业操作资格证书后方可上岗；特种作业人员离岗 6 个月以上重新上岗，应经实际操作考核合格后上岗工作；建立健全特种作业人员管理档案。

（9）督促检查相关方作业人员的安全生产教育培训及持证上岗情况。对外来参观考察人员进行安全教育，主要内容应包括：安全规定、可能接触到的危险有害因素、职业病危害防护措施、应急知识等，由专人带领参观考察并做好相关监护工作。

（10）根据安全生产标准化绩效评定结果和安全生产预测预警系统所反映的趋势，客观分析本单位安全生产标准化管理体系的运行质量，及时调整完善相关规章制度和过程管控措施，不断提高安全生产绩效。

3.7.3 成果资料

安全生产管理的成果资料主要包括：

（1）开展安全生产标准化情况的相关资料。

（2）安全生产标准化相关制度以及正式发布的文件。

（3）中长期安全生产工作规划和年度安全生产工作计划等相关文件及批复文件；任务分解相关文件。

（4）各级安全生产责任书。

（5）安全生产费用使用计划，安全生产费用使用台账。

（6）检查、总结、考核等相关材料，办理保险相关记录。

（7）安全生产活动和年度安全生产培训计划、培训效果总结等相关材料。

（8）各级管理人员培训及考核情况材料。

（9）新员工、“四新”运用、转岗离岗复工人员培训考核材料。

（10）特种作业人员考核、持证及建档资料。

（11）在岗人员、相关方作业人员教育培训资料，对外来参观考察人员的安全教育资料。

（12）安全生产标准化绩效评定结果和安全生产预测预警系统所反映的趋势资料以及调整的相关内容。

4 灌 区 工 程 管 理

4.1 渠道及渠系设施设备管理

4.1.1 工作任务

渠道及渠系设施设备管理的工作任务主要包括管理范围的确定与调整、事项划分及管理等。

(1) 管理范围的确定与调整。结合灌区工程实际，划分管理单元，确定内设机构及其职责。

(2) 事项划分及管理。将管理过程中的某个可以单人完成的动作或事件划分为一个特定的事项。如：日常巡查中的巡查装备领取、巡查、记录等可以划分为一个事项，日常巡查中巡查记录汇总、审核、维修指令初拟等可以划分为另一个事项等。

4.1.2 工作标准及要求

1. 管理范围的确定与调整

(1) 管理范围的确定与调整工作由单位内设的工程管理机构或单位负责助理岗负责草拟，单位负责岗按责任分工审定发布。

(2) 内设机构设置职责明确，机构间职责少交叉、无重叠。

(3) 确定的管理范围、管理职责尽量保持相对稳定。

2. 事项划分

(1) 事项划分由单位内设的工程管理机构或技术负责岗初拟，单位负责岗按责任分工审定发布。

(2) 事项划分应结合灌区工程实际，数量尽可能地少，能归并则归并。

(3) 事项间的工作内容应无交叉、无重叠。

(4) 每个事项能落实到具体的岗位。

(5) 每个事项有规程或技术要求、每个岗位有制度。

4.1.3 管理制度

1. 工程管理制度制定的基本要求

(1) 符合工程实际。根据灌区工程特点、技术类型、管理协调的需要，充分反映管理活动中的规律性，体现灌区工程特点，保证制度规范具有可行性、实用性，切忌不切合实际。

(2) 根据需要制定。即制度制定要从需要出发，不是为制度而设置制度。需要是制度规范制定与否的唯一前提，制定不必要的制度规范，反而会扰乱工作的正常开展。

(3) 建立在法律和社会道德规范基础上。法律和社会一般道德规范是在全社会范围内约束个人和团体行为的基本规范。制定的各种管理制度，不能违背法律和一般道德规范，必须与其保持一定程度的一致性。

(4) 系统性和完整性。灌区工程管理也是一个系统工程，不同内容都建立有相应的管理制度，要保证制度的一贯性，不能前后矛盾、漏洞百出，避免发生相互重复、要求不一现象，也要避免疏漏，形成一个完善、封闭的系统。

(5) 科学性和可行性。管理制度一方面要讲究科学、理性、规律，另一方面要考虑人性的特点，避免不近情理、不合道理等情况出现。在制度规范的制约方面，要充分发扬自我约束、激励机制的作用，避免过分使用强制手段。

(6) 全员参与性。让每一个员工都参与到管理制度的制定过程中来，让制度制定过程变为学习过程和宣传过程，以保证其理解、认同和支持。

2. 工程管理制度的分类

工程管理制度按照管理性质分可以分为工程管理和运行管理两大类。工程管理制度按照内容可分为工程建设管理制度、工程检查制度、维修养护制度、档案信息管理制度等。运行管理制度按照内容可分为员工培训制度、供用水管理制度、岗位考核制度、防汛值班制度等。

(1) 工程建设（改造）管理制度。结合工程实际参考［示例 4.1］制定。

［示例 4.1］　××灌区工程建设（改造）管理办法

1. 总则

(1) 根据《中华人民共和国招标投标法》《建设工程质量管理条例》有关规定，为了加强对水利工程的质量管理，保证工程质量，制定本办法。

(2) 本办法适用于某灌区管理单位工程建设（改造）项目的建设管理。

2. 招标

(1) 管理单位所有水利工程中包括项目的勘察、设计、施工、监理以及与工程项目有关的重要材料、设备采购等，必须依据《中华人民共和国招标投标法》《自治区招投标管理办法》等相关规定组织实施。

按照招标法勘察、设计、施工、监理以及与工程建设有关的重要设备、材料等的采购达到下列标准之一的，必须招标：

1) 施工单项合同估算价在400万元人民币以上。

2) 重要设备、材料等货物的采购，单项合同估算价在200万元人民币以上。

3) 勘察、设计、监理等服务的采购，单项合同估算价在100万元人民币以上。

(2) 管理单位委托招标代理机构进行招标的，应当与被委托的招标代理机构签订书面委托合同。管理单位授权项目管理机构进行招标工作的，应当出具包括委托授权招标范围、招标工作权限等内容的委托授权书。

(3) 管理单位采用公开招标方式的工程建设项目，应当依法发布资格预审公告或者招标公告，资格预审公告或者招标公告至少载明下列内容：

1) 招标项目名称、内容、范围、规模、资金来源。

2）投标资格能力要求，以及是否接受联合体投标。

3）获取资格预审文件或者招标文件的时间、方式。

4）递交资格预审文件或者投标文件的截止时间、方式。

5）招标人及其招标代理机构的名称、地址、联系人及联系方式。

6）采用电子招标投标方式的，潜在投标人访问电子招标投标交易平台的网址和方法。

7）对具有行贿犯罪记录、失信被执行人等失信情形潜在投标人的依法限制要求。

8）其他依法应当载明的内容。

（4）采用邀请招标方式的工程建设项目，应当向3家以上具备相应资质能力、资信良好的特定的法人或者其他组织发出投标邀请书。

3. 工程设备（材料）进场验收管理

（1）工程设备（材料）进场验收，除应符合本办法要求外，尚应符合国家现行有关标准的规定。

（2）建设工程进场材料应当按照标准、规范进行验收。标准规范未涉及的重要、特殊或者新型设备（材料），应当按照有关规定进行检验或论证。所有需要检验的材料必须进行常规见证检验。

（3）材料的取样和送检工作应100%在监理单位见证下进行，未经检验的不得使用，检验不合格以及不符合合同约定的严禁使用，必须清出施工现场。

（4）设备（材料）进场时，施工方和监理方必须依照国家相关规范规定，按照设备材料进场验收程序，认真查阅出厂合格证、质量合格证明等文件的原件。要对进场实物与证明文件逐一对应检查，严格甄别其真伪和有效性，必要时可向原生产厂家追溯其产品的真实性。发现实物与其出厂合格证、质量合格证明文件不一致或存在疑义的，应立即向主管部门报告。

（5）重要设备应按照供货合同中约定的厂内初检的相关内容，于发货前在生产厂内进行初检。厂内初检由建设单位组织专业监理工程师、供货合同双方共同监督设备重要参数出厂试验的全过程，确认产品是否符合合同约定的技术要求。

（6）涉及安全和重要使用功能的材料、设备进场后，除严格依照相关标准进行见证取样复验外，单一种类材料必须按照合同采购总量的1%（不少于1组的试样）取样，对其产品全部性能指标按照国家相应产品质量检测标准进行检测。

（7）建设工程进场设备（材料）的取样方法、取样数量、取样频次应当严格执行有关标准、规范。

对同一类材料按同样方法取样、检验的，可以将常规见证检验和监督见证检验的检验频次合并计算。

（8）材料、设备进场时，监理工程师必须实施旁站监理。监理人员对进场的材料必须严格审查全部质量证明文件，按规定进行见证取样和送检，对不符合要求的不予签认。

监理人员在检验或验收过程中，发现材料、设备存在质量缺陷的，应该及时处理，签发监理通知，责令改正，并立即向主管部门报告。

（9）未经监理工程师签字，进场的材料、设备不得在工程上使用或者安装，施工单位不得进行下一道工序的施工。

（10）单位工程中的同一类建设工程的常规见证检验，只能委托一家工程质量检测单位进行。

（11）建设工程材料检验结果利害关系人对检验结果发生争议的，由双方共同委托质量检测单位复检。

4．工程质量管理

（1）根据工程规模和工程特点，按照有关规定，通过招标选择勘测设计、施工、监理单位并实行合同管理。

（2）加强工程质量管理，建立健全施工质量检查体系，根据工程特点建立质量管理机构和质量管理制度。

（3）在工程开工前，应按规定向水利工程质量监督机构办理工程质量监督手续。在工程施工过程中，应主动接受质量监督机构对工程质量的监督检查。

（4）组织设计和施工单位进行设计交底；施工中应对工程质量进行检查，工程完工后，应及时组织有关单位进行工程质量验收、签证。

（5）监理单位必须严格执行国家法律、水利行业法规、技术标准，严格履行监理合同。

（6）监理单位根据所承担的监理任务向水利工程施工现场派出相应的监理机构，人员配备必须满足项目要求。监理工程师应当持证上岗。

（7）监理单位应根据监理合同参与招标工作，从保证工程质量全面履行工程承建合同出发，签发施工图纸；审查施工单位的施工组织设计和技术措施；指导监督合同中有关质量标准、要求的实施；参加工程质量检查、工程质量事故调查处理和工程验收工作。

（8）设计单位必须建立健全设计质量保证体系，加强设计过程质量控制，健全设计文件的审核、会签批准制度，做好设计文件的技术交底工作。

（9）设计文件必须符合下列基本要求：

1）设计文件应当符合国家、水利行业有关工程建设法规、工程勘测设计技术规程、标准和合同的要求。

2）设计依据的基本资料应完整、准确、可靠，设计论证充分，计算成果可靠。

3）设计文件的深度应满足相应设计阶段有关规定要求，设计质量必须满足工程质量、安全需要并符合设计规范的要求。

（10）设计单位应按水利部有关规定在阶段验收、单位工程验收和竣工验收中，对施工质量是否满足设计要求提出评价意见。

（11）施工单位必须依据国家、水利行业有关工程建设法规、技术规程、技术标准的规定以及设计文件和施工合同的要求进行施工，并对其施工的工程质量负责。

（12）施工单位不得将其承接的水利建设项目的主体工程进行转包。工程分包必须经过项目法人（建设单位）的认可。

（13）工程发生质量事故，施工单位必须按照有关规定向监理单位、管理单位及有关部门报告,并保护好现场，接受工程质量事故调查，认真进行事故处理。

（14）竣工工程质量必须符合国家和水利行业现行的工程标准及设计文件要求，并应向项目法人（建设单位）提交完整的技术档案、试验成果及有关资料。

5. 工程建设项目一般变更

（1）一般变更应当符合国家有关法律、法规和技术标准的要求，严格执行工程设计强制性标准，符合项目建设质量和使用功能的要求。

（2）施工单位、监理单位不得修改建设工程勘察、设计文件。根据建设过程中出现的问题，施工单位、监理单位等单位可以提出变更设计建议。管理单位组织对变更设计建议及理由进行评估。

（3）工程勘察、设计文件的变更，应当委托原勘察、设计单位进行。

（4）一般设计变更由管理单位组织审查确认后实施，并报项目主管部门核备。

（5）特殊情况一般设计变更的处理：对需要进行紧急抢险的工程设计变更，施工单位、监理单位可先组织进行紧急抢险处理，同时通报管理单位，并附相关的影像资料说明紧急抢险的情形。

（6）变更估价原则

1）除专用合同条款另有约定外，因变更引起的价格调整按照本条约定处理。

2）已标价工程量清单中有适用于变更工作的子目的，采用该子目的单价。

3）已标价工程量清单中无适用于变更工作的子目，但有类似子目的，可在合理范围内参照类似子目的单价。

4）已标价工程量清单中无适用或类似子目的单价，可按照成本加利润的原则，确定变更工作子目的单价。

（2）工程检查制度。结合实际参考［示例 4.2］制定。

［示例 4.2］　××灌区东干渠巡查制度

为了加强东干渠的工程管理和灌溉管理，确保渠道、渠系建筑物安全运行，特制定本制度。

一、工程巡查内容

管辖范围内渠首工程、渠道、渠系建筑物，具体包括渠底拱涵、节制闸、涵闸、渡槽、隧洞等各种建筑物，渠道内外坡、渠堤顶以及渠道管理范围和保护范围内的环境卫生、违章建筑物等各种相关状况。

二、安全运行检查细则

（1）渠道灌溉期，每周检查不少于 4 次，对检查中已发现安全隐患的重要渠段、危险地段必须每天检查 2 次以上。

（2）渠道灌溉期又遇大雨到暴雨时（24 小时降雨量 50～100mm），必须在雨后一天内检查一次，紧急情况下必须冒雨前往检查与处理。

（3）渠道灌溉期灌区各分区管理单位负责人带队值班，随时向灌区管理单位报告渠道安全运行等情况。

（4）渠道非灌溉期时，每周检查至少2次。

（5）渠道工程检查岗人员休息时，由各分区管理单位其他管理人员代为对所辖渠段执行相关检查。

三、检查情况的处理

（1）日常巡查必须按规定执行，巡查记录及时填写，并将记录上交给各分区管理单位，各分区管理单位汇总后月初上交至灌区管理处。

（2）工程巡查岗在巡查过程中发现隐患或异常情况要及时上报，凡延报、漏报、瞒报并造成不良后果，则按有关规定严肃处理。

（3）巡查中发现紧急问题，工程巡查岗人员可先行采取果断措施，及时汇报，把可能造成的损失减少到最低程度。

（4）对上报问题，各分区管理单位根据工程问题严重性采取不同处理措施，紧急则应立即上报灌区管理处，启动应急措施。

（3）维修养护制度。结合工程实际参考［示例4.3］制定。

［示例4.3］　××灌区维修养护管理办法

一、总则

第一条　为加强灌区的维修养护管理工作，规范灌区维修养护行为，提高维修养护管理水平，确保水利工程良好，充分发挥水利工程综合效益，促进水资源的可持续利用，保障社会经济的可持续发展，结合灌区水利工程实际，特制定本办法。

第二条　本办法适用于骨干渠道和渠系建筑物的维修养护管理工作。

第三条　日常维修养护经费由省、市财政补助，维修养护经费由管理中心分配，各分片区管理单位进行招投标。需要大修时，各片区管理单位提交管理中心讨论决定后筹资实施。为保证渠系输水畅通，工程完好和正常运转，不论哪一级管理单位，其维修养护工作开展情况应受管理中心监督检查。

第四条　各级管理部门的主要职责

（一）管理中心的主要职责：

（1）贯彻执行有关灌区维修养护管理的政策法规和规范。

（2）负责审批灌区维修养护规划、年度维修养护计划。

（3）负责所属灌区的维修工程决算，并按规定组织或参与维修养护工程的竣工验收。

（4）负责维修养护工程的招投标和施工全过程监管。

（5）组织对灌区维修养护管理工作定期、不定期检查和考核评比。

（二）渠道管理所的主要职责：

（1）建立和健全灌区维修养护管理机构，合理配置生产技术管理人员。

（2）编报灌区日常维修保养计划、维修养护年度计划。

（3）负责组织维修养护技术方案和设计文件的编制，组织施工招投标和工程的实施管理。

（4）细化灌区维修养护管理工作标准和工作程序，坚持规范化管理。

（5）负责组织对养护巡查与检评，对工程技术状况，服务功能进行评价。

（6）负责建立灌区维修养护管理档案和技术数据库，编报各种养护管理数据资料。

第五条　灌区维修养护基本要求

（一）渠道工程

（1）渠道堤顶高程、宽度等主要技术指标应符合设计或竣工验收时的标准。

（2）渠道堤顶路面应保持平坦、无坑，无明显凹凸、起伏；降雨期间及时排水，雨后无积水。对堤顶坑凹及时进行补土填平、夯实，雨后进行刮平碾压。未硬化堤顶应保持花鼓顶，达到饱满平整，无车槽及明显凹凸、起伏；硬化堤顶应保持无积水、无杂物，堤顶整洁，路面无损坏、裂缝、翻浆、脱皮、泛油、龟裂、啃边等现象。泥结碎石堤顶应适时补充磨耗层和洒水养护，保持顶面平顺，无明显凹凸、起伏。

（3）渠道内外边坡应保持竣工验收时的坡度，坡面平顺，无残缺、水沟浪窝、陡坎、洞穴、陷坑、滑坡、杂草杂物；排水系统、导渗及减压设施无损坏、堵塞、失效；土石结合部无异常渗漏。无违章种植、取土及违章建房现象，堤脚线明确。对雨后出现的局部残缺及时按标准进行恢复，严格掌握工程质量。

（4）石工建筑物块石护坡应保持坡面平顺、清洁，灰缝无脱落、松动、塌陷、隆起、底部淘空、垫层散失；墩墙无倾斜、滑动；排水设施无堵塞、损坏、失效。如有损坏，应及时修复。

（5）渠道混凝土衬砌应保持光滑、平整，无结构裂缝、非正常磨损、剥蚀等情况；定期清除苔藓等附着生物；衬砌混凝土如有损坏，应及时修复。

（6）渠道需保持过水通畅，及时清除阻碍水流的杂草、砖石、土块等堆积物；汛前、汛后及供水前组织渠道清淤。

（7）护渠林应保持生长旺盛，无病虫害，无乱砍滥伐和人、畜破坏。

（二）闸涵工程

（1）混凝土建筑物应保持无非正常磨损、剥蚀、露筋及钢筋锈蚀现象。

（2）闸门无变形、锈蚀、焊缝开裂或螺栓、铆钉锈蚀、松动。

（3）支承行走机构运转灵活，止水装置完好，门体表面涂层无大面积剥落。

（4）启闭设备运转灵活、制动性能良好，无腐蚀，运用时无异常声响。

（5）零部件无缺损、裂纹、非正常磨损，螺杆无弯曲变形。

（6）油路通畅，油量、油质合乎规定要求。

（7）机电设备应保持线路正常，接头牢固、安全保护装置动作准确可靠。

（三）水工建筑物工程

（1）渡槽应保持平顺、清洁，槽内无柴草、砖石、土块等堆积物；伸缩缝内无杂物，砂浆抹面无掉落、剥蚀；浆砌石无松动、隆起；混凝土无变形、剥蚀、露筋及钢筋锈蚀现象；如有损坏，应立即按原设计修复。

（2）隧洞应保持平顺、清洁，洞内无柴草、砖石、土块等堆积物；衬砌混凝土表面应保持清洁完好，如有损坏，应及时修复。

（3）定期对防护栏、交通桥进行养护，防止钢筋裸露及损坏，如有破损，应及时修复。

（四）管理设施

（1）启闭机房、工作桥、管理房等，应保持坚固完整、门窗齐全无损坏，墙体无裂缝、墙皮无脱落，房（屋）顶不漏水。

（2）排水沟完好，畅通无损坏，无孔洞暗沟，沟内无淤泥、杂物。

（3）边界桩、指示牌、标志牌、责任牌、简介牌等埋设坚固，布局合理、尺度规范，标识清晰、醒目美观、无涂层脱落、无损坏和丢失。

（4）照明、通信、安全防护等设施完好。

（5）信息化系统的现场设施、设备（仪器、传感器等）完好无损坏，运行正常。

（五）工程资料

工程检查记录要清晰、准确、完整、规范，各类工程的维修养护资料要清晰整洁，内容真实、齐全、准确、规范，并要求及时上报、存档。维修养护资料包括：内部工作制度和办法，汛前汛后工程普查资料，隐患探测资料，维修养护方案及实施计划，工程鉴定资料，原材料质量鉴定资料，检查检测试验资料，单项工程维修养护工作总结，维修养护大事记，维修养护日志，维修养护工作总结报告等。

第六条　养护管理工作应坚持“全寿命周期理论”，贯彻“以预防为主，防治结合”的方针，通过周期性养护和维修改造增强灌区抗灾能力。

二、工程巡查与检评

第七条　各片区管理单位应建立巡查制度，养护巡查包括日常巡查、保洁，定期巡查、特殊巡查和专项巡查。养护巡查的目的是及时发现问题并进行处理，它是日常小修保养工作的基础，是编制月度、季度、年度养护计划的依据。

第八条　各片区管理单位应认真组织巡查。根据巡查发现的问题及时通知养护施工单位进行维修保养，并监督和检查养护施工单位的执行情况。

第九条　检测工作应委托有相应资质的单位进行。

第十条　各片区管理单位应根据工程的特点，建立详细的巡查调查、检测和评价管理工作制度。

三、维修养护招投标管理

第十一条　各片区管理单位应按照有关要求实行招标选择具有相应资质的维修养护单位。

第十二条　水利工程日常养护原则鼓励实行招投标选择具有相应资质的养护单位，中修、大修工程必须实行招投标选择具有相应资质的养护单位。

第十三条　中修、大修工程实行工程监理制，管理中心应根据《水利工程施工监理招投标办法》选择具有相应资质的监理单位。

第十四条　灌区中修、大修工程的招标条件为：项目计划、设计文件已经批准，建设资金已经落实。

四、维修养护实施管理

第十五条　灌区维修养护由各片区管理单位负责，物业化公司组织实施。

第十六条　日常小修保养实行费用包干、考核支付的管理模式实施。

第十七条　中修、大修工程实行合同管理实施。

第十八条　灌区维修养护实施过程中按照国家有关安全生产规定，做好安全生产和事故防范工作。

第十九条　各片区管理单位和物业化公司应做好维修养护实施过程中的资料整理和归档工作。

第二十条　中修、大修工程实行竣工验收制度。

五、维修养护考核管理

第二十一条　灌区维修养护管理考核是检验维修养护管理成果的重要手段，是编制年度维修养护计划的主要依据。

第二十二条　灌区维修养护管理考核分每季度考核和年度考核，日常小修保养考核按季实施。

第二十三条　管理中心每年组织对各片区管理单位和物业化公司的维修养护管理工作进行年度考核评比，具体考核标准办法根据《水利工程维修养护工作绩效考核办法（暂行）》实行，根据考核结果，对相关人员予以奖惩。

(4) 档案信息管理制度。结合工程实际参考［示例 4.4］制定。

［示例 4.4］　××灌区档案信息管理制度

一、工程档案归档要求

（一）灌区日常开展工作时，以下内容须定期进行归档：

(1) 与灌区建设、管理相关的国家法律、法规、政策、指令、批示、规范、规程、标准和办法等。

(2) 工程资料：规划、勘测、设计、施工、监理、竣工、验收、维修养护等技术文件、图纸，以及概、预、决、结算等资料。

(3) 检查资料：在巡查、日常检查、定期检查、特别检查中形成需存档的资料。

(4) 供水管理资料：灌区量水等设施资料与测量资料和水位等观测资料、灌溉供水管理制度与调度计划等资料。

(5) 日常养护和运行的有关记录和资料。

（二）归档时，有条件的还应该推行电子档案管理，采用线上归档和借阅。

二、档案接收管理

(1) 档案接收人对档案的接收、整理、移交全过程负责。

(2) 接收零散档案材料，要认真审查、清点，做好登记，分类妥善保管，防止生虫、霉变或遗失。

(3) 按照档案存档范围，及时督促档案形成部门对已保存的档案材料进行补充完善，同时做好记录，一旦收集齐全，及时送交整理室进行整理。

(4) 档案整理结束，应由档案审查人对案卷逐一审查并签字，以示整理合格。

(5) 档案接收人要对案卷进行核查，与移交书、移交目录核实无误后在移交书上签字，并办理移交手续。

(6) 档案移交前，要填写移交书、移交目录一式两份，交接双方签字盖章后生效。

(7) 移交入库的档案必须使用统一的卷盒、卷皮、卷内目录、备考表等。

三、档案借阅利用

为了更好地发挥档案的作用和保持档案的完整，避免档案丢失、泄密、损坏，根据《档案法》和上级档案部门的有关通知精神，档案借阅利用规定如下：

(1) 本管理处工作人员因工作需要查阅档案，只要不超越调阅人经办的业务范围，均可直接向档案室查阅或借阅档案。如需调阅经办业务以外的档案，必须经所在职能部门领导批准，方可查阅。

(2) 借阅秘密等级以上的档案，须经管理处分管领导批准，一律在档案查阅室查阅。只许查阅工作所需范围的档案内容，不得全卷阅览，私自抄录，不得复印。若发生泄密事件，要追究调阅人员相关责任。

(3) 外单位查阅档案，要凭单位介绍信，写明查阅档案人员身份，查阅的目的和范围，并经管理处领导批准后方可查阅，一般情况下不得外借。

(4) 查阅、借阅人员不得对档案材料进行圈点、涂改、撕页、划杠、折卷等。

(5) 借阅档案结束后，档案管理人员对借阅过的档案材料要进行逐页检查，确认完好无损后方可注销。

四、档案鉴定和销毁管理

(1) 根据档案的实际价值进行档案的鉴定工作。

(2) 档案的鉴定和销毁工作，由档案鉴定小组等有关人员共同进行。

(3) 对照档案的保管期限规定，对入库档案确定保管期限和密级。

(4) 过期档案应逐页重新鉴定，对仍有保存价值的档案重新鉴定保管期限和密级，对确无保存价值的档案要编制销毁清册，经局领导批准后，方可销毁。

(5) 销毁档案须由档案管理人员监销，销毁清册要归档。

(5) 员工培训制度。结合工程实际参考［示例 4.5］制定。

［示例 4.5］　××灌区员工培训制度

为提高管理人员的素质，提高灌区工程的管理水平，特制定本制度。

一、总体目标

(1) 加强管理人员的培训，提高管理者的综合素质，完善知识结构，增强综合管理能力、创新能力和执行能力。

(2) 加强专业技术人员的培训，提高技术理论水平和专业技能。

(3) 加强操作人员的培训，不断提升操作人员的业务水平和操作技能，增强严格履行岗位职责的能力。

二、原则与要求

(1) 坚持按需施教、务求实效的原则。根据单位发展的需要和员工多样化培训需求，分层次、分类别地开展内容丰富、形式灵活的培训。

(2) 坚持自主培训为主，外委培训为辅的原则，集中组织职工参与本单位的统一培训。

(3) 坚持培训人员、培训内容、培训时间三落实原则。

1) 关键岗位技术人员应优先考虑。

2) 培训内容必须与工作开展相关。

3) 参加培训人员时数不少于8学时每年。

4) 年培训人数不能低于职工总数的30%。

三、培训内容与方式

(1) 集中培训：组织人员集中授课培训，再根据培训的实际情况进行做卷考核或者现场提问的方式进行考核评价。

(2) 外地培训：组织职工参加省、市等上级行业相关培训，获取相关专业技术证书。

(3) 新职工培训：对新进员工实施培训，内容涉及单位文化培训、业务能力、法律法规、劳动纪律、安全生产、团队精神、质量意识培训等。

四、措施及要求

(1) 人事劳动教育与管理岗每年年初制订培训计划，各岗位人员要积极参与配合。

(2) 培训经费保障：外出培训费用参照报销制度。

(6) 供水管理制度。结合工程实际参考［示例4.6］制定。

［示例 **4.6**］ **××灌区供水管理制度**

为了加强灌溉供水管理，确保用水单位（用水户）均衡受益，实行科学用水、计划用水、节约用水，合理利用水资源，提高灌溉用水的效益和供水可靠性，为广大用水单位（用水户）提供优质、高效服务，特制定本制度。

(1) 灌溉管理主要是依据全年和阶段性供水计划，适时供水、安全输水，合力利用水资源，平衡供求关系，科学调配水量，充分发挥灌溉效益。

(2) 灌溉管理实行调度管理责任制，实行用水申报、按计划供水、合理调配、分段计量的原则。

(3) 由用水单位向灌区各片区管理单位提出用水申请，灌区各片区管理单位向管理中心汇报，申请内容包括用水单位、用水时间、所需流量等，管理中心收到用水申请后，及时制订配水计划。

(4) 每轮灌溉前，由各用水单位根据农作物需水情况向管理中心报告，并办理本轮灌溉用水计划。

(5) 严格灌溉调度，每轮灌溉应提前72小时申报，用水量增减提前24小时申报。

(6) 实行严格的供水原则，严禁人情水、关系水；严禁隐瞒或转移水量；严禁以权谋私、私减水量。

(7) 供（用）水量确定，供（用）双方必须在场，做好记录，双方签字。

(8) 科学调度，合理配水，坚持先上游后下游，上游照顾下游，局部服从全局的原则，杜绝漫灌，做好蓄水保水、节约用水工作。

(9) 认真做好渠道防汛、巡查工作。放水灌溉期间各分区管理单位必须派人巡守水渠、分段把关，抢险堵口。

(10) 认真做好水费计收工作。严格执行水价，不擅自提高收费标准，水费实行专款专用，不挪用，不截留。

(11) 严格依法管水。对违章用水单位应由管理中心根据情节按章程及有关规章制度进行处理，情节严重的报政府部门处理，触犯刑律的交司法部门处理。

(7) 岗位考核制度。结合工程实际参考［示例4.7］制定。

［示例4.7］ ××灌区专业技术人员考核办法

1. 为规范管理单位专业技术人员考核工作，增强专业技术职务评聘工作的科学性和公正性，建立健全专业技术人员任职考评体系，特制定本办法。

2. 专业技术人员考核分为任职资格晋升考核、聘期考核和年度考核三个类型，每项考核结果都记入专业技术人员考绩档案，作为专业技术人员晋升、聘用、续聘、解聘的重要依据。

3. 考核范围

已聘用的各类各级专业技术人员（包括兼任专业技术职务的单位领导），待聘专业技术职务的人员（包括研究生和见习期满的大、中专毕业生，已取得初级以上专业技术资格人员）。

4. 考核坚持实事求是、公正合理的原则。采取定性和定量相结合，领导和群众评议相结合的方法。考核结果要进行公示。

5. 对专业技术人员的考核，坚持制度化、经常化。未经考核的专业技术人员，不能参加专业技术职务的评聘晋升。

考核结果分为优秀、良好、合格和不合格四个档次，作为续聘、晋升和奖惩的主要依据，充分体现奖优罚劣、注重工作业绩的原则。

6. 考核内容

专业技术人员年度考核实行百分制考核，从德、能、勤、绩四个方面考核。考评得分60分以下为不合格，60～69分为合格，70～89分为良好，90分以上为优秀。

（1）德（15分）

1）政治思想：是否拥护党的路线、方针、政策，坚持四项基本原则，能否积极参加政治学习，完成各项政治任务。（4分）

2）组织纪律：是否遵守党纪国法和单位的各项规章制度，有无组织纪律性。（4分）

3）职业道德：是否热爱本职工作，有无良好的职业道德。（4分）

4）团结协作：能否团结同志，建立良好的共事关系，有无配合协作精神，能否处理好各方面的工作关系。（3分）

（2）能（25分）

1）专业知识水平：是否具备一定的理论水平、专业技能、学历水平。（8分）

2）业务能力：是否熟悉本岗位业务情况，有无实践经验，能否解决实际工作问题。（8分）

3）完成继续教育的学时规定情况，能否掌握一门外语。（4分）

4）文字语言表达能力，每年能否提交有质量的技术报告和技术总结。（5分）

（3）勤（15分）

1）工作态度：是否具备一定的责任心、积极性，是否勤奋好学、踏实肯干。（8分）

2）出勤情况：旷工一次扣1分，事假三天扣0.5分。累计扣分不超过7分。（7分）

（4）绩（45分）

1）工作任务和数量：不能担当重任或不愿接受单位的工作安排者，酌情扣分。（10分）

2）工作质量：有重大工作失误，给单位造成损失的扣5～10分。（10分）

3）工作效益：工作速度慢、效益差的酌情扣分。（10分）

4）工作创新：工作墨守成规、不能创新工作方法者酌情扣分。（8分）

5）分数奖励：获管理单位先进工作者（或工作单项奖）的奖1分，获水利厅先进工作者（或工作单项奖）的奖2分，获自治区先进工作者（或工作单项奖）的奖3分；主持、负责的工作被厅级以上表彰奖励的，奖1分；获得区级以上优秀论文奖的，奖励2分。（5分）

7. 考核量化条件

（1）高级专业技术人员每一聘期内需完成下列工作之一项：作为主要技术人员完成大中型规划设计、工程建设、科学研究、示范推广项目1项；在灌溉管理、生产运行、经营管理、创新创效等方面成绩显著并得到水利厅认可；在公开发行的专业刊物上发表1篇论文或其他专业刊物发表2篇论文；完成水平较高、得到认可的调研报告、可研报告、技术成果总结等2篇以上；正式出版不少于10万字的专著；作为主要人员获得厅级以上科技进步奖、优秀设计奖2项以上；在省部级学术会议上交流1篇论文。

（2）中级专业技术人员每一聘期内需要完成下列工作之一项：参与完成中小型规划设计、工程建设、科学研究、示范推广项目1项以上；在灌溉管理、生产运行、经营管理、创新创效等方面成效显著并得到单位认可；在专业刊物发表1篇论文；完成水平较高、得到认可的调研报告、可研报告、技术成果总结等1篇；至少获厅级科技进步奖、优秀设计奖1项。

8. 建立健全专业技术人员的考绩档案，做好考绩档案的管理工作，考核结果要记入考绩档案。专业技术人员调转工作时，应将考绩档案随同人事档案一并移交。

（1）管理单位组建专业技术人员考核委员会（简称考核委员会），负责审议考核小组的考核结果。

（2）各单位组建专业技术人员考核小组（简称考核小组），负责考核本单位专业技术人员。

（3）组织人事科负责考核的日常工作。

9. 考核程序

（1）个人述职：被考核人员根据考核标准及内容，对照任职的岗位职责，撰写工作总结，在一定范围内述职实事求是地填写专业技术人员考核表。

（2）评议考核：考核小组组织对述职人员进行民主评议，根据个人总结及民主评议情况，对照考核标准进行考核评价，根据考核结果排序推荐，并写出考核评语。

（3）人事科将考核结果汇总，报考核委员会审核，确定优秀、良好、合格和不合格人员的名单（优秀一般不超过10%），提出奖惩和使用意见，单位行政领导批准。

（4）考核结果公示后存入考绩档案。

10. 考核工作中，必须执行严明的纪律，做到实事求是、严肃认真。对于弄虚作假、徇私舞弊、以权谋私、打击报复等行为者，一经查出，按党纪、政纪严肃处理。

11. 本办法由管理单位职称评审委员会负责解释。

（8）防汛值班制度。结合工程实际参考［示例4.8］制定。

［示例4.8］　××灌区防汛值班制度

为了能使灌区相关单位紧张而有序的开展工作，做到明确管理任务、责任，有条不紊地处理当天事务，及时准确地做好上通下达，特制定值班制度如下：

一、全体同志都要参加常年轮流值班，二人为一组。

二、值班同志根据值班轮流表滚动轮值，节假日及其他情况都不再作另外值班安排（春节值班除外），如遇有特殊情况，可进行内部自行调整，调整后要向领导汇报，因公不能参加值班的由领导另行安排。

三、轮到值班的同志必须树立高度的责任感，认真完成值班各项任务，由于值班人造成的损失，要追查值班人的责任。

四、值班期间不能二人同时离开单位，需要外出进行巡视的，必须有一人留守单位。如遇特殊情况，确需要二人外出进行处理的，要关好单位大门，处理好事务后要及时回单位值班。

五、值班期间要确保值班电话畅通，做好来客、电话登记记录，登记每日防水记录，做好每天的值班日记，如有重要情况，要及时向领导汇报。

六、搞好各办公室、走廊、楼梯、庭院的卫生，整理好当天的报纸、文件。

七、值班人员要搞好单位安全保卫工作，加强安全防范措施，保障单位财物安全。

八、交接班在星期一上午自行交接，接班未到的，交班的不能离开，若有重要的事情，在交班时必须交代清楚，以免误事。

九、管理人员在休息期间，听到台风警报后，全体同志都必须立即回单位参加值班。

值班记录表

年　　月　　日		星期		天气	
值班人员					
部位					
水流情况					
命令通知					
备注					
交班人		接班人			

4.1.4 成果资料

渠道及渠系建筑物和设备管理的成果资料主要包括：

(1) 管理范围的确定与调整的成果资料。主要包括灌区工程概况、灌区工程总图、灌区管理机构组织框图、灌区管理单位职责、内设（分支）机构职责。

(2) 事项划分的成果资料。主要包括事项-岗位-人员对应表、岗位职责、制度手册、操作手册。

灌区工程管理范围确定与调整和事项划分的成果资料可参考［示例 4.9］～［示例 4.13］。

［示例 4.9］　××省××水库灌区管理范围的确定与调整的成果资料

1. 工程概况

××水库灌区位于××省东南沿海，土地总面积 82.7 万亩。灌区设计灌溉面积 36 万亩。灌区覆盖涌泉、杜桥、上盘、桃渚镇和大田、邵家渡街道等 6 个镇（街道）。

灌区以××水库水源供给为主，其他中小型水库及平原河网水源供给为补充，多水源进行综合调节。××水库位于灵江的主要支流大田港上游，坝址以上流域面积为 254km^2，水库总库容 3.025 亿 m^3，兴利库容 1.56 亿 m^3。大田平原由××水库电站尾水流经逆溪进入大田河网，通过大田港闸控制河网水位，泵站提水灌溉两岸农田；椒北平原由××水库电站尾水通过椒北渠道，流入椒北平原河网，通过红脚岩、杜下浦、华景等 15 座出海闸控制河网水位，泵站提水灌溉两岸农田。

椒北灌渠是××水库的主要配套工程，工程自 1979 年 5 月开工，至 1989 年 6 月完工，1990 年 3 月正式通水。灌区设计流量为 18m^3/s，设计灌溉面积 28 万亩，近期灌溉面积19万亩，使其抗旱能力从原来的30～40天提高到90天以上，灌溉保证率达到90%以上，并解决了××电厂用水问题。

涌泉渠道是整个椒北灌渠的重点，全长从大山隧洞进口至花街三口洞出口为14.3km，渠道上口宽18.2m，下口宽5m。沿线主要渠系建筑物有：隧洞4条总长8121m；多孔箱形结构的倒虹吸5座和多孔箱形结构的涵洞4座总长715m；水闸6座，渡槽1座。渠道坡脚沟桩外，保护范围5～7m，渠道内三面光工程改造于2000年12月竣工。

2. 灌区工程总图（略）

3. 灌区主要工程基本情况表

灌区主要工程基本信息登记表

名称		结构形式	基础	净长度/m	备注
隧洞	大山隧洞	开挖尺寸50m×5.1m（宽×高）	岩石	6793	坡底1：1500
	三条岭一号洞	衬砌断面4.2m×4.7m圆拱	岩石	591	
	三条岭二号洞	直墙式	岩石	302	
	三条岭三号洞		岩石	435	
倒虹吸	新桥头倒虹吸	双孔2.5m×2.5m箱形	混凝土灌注桩	329	分段长10m简支于桩基承台
	中岙倒虹吸	双孔2.0m×2.5m箱形	淤泥质黏土	20	
	前塘倒虹吸		黏土	20	
	南屏山倒虹吸		岩石	24	
西岙潜涵		4.2m×4.0m整体式混凝土拱涵	砂卵石	203	
后泾岸渡槽		钢筋混凝土矩形	箱涵	27.7	
水闸	渠首进水闸	两孔2m×2.5m	岩石		装两台25t螺杆启闭机
	西岙闸	两孔2m×2.5m	黏土		装两台15t螺杆启闭机
	倒虹吸进水闸	两孔2m×2.5m	淤泥质黏土		装两台10t人力螺杆启闭机
	倒虹吸排水闸	单孔2.5m	淤泥质黏土		装一台10t人力螺杆启闭机
	三条岭泄洪闸	单孔2.9m	岩石		装一台25t螺杆启闭机
	三条岭节制闸	两孔2.0m×2.5m	岩石		装两台25t螺杆启闭机
涵洞	岩西涵洞	双孔2.0m×2.0m箱形	淤泥质黏土	37	
	钱塘涵洞	双孔2.0m×2.0m箱形	黏土	37	
	柴坑涵洞	双孔2.0m×2.0m箱形	黏土	37	
	后泾岸涵洞	三只三孔2m×2m箱涵组合	淤泥质黏土	8	包括连接孔计11孔
涌泉渠道		上口宽18.2m，下口宽5m	岩石	14300	

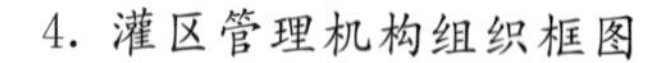

4. 灌区管理机构组织框图

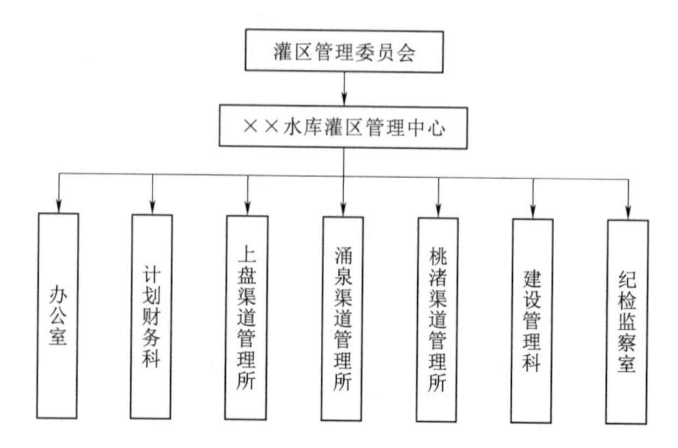

5. 灌区管理单位（××水库灌区管理中心）职责

（1）宣传和贯彻执行国家与水有关的法律、法规、政策和规章制度。

（2）协调灌区内外工作关系和用水矛盾；依法保护灌区工程和水资源；协助水行政主管部门开展水政执法活动，维护灌区合法权益；组织召开灌区用水单位（户）代表大会，通报重大事项并听取用水单位（户）的意见和建议；协助开展灌区用水效率、墒情等监测工作。（面向灌区的职责）

（3）组织实施灌区骨干工程节水配套改造和日常运行维护；严格成本核算，做好水费计收、管理；推进灌区管理体制和运行机制改革，提高灌区管理水平。（工程管理范围内的职责）

（4）落实安全管理责任制，制定完善管理规章制度；制订员工培训计划并付诸实施。（内部管理职责）

（5）协调各镇街道有关灌区范围内的防汛抗旱、供水灌溉工作；履行相关法律法规和上级主管部门赋予的其他职责。（其他职责）

6. 内设机构（涌泉渠道管理所）职责

（1）贯彻贯彻执行国家与水有关的法律、法规、政策和规章制度。

（2）协调涌泉片灌区范围内的供用水调度；负责涌泉片灌区的灌溉用水业务指导。（面向灌区的职责）

（3）负责管理范围内灌排工程设施的维修养护和安全运行管理工作。（工程管理范围内的职责）

（4）承办中心交办的其他工作任务。（其他职责）

7. 事项划分的成果资料主要包括：

（1）事项-岗位-人员对应表。

（2）岗位职责。

（3）制度手册。

（4）操作手册。

[示例 4.10] 本案例仅列出设备操作中的闸门操作所涉及的事项-岗位-人员对应表。

事项-岗位-人员对应表

<table>
<tr><th>序号</th><th>分类</th><th colspan="2">管 理 事 项</th><th>管 理 岗 位</th><th>人员</th></tr>
<tr><td rowspan="5">十</td><td rowspan="5">设备操作</td><td>91</td><td>下达闸门启闭通知</td><td>渠道管理负责岗</td><td>张三</td></tr>
<tr><td>92</td><td>闸门操作</td><td rowspan="2">闸门运行工</td><td rowspan="2">李四
王五</td></tr>
<tr><td>93</td><td>问题处理</td></tr>
<tr><td>94</td><td>记录汇总审核</td><td>渠道管理负责岗</td><td>张三</td></tr>
<tr><td>95</td><td>资料归档</td><td>闸门运行工</td><td>李四
王五</td></tr>
</table>

[示例 4.11] **闸门运行工岗位职责**

(1) 主要职责。

1) 遵守国家有关法律、法规和相关技术标准。

2) 根据指令负责闸门的运行。

3) 参与编制水闸养护修理计划，协助闸门及启闭机日常维修养护。

4) 承担闸门与启闭机运行、观测等技术工作。

5) 完成 30 学时/年的继续教育学习任务。

(2) 任职条件。

1) 经闸门运行工岗位培训合格。

2) 熟悉水闸、涵等工程的基本知识；具有解决水闸、涵等工程一般技术问题的能力。

[示例 4.12] **闸门运行管理制度**

(1) 闸门应由熟练人员（专人）进行操作、监护，做到准确及时，保证闸门运行和操作人员安全。

(2) 闸门的启闭，严格按指定负责人的指令执行，不得接受其他任何部门或个人关于启闭闸门的通知。

(3) 操作人员接到启闭闸门指令，应迅速到场做好各项准备工作，监护人员应到现场进行监督。

(4) 闸门操作应有专门记录，并妥为保存，记录内容包括：启闭依据、操作时间、人员、启闭过程及历时上、下游水位及流量、流态，操作前后设备状况，操作过程中出现的不正常现象及采取的措施等。

(5) 操作人员和有关人员应熟悉本制度。

[示例 4.13] **闸门操作规程**

(1) 工作流程。

渠道上的闸门操作流程如下图所示。

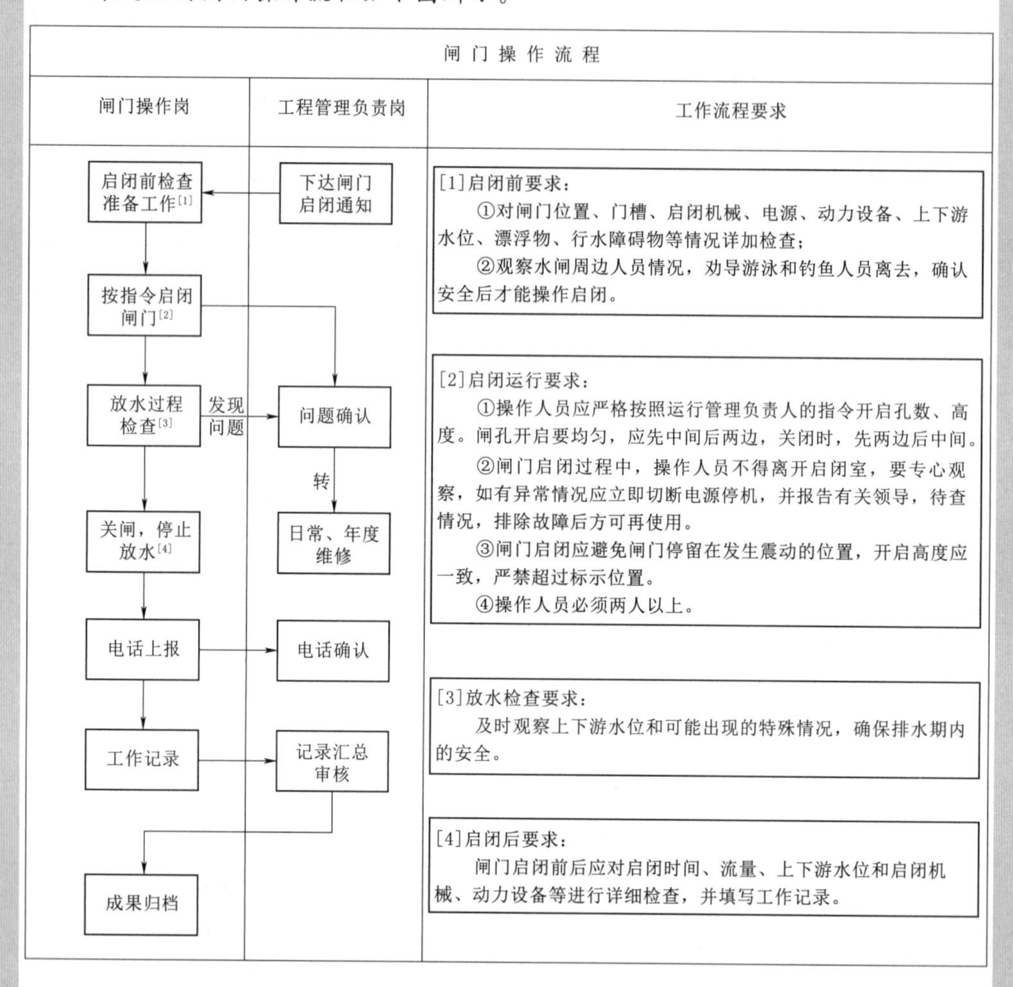

闸门操作流程
闸门操作岗
工程管理负责岗
工作流程要求
启闭前检查准备工作[1]
下达闸门启闭通知
按指令启闭闸门[2]
放水过程检查[3]
发现问题
问题确认
转
日常、年度维修
关闸，停止放水[4]
电话上报
电话确认
工作记录
记录汇总审核
成果归档
[1]启闭前要求：
①对闸门位置、门槽、启闭机械、电源、动力设备、上下游水位、漂浮物、行水障碍物等情况详加检查；
②观察水闸周边人员情况，劝导游泳和钓鱼人员离去，确认安全后才能操作启闭。
[2]启闭运行要求：
①操作人员应严格按照运行管理负责人的指令开启孔数、高度。闸孔开启要均匀，应先中间后两边，关闭时，先两边后中间。
②闸门启闭过程中，操作人员不得离开启闭室，要专心观察，如有异常情况应立即切断电源停机，并报告有关领导，待查情况，排除故障后方可再使用。
③闸门启闭应避免闸门停留在发生震动的位置，开启高度应一致，严禁超过标示位置。
④操作人员必须两人以上。
[3]放水检查要求：
及时观察上下游水位和可能出现的特殊情况，确保排水期内的安全。
[4]启闭后要求：
闸门启闭前后应对启闭时间、流量、上下游水位和启闭机械、动力设备等进行详细检查，并填写工作记录。

(2) 工作要求。

1) 闸门具体操作规程应在闸门管理房或各分区管理单位内挂牌明示。

2) 灌区节制闸、排洪闸等操作工程中均须填写工作记录表格。

3) 设备操作时应严格按照操作流程进行，上一步流程完成，确认无误后，才可以启动下一步，不能越级操作。

4) 操作过程中做好相应的操作记录，完成后签证确认。

5) 工作结束后，要进行现场清理，保持设备清洁和环境整洁。

(3) 操作记录。

闸门在操作过程中，须形成相关的工作记录，水闸调度指令单、操作记录表见下表。

水闸调度指令单

调度编号：

调度时间		调度类型 （灌溉、排涝、调水、冲淤）	
天气情况		调度指令下达人	
调度内容：			

闸门启闭记录表

________闸　　　　____年____月____日

日期	闸门操作			设备运行情况	备　注	操作人	监护人
	升	降	停				
4月15日	9:38		9:55		维持开度1.21m		

4.2 调度运行

4.2.1 工作任务

调度运行可分为灌溉运行调度和安全运行调度两大类。灌溉运行调度主要为满足灌溉需求的调度，安全运行调度主要为确保工程安全运行的调度。

（1）灌溉运行调度。主要包括水源工程、渠道和渠系建筑物等的运行调度。水源工程的调度主要包括闸门启闭或水泵机组开停时间、供水量、供水水质、供水过程等内容；渠道调度也称为水位控制调度，主要包括特征水位及水位过程的控制；渠系建筑物根据建筑物的型式有水位的调度和流量的调度，如：渡槽可以根据水位来调度，而倒虹吸以流量控制调度更合适等。

（2）安全运行调度。主要包括防汛调度和工程缺陷调度。防汛调度指当遭遇超过灌溉工况水流时，为确保工程本身或防护对象的安全所采取的调度；工程缺陷调度是指当工程本身达不到设计状态时而降低运行标准的调度。

4.2.2 工作标准及要求

4.2.2.1 灌溉运行调度

1. 水源工程

水源工程调度根据其类型的不同而有所差异，如水库、提水泵站、有坝引水和无坝引水等，水库引水有的直接引自水库，有的利用电站尾水等。

水源工程的调度运行至少要达到以下要求：

1）翔实的供水过程和操作指令。

2）及时的供水过程的监测和反馈。

3）清晰的应急处置流程。

4）完善的记录和总结。

2. 渠道工程

渠道工程的调度运行至少要达到以下要求：

1）明确的渠道特征水位。

2）及时的水位过程的监测和反馈。

3）清晰的应急处置流程。

4）完善的记录和总结。

4.2.2.2 安全运行调度

水库、泵站等工程有专门的要求，本书不赘述，仅以渠道的泄洪闸和渡槽的安全运行调度要求为例阐述。

1. 渠道上的泄洪闸

渠道上的泄洪闸主要是为排除渠道多余水量而设置的，是确保渠道安全的重要建筑物，其调度运行应满足以下要求：

1）清晰的启用和关闭条件。

2）及时的过程监测和反馈。

3）清晰的应急处置流程。

4）完善的记录和总结。

2. 渡槽

渡槽的调度运行应满足以下要求：

1）清晰的渡槽特征水位和控制要求。

2）及时的水位过程监测和反馈。

3）清晰的应急处置流程。

4）完善的记录和总结。

4.2.3 控制运用作业指导手册或流程

控制运用作业指导手册或流程编制一般由控制运用负责岗组织，各控制运用岗参与，单位技术负责岗审定。

建筑物专项控制运用作业指导手册应当服从总体控制运用作业指导手册，总体控制运用作业指导手册要以建筑物专项控制运用作业指导手册为基础，两者相辅相成。

编制的主要依据为灌区的用水计划、来水预测、渠道及渠系建筑物特征等。编制流程主要包括历年控制运用情况分析、渠道及渠系建筑物工程状况分析、控制运用指标确定、控制运用原则制定、控制运用方案编制等。

控制运用作业指导手册的主要内容包括工程概况、编制依据、控制运用原则、控制运用主要技术指标、正常控制运用方案、应急控制运用方案、控制运用岗位职责以及相关的附图（表）等。

4.2.4 成果资料

调度运行的成果资料主要包括：

（1）灌区工程控制运用作业指导手册或流程。

（2）渠道、渠系建筑物专项控制运用作业指导手册或流程。

（3）××××年度灌区工程运行调度指令及执行情况汇编。

4.3 工程检查观测

4.3.1 工作任务

工程检查观测的工作任务主要包括：

（1）工程检查。建立健全灌区工程日常巡查、定期检查、特别（专项）检查等制度，加强灌区工程（主要包括水源工程、输配水渠道、水闸、泵站、隧洞、涵洞、渡槽、倒虹吸、跌水、斗口等）的日常巡查、定期检查、特别检查等。

（2）工程观测。建立健全灌区工程水情观测和工情观测制度，加强灌区工程水情观测和主要建筑物工情观测和数据采集、整编及成果分析等。

4.3.2 工作标准及要求

4.3.2.1 工程检查

1. 日常巡查

根据灌区工程建筑物及设施设备的具体特点，明确日常巡查的组织、频次、内容、方法、记录、分析、处理、报告等的要求。

日常巡查由巡查岗位负责。

2. 定期检查

根据灌区工程建筑物及设施设备的具体特点，定期开展检查，如灌溉前、汛期前、汛期后、灌溉结束后等时段开展灌区工程检查，明确定期巡查的组织、频次、内容、方法、记录、分析、处理、报告等的要求。

定期巡查由巡查负责岗位负责、巡查岗参与。

与日常巡查相比，定期巡查的频次少，参与的人员组成不同。

3. 特别（专项）检查

特别检查也称专项检查，是根据灌区工程建筑物及设施设备的具体特点和实际需要开展的，如强烈地震后、强暴雨后、遇超设计最高水位后等，检查的内容视具体情况而定，参加的人员根据检查内容确定。

4.3.2.2 工程观测

1. 数据采集

（1）水情数据。水情数据主要包括水量（流量和水量）、水位、降水量、蒸发量、水质等。随着水利信息化水平的提高，水情数据基本采用智能感知元件进行远程采集。

智能感知元件远程采集的要求是信号稳定、采集的数据符合实际，因此需要对智能感知元件开展定期的率定或检定，保证其数据真实可靠。

（2）工情数据。工情数据主要包括建筑物位移（水平、垂直位移）、扬压力、渗漏、边坡稳定、混凝土建筑物裂缝及伸缩缝、混凝土碳化深度、干渠变形等。目前，绝大多数灌区工程工情数据的采集还是依靠人工仪器观测。

人工观测数据的可靠性是基于观测仪器和人员操作的规范性，仪器一定要经过检定，观测过程要符合相应的操作规程，有国家规范的要优先采用。

2. 数据整编及成果分析

根据水情、工情数据的应用需要，分类、分时及时整编，并对成果进行分析。如水情数据既需要即时反馈，又要分时总结，则要根据不同的需求开展资料整编工作。任何数据，每年的整编及成果分析工作都是需要的。

4.3.3 工程检查作业指导手册

工程检查作业指导手册编制一般由工程检查负责岗组织，工程检查岗参与，单位技术负责岗审定。

作业指导要根据具体的渠道和渠系建筑物的特点进行编制，建议渠道按照巡查单元、建筑物按照建筑物的名称开展编制。

作业指导手册的内容应当包括一般规定、操作流程、操作要求、附件等，其中附件可以包括记录表格、管理制度、规程规范的对应条文、工程主要特征等内容，以便于单独成册，发至相应岗位。

结合工程实际，参考［示例 4.14］编制灌区工程检查作业指导手册。

［示例 4.14］ **××灌区工程检查作业指导手册**

1. 一般规定

（1）工程检查包括日常巡查、定期检查和特别检查以及水政事件的处理。由工程巡查岗负责日常的巡视和检查。工作过程中应坚持及时、全面、细致的原则，保证记录的完整性，事务处理过程中应注意人身安全。

（2）根据水工建筑物及设施设备的具体特点，明确工程检查的组织、频次、内容、方法、记录、分析、处理、报告等要求。

2. 工作流程

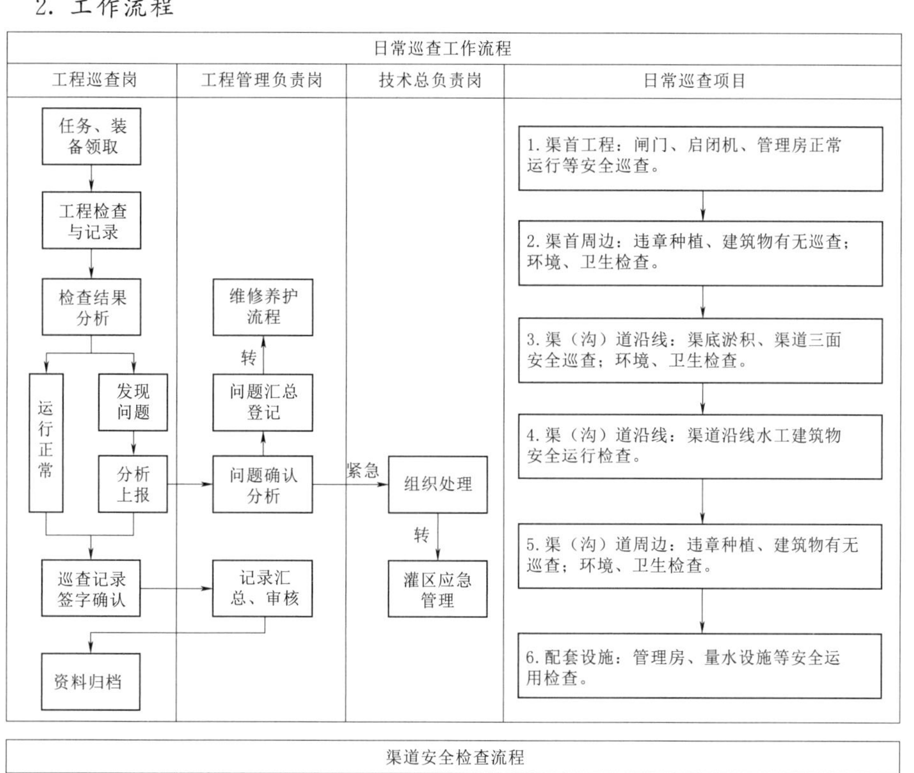
日常巡查工作流程
工程巡查岗
工程管理负责岗
技术总负责岗
日常巡查项目
任务、装备领取
工程检查与记录
检查结果分析
运行正常
发现问题
分析上报
巡查记录签字确认
资料归档
维修养护流程
转
问题汇总登记
问题确认分析
记录汇总、审核
紧急
组织处理
转
灌区应急管理
1. 渠首工程：闸门、启闭机、管理房正常运行等安全巡查。
2. 渠首周边：违章种植、建筑物有无巡查；环境、卫生检查。
3. 渠（沟）道沿线：渠底淤积、渠道三面安全巡查；环境、卫生检查。
4. 渠（沟）道沿线：渠道沿线水工建筑物安全运行检查。
5. 渠（沟）道周边：违章种植、建筑物有无巡查；环境、卫生检查。
6. 配套设施：管理房、量水设施等安全运用检查。

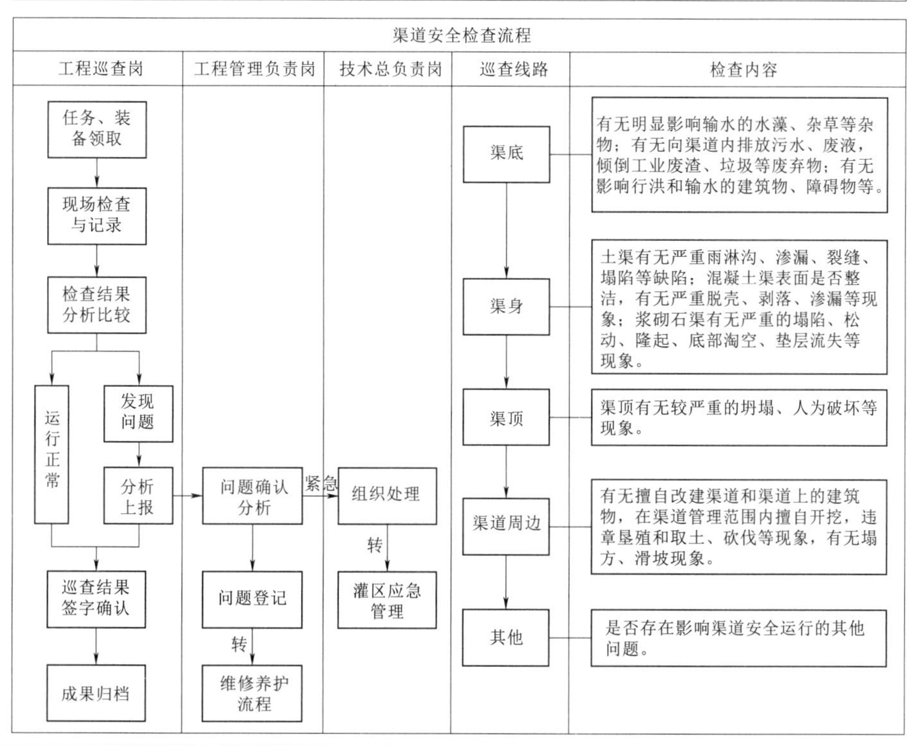
渠道安全检查流程
工程巡查岗
工程管理负责岗
技术总负责岗
巡查线路
检查内容
任务、装备领取
现场检查与记录
检查结果分析比较
运行正常
发现问题
分析上报
巡查结果签字确认
成果归档
问题确认分析
问题登记
转
维修养护流程
紧急
组织处理
转
灌区应急管理
渠底
渠身
渠顶
渠道周边
其他
有无明显影响输水的水藻、杂草等杂物；有无向渠道内排放污水、废液，倾倒工业废渣、垃圾等废弃物；有无影响行洪和输水的建筑物、障碍物等。
土渠有无严重雨淋沟、渗漏、裂缝、塌陷等缺陷；混凝土渠表面是否整洁，有无严重脱壳、剥落、渗漏等现象；浆砌石渠有无严重的塌陷、松动、隆起、底部淘空、垫层流失等现象。
渠顶有无较严重的坍塌、人为破坏等现象。
有无擅自改建渠道和渠道上的建筑物，在渠道管理范围内擅自开挖，违章垦殖和取土、砍伐等现象，有无塌方、滑坡现象。
是否存在影响渠道安全运行的其他问题。

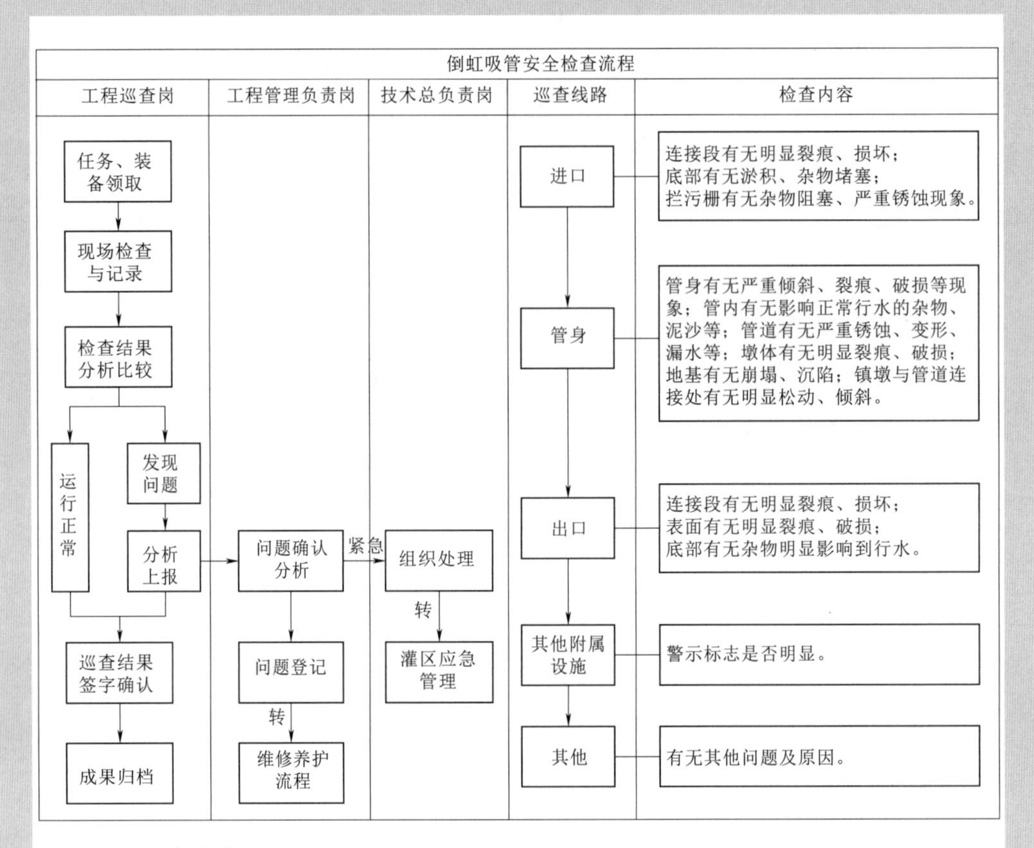

3. 工作要求

（1）检查范围。

各片区管理单位管辖范围内渠道、渠系建筑物，具体包括倒虹吸、水闸、灌溉涵闸、隧洞等各种建筑物，渠道内外坡、渠堤顶以及渠道管理范围和保护范围内的环境卫生、违章建筑物等各种相关状况。其中涌泉渠道灌区管理处由马××、胡××负责巡查由西岙闸到岩园倒虹吸进口段，李××、陶××负责巡查由岩园倒虹吸出口到新桥头倒虹吸进口段，杨××、金××负责巡查由新桥头倒虹吸出口到三条岭段。

（2）检查前准备。

1）检查出发前半小时通过网络媒体等获取可能的气象信息（如晴天、降雨、台风、冰雪天气等），根据现场情况开展巡查工作。

2）日常检查携带必要的工具：

a. 记录工具：巡查记录本。

b. 检查工具：钢卷尺等。

c. 安全工具：通信工具、照明工具、雨衣鞋（阴雨天）等。

（3）巡查要求。

1）渠道正常灌溉期是每年的4月5日至10月10日，巡查频次为每周不少于4次，对检查中已发现安全隐患的重要渠段、危险地段必须每天检查2次以上。

2）渠道灌溉期又遇大雨到暴雨时（22小时降雨量50～100mm），必须在雨后一天内检查一次，紧急情况下必须冒雨前往检查与处理。

3）渠道供水期由各分区管理单位负责人带队值班，随时向灌区管理处报告渠道安全运行等情况。

4）渠道非灌溉期是当年1月1日至4月4日，10月11日至12月31日，巡查频次为每周检查至少2次。

5）渠道工程检查岗人员休息时，由其他管理人员代为对所辖渠段执行相关检查。

（4）巡查情况的处理。

1）日常巡查必须按规定执行，巡查记录及时填写，并将记录上交各分区管理单位，各分区管理单位汇总后月初上交至××水库灌区管理处。

2）工程巡查岗在巡查过程中发现隐患或异常情况要及时上报，凡延报、漏报、瞒报并造成不良后果，则按有关规定严肃处理。

3）巡查中发现紧急问题，工程巡查岗人员可先行采取果断措施，并及时汇报，把可能造成的损失减少到最低程度。

4）对上报问题，各分区管理单位根据工程问题严重性采取不同处理措施，紧急则应立即上报××水库灌区管理处，启动应急措施。

（5）巡查记录表。

渠道安全巡查记录表

名称：________ 巡查人：________ 日期：________ 天气：________

序号	检查部位		检查内容	情况记录	处理意见
1	渠道	渠底	有无水藻、杂草等杂物；是否向渠道内排放污水、废液，倾倒工业废渣、垃圾等废弃物；有无设置影响行洪和输水的建筑物、障碍物等		
		渠身	土渠有无雨淋沟、严重渗漏、裂缝、塌陷等缺陷；混凝土渠表面是否整洁，有无脱壳、剥落、渗漏等现象；浆砌石渠有无塌陷、松动、隆起、底部淘空、垫层流失、裂缝等现象		
		渠顶	渠顶是否有坍塌、人为破坏等现象		
2	渠道周边		是否擅自改建渠道和渠道上的建筑物；有无在渠道管理范围内擅自开挖、违章垦殖和取土、砍伐等现象		
3	其他		是否存在其他问题及原因		

水闸安全巡查记录表

名称：________ 巡查人：________ 日期：________ 天气：________

序号	检查部位		检查内容	情况记录	处理意见
1	闸门	门闸	有无水藻、杂草等杂物；能否自如开启和关闭，有无断裂、气蚀、变形等情况发生，是否平整，边缘是否漏水		
		预埋件	是否掉漆、生锈		
		止水橡胶带	螺栓是否有松动、锈蚀等		

续表

序号	检查部位		检　查　内　容	情况记录	处理意见
2	启闭机	链结构件	能否保证门闸正常升降		
		传动部分	是否畅通，是否需要润滑		
		制动器	是否有杂质；电动液压制动器的油量是否充足，有无出现腐蚀等状况		
		润滑油	填充量是否符合要求		
3	机电设备		电动机、配电设备等是否正常运行		
4	其他附属设施		消力池有无冲刷破坏或变形，混凝土或钢筋混凝土是否有裂缝、表面破损、剥落、渗水等现象		
5	其他		是否存在其他问题及原因		

倒虹吸安全巡查记录表

名称：________　巡查人：________　日期：________　天气：________

序号	检查部位	检　查　内　容	检查情况	处理意见
1	进口	连接段有无明显裂痕、损坏		
		底部有无淤积、杂物堵塞		
		有无杂物阻塞、严重锈蚀现象		
2	管身	管身有无严重倾斜、裂痕、破损等现象		
		管内有无影响正常行水的杂物、泥沙等		
		管道有无严重锈蚀、变形、漏水等		
3	出口	连接段有无明显裂痕、损坏		
		表面有无明显裂痕、破损		
		有无杂物影响到行水		
4	其他	是否存在其他问题及原因		

涵洞安全巡查记录表

名称：________　巡查人：________　日期：________　天气：________

序号	检查部位	检　查　内　容	检查情况	处理意见
1	进口	洞脸有无坍塌		
		底部有无淤积、杂物堵塞		
		有无水淹没		
2	洞身	上方有无崩塌、沉陷		
		底部有无土石堆积		
		洞身有无砌体破损		
3	出口	洞脸有无坍塌		
		底部有无淤积、杂物堵塞		
		有无水淹没		
4	其他	是否存在其他问题及原因		

渡槽安全巡查记录表

名称：________ 巡查人：________ 日期：________ 天气：________

<table>
<tr><th>序号</th><th colspan="2">检查部位</th><th>检　查　内　容</th><th>检查情况</th><th>处理意见</th></tr>
<tr><td rowspan="3">1</td><td colspan="2" rowspan="3">槽身</td><td>衬砌面有无裂痕、破损</td><td></td><td></td></tr>
<tr><td>槽内有无杂物，是否堵塞</td><td></td><td></td></tr>
<tr><td>伸缩节有无老化，是否漏水</td><td></td><td></td></tr>
<tr><td rowspan="3">2</td><td colspan="2" rowspan="3">槽墩</td><td>墩体有无裂痕、破损</td><td></td><td></td></tr>
<tr><td>地基有无崩塌、沉陷</td><td></td><td></td></tr>
<tr><td>墩体受水流冲刷情况是否严重</td><td></td><td></td></tr>
<tr><td rowspan="4">3</td><td rowspan="4">支承结构</td><td rowspan="2">槽架</td><td>槽架有无裂痕、破损</td><td></td><td></td></tr>
<tr><td>槽架与槽身、槽墩的连接处是否松动、倾斜</td><td></td><td></td></tr>
<tr><td rowspan="2">主拱圈</td><td>主拱圈有无裂痕、破损</td><td></td><td></td></tr>
<tr><td>主拱圈与拱上结构、基础的连接处是否松动、倾斜</td><td></td><td></td></tr>
<tr><td rowspan="5">4</td><td rowspan="5">进出口建筑物</td><td rowspan="2">节制闸</td><td>闸门有无杂物堵塞缠绕，能否自如开启和关闭，有无断裂、气蚀、变形等情况发生，是否平整，边缘是否漏水</td><td></td><td></td></tr>
<tr><td>启闭机是否畅通，是否需要润滑，能否保证闸门正常升降</td><td></td><td></td></tr>
<tr><td rowspan="3">渐变段</td><td>表面有无裂痕、破损</td><td></td><td></td></tr>
<tr><td>有无杂物堵塞</td><td></td><td></td></tr>
<tr><td>基础有无崩塌、沉陷</td><td></td><td></td></tr>
<tr><td>5</td><td colspan="2">其他附属设施</td><td>栏杆是否牢固，警示标志是否明显，盖板是否损坏等</td><td></td><td></td></tr>
<tr><td>6</td><td colspan="2">其他</td><td>是否存在其他问题及原因</td><td></td><td></td></tr>
</table>

隧洞安全巡查记录表

名称：________ 巡查人：________ 日期：________ 天气：________

<table>
<tr><th>序号</th><th>检查部位</th><th>检　查　内　容</th><th>检查情况</th><th>处理意见</th></tr>
<tr><td rowspan="3">1</td><td rowspan="3">进口</td><td>洞脸有无坍塌</td><td></td><td></td></tr>
<tr><td>底部有无淤积、杂物堵塞</td><td></td><td></td></tr>
<tr><td>有无水淹没</td><td></td><td></td></tr>
<tr><td rowspan="3">2</td><td rowspan="3">洞身</td><td>上方有无崩塌、沉陷</td><td></td><td></td></tr>
<tr><td>底部有无土石堆积</td><td></td><td></td></tr>
<tr><td>洞身有无砌体破损</td><td></td><td></td></tr>
<tr><td rowspan="3">3</td><td rowspan="3">出口</td><td>洞脸有无坍塌</td><td></td><td></td></tr>
<tr><td>底部有无淤积、杂物堵塞</td><td></td><td></td></tr>
<tr><td>有无水淹没</td><td></td><td></td></tr>
<tr><td>4</td><td>其他</td><td>是否存在其他问题及原因</td><td></td><td></td></tr>
</table>

4.3.4 工程观测作业指导手册

作业指导手册编制一般由工程观测负责岗组织，观测岗参与，单位技术负责岗审定。结合实际参考［示例4.15］制定。

作业指导手册要根据具体的观测内容进行编制，如水位观测、位移观测、裂缝观测等。

作业指导手册的内容应当包括一般规定、操作流程、操作要求、附件等，其中附件可以包括记录表格、管理制度、规程规范的对应条文、工程主要特征等内容，以便于单独成册，发至相应岗位。

［示例4.15］ ××灌区工程观测作业指导手册

一、一般规定

（一）为了掌握工程状态和运用情况，及时发现工程隐患，防止事故的发生，充分发挥工程效益，延长工程使用寿命，并为水利工程设计、施工、科学研究提供必要的资料，根据《××省水利工程观测规程》《××省水闸、抽水站观测工作细则》及各灌区观测任务书的要求开展工程观测。

（二）观测工作的基本要求是：保持观测工作的系统性和连续性，按照规定的项目、测次和时间，在现场进行观测。要求做到“四随”（随观测、随记录、随计算、随校核）、“四无”（无缺测、无漏测、无不符合精度、无违时）、“四固定”（人员固定、设备固定、测次固定、时间固定），以提高观测精度和效率。

（三）观测人员必须树立高度的责任心和事业心，严格遵守规定，确保观测成果真实、准确和符合精度要求。所有资料必须按规定签署姓名，切实做到责任到人。

（四）灌区工程观测一般项目有垂直位移、干渠变形观测、混凝土建筑物裂缝、建筑物伸缩缝、水流形态、混凝土碳化深度等。根据工程需要，必要时可开展其他专门性观测项目。

（五）管理单位应结合所管工程的结构布局、地基土质、已有的观测设施、观测手段和工程控制运用中存在的主要问题等制定观测任务书，报上级主管部门审批，大型工程须报省水利厅审批。管理单位必须按批准的项目和本细则的要求执行，不得擅自变更，如确需变更，应报经上级主管部门批准后执行。

（六）每次观测结束后，必须对记录资料进行计算和整理，并对观测成果进行初步分析，如发现观测精度不符合要求，必须立即重测。如发现其他异常情况，应即进行复测，查明原因并报上级主管部门，同时加强观测，并采取必要的措施。严禁将原始记录留到资料整编时再进行计算和检查。

（七）工程施工期间的观测工作由施工单位负责，在交付管理单位管理后，由管理单位进行。

（八）记录制度

（1）一切外业观测值和记事项目均必须在现场直接记录于规定手簿中（数字式自动观测仪器除外），需现场计算检验的项目，必须在现场计算填写，如有异常，应立即复测。

（2）外业原始记录应使用硬度较高的铅笔记载，内容必须真实、准确，记录应力求清晰端正，不得潦草模糊。

（3）手簿中任何原始记录严禁擦去或涂改。

（4）原始记录手簿每册页码应予连续编号，记录中间不得留下空页，严禁缺页、插页。如某一观测项目观测数据无法记于同一手簿中，在内业资料整理时可以整理在同一手簿中，但必须注明原始记录手簿编号。

（九）报表制度

（1）资料在初步整理、核实无误后，应将观测报表于规定时间报送上级主管部门。

（2）每年初应将上一年度各项观测资料整理汇总，归入技术档案永久保存。

二、观测项目及频次

（一）垂直位移观测

（1）在进行垂直位移观测时，必须同时观测记录上、下游水位、工程运用情况及气温等。

（2）垂直位移量以向下为正，向上为负。

（3）垂直位移观测的时间与测次应符合观测任务书的要求。

（4）观测人员组成：应配有观测一人、记录一人（使用电子水准仪观测时不需要记录人员）、撑伞一人、扶尺二人、量距二人，要求人员相对固定。

（5）各工程管理单位应结合工程的实际情况，进行垂直位移观测线路的设计，并绘制垂直位移观测线路图。图中要标明工作基点、垂直位移标点及测站和转点的位置，以及观测路线和前进方向。线路组织设计原则如下：

——测站的选择应尽可能使测站少、测程短。

——转点各站前后距离应尽量相等。

——中视点与后视点的距离差不宜大于5m。

——测站数必须成偶数。

——高低起伏时应保证最低读数满足规定要求。

（6）线路图一经确定，在地物、地貌未变的情况下不得再变动测量线路、测站和转点，并在每次测量前复制一份附于记录手簿的第一页。

（7）每次观测前应进行水准仪 i 角检测，并记录检测数据。

（8）每个工程均应单独设置工作基点和观测标点，工作基点和观测标点的埋设按照《××省水利工程观测规程》要求进行。

（9）观测方法与要求按照《××省水闸、抽水站观测工作细则》规定进行。

（10）垂直位移观测应填写下列表格：

1）考证表。

——工作基点考证表：工作基点埋设时填制，并绘制基点结构图，以后不必再填。

——工作基点高程考证表：定期校测工作基点高程时填制。

——垂直位移标点考证表：以工程底板浇筑后第一次测定的标点高程为始测高程。如无施工期观测记录，则应将第一次观测的高程为始测高程，但必须在备注中说明第一次观测与底板浇筑后的相隔时间。如标点更新或加设，应重新填记本表，并在备注中说明情况。

2）垂直位移观测成果表：按工程部位自上游向下游，从左向右分别填写，算出间隔和累计位移量。间隔位移量为上次观测高程减本次观测高程。

3）垂直位移量变化统计表：系根据较长时间观测所得的位移量汇总而成。通过它可点绘出垂直位移量变化过程线图，此表于逢五、逢十年度的资料汇编时填报。

4）填表规定。

——高程单位：m，大型工程精确至0.0001m，中型工程精确至0.001m。

——垂直位移量单位：mm，大型工程精确至0.1mm，中型工程精确至1mm。

（11）垂直位移观测应绘制的图形。

1）垂直位移量横断面分布图：主要反映在同一横断面上相邻点位移情况。通过分布图可以看出基础是否发生不均匀沉陷。该图分上、下游两侧两个横断面分布曲线图，图上必须与两侧岸墙的垂直位移量线相连。

2）垂直位移量变化过程线图：一般同一块底板各点的垂直位移量变化过程线绘于一张图上，目的是分析同一块底板垂直位移量与时间的变化关系。

（二）干渠变形观测

（1）干渠变形观测包括干渠过水断面、大断面观测。

（2）干渠过水断面一般是指干渠设计水位以下部分断面。

（3）大断面是指过水断面及向两侧各延伸至两岸堤顶及背水面堤脚部分断面。

（4）观测的时间与测次应符合观测任务书的要求。

（5）观测设施的布置按照《××省水利工程观测规程》要求进行。

（6）观测方法与要求按照《××省水闸、抽水站观测工作细则》要求进行。

（7）干渠变形观测应填写下列表格。

1）干渠断面桩顶高程考证表：断面桩埋设后，应在桩基混凝土固结后即接测桩顶高程，并填写考证表，以后每隔五年校测一次，并填写该表。如断面桩毁坏或变动，应重新埋设，并测定新桩高程，重新填写考证表。

2）干渠断面观测成果表：必须将过水断面观测成果与大断面观测资料水上部分一起填入本表。起点距从左岸断面桩开始起算，以向右为正，向左为负。填写本表时，必须从左岸向右岸按起点距大小顺序填写。

3）干渠断面变化比较表：计算、统计干渠断面的深泓高程、断面面积、河床容积、冲淤量等，并与标准断面及上次观测成果进行比较，标准断面一般采用设计或竣工断面，如无上述资料，也可采用第一次断面观测资料进行比较。计算水位一般采用设计水位或正常水位（略高于历史最高水位）。

4）填表规定。

——起点距、断面宽填至0.1m。

——水深、高程精确至0.01m。

——断面积精确至1m^2。

——干渠容积、冲淤量精确至1m^3。

（8）干渠变形观测应绘制下列图形。

1）干渠断面比较图：根据过水断面观测成果表从左岸到右岸逐点点绘，并与上次观测成果及标准断面比较。

2）干渠水下地形图：图的比例一般选用1/1000～1/2000，根据工程大小及所测范围，一般在200m内可取1/1000，超过400m取1/2000，须视工程具体情况选用。一般采用上、下游分别绘制，并尽可能将实测点特别是深泓高程点保留，作为注记点。等高线的首曲线间距应根据图幅大小和比例尺确定，但一般情况下不宜超过1m。

（三）混凝土建筑物裂缝观测

（1）经检查发现混凝土建筑物产生裂缝后，应对裂缝的分布、位置、长度、宽度、深度以及是否形成贯穿缝，作出标记，进行观测。有漏水情况的裂缝，还应同时观测漏水情况。对于影响结构安全的重要裂缝，应选择有代表性的位置，设置固定观测标点，对其变化和发展情况，定期进行观测。

（2）裂缝观测时，应同时观测气温、上下游水位等，并了解结构荷载情况。

（3）观测的时间与测次应符合各工程观测任务书的要求。

（4）观测设施的布置和观测方法。

1）裂缝的位置和长度的观测：可在裂缝两端用油漆画线作标志，或在混凝土表面绘制方格坐标，进行测量。

2）裂缝宽度的观测：通常可用刻度显微镜测定。对于重要裂缝，一般可采用在裂缝两侧的混凝土表面各埋设一个金属标点，用游标尺测定。

3）裂缝深度的观测：一般采用金属丝探测或超声波探伤仪测定，必要时也可采用钻孔取样等方法测量。

（5）混凝土建筑物裂缝的观测应填写下列表格。

1）混凝土建筑物裂缝观测标点考证表：裂缝观测标点埋设之后，将首次观测的记录记入本表。

2）混凝土建筑物裂缝观测成果比较表：将每次观测的混凝土建筑物裂缝的长度、宽度记录下来，并与原始记录相比较，以了解其发展情况，同时应记录相应的气温、水位差和荷载等情况。

3）填表规定。

——裂缝长度：精确至0.01m。

——裂缝宽度：精确至0.1mm。

（6）混凝土建筑物裂缝的观测应绘制下列图形。

1）裂缝分布图：将裂缝位置画在建筑物结构图上，并注明编号。

2）裂缝平面形状图或剖面展视图：对于重要的和典型的裂缝，可绘制较大比例尺的平面图或剖面展视图，在图上注明观测成果，并将有代表性的几次观测成果绘制在一张图上，以便于分析比较。

（四）建筑物伸缩缝观测

（1）观测的时间与测次应符合各工程观测任务书的要求。

（2）观测标点的布置：宜设置在建筑物顶部、跨度（或高度）较大或应力较复杂的结构伸缩缝上。测点的位置，一般可设在岸、翼墙顶面、底板伸缩缝上游面和工作桥或公路桥大梁两端等部位；地基情况复杂或发现伸缩缝变化较大的底板，应在底板伸缩缝下游面增设测点。

（3）观测标点的结构：一般在伸缩缝两侧埋设一对金属标点，也可采用三点式金属标点或型板式三向标点。标点上部应设保护罩。

（4）观测方法：一般用游标卡尺进行测量（精确至0.1mm）。

（5）建筑物伸缩缝观测应填写下列表格。

1）建筑物伸缩缝观测标点考证表：观测岸、翼墙伸缩缝时应填写墙前水位，观测底板伸缩缝时应填写上、下游水位。

2）建筑物伸缩缝观测成果表。

3）填表规定伸缩缝观测标点三向尺寸及其变化量：精确至0.1mm。

（6）建筑物伸缩缝观测应绘制伸缩缝宽度与气温过程线图。

（五）其他观测

（1）混凝土碳化深度观测。

1）观测时间：可视工程检查情况不定期进行。

2）测点布置：可按建筑物不同部位均匀布置，每个部位同一表面不应少于三点。对于受力较大或应力较复杂的部位，测点应加密。观测时应在构件顶面、底面、侧面等多方位进行。测点宜选在通气、潮湿的部位，不应选在角、边或外形突变部位。

3）观测方法：目前一般采用凿孔的方法，用酚酞试剂（用100mL无水酒精加入2g酚酞溶解而成）试验，如颜色不变，则说明该处混凝土已碳化，如颜色变为粉红色，则说明该处混凝土尚未碳化。用测深尺量得该处混凝土碳化的深度，并将试验结果填入混凝土碳化试验成果表。

4）观测结束后应用高标号水泥砂浆将试验孔封堵。如碳化深度大于或接近钢筋保护层，应采取保护措施，防止钢筋进一步锈蚀。

5）混凝土碳化深度观测应填制混凝土碳化深度观测成果表。

（2）水文观测

1）水文观测由各水文测站按现行国家有关规定进行。

2）在工程控制运用发生变化时，应将有关情况，如时间、上下游水位、流量、孔（台）数、流态等详细记录、核对。

3）水文观测除按有关规定整理成果外，还应填写以下表格：工程运用情况统计表，水位统计表，流量、引（排）水量、降水量统计表。

4）填表规定。

——闸门开高：填至0.01m，如闸门开高有不同的开启高度，除未运用的闸孔外，其余闸孔的闸门开高可按平均开高计算。

——流量：填至$1m^3/s$。

——引（排）水量：精确至0.01亿m^3。

——降水量：精确至1mm。

三、资料整理与整编

（一）每次观测结束后，应及时对观测资料进行整理、计算，并对原始资料进行校核、审查。

（二）校核

对于原始记录，必须进行一校、二校，内容包括：

——记录数字无遗漏。

——计算依据正确。

——数字计算、观测精度计算正确。

——无漏测、缺测。

（三）审查

在原始记录已校核的基础上，由各管理单位分管观测工作的技术负责人对原始记录进行审查，对资料的真实性和可靠性负责，内容包括：

——无漏测、缺测。

——记录格式符合规定，无涂改、转抄。

——观测精度符合要求。

——应填写的项目和观测、记录、计算、校核等签字齐全。

（四）资料整理的内容

(1) 编制各项观测设施的考证表、观测成果表和统计表，表格及文字说明要求端正整洁、数据上下整齐。

(2) 绘制各种曲线图，图的比例尺一般选用1∶1、1∶2、1∶5或是1、2、5的十倍、百倍数。

各类表格和曲线图的尺寸应予统一，符合印刷装订的要求，一般不宜超过印刷纸张的版心尺寸，个别图形（如水下地形图等）如图幅较大，可按印刷纸张边长的1/4倍数适当放大。所绘图形应按附录中图例格式绘制，要求做到选用比例适当，线条清晰光滑，注字工正整洁。

(3) 编写本年度观测工作说明及工程大事记。

1) 观测工作说明：包括观测手段、仪器配备、观测时的水情、气象和工程运用状况、观测时发生的问题和处理办法、经验教训，观测手段的改进和革新，观测精度的自我评价等。

2) 工程大事记：应对当年工程管理中发生的较大技术问题，按记录如实汇编。其中包括检查养护、防汛岁修、防洪抢险、抗旱排涝、控制运用、事故的发生及处理办法和其他较大事件。可按事情发生的时间顺序填写，要求简明扼要。

3) 观测成果的初步分析：分析观测成果的变化规律及趋势，与上次观测成果及设计情况比较应正常，并对工程的控制运用、维修加固提出初步建议。

（五）资料的整编

观测资料的整编每年进行两次，由各工程管理单位的上级主管部门组织，对观测成果进行全面审查，内容包括：

(1) 检查观测项目齐全、方法合理、数据可靠、图表齐全、说明完备。

(2) 对所填的各种表格进行校核，检查数据无错误、遗漏。
(3) 对所绘的曲线图逐点进行校核，分析曲线是否合理，点绘无错误。
(4) 根据统计图、表，检查和论证初步分析应正确。
(5) 填写与观测资料分析有关的年度水情统计表。
(六) 资料的刊印装订
观测资料的刊印每年进行一次，资料装订的顺序如下：
(1) 垂直位移。
1) 观测标点布置示意图。
2) 垂直位移工作基点考证表。
3) 垂直位移工作基点高程考证表。
4) 垂直位移观测标点考证表。
5) 垂直位移观测成果表。
6) 垂直位移量横断面分布图。
7) 垂直位移量变化统计表。
(2) 干渠变形。
1) 干渠断面桩顶高程考证表。
2) 干渠断面观测成果表。
3) 干渠断面冲淤量比较表。
4) 干渠断面比较图。
5) 水下地形图。
(3) 混凝土建筑物裂缝。
1) 混凝土建筑物裂缝位置图。
2) 混凝土建筑物裂缝观测标点考证表。
3) 混凝土建筑物裂缝观测成果表。
(4) 建筑物伸缩缝。
1) 伸缩缝观测标点考证表。
2) 伸缩缝观测成果表。
3) 伸缩缝宽度与气温过程线。
(5) 混凝土碳化。
混凝土碳化深度观测成果表。
(6) 水情。
1) 工程运用情况统计表。
2) 水位统计表。
3) 流量、引（排）水量、降水量统计表。
(7) 其他
1) 工程大事记。
2) 观测工作说明。
3) 观测成果的初步分析。

4.3.5 成果资料

工程检查观测的成果资料主要包括：

（1）工程检查观测事项划分表。

（2）工程检查观测事项-岗位-人员对应表。

（3）工程检查观测制度汇编。

（4）工程检查作业指导手册。

（5）工程观测作业指导手册。

（6）××××年度工程检查资料汇编。

（7）××××年度工程观测资料汇编。

4.4 维 修 养 护

灌区工程维修养护的目的是消除工程检查中发现的各类破损和损坏，恢复或局部改善原有工程面貌；消除影响正常供水的渠底淤积、渠坡杂草、渠道垃圾等的影响；消除机电设备和金属结构设备缺陷，更换易损零部件等，以保持工程完整和确保工程正常运用。

4.4.1 工作任务

工程维修养护可分为日常养护、日常维修、应急抢险（抢修）和年度维修检修，不包括更新改造和除险加固工程。

（1）日常养护。日常养护指影响正常供水的渠底淤积、渠坡杂草、渠道垃圾等的清理，也包括建筑物的保洁、设备的日常维护保养等内容。

（2）日常维修。日常维修是指工程检查中发现的各类破损或损坏的修复，以保持工程完整并确保工程的正常运用，如：渠道防渗面板局部破损修补、边坡局部坍塌恢复、渡槽止水片的修理、设备易损零部件的更换等。日常维修与年度维修的工作内容要有明确的界限。日常维护与日常维修的工作内容要有明确的界限。

（3）应急抢险（抢修）。应急抢险（抢修）是指工程检查发现的各类破损或损坏，若不及时维修将造成严重不良后果的维修，其特点是工程破损或损坏危害程度大、消除危害对时间的要求高等，如填方渠道的决口、挖方渠道的滑坡、设备发生事故故障等。

（4）年度维修检修。年度维修检修是列入年度计划的维修或检修，如：渡槽止水的定期更换、设备的定期检修及大修等。年度维修检修是按照设计使用要求进行的定期维修或检修，不能把日常维修的内容放到年度维修检修中。

4.4.2 工作标准及要求

（1）明晰日常养护、日常维修、应急抢险（抢修）和年度维修检修等各项工作内容的界限。

（2）明确事项-岗位-人员对应关系，日常养护、日常维修和年度维修检修等若实现物业化管理、政府购买服务等社会化服务的，则需要建立物业化管理单位的选择、委托、监督、考核等方面的作业指导手册。

（3）详见日常养护、日常维修、应急抢险（抢修）和年度维修检修等各项工作的操作流程。

（4）工程日常养护、日常维修和年度维修检修等质量应符合国家现行相关标准、工程设计及设备安装使用说明书和工程维修养护作业指导手册的要求。

(5) 完善过程记录及试验资料，工作总结填写清楚。日常养护、日常维修和年度维修等若实现物业化管理、政府购买服务等社会化服务的，则需要相应的验收资料。

4.4.3 维修养护作业指导手册

维修养护作业指导手册编制一般由维修养护负责岗组织，维修或养护岗参与，若采用物业化维修或养护的，还需要有采购岗位的人员参与，单位技术负责岗审定。

作业指导手册要根据具体的维修养护的类别、内容分别制定。

作业指导手册的内容应当包括一般规定、操作流程、操作要求、附件等，其中附件可以包括记录表格、管理制度、规程规范的对应条文、工程主要特征等内容，以便于单独成册，发至相应岗位。

[示例 4.16]　　××灌区工程维修养护作业指导手册

一、一般规定

灌区工程养护工作应做好消除影响正常供水的渠底淤积、渠坡杂草，渠道垃圾等清理；维修工作应做到及时消除运行中发现的各类破损和损坏，消除机电设备和金属结构设备缺陷及更换易损零部件等，恢复或局部改善原有工程面貌，保持工程完整和正常运用；维修养护可分为日常养护、日常维修和年度维修。

二、日常养护

(一) 工作流程

日常养护的工作流程、职责落实、工作流程要求如下图所示。

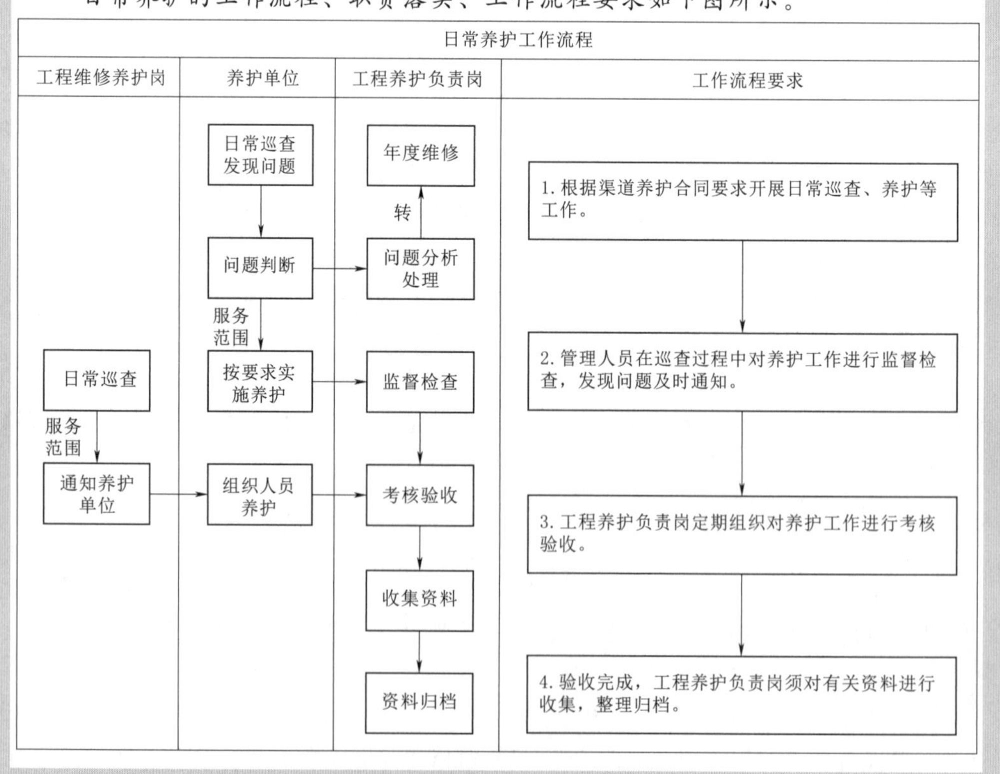

（二）工作要求

（1）灌区骨干工程日常养护采用物业化管理方式，由各片区管理单位进行定期采用招投标方式确定养护单位，各分区管理单位主要承担监督、考核养护单位的职责。

（2）各分区管理单位做好养护单位养护工作的日常监督工作。

（3）维修养护岗在巡查过程中发现养护单位负责范围内事件，应及时通知养护单位实施养护，并做好记录。

（4）各分区管理单位根据协议规定，每年按季度组织人员对养护单位渠道养护工作进行考核验收。

（5）维修养护岗应定期收集日常养护相关资料，汇总后归档。

（三）考核记录

灌区工程管理单位每年按季度组织人员按照签订协议对养护单位进行考核验收，考核结果直接与养护单位资金挂钩。

三、日常维修

（一）工作流程

日常维修的工作流程、职责落实、工作流程要求如下图所示。

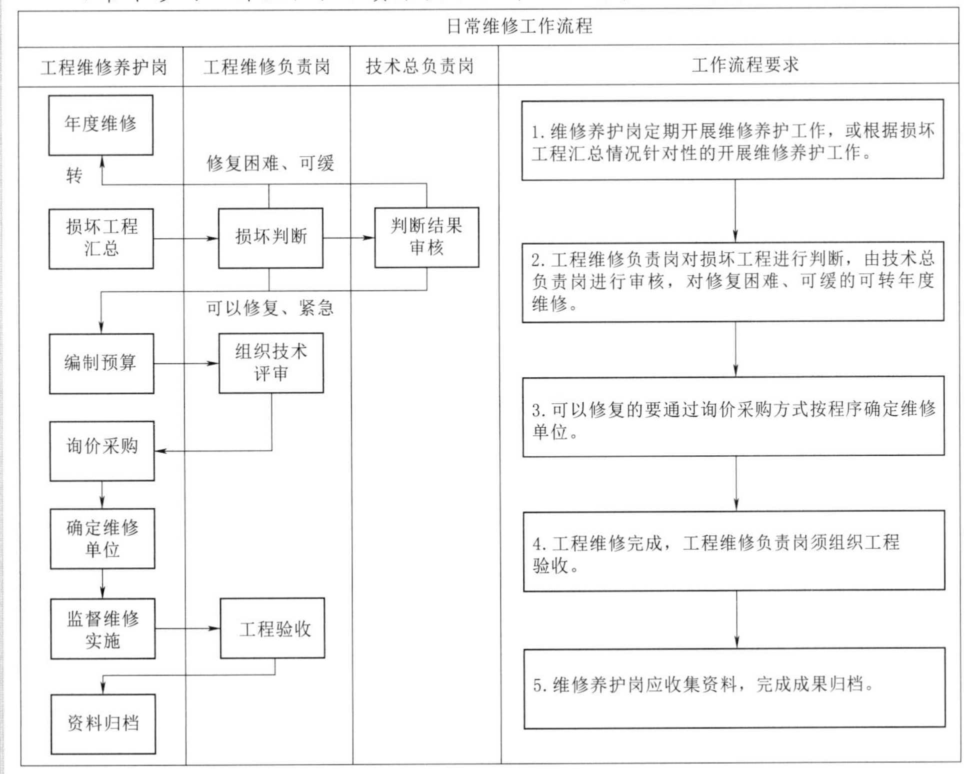

（二）工作要求

（1）工程日常运行管理过程发现急需解决的问题，应及时的开展日常维修工作，保障灌区工程安全运行。

（2）负责日常维修单位采用招标的方式进行确定，工程维修结果要求符合灌区维修养护办法中的工程验收标准。

（3）维修工作完成后，渠道管理负责岗要组织人员验收，保证维修质量，维修养护岗整理相关资料，整理归档。

（三）维修记录

灌区日常维修养护记录表见下表。

灌区日常维修养护记录表

年　　月　　日

<table>
<tr><td>工程名称</td><td></td><td rowspan="2">天气</td><td>上午</td><td></td><td rowspan="2">气温</td><td>最高</td><td></td></tr>
<tr><td>现场负责人</td><td></td><td>下午</td><td></td><td>最低</td><td></td></tr>
<tr><td>养护工程部位</td><td colspan="7"></td></tr>
<tr><td>养护班组</td><td></td><td colspan="2">班组长</td><td colspan="4"></td></tr>
<tr><td colspan="8">养护情况：（养护内容：人员安排、机具使用、完成养护工程量及其他）</td></tr>
<tr><td colspan="8">管理单位复核意见：
复核人（签名）：
时间：</td></tr>
</table>

四、年度维修

（一）工作流程

年度维修的工作流程、职责落实、工作流程要求如下图所示。

（二）工作要求

（1）年度维修工程要求尽量对上年度发现的问题全覆盖。

（2）年度维修工程由渠道管理负责岗统计汇总，经××水库管理处讨论通过才能生效。

（3）渠道管理负责岗针对年度维修工作，提出修复设计方案，经审核后，委托养护单位开展年度维修工作。

（4）维修过程中，维修养护岗和渠道管理负责岗必须加强工程维修质量的监督检查。

（5）工程维修结果必须符合维修养护办法的相关验收标准。

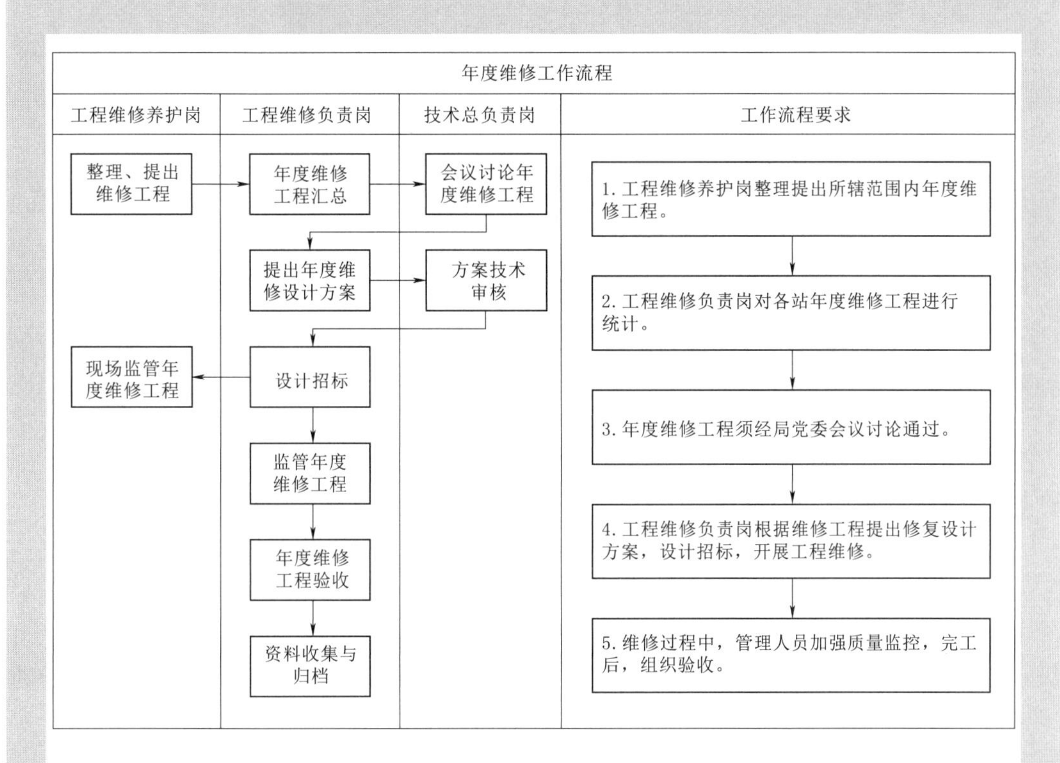

（三）维修记录

年度维修工作资料涉及设计方案制订、设计招标等，维修过程中须做好记录及时收集整理。

五、资料归档

维修养护形成的相关资料，须归档材料主要有：

（1）日常养护：灌区渠道日常养护验收检查记录表、考核验收资料等。

（2）日常维修：询价采购资料、日常维修记录表等。

（3）年度维修：年度维修计划、年度维修设计方案、招投标资料、工程验收资料等。灌区维修养护计划表见下表。

灌区维修养护计划表

序号	名称内容	计划使用资金	计划实施时间	责任人	备注
1					
2					
3					
4					
…					
合　计					

4.4.4 成果资料

工程检查观测的成果资料主要包括：

(1) 工程维修养护事项划分表。

(2) 工程维修养护事项-岗位-人员对应表。

(3) 工程维修养护制度汇编。

(4) 工程维修养护指导手册。

(5) ××××年度工程维修养护计划表及维修养护方案。

(6) ××××年度工程维修养护招投标资料。

(7) ××××年度工程维修养护资料汇编（包括验收资料）。

4.5 信息化管理

4.5.1 工作任务

信息化管理的工作任务包括信息化的建设、维护、运行和安全等。

1. 灌区信息化的建设

信息化的建设指信息化系统的新建或现有系统功能模块的新增，不包括现有系统的升级，工作内容主要包括提出需求、可行性研究方案、初步设计方案、施工设计（需求分析报告）、招标、项目实施、部署应用、培训、验收等。

2. 信息化系统的维护

信息化系统的维护指保障系统正常运行的维护，按照系统承担的任务分为软件维护和硬件维护。

软件维护是指在信息化系统运行过程中，因修正错误、提升性能或其他属性而进行的软件修改，其类型可以分为纠错性维护（校正性维护）、适应性维护、完善性维护和支援性维护（如用户的培训）等。软件维护的工作内容包括需求的提出（缺陷的发现）、维护实施、培训、验收等。

硬件维护是指针对支撑信息化系统正常运行的设备或设施的维护，如各类传感器、传输设施、电脑以及机房等的维护。工作内容分类方法类似灌溉工程及其设备的维护。

3. 信息化系统的运行管理

运行管理是指结合业务模块的信息化操作流程或说明，其工作内容根据相应的业务流程确定，如闸门的远程操作、渠道巡查等。

4. 信息化系统的安全管理

安全管理是指保障信息化系统在许可的范围内正常运行。工作内容包括信息合法性审查、权限设置与监控、数据备份等。

4.5.2 工作标准及要求

(1) 信息化管理平台应符合网络安全分区分级防护的要求，一般将工程监测监控系统和业务管理系统布置在不同网络区域。

(2) 信息化管理平台要采用当今运用成熟、先进的信息技术方案，功能设置和内容要素符合水利工程管理标准和规定，能适应当前和未来一段时期的使用需求。

（3）信息化管理平台要紧密结合灌区业务管理特点，客户端符合业务操作习惯。系统具有清晰、简洁、友好的中文人机交互界面，操作简便、灵活、易学易用，便于管理和维护。

（4）信息化管理平台各功能模块以工作流程为主线，实现闭环式管理。不同的功能模块间相关数据应标准统一、互联共享，减少重复台账。

（5）定期对电子台账和数据进行备份，保障数据存储安全；定期查验备份数据，确保备份数据的可用性、真实性和完整性；同时根据运行管理条件和要求的变化，及时升级信息化平台。

（6）工程监控系统应实行专网封闭管理，与外部系统物理隔离；采取有效的病毒防范措施和防止非法入侵手段，具有完善的数据访问安全措施与系统控制的安全策略；不得擅自修改软件和使用任何未经批准的软件。

（7）按照网络安全等级保护的要求，开展等级测评和安全防护工作。

（8）做好日常设备维护与维修、系统运行状态、故障情况及排除等日常维护日志记录工作。

4.5.3 信息化管理作业指导手册

信息化的建设、维护、安全和运行等管理作业指导手册编制，一般由信息化负责岗负责，相关的其他管理岗参与，其中运行管理岗必须有相应的专业管理岗位人员参与。

1. 信息化系统的建设

信息化建设一般均采用外包模式，管理的重点是需求的提出和验收等环节，在编制作业手册时需要重点关注。

［示例 4.17］ ××灌区信息化建设作业指导手册

一、工作内容

提出需求、可行性研究方案、初步设计方案、施工设计（需求分析报告）、监理招标、项目实施、部署应用、培训、验收。

二、工作流程

（1）总承包模式。

（2）非总承包模式。

三、工作要求

（1）根据业务发展明确提出需求。

（2）信息化项目建议书、可行性研究、初步设计、实施方案等应严格按照国家相关行业标准编制，必须符合国家和省级水利信息化规划及水利信息化顶层设计的基本框架体系。

（3）水利信息化规划，建设项目建议书和可行性研究必须经水利厅审批。

（4）水利信息化项目建设应当，应当严格按照审批的设计方案实施，不得擅自变更。因特殊原因确需修改变更设计方案的，须报原审批单位同意批准。

（5）水利信息化建设项目的实施，应当实行项目法人制、招标投标制、建设监理制和合同制。

（6）水利信息化建设应当严格遵循水利信息化技术标准和相关的规程规范。

（7）水利信息化建设项目应该严格按照国家规范和要求进行验收，验收不合

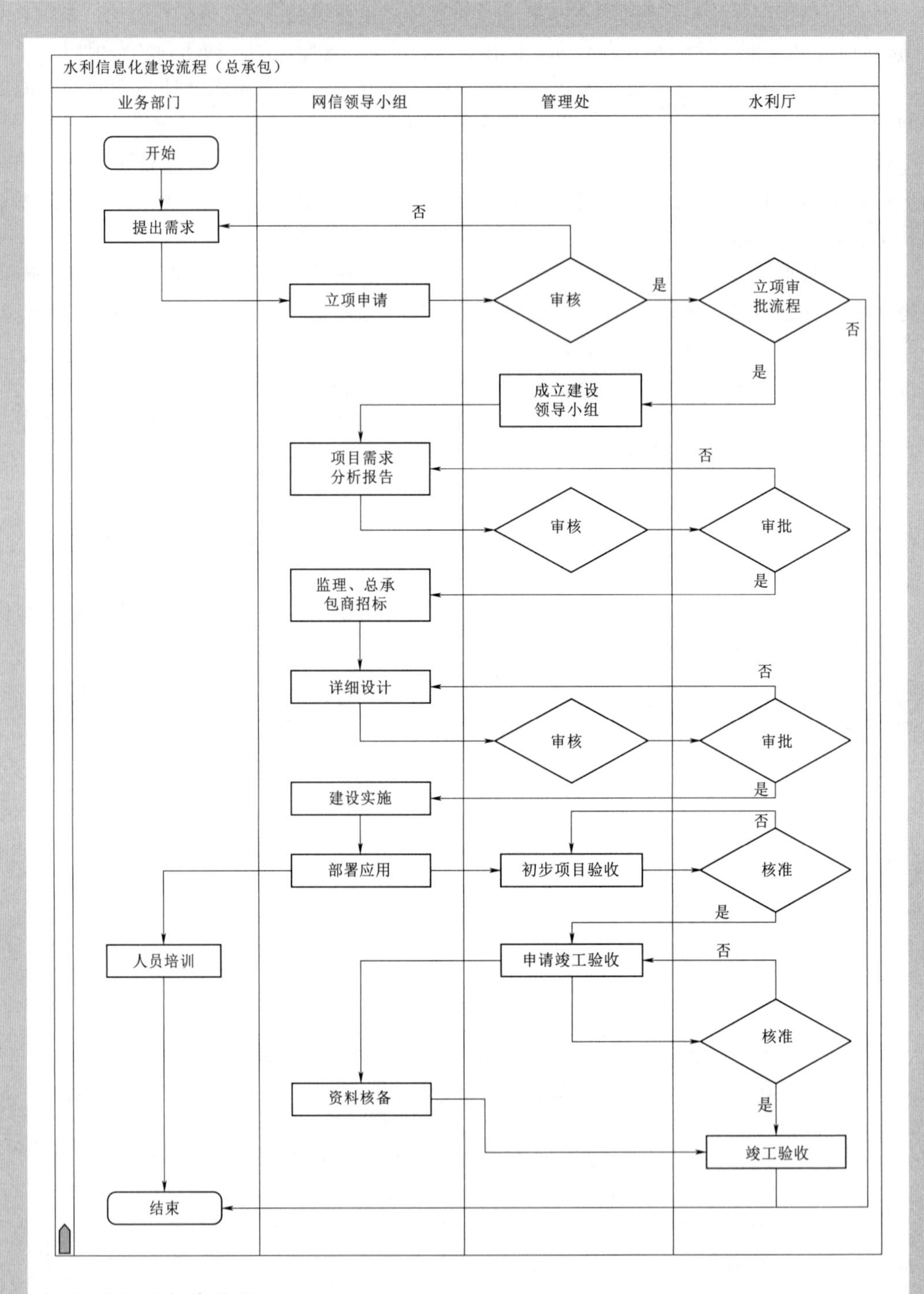

格的项目不允许使用。

（8）所有信息化项目在验收前原则上都应当进行测试，一般由信息化专业部门认定或授权的测试机构按照国家标准进行测试，对专业性较强的测试可由验收部

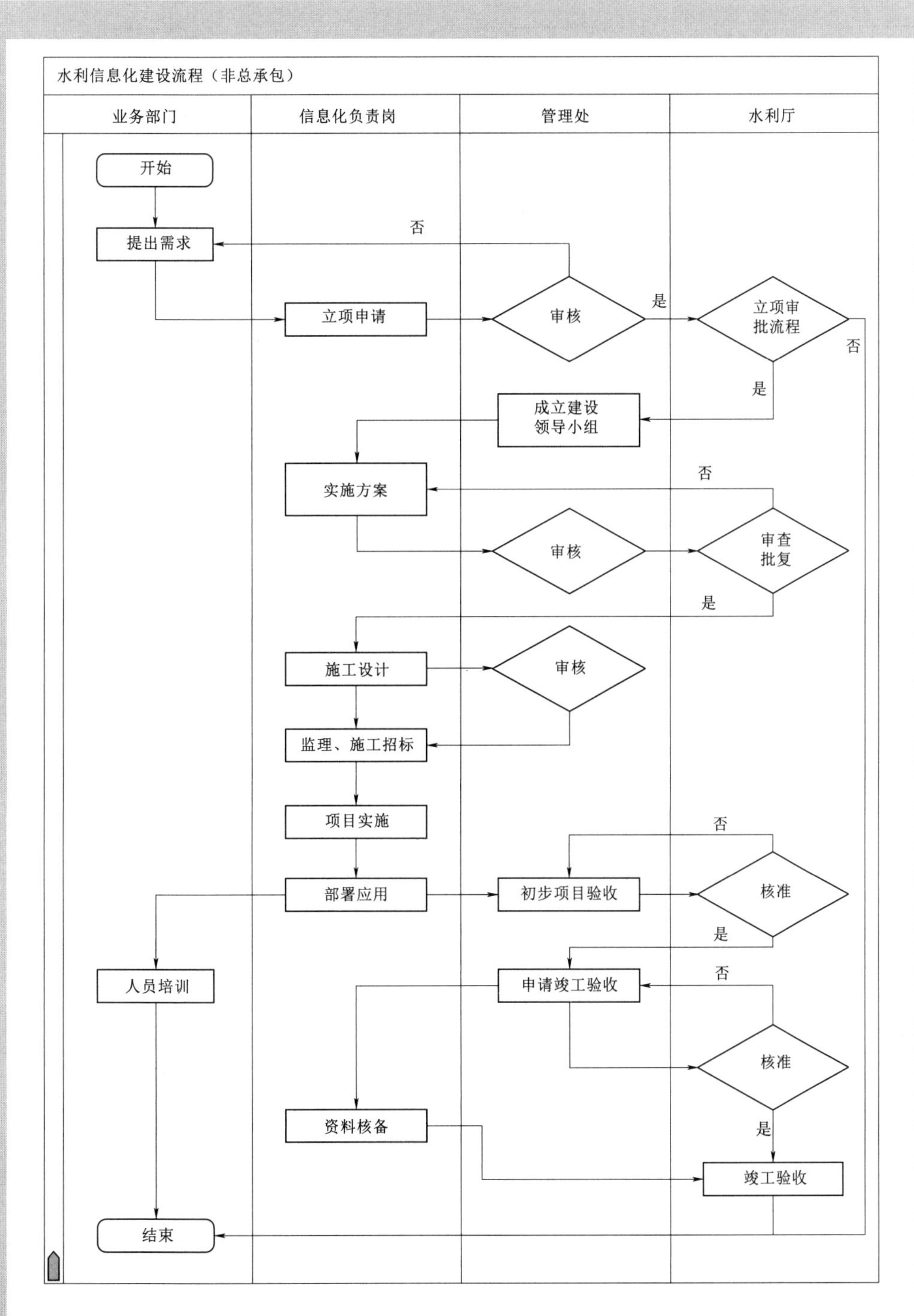

门组织专家和技术人员进行现场测试。测试人员应对测试结果出具书面测试报告。

四、附件

（略）

2. 信息化系统的维护

[示例 4.18] ××灌区信息化设备（设施）运行维护作业指导手册

灌区工程管理单位应做好水利信息化设备（设施）运行维护，水利信息化设备（设施）运行维护主要分日常巡护和定期检查，信息化维护工作分为自行维护、外包维护和混合维护三种模式，由于灌区工程管理单位没有专业负责信息化维护部门，建议灌区信息化设备（设施）运行维护采用外包维护模式。

1. 工作内容

（1）信息化设备（设施）的日常巡查主要指对测控闸门、水情信息采集点、监控设施、网络设施的等信息化设备（设施）的日常巡检和养护工作。

（2）每日检查硬件的运行状况，及时清理设备（设施）表面，保持设备（设施）清洁，保持设备完整和正常运用，设备有损坏及不能自行修复时，应该按照规定及时向管理处运维部门反馈。

（3）专项巡检除日常巡查内容外，还应对下列内容进行检查和评价：

1）信息化系统的检查，包括系统的运行安全、物理环境、网络同行和硬件设备的运行情况进行检查。

2）机房和办公区域的相关软硬件进行检查。

2. 工作流程

（1）日常巡护。

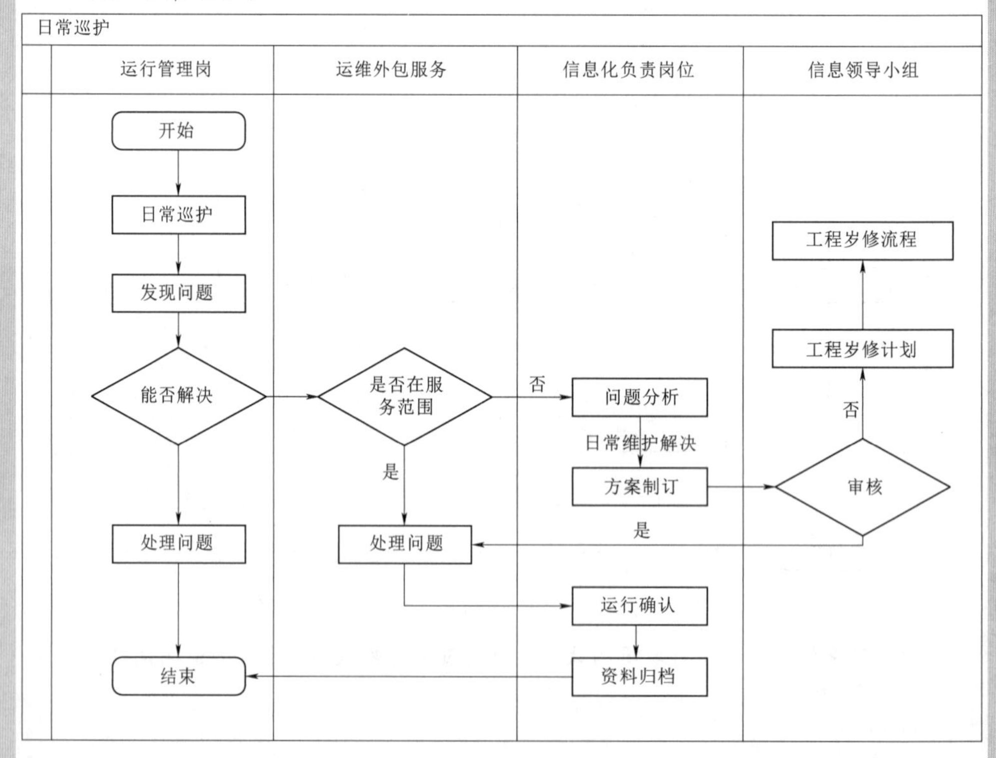

(2) 专项巡检。

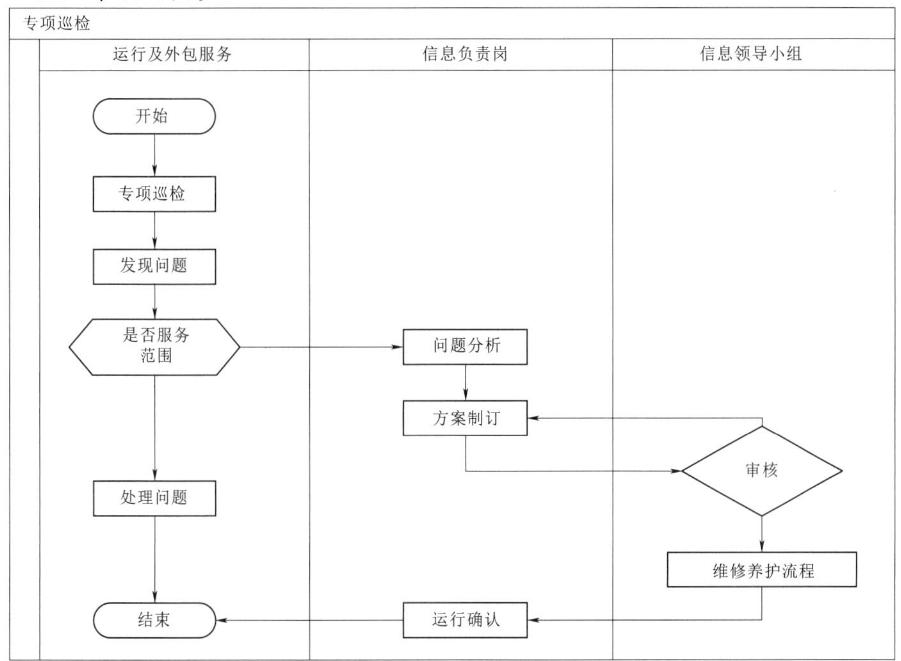

3. 工作要求

(1) 信息化设备（设施）日常巡检有管理段或负责渠道巡护任务的人员负责，检查路线、时间、频次、安全要求应该按照巡检制度要求进行，并根据现场情况开展巡检工作。

(2) 信息化设备（设施）专项巡检，每年不少于三次，即每年开灌、汛期前及灌季结束后对有信息化建设领导办公室负责，并指定专人负责全处信息化设备（设施）的巡检。

(3) 工程巡查岗在巡查过程中发现隐患或异常情况要及时上报，凡延报、漏报、瞒报并造成不良后果，则按有关规定严肃处理。

(4) 专项检查应对办公软件进行检查，确保设备（设施）使用的软件符合国家、省（自治区、直辖市）要求，对不符合要求的设备提供整改建议。

4. 巡检记录

填写日常巡护、专项巡检检查表，问题处理报告，年度岁修按工程建设要求进行填报。

3. 信息化系统的安全管理

[示例 4.19]　××灌区信息化安全管理作业指导手册

1. 工作内容

(1) 系统升级和日常处理，包括信息系统升级管理、日常检查、异常处理等情况。

(2) 权限设置和账号管理，包括人员权限变更，人员信息录入、允许操作类型。

(3) 信息审核和发布，包括系统需要公开和发布信息的审核、发布等。

2. 流程图

(1) 系统升级和日常处理。

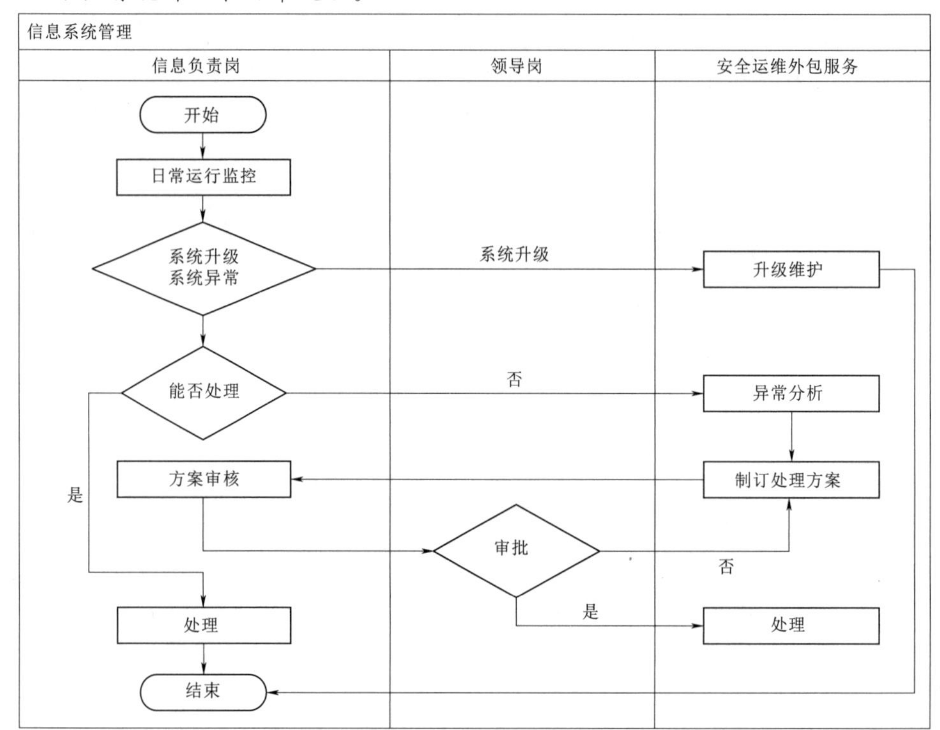

(2) 权限设置和账号管理。

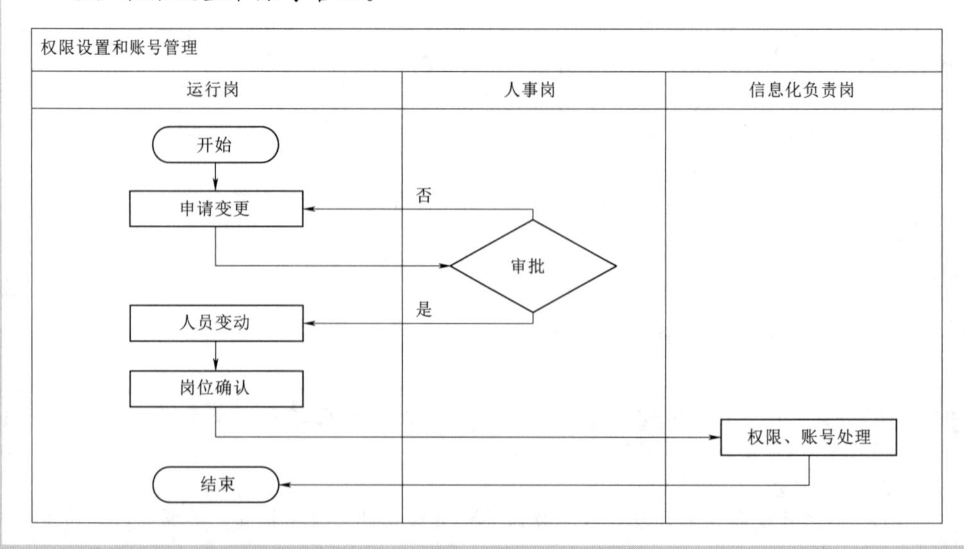

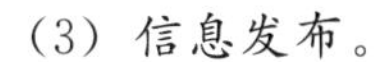

(3) 信息发布。

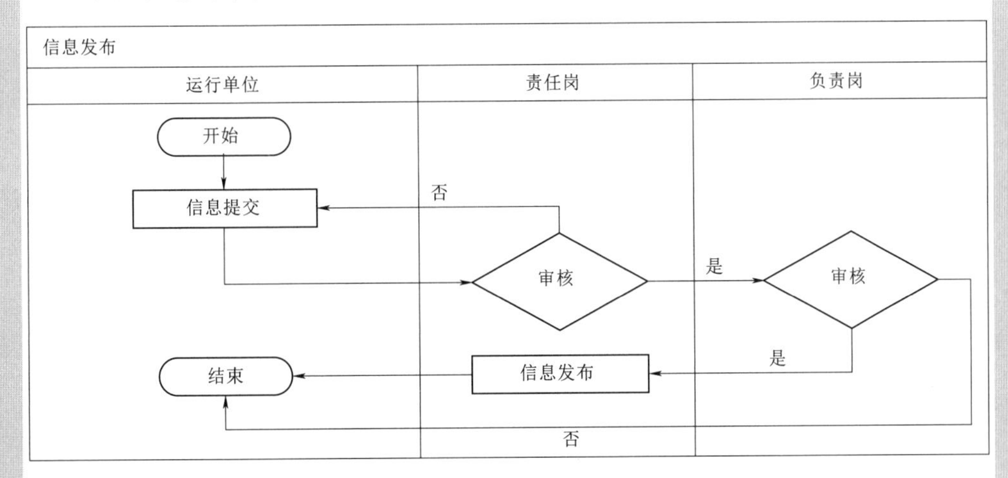

3. 工作要求

(1) 信息系统应实行实时自动监控，并定期做好人工监控，运行服务机构应提供例行维护服务，定期对系统进行保养、健康检查、系统更新等周期性服务，重大升级或系统更新时应进行数据备份，充分评估实施风险，最大化减轻使用影响，并应提前一天发布公告，通知用户。

(2) 信息系统的应急事件应严格按照《水利系统运行维护规范》要求，做好应急事件的处理，异常处理时应做好数据备份，最大化减轻使用影响。

(3) 系统在正式部署使用时，应该明确业务部门关键用户（系统管理员）及使用人员权限，人员（系统管理员）离职、岗位变动时需要更新人员信息时，必须经业务单位或部门提出申请，经单位人事部门审核，通过后报信息化管理部门进行变更。

(4) 信息发布仅指信息系统的信息发布，单位的门户网站、微信公众号、微博的信息发布流程具体执行单位信息发布流程。

4. 附件

人员信息变更申请表

申请单位/部门		申请人		申请日期	
系统名称					
本单位/部门负责人意见： 签字： 日期：					
人事部门意见： 签字： 日期：					

续表

分管领导意见： 签字： 日期：
信息化管理部意见： 签字： 日期：
信息化主管领导意见： 签字： 日期：

系统检查记录表

编号	有无异常情况	运行情况评估	检查人	检查日期
综合评价				

故障处理表

批准		时间		编制		时间	
服务器编号		故障日期			处理日期		
发生故障 部件及影响							
故障分析							
处理方案							
处理情况： 处理人（签字）：							

4.5.4 成果资料

信息化管理的成果资料主要包括：

(1) 灌区信息化建设规划。

(2) 灌区管理信息系统方案。

(3) 灌区运行监控系统方案。

(4) 灌区信息化系统检查表。

4.6 技术档案管理

技术档案管理指对管理范围内的工程建设、更新改造、安全鉴定、检查观测、调度运行、设备操作、维修检修等方面资料的搜集、整理、装帧、保管及应用。

4.6.1 工作任务

技术档案管理的工作任务主要包括：

(1) 灌区管理单位应建立技术档案管理制度，按照有关规定建立完整的技术档案，及时整理归档各类技术资料，档案设施齐全、清洁、完好，积极开展星级档案管理测评工作。

(2) 档案资料管理任务分为档案收集整理、档案归档、档案室设施管理及档案保管、借阅、销毁等。

4.6.2 工作标准及要求

根据档案管理的流程可以分为档案接收、档案整理与保管、档案借阅与复制、档案销毁等事项，各事项根据工作量和岗位设置可进行归并或分解。

技术档案管理具体要求如下：

(1) 有明确的单位领导分管档案工作，有部门负责管理档案工作。

(2) 有专职或兼职档案员且相对稳定，档案员因调动或调整时，办理档案移交手续并能及时配齐专职或兼职档案员。

(3) 分管领导、管理部门负责人与专职或兼职档案员能认真执行有关档案工作规章制度，积极参加档案工作会议、业务培训和相关活动。

(4) 档案存放有固定场所，配备专门档案柜等设施，有专人负责保管，并能经常性地收集、整理、编目、预立卷等。

(5) 各类档案齐全、完整。

(6) 归档材料有电子版的，必须同时归档。收集文字材料的同时注意收集声像、实物档案。

(7) 遵循文件材料形成规律，保持文件的系统有序，文件材料分类、预组卷正确合理。

(8) 归档文件材料用纸规范、书写完整，用墨符合要求，装订整齐，无金属装订物。

(9) 案卷标题准确揭示卷内文件的内容。文字简练，不超过50字。

(10) 应规定某一时间前为各类档案资料的归档时间，每年归档一次。各部门应在规定时间内完成年度预立卷归档工作，档案移交手续完备。

(11) 档案员安全保密意识强，认真负责保管档案及文件材料。

4.6.3 技术档案管理作业指导手册

作业指导手册编制一般由档案管理负责岗组织，档案管理岗参与，单位负责岗（分管）审定。

作业指导手册要根据具体的事项分别制定。

作业指导手册的内容应当包括一般规定（工作任务）、操作流程、操作要求、附件等，其中附件可以包括记录表格、管理制度、规程规范的对应条文、等内容。

档案管理作业指导手册编制应结合本灌区档案管理实际，参考［示例4.20］或［示例4.21］制定。

4.6.4 成果资料

技术档案管理的成果资料主要包括：

(1) 档案管理事项划分表。

(2) 档案管理事项-岗位-人员对应表。

(3) 档案管理制度汇编。

(4) 档案管理作业指导手册。

[示例 4.20] ××灌区档案管理作业指导手册

1. 工作任务

灌区档案管理包括档案的归档、借阅、整理、销毁等。

2. 工作流程

工作流程如下图所示。

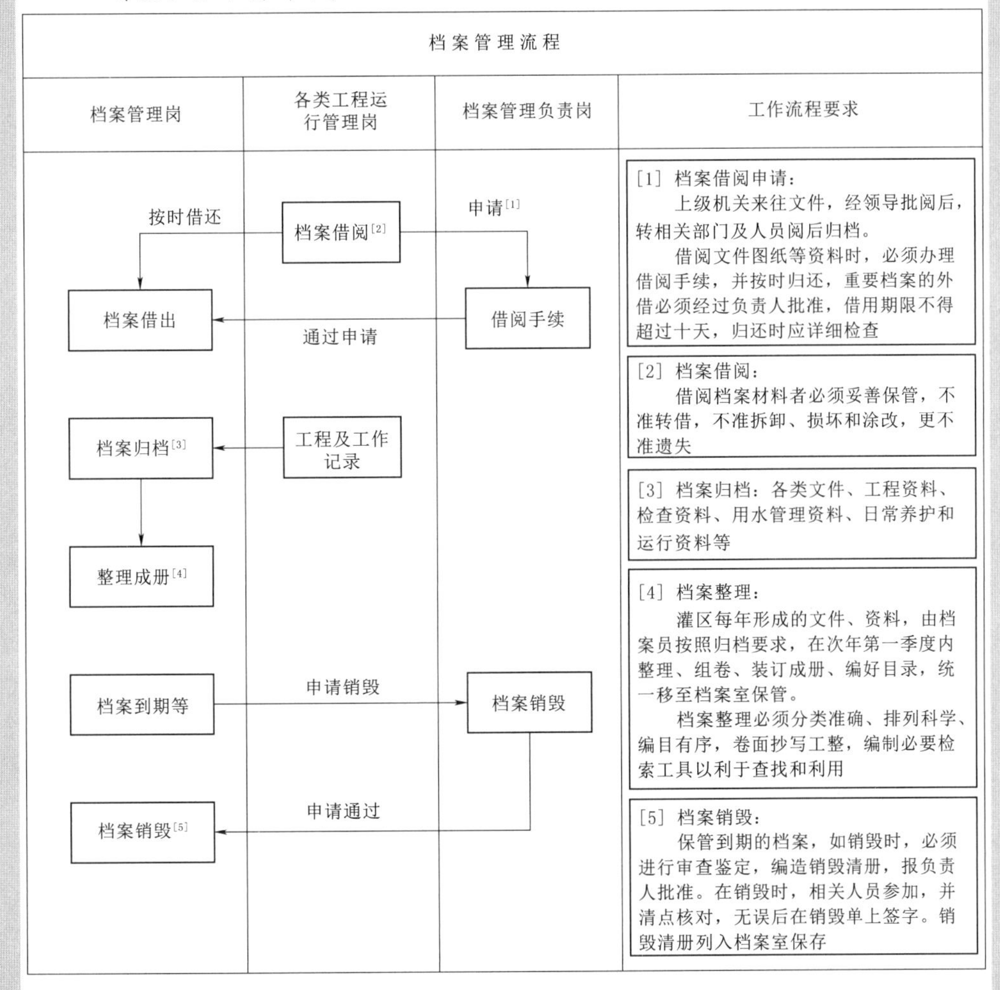

3. 工作要求

(1) 灌区日常开展工作时，以下内容须定期进行归档：

1) 与灌区建设、管理相关的国家法律、法规、政策、指令、批示、规范、规程、标准和办法等。

2) 工程资料：规划、勘测、设计、施工、监理、竣工、验收等技术文件、图样以及概、预、决、结算等资料。

3) 检查资料：在工程检查中形成的相关记录资料。

4）供水管理资料：灌区量水和监控等设施资料，墒情和地下水位等观测资料，灌溉供水管理制度与调度计划等资料。

5）工程维修养护和运行操作的有关记录和资料。

（2）归档时，有条件的还应该进行电子档案管理，采用线上归档和借阅。

（3）档案在归档、借阅等过程必须按照档案管理制度进行。

（4）档案在销毁时必须经过审核，并且做好销毁记录。

4. 附件

（1）档案材料要求（略）。

（2）档案室环境条件要求（略）。

（3）档案复制规定（略）。

[示例 4.21]　××灌区档案管理作业指导手册

一、档案管理制度

（一）技术资料归档制度

1. 为了加强管理单位技术档案的管理，积极开展提供技术利用工作，使技术档案更好地为水利建设和科研服务，特制定本制度。

2. 技术档案具有工作考查、科学研究、经验总结、技术交流等作用，是进行水利建设的必要工具和条件。

3. 归档原则

集中统一管理本单位的技术档案；遵循技术资料的自然形成规律和内在联系，保持文件材料的成套性，便于保存，保证安全、完整，便于提供利用是技术资料归档的基本原则。

4. 归档范围

凡是记述和反映本单位基本建设、工作情况、生产技术和科学试验等技术活动，具有查考和凭证作用的技术文件材料（图样、文字、报表、照片、录像、录音带等），都应归档。

（1）编制的管理单位水利规划、渠系流域规划的文件材料、附表及附图等。

（2）编制的渠系流域综合治理规划、上级指示、决议、意见等指导性文件。

（3）勘测、测绘方面的原始记录、测绘成果及测绘原图等。

（4）水文地质、机井建设、抽水试验资料及地质图。

（5）水资源的调查、开发利用方面的原始及成果材料。

（6）水工建筑物的勘测、设计、施工、竣工文件。

（7）上级批复及下级报送的水利工程全部材料。

（8）抗旱防汛及灾情资料和图样等。

（9）治理旱、涝、碱及农田水利建设规划、验收、总结等材料。

(10) 水土保持的土壤侵蚀规律、综合防治措施、合理利用水土资源的材料数据等。

(11) 管理单位编制的水利统计等文件材料。

(12) 渠道及渠系建筑物治理的设计、施工、竣工图纸及文字材料。

(13) 科研文件材料、专题研究任务书、工作计划、研究方案、各种试验观察记录、计算材料、公式、数据和分析成果、试验阶段小结、科研论文专著报告及鉴定评述、推广文的技术文件等。

(14) 本单位与其他单位协作，属本单位工作范围，并由本单位主管的工程项目的文件材料。

(15) 本单位的办公楼、宿舍楼及所属的基建设备、水电暖线路布置和附属建筑物的文件材料。

5. 归档要求

(1) 归档范围内的技术文件材料，必须保持文件的系统性、成套性和完整准确。

(2) 为便于分类、保管和查找利用，要一事一文，不要跨越行文。

(3) 图样图幅要按规定的规格，要设标题栏编写图号和日期。

(4) 文件和图样必须做到线条字迹清楚。纸质优良，文件材料不要用铅笔或圆珠笔抄写，也不要用复写纸复写，不符合要求的文件应由原编制单位复制才能归档。

6. 归档时间：分为随时和定期两种。

(1) 本单位转报或批复的文件要随时归档。

(2) 施工工程的技术文件材料，可在竣工验收后归档。如任务大、时间长，也可以分阶段或按年度归档。

(3) 科研技术文件材料，可在一项科研题目完成或告一段落后归档。

(4) 勘测技术文件，应在一项任务完成，绘出成果或写出报告后归档。

(5) 水文、气象科技文件材料，基本上可一年归档一次。

7. 归档方法：文件材料编制者或编制单位把应归档的技术文件材料送交档案室。由档案人员立卷归档，交接时要办理交接手续。

8. 归档份数：一般技术文件材料可以一份，重要的技术文件材料要一式两份。

(二) 技术档案管理制度

1. 档案室应在每年第一季度将上年的技术文件材料立卷归档。

2. 对档案要定期检查，发现问题及时处理，确保档案的安全。

3. 库房内要保持清洁，并能防盗、防火、防潮、防尘等。

4. 修改技术档案，必须申明理由。底图修改后对蓝图也必须修改，这一工作由原设计者完成。

5. 任何人对技术档案的机密不得任意向外泄漏。

6. 机构变化、撤销或合并时，应将技术文件材料妥善保管，不得随意分散或带走。

7. 私人通信不得涉及国家机密，个人笔记本不得记录机密档案的内容。

8. 个人所借的技术档案，不得携带到公共场所。

9. 不准利用电话或电报向外机关提供机密档案的内容。

10. 借阅的档案材料不得丢失、损坏，对机密档案资料不得拍照和描绘。

（三）技术档案查阅制度

1. 借阅手续：本单位各科室及处属各管理所人员，借阅绝密级的档案，由处领导批准；借阅机密级档案，由相关科室负责人批准；密级外可直接到档案室借阅。

2. 借阅的档案资料不得中途转借他人。

3. 外单位来借阅档案，密级内的持介绍信由处领导批准；密级外的可持介绍信由相关科室负责人批准后借阅。

4. 外单位来本单位协助工作的人员借阅技术档案时，应由接洽人员办理借阅手续。

5. 所借档案资料要注意保管、保密、爱惜使用，不得乱划、乱涂、剪裁和折毁。

6. 借阅档案用完后，应及时送还。

7. 借阅档案的人员在离职、调职或长期离开机关时，应将所借档案归还，不准带走。

二、档案管理操作指南

（一）资料接收

1. 工作内容

收集工程、安全、设备操作等相关技术档案资料，核对、清点、整理资料内容和数据，做好档案移交手续。

2. 工作流程

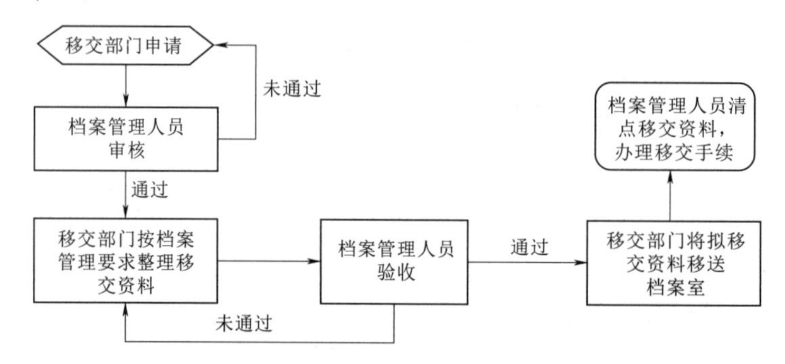

3. 工作要求

档案资料移交要及时、齐全、准确，明确移交时间和移交部门、接收人，做好档案资料的交接工作。

4. 记录表

档案资料交接记录表

序号	档案名称	移交部门	移交时间	移交人	接收人	备注
1						
2						
3						
4						
…						

(二) 档案整理

1. 工作内容

档案资料要分类登记，按照档案管理标准填写卷盒，依据档案卷目录、档案目录和档案明细表分类排架。

2. 工作流程

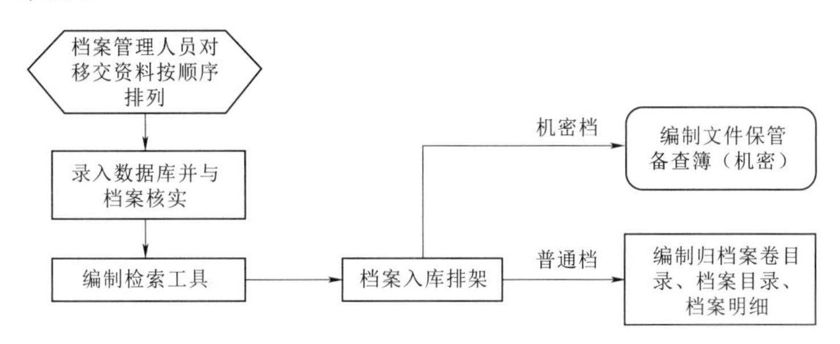

3. 工作要求

不同类别的档案分别排架，同一类别的档案按分类号及案卷顺序号依次排列。不使档案分散；不使档案互相混乱；不使档案丢失与泄密；不使档案遭到损坏。

4. 记录表格

归档案卷目录

卷宗号：　　　　目录号：　　　　部门：

案卷顺序号	立卷类目号	案卷标题	起止日期	卷内张数	保管期限	备注

档案目录卡

档号：　　　　卷名：

本案文件目录					
序号	收文号	来文号	发文号	页数	备注
1					
2					
3					
4					
…					

档 案 明 细 表

<table>
<tr><td>柜位号</td><td colspan="2"></td><td colspan="3">拟存至日期</td><td colspan="4"></td></tr>
<tr><td rowspan="2">部门</td><td rowspan="2">文件名称
内容</td><td rowspan="2">类别</td><td colspan="3">入库日期</td><td colspan="3">出库日期</td><td rowspan="2">收件人
签收</td></tr>
<tr><td>年</td><td>月</td><td>日</td><td>年</td><td>月</td><td>日</td></tr>
<tr><td></td><td></td><td></td><td></td><td></td><td></td><td></td><td></td><td></td><td></td></tr>
<tr><td></td><td></td><td></td><td></td><td></td><td></td><td></td><td></td><td></td><td></td></tr>
<tr><td></td><td></td><td></td><td></td><td></td><td></td><td></td><td></td><td></td><td></td></tr>
</table>

（机密）文件保管备查簿

<table>
<tr><td rowspan="2">归档日期</td><td rowspan="2">原文件编号</td><td rowspan="2">内容摘要</td><td rowspan="2">经办部门</td><td rowspan="2">档号</td><td rowspan="2">预定保存期限</td><td colspan="2">份数</td><td rowspan="2">备注</td></tr>
<tr><td>副本</td><td>影本</td></tr>
<tr><td></td><td></td><td></td><td></td><td></td><td></td><td></td><td></td><td></td></tr>
<tr><td></td><td></td><td></td><td></td><td></td><td></td><td></td><td></td><td></td></tr>
<tr><td></td><td></td><td></td><td></td><td></td><td></td><td></td><td></td><td></td></tr>
<tr><td></td><td></td><td></td><td></td><td></td><td></td><td></td><td></td><td></td></tr>
<tr><td></td><td></td><td></td><td></td><td></td><td></td><td></td><td></td><td></td></tr>
<tr><td></td><td></td><td></td><td></td><td></td><td></td><td></td><td></td><td></td></tr>
</table>

（三）借阅与归还

1. 工作内容

档案资料的借阅、查看和资料归还。

2. 工作流程

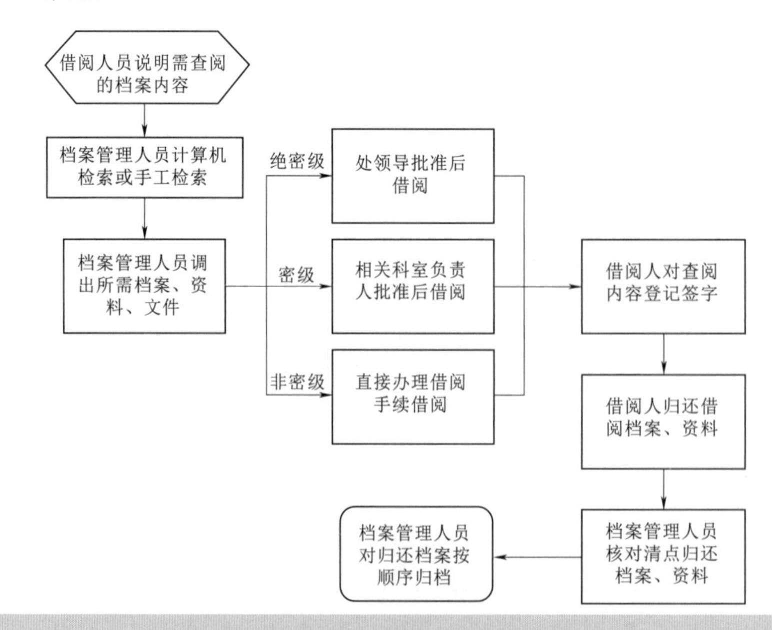

3. 工作要求

档案借阅要严格规范、及时归还，对借出归还的资料认真核对清点。借阅记录表格如下表所示。

档案借阅登记表

序号	档案名称	借阅人	借阅时间	归还时间	收档人	备注
1						
2						
…						

（四）档案管理

1. 工作内容

立卷归档、定期检查、防火防盗、做好记录。

2. 工作流程

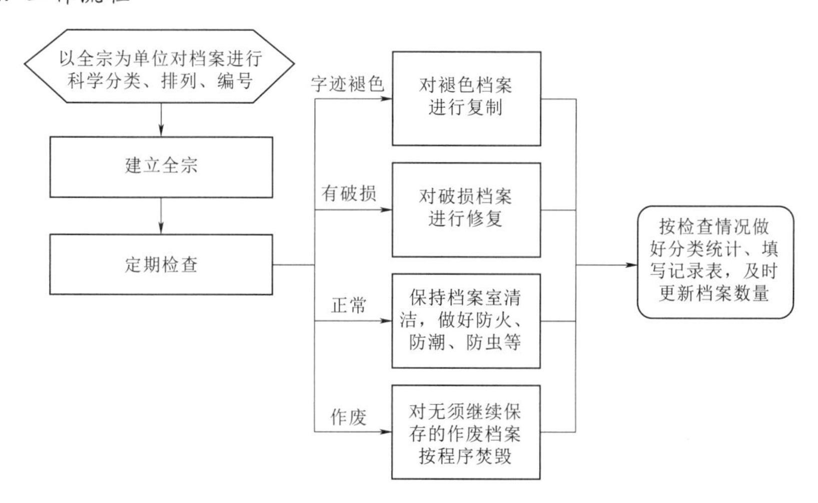

3. 工作要求

及时立卷归档，处理好档案检查过程中发现的问题，保持档案室的清洁，对档案的机密不得任意向外泄露。

4. 记录表格

档案安全检查表

检查时间		检查地点	
检查人员			
检查范围			
检查情况	数量破损		
	字迹褪变		
	纸张破损		
	霉变		

续表

检查情况	虫蛀	
	门窗安全	
	火灾	
	水淹	
	泄密	
采取措施		
备注		

作废档案焚毁清册

年 月 日 焚

档 号	收 文 号	发 文 号	简 由	档案起讫年月

核准： 监焚： 焚毁执行人：

档案室工作考核表

考核单位（部门）： 考核时间： 年 月 日

项目	考 核 内 容	分值	评 分 标 准	自查得分	考评得分	备注
人员配备（20分）	有明确的分管领导主管档案工作	5	将档案工作纳入本单位年度工作计划中得5分			
	有兼职档案员且相对稳定，兼职档案员因调动或调整时，办理档案移交手续并能及时配齐兼职档案员	5	有兼职档案员且相对固定的得5分，调动或调整时办理了档案移交手续并及时配齐兼职档案员的得3分			
	分管领导与兼职档案员能认真执行有关档案工作规章制度，积极参加档案工作会议、业务培训和相关活动	10	根据参加档案工作会议和业务活动情况评分，每缺少一次扣2分			
预立卷归档（70分）	档案存放有固定场所，配备专门档案柜装具等设施，有专人负责保管，并能经常性地收集、整理、编目、预立卷等	15	有固定存放地方得5分，有装具得5分，有专人保管得5分			
	各类档案齐全、完整	10	应归档文件材料未归的，发现一份未归材料扣2分，超过3份不得分			

续表

项目	考 核 内 容	分值	评 分 标 准	自查得分	考评得分	备注
预立卷归档（70分）	归档材料有电子版的，必须同时归档。收集文字材料的同时注意收集声像、实物档案	10	电子文件、录音、录像、照片、磁盘、实物等应归档载体收集不全酌情扣分，未收集不得分			
	遵循文件材料形成规律，保持文件的系统有序，文件材料分类、预组卷正确合理	10	不属归档范围而归档者扣2分，紧密相连的材料人为的分开（如请示与批复、正文与定稿等）扣3分，组卷紊乱、无条理、不规范者扣3分			
	归档文件材料用纸规范、书写完整，用墨符合要求，装订整齐，无金属装订物	10	文件材料中有圆珠笔、铅笔、红、纯蓝墨水字迹材料扣1～5分，有金属装订物扣5分			
	案卷标题准确揭示卷内文件的内容。文字简练，不超过50字	5	案卷标题不能反映案卷内容扣3分，内容不简明、字迹不清楚者扣2分			
	文书档案6月30日前定为归档时间，每年归档一次。各部门应在规定时间内完成年度预立卷归档工作，档案移交手续完备	10	以规定移交时间为准，无故逾期1周内扣4分，逾期2周内扣6分，逾期超过2周不得分			
安全保密（10分）	安全保密意识强，认真负责保管档案及文件材料	10	建立查借阅登记簿，并且进行规范登记得5分，档案及文件材料保管有条理得5分			

（5）档案全引目录及案卷目录。

（6）档案借阅记录。

（7）档案销毁记录。

（8）档案室温度、湿度、日常检查等记录资料。

5 灌区供用水管理

5.1 取水许可及供用水计划管理

5.1.1 工作任务

取水许可及供用水计划管理的工作任务主要包括：

（1）办理灌区取水许可证，协助灌区上级主管部门做好水权分配。

（2）建立健全灌区供用水管理制度，编制供用水调度方案及应急预案。

（3）编制灌区水量调度方案及年度（取）供水计划，确保灌溉面积，做到节约用水，年度取水不得超过国家批准的水资源可利用量。

（4）规范灌区供用水管理，完成年度供水任务。

5.1.2 工作标准及要求

（1）建立健全灌区供用水管理制度，成立灌溉管理组织机构，明确管理职责，规范供水、用水、收费等行为，灌溉服务良好，灌溉用水效率测算分析及时、准确。灌区水量调度指令畅通，水量调配及时、准确，记录完整。灌区供用水管理制度建设可参考表5.1，结合工程实际制定有关制度。

表5.1　灌区供用水管理制度参考目录

分　类	序号	制　度　名　称
供用水管理	1	灌溉供用水管理办法
	2	农业用水确权登记办法
	3	灌溉供用水量调度管理办法
	4	灌溉供用水量计量管理办法
	5	量测水设施设备检查维护管理办法
	6	灌溉水质监测制度
	7	灌溉试验和技术推广管理办法
	8	灌溉管理行为与规范制度
	9	农业供水分类水价实施办法
	10	农业供水超定额累进加价实施办法
	11	末级渠系管水组织管理办法
	12	斗渠运用管理细则
	13	灌溉水费收缴管理办法

注　灌区管理单位可根据供用水管理实际，增加或减少、优化合并相关制度。

（2）严格执行国务院《取水许可制度实施办法》的有关规定，取水许可手续规范完善，按照取水许可申请办理取水指标；编制灌区水量调度方案及年度（取）供水计划，统筹兼顾灌区范围内生活、生产和生态用水需求，科学合理调配供水。

（3）开展灌区内居民生活、农业生产、工业生产和生态环境等需水调查，在不超过国家批准的水资源可利用量的前提下，提出本灌区各行政单元的水权分配方案，协助灌区上级主管部门做好水权分配。推行总量控制与定额管理，农业用水总量指标细化分解到用水主体。灌区水量调配涉及防汛、抗旱等内容应按规定报备或报批。

（4）灌区供用水和水利工程运行应服从防汛指挥机构、水行政主管部门等对防汛、抗旱、生态供水的统一调度，保障灌区范围内生活、生产和生态用水。

（5）结合灌区工程实际，制订供用水调度方案，调度应急预案完善、职责明确；抢险物资储备到位。

（6）建立供用水监督制度体系，实行灌溉水量、水价、水费公开公示，收费开票到基层用水组织或到户。年度供水结束后，及时统计灌溉面积、作物种植结构、灌溉用水量等，并做相应分析；灌溉年度总结全面、客观、翔实。

（7）每年编制灌区居民生活、农业生产、工业生产和生态环境等供水计划，供水计划包括渠首供水时间和总量、骨干渠系的配水方案、种植作物等。

（8）每年供水计划制订前，应对本年度灌溉区域农业、生态等用水情况进行总体调查，结合往年供水情况制订。

（9）核查灌区基层站所编制的年度供水计划，查询实时供水量（分渠段、分时段供水量、总供水量）统计系统，明确供水范围、供水时段、供水量。

（10）建立计划供水量和实际供水量台账，建立水账统计系统，完善统计资料。

（11）在批准的取水计划范围内取水。

（12）根据国家技术标准对用水情况进行水平衡测试，改进用水工艺或者方法，提高水的重复利用率和再生水利用率。

5.1.3 供用水调度工作流程及应急预案

灌区管理单位应根据国家有关技术标准、灌区工程及供用水实际，编制灌区供用水调度工作流程及应急预案等。灌区供用水调度工作流程可参考［示例 5.1］编制，灌区供用水调度应急预案可参考［示例 5.2］编制。

［示例 5.1］　××灌区供用水调度流程

一、灌区管理单位供用水调度流程

1. 工作内容

（1）支渠用水计划申请、编制、上报、审核、下发、执行。

（2）调度人员要严格执行配水计划，熟悉渠道各重点建筑物及渠段的输水能力，各控制站点的警戒水位、用水情况等，做到水调工作心中有数；要掌握水情、灌溉和天气变化情况，上传下达及时准确到位，注意渠口增减水量，遇有大风、暴雨或险情等突发事件，调度员有权采取应急措施，做出果断处理，认真做好记录，同时向上级调度和值班领导汇报。

2．工作流程

灌区供用水水量调度工作流程如下图所示。

灌区供用水水量调度工作流程

管理段段长 | 管理站所调度负责岗 | 管理单位调度岗

灌溉面积和支渠用水计划申请

初审计划，上报用水计划、开关口情况、灌溉进度

复审计划，统计上报用水量、用水计划、灌溉进度

终审计划，统计灌溉进度和用水量

申请干渠加减水

核实干渠流量和输水能力

不满足

满足

下达灌区阶段配水计划，调配水量

下达站所阶段配水计划，调配水量

执行配水计划，做好供水服务

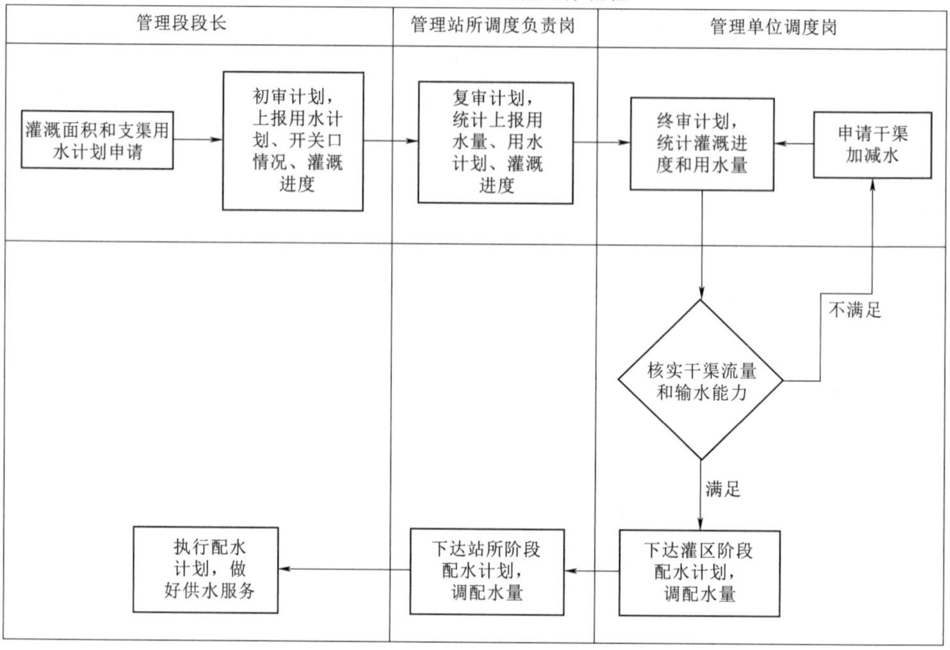

3．工作要求

（1）灌区供用水调度实行“统一领导，分级负责，水权集中，专职调配，先难后易，先急后缓，控近送远，先下游后上游，先高口后低口，先交后用，交够再用”的原则。

（2）调度信息汇报顺序：

1）灌区管理单位：调度员→管理单位总调度（同时汇报值班科长）→单位值班领导（同时汇报单位主管领导）→单位行政主要领导。

2）基层管理站所：调度员→管理站所总调度→值班站所长→站所长。

（3）各类水量调度和生产安全管理等相关的记录必须由当班调度员真实、及时地记录在相关记录本上。

（4）上级调度下达的各类调度指令和电文、电报等，当班调度员要汇报本级总调度和值班科长，由总调度制定有关调度指令。必要时要同时汇报值班领导和主管领导。

（5）一般调度指令由总调度根据阶段灌溉计划等制定，由调度员下达，与计划变动较大和重要的调度指令须由主管灌溉工作的领导同意后方可下达。

（6）控断面要按照灌区管理单位调度室指令保持干渠水位平稳，按时按要求交水、用水。各交水点及配水点，每年要核定水位、流量关系曲线，以保证引

配水流量的公平、公正。严禁超警戒和限定流量运行，若需调整渠道警戒水位和限定流量，须报请有关部门批准后方可执行。

(7) 调度人员要根据渠道运行状况认真处理好水情，对于容易发生事故的险工段、重要建筑物等，要做出预防事故的调度方案，提高应急处置的能力。

(8) 严格水量调度程序和工作纪律，树立调度的权威性，水量调度指令和信息的上报下达必须由各级调度员发布实施，非调度人员不得干涉调度正常工作。

(9) 调度指令下达要准确，执行要及时，执行情况要及时反馈，调度指令应做到准确、及时、果断、灵活。各级调度要做好站基层所辖渠道或渠段间每日引配水量的对口与平衡工作，当出现反常时，要查明原因及时处理。行水期间，各基层站所调度要按照要求每天 4 时、8 时、12 时、16 时、20 时、24 时及时上报水情（主要为干渠各控制断面水位及流量），前后不超过 15 分钟，并按规定记录、上报水情。当发生渠道水位不稳，遥测仪出现故障或其他险情时，要查明原因及时处理，并按照调度指令加测加报渠道水位，直至恢复正常运行，不得拖延、谎报、漏报、误报。要按照上级调度要求及时统计、上报灌溉进度和其他数据。

(10) 各基层站所值班领导、调度对单位调度员发布的调度命令有异议时，可向灌区管理单位总调度反映，总调度要根据情况审查有异议的调度命令，并作出是否修改的指令，由灌区管理单位调度员下达。

(11) 调度员请示汇报规定。

1) 调度信息汇报顺序：

a. 管理处：调度员→灌区管理单位总调度（同时汇报值班科长）→灌区管理单位值班领导（同时汇报灌区管理单位主管领导）→灌区管理单位主要负责人。

b. 基层管理站所：调度员→管理站所总调度→值班站所长→站所长。

2) 各类水量调度和生产安全管理等相关的记录必须由当班调度员真实及时地记录在相关记录本上。

3) 上级调度下达的各类调度指令和电文、电报等，当班调度员要汇报本级总调度和值班科长，由总调度制定有关调度指令。必要时要同时汇报值班领导和主管领导。

4) 一般调度指令由总调度根据阶段灌溉计划等制定，由调度员下达，与计划变动较大和重要的调度指令须由主管灌溉工作的领导同意后方可下达。

(12) 配水计划要体现昼夜平衡，均衡受益。相关指标在×月×日前将作物种植结构及用水计划录入××渠综合业务应用系统。

二、支渠管理站所供用水水量调度工作流程

1. 工作内容

分析、决断开关口及开度大小，下达开关指令，执行开关口，记录、上报开关口数据，履行供水签字手续。

2. 工作流程

支渠供用水水量调度流程如下图所示。

3. 工作要求

(1) 管理段审批要求：用水户申请合规性审查，申请与段计划比对。

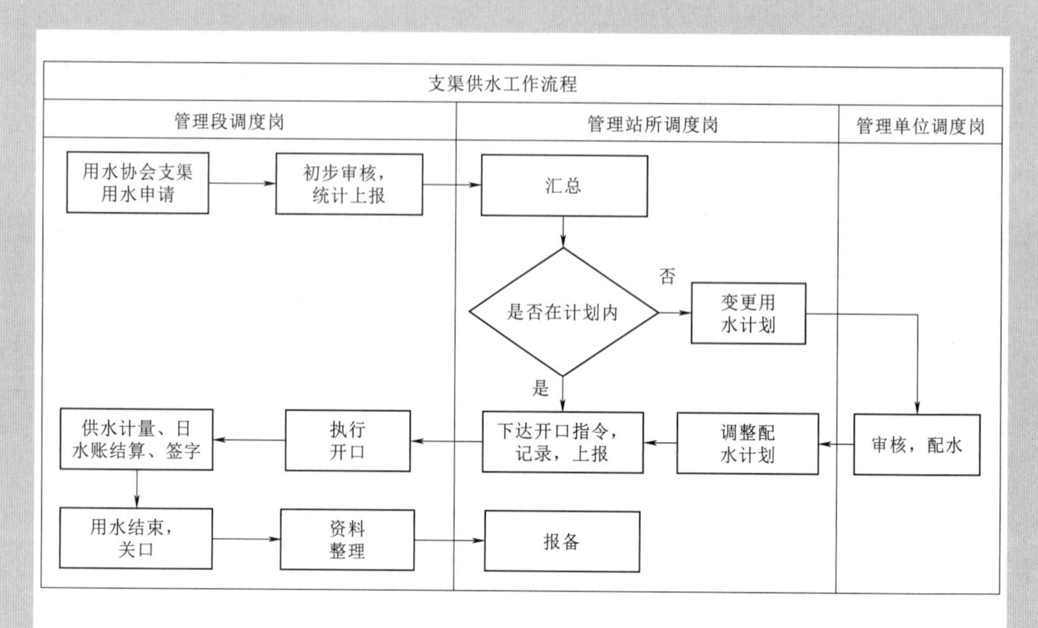

（2）管理站所审批要求：用水户申请合规性审查，申请与所计划比对。

（3）开口开度准确，手续完善，记录填写规范。

（4）时限要求：批准的开口时间 2 小时内完成开口。

（5）各管理所根据灌溉管理科下达的引水计划和用水指标，编制出本管理所管辖的直开口阶段配水计划。

（6）管理所用水计划确需调整时，提前三天向灌溉管理科提出申请，经同意后调整水量。

（7）干渠直开口配水原则：以水利厅调度中心下达的供水指标，按照双指标控制原则核定干渠直开口计划配水量，根据多年用水情况分析制订阶段配水计划，作为阶段供水指标，本阶段用不完的指标作废。多用的须提前 2 天申请，管理所视来水情况统一安排。

[示例 5.2]　××灌区供用水（抗旱）调度应急预案

为适应新时期抗旱救灾工作的需要，提高管理处抗旱应变能力和抗旱主动性，最大限度地减轻旱灾对受水区经济、人民生活和社会生产造成的危害，保证科学、高效、有序地开展抗旱救灾工作，特制订本预案。

1. 工作原则

（1）坚持“以防为主、防抗结合、防重于抗、抗重于救”的原则。

（2）坚持“统筹兼顾、突出重点、兼顾一般”的原则，实行先生活、后生产，先地表、后地下，先节水、后调水，科学调度，优化配置，最大限度地满足全灌溉区域人民生活、生产、生态用水需求。

(3) 坚持依法抗旱的原则。

(4) 坚持科学、合理、实用、便于操作的原则。

(5) 坚持水资源可持续利用、节约用水的原则。

2. 编制依据

依据《中华人民共和国水法》《中华人民共和国防洪法》《国家突发公共事件总体应急预案》《××省级河道管理条例》等法律法规和有关技术规范，结合管理处供水实际情况，特制订本预案。

3. 适用范围

本预案适用于管理处受水区域内出现旱灾的预防和应急处理，包括因干旱引发的农作物减产和城乡供水危机。

4. 受灾区基本情况

（包括自然地理情况、经济社会发展情况、地表水资源开发利用概况、旱灾情况、抗旱能力等。）

5. 组织体系及职责

(1) 组织体系。

灌区管理单位成立抗旱应急指挥部，办公室设在灌溉调度科。

总指挥：管理单位行政主要负责人。

副总指挥：管理单位分管灌溉的负责人。

成　员：灌溉调度科、防汛工程科、办公室及各所，受水区水务局（所）、乡（镇）人民政府。

成员单位负责同志为指挥部领导小组成员。

(2) 管理单位抗旱指挥部职责。

1) 在同级人民政府和上级抗旱指挥部的领导下，贯彻执行相关决定、指令。

2) 组织召开抗旱工作应急会议，安排部署抗旱救灾工作。

3) 制定各项抗旱措施，落实抗旱物资和经费。

(3) 各成员单位的职责。

1) 贯彻执行国家有关抗旱工作的法律、法规和方针政策。

2) 及时了解、掌握旱情、灾情和水利灌溉工程运行状况，发布旱情、灾情报告。

3) 及时向指挥部主要领导提出抗旱决策参谋意见并具体实施抗旱工作。

4) 传递上级抗旱救灾工作指令，了解救灾工作进展情况，督促检查各项抗旱救灾措施的落实。

5) 旱情严重时，由供水相应所、受水区水务局（所）和乡（镇）人民政府共同维护好供水秩序，确保供水计划的执行和落实。

6. 预防和预警机制

(1) 旱情信息监测及报告。

灌区各基层站所、受水区水务局（所）和乡（镇）人民政府应加强对当地灾害性天气的监测和预报，并将结果及时报送处抗旱指挥机构。

1）旱情信息主要包括：干旱发生的时间、地点、程度、受旱范围、影响人口，以及对工农业生产、城乡生活、生态环境等方面造成的影响。

2）抗旱指挥办公室应掌握水雨情变化、蓄水情况、农田土壤墒情和城乡供水情况，加强旱情监测，上报受旱情况。

（2）预防措施。

1）思想准备。加强宣传，增强全民预防旱灾的意识，做好抗大旱的思想准备。

2）组织准备。建立健全抗旱组织指挥机构，落实抗旱责任人、抗旱队伍及预警措施，加强抗旱服务组织的建设。

（3）预警。

干旱预警共分四级：即Ⅰ级预警（特大干旱）、Ⅱ级预警（严重干旱）、Ⅲ级预警（中度干旱）、Ⅳ级预警（轻度干旱）。

Ⅰ级特大干旱：受旱区域作物受旱面积占播种面积的比例在80%以上；以及因旱造成农（牧）区临时性饮水困难人口占所在地区人口比例高于60%。

Ⅱ级严重干旱：受旱区域作物受旱面积占播种面积的比例达51%～80%；以及因旱造成农（牧）区临时性饮水困难人口占所在地区人口比例达41%～60%。

Ⅲ级中度干旱：受旱区域作物受旱面积占播种面积的比例达31%～50%；以及因旱造成农（牧）区临时性饮水困难人口占所在地区人口比例达21%～40%。

Ⅳ级轻度干旱：受旱区域作物受旱面积占播种面积的比例在30%以下；以及因旱造成农（牧）区临时性饮水困难人口占所在地区人口比例在20%以下。

7. 应急响应

（1）总体要求。

1）各级抗旱指挥机构应针对干旱灾害的成因、特点，因地制宜采取预警防范措施。

2）各级抗旱指挥机构应建立健全旱情监测网络和干旱灾害统计队伍，随时掌握实时旱情灾情，并预测干旱发展趋势，根据不同干旱等级，提出相应对策，为抗旱指挥决策提供科学依据。

3）抗旱指挥机构应当加强抗旱服务网络建设，鼓励和支持社会力量开展多种形式的社会化服务组织建设，以防范干旱灾害的发生和蔓延。

（2）具体措施。

1）按照“先生活、后生产，先节水、后调水，先地表、后地下，先重点、后一般”的原则，强化抗旱水源的科学调度和用水管理，保障城乡居民生活用水安全。

2）按灾情和国家有关规定，动员社会各界力量支援抗旱救灾工作，并做好救援资金、物资的接收和发放。

3）启动抗旱水量调度方案、节水限水方案及各种抗旱设施全部启动。根据各个受水区实际情况，在受水区用水指标不超过计划的前提下，配合地方水务局加大对受水区蓄水池的蓄水，及时对蓄水池、水库进行蓄水，保障抗旱应急用水。

4）加强抗旱水源的管理，与相邻管理处协调好用水时间，尽可能错开双方用水高峰，避免或减少因干渠水位波动造成水源管理所出水流量不稳定的情况。渠首管理所要做好当地群众强行开启干渠节制闸的措施，联合公安部门维护好安全运行秩序。汛期渠首管理所要做好柴草堵塞拦污栅，影响机组正常运行的措施，确保灌溉的连续性。

5）严格直开口管控工作，做好直开口设备的维护管理，杜绝水量流失，严格执行调度命令，保证按计划供水。

6）加强灌区水库、调蓄水池与供水的协调管理，错峰供水，向水库和调蓄水池进行补水，以便旱情发生时，受水区应急水源的充足。

7）强化与受水区政府和水务主管部门的联系，加强计划供水，维护供水秩序，禁止无水权的土地和老灌区抢水，加强水政执法工作，及时调解水事纠纷，办理水事案件，必要时与公安部门联合执法，确保有序供水。

8）密切关注天气变化和灌溉信息，积极争取上级部门的理解和支持，必要时刻改变渠首管理所运行方式，加大供水能力，受水区按照调度原则错峰用水，避免用水过度集中，全力抗旱。

9）及时召开灌区抗旱工作会议，及时转达旱情、水情信息，安排应急调度计划，部署供水任务和要求，保证供水。

10）及时对工程（设备设施）进行维修和保养，确保工程运行正常。随时发挥工程效益。

8. 响应结束

(1) 当旱灾、极度缺水得到有效控制时，事发地的防汛抗旱指挥机构可视旱情，宣布结束紧急抗旱期。

(2) 依照有关紧急抗旱期规定征用、调用的物资、设备、交通运输工具等，在抗旱期结束后应当及时归还；造成损坏或者无法归还的，按照国家有关规定给予适当补偿或者作其他处理。

9. 后期处置

发生旱灾后，各相关单位要对旱灾造成的损失进行评估，征求群众的意见和建议，力求评估准确真实，为抗旱工作找出问题，总结经验，促进抗旱工作的顺利有序进行。

10. 保障措施

(1) 资金保障。

利用有关部门下拨的维修养护经费，做好管理单位机电设备、水工设施、供用水和通信设备的维修养护；借助于管理处防汛抢险资金，及时处置工程正常运行期间的渠道滑塌、压力管道和渡槽渗漏等情况，保证系统的正常运行。

(2) 物资保障。

抗旱物资管理部门应及时掌握新材料、新设备的应用情况，及时调整储备物资品种，提高科技含量。由管理处抗旱指挥机构负责调用。

(3) 应急队伍保障。

在抗旱期间，抗旱指挥机构应组织动员社会公众力量投入抗旱救灾工作。

5.1.4 成果资料

取水许可证及供用水计划管理的成果资料主要包括：

(1) 灌区取水许可证。

(2) 灌区各行政单元的水权分配方案及灌区上级主管部门下发的水权分配文件。

(3) 灌区供用水管理制度，灌溉管理组织机构框图及职责。

(4) 灌区供用水调度方案及调度应急预案。

(5) ××××年度供用水计划。

(6) ××××年度计划供水量和实际供水量台账。

(7) ××××年度供用水统计表。

5.2 供用水量测管理

5.2.1 工作任务

供用水量测管理的工作任务主要包括：

(1) 建立健全灌区供用水量测管理制度，编制供用水量测作业指导手册。

(2) 检查、维修养护供用水量测设施设备，确保量测设施设备齐全、完好，精度满足要求。

(3) 按国家有关标准及供用水量测作业指导手册的规定及要求开展灌区供用水量测、计量工作，并做好记录。

(4) 通过灌区量测水计量设施系统，掌握灌溉供用水量，发现实时供用水量与灌区供水计划不符的，应报告并处理。

5.2.2 工作标准及要求

(1) 根据需要设置供用水计量设施设备，配备量测水技术人员。水源（渠首）、泵站、骨干分水口、骨干工程和田间工程分界点等，根据需要逐步实现供水计量，推广使用自动监测设备和在线监测，为灌区配水计划实施、用水统计、水费计收以及灌溉用水效率测算分析等提供基础支撑。

(2) 根据国家有关标准，结合本灌区供用水量测设施设备配置实际，以及供用水计量、考核要求，制定用水计量系统管护制度与标准，定期检测和率定用水计量设施设备，确保工作可靠、精度满足要求。

(3) 灌区供用水量测作业应严格执行制度和标准，按规定操作和记录；定期检查现场量测水设施设备，发现异常或损坏及时报告，并对损坏、缺失的量测设施设备予以更换或配置，确保量测水设施设备完好和工作正常。

(4) 按制度和标准的规定，定期查看运行管理平台量测水数据库及查询系统，及时掌握灌溉供用水量，发现实时供用水量与灌区供水计划不符的，应及时报告并处理。

5.2.3 量测水作业指导手册

为规范灌区供用水量测作业，灌区管理单位应根据国家有关标准，结合本灌区供用水量测设施设备配置实际，以及供用水计量、考核要求，制定灌区供用水量测作业指导手册（可参考［示例5.3］编制）。

[示例5.3]　××灌区供用水量测作业指导手册

1. 一般规定

（1）为规范干支渠系测算量水工作，做到测量水量公正、公平，实现计划用水、节约用水，提高灌溉管理水平，根据《灌溉渠道系统量水规范》（GB/T 21303—2017）和水文测量水规范，结合管理单位实际制定本规程。

（2）测水量水工作实行“统一领导，分级负责，及时准确，公平公正，实事求是”的原则。

（3）本规程适用于本灌域所有干、支（斗）渠、沟道测量水工作。管理单位鼓励并优先发展测流自动化、信息化建设，积极推进干（支）渠、水闸的测控一体化进程。

2. 测流量水要求

（1）测流方法。

1）流速仪测速：采用缆道、测桥和测船三种形式施测，用流速公式计算各测点流速，计算公式为

$$V=KR/T+C$$

式中　V——测点流速，m/s；

R——流速仪在测速历时 T 内的总转数；

T——测速历时，s；

K——水力螺距系数，流速仪校验后给定的数值；

C——仪器的摩阻系数，流速仪校验后给定的数值。

每架流速仪都附核定的流速计算公式，严禁混用。仪器应定期送检。

2）干（支干）渠测水断面按管理单位核定的水位流量关系曲线查算水量；支渠水量每日必须进行施测，干、支渠水位发生变幅要进行加测，使用水位流量关系曲线测流的支渠，管理所技术员要绘制水位流量关系曲线，经管理单位核定后制成水位流量关系表查算水量。凡采用水位流量曲线查算水量的干（支干）渠断面和支渠，在灌溉期要定期用流速仪施测校核。

3）特设量水设备及仪器仪表量水。

4）水工建筑物量水。

管理单位鼓励干支渠采用新技术测流，积极推进测控一体化改造，提高测流效率和精度。

（2）流速仪的选用。根据下表所列各种流速仪的用途和施测范围选用。

国产流速仪的用途和施测范围

类型	型号	施测流速范围/(m/s)	施测水深范围/m	主要用途
旋桨式	LS25	0.06～5.0	0.2～24	江河、湖泊、渠道、水库测流
	LS0	0.0～4.0	>0.0	体积小，适宜于江河、渠道及野外水利查勘
	LS2	0.05～7.0	>0.0	体积小，适于江河、水电站、闸坝及渠道测流
	ZLS	0.2～5.0	0.2～24	直读式

续表

类型	型号	施测流速范围/(m/s)	施测水深范围/m	主 要 用 途
旋杯式	LS68	0.20～3.5	>0.2	结构简单，适用于漂浮物较少，流速不太大的河流、渠道
	LS68-2	0.02～0.5	>0.2	适于低流速
	LS43	0.05～0.5	0.05～0.5	适于浅水、低流速

(3) 测流要求。

1) 干渠、支干渠测流断面。每年夏灌开始施测水位流量资料，经整理核定水位流量关系曲线，并制成推流表，×月×日正式启用新曲线。

2) 支渠测流。

a. 支渠开闸放水后，待测水断面水流稳定后（一般为1～2h)，方可进行施测。连续开口的，每日都须进行施测，日观测水位不少于2次；水位如果有变化，随时进行加测，分时段计算水量。

b. 使用水位流量关系曲线计算水量的支渠，每日4时、8时、12时、16时、20时、24时须定时观测、记录水位，查得相应流量，按时段用平均法计算水量。

3) 支渠用水计量必须准确合理。实行一渠一证，统一编号。测流记录和支渠供水证记录时，测流垂线间部分流量小数点后保留三位有效数字，断面流量小数点后保留两位数，水量以万m^3计算，严禁撕页、涂改、挖补。如有错误确需修改时，按财会的方法修改，供用水双方共同签字确认。供水证水量登记及签字必须用蓝黑墨水或黑色签字笔。

4) 各级测流量水工作，实行检测监交，干（支干）渠上游所为主测，下游所监测。支渠供水证日清日结，测水员和支渠用水协会会长签字认证有效。

5) 利用特设量水设备、水工建筑物量水的，按规定公式计算水量，用流速仪定期校核流量。

(4) 测流断面的选择。

1) 测流断面必须选择在渠段顺直、水流均匀，无漩涡回流影响的标准断面处，确保测流精度。一般支（斗）渠测流断面位置设在距进口闸30m以外。干（支干）渠断面设置在不受节制闸或大支渠口等建筑物影响的顺直渠段。

2) 对测流的渠道，在放水前应及时测绘出断面图，内容有测深垂线、底宽、干（支）渠水尺零点位置等，将断面图及水位流量关系曲线粘贴在流量测量记录本上。干、支渠水尺零点位置不得随意变动，以保证水位的可比性和资料的可信度。

3) 测速垂线的区间选择。根据《水文测验规范》，按渠道断面形式及宽度确定。

4) 流速测验方法。施测流速前观测水深。水深小于2m时，用一点法或二点法施测；水深大于2m时，用二点法或三点法施测，若干（支）渠断面标准顺直，流态稳定，经比测用一点法或二点法能有效控制精度，可用一点法或二点法施测垂线平均流速。

5) 测速历时规定，为消除水流脉动的影响，干、支渠每个测点测速历时不少于100s。

(5) 计算。

1）流速测验及计算。

a. 测点流速测验，见第四条款。

b. 垂线平均流速计算（V_m）。

一点法：$$V_m = V_{0.6}$$

二点法：$$V_m = (V_{0.2} + V_{0.8})/2$$

三点法：$$V_m = (V_{0.2} + V_{0.6} + V_{0.8})/3$$

c. 部分面积平均流速计算（V）。

中间部分：$$V = (V_{m1} + V_{m2})/2$$

岸边部分面积平均流速 $$V = \alpha V_m$$

式中 V_m——垂线平均流速，m/s；

$V_{0.2}$、$V_{0.6}$、$V_{0.8}$——水面以下 $0.2h$、$0.6h$、$0.8h$ 测点流速；

α——岸边流速系数，经验值或规定值。

2）根据不同形式渠道断面，可按下表选用岸边流速系数 α 值：

断面形式	梯形			矩形（U形）		
	土渠	混凝土板衬砌	浆砌石砌护	土渠	混凝土板衬砌	浆砌石砌护
α 值	0.7	0.9	0.85	0.9	0.95	0.9

3）部分面积计算，以测速垂线为分界。岸边部分按断面实际图形计算，中间部分水深平均后按矩形计算。如测流断面为矩形时，岸边部分面积与中间部分面积计算相同。

4）断面流量和平均流速计算

a. 断面流量：$$Q = A_1 V_1 + A_2 V_2 + \cdots + A_n V_n$$

b. 断面平均流速：$$V = Q/A$$

式中 Q——断面流量，m^3/s；

A_1、A_2、…、A_n——部分面积，m^2；

V_1、V_2、…、V_n——部分面积平均流速，m/s；

V——断面平均流速，m/s；

A——断面面积（部分面积之和），m^2。

5）水位流量关系。

a. 水位流量关系曲线的绘制方法。将各次测流时实测水位、流量的成果加以审查，列出实测成果表。同时绘制水位-面积（$H-A$），水位-流速（$H-V$），水位-流量（$H-Q$）关系曲线。$H-Q$ 关系曲线定出后，应与 $H-A$，$H-V$ 曲线对照检查，并使各种水位情况下的 $Q=AV$。流速仪测流记录、水量结算使用管理单位统一印制表格计算。

b. 各所、段要选配一批具有扎实的业务知识、较强的责任心，爱岗敬业的人员承担干（支）渠测流量水工作。测流人员既要定期培训，又要在实践中去学习，以提高测流队伍的整体素质，提高业务水平，树立良好的职业道德，以科学的态度努力做好本职工作。

6）流速仪的使用与保养。规范使用与保养流速仪，对测流成果和水流速的使用寿命都有很大影响，测流人员对此给予足够的重视。

a. 流速仪的拆装。

旋桨式：取下轴套末端的保护套，按顺时针方向将反螺丝套取下，并将轴套连回旋轴从桨叶中取出；将旋轴从轴套中取出后，拆下轴套、套管及螺丝帽、上轴承外圈、外隔套、内隔套、下轴承外圈、下轴承等部件，请认清零件的位置，按相反步骤再装上还原（要特别注意上下轴及外圈的位置）；在未装上轴套前，用手扳动小齿轮，看接触丝接触情况；将旋轴插入桨叶内，装上反螺丝套；松开身架固定螺丝，将旋轴插入身架内再上紧固定螺丝，并装上尾翼；将仪器悬挂在测杆上，并接上信号设备，观察信号是否正常；最后将仪器装入仪器箱内相应的各部件的位置上。

旋杯式：用扳手把固定旋盘的六角螺丝打开，再松开上下顶螺丝，取下旋盘固定器或顶针及偏心筒；将偏心筒的侧盖用扳手打开，了解接触丝及齿轮的转动与接触情况；将偏心筒的顶盖打开，找到钢珠座的位置，用螺丝刀将钢珠座取下，看其结构；取出压盘六角螺帽，卸下旋轴，旋杯，观察其构造；把上面拆卸的零件安装为原状，然后把旋盘固定器取下，装上顶针，口轻轻吹气视仪器灵敏，灵敏则可，否则进行调整；把两电线一端接在两压线螺丝帽下面，另一端接到计数器上，转动旋杯，看其发出信号是否正常，最后取下顶针，把仪器按照原来位置，安放在箱子中。

b. 流速仪使用前后注意事项：仪器安装好后，要轻提轻放，防止快速空转，以保持其性能稳定。仪器的旋转部分，放置时要悬空搁起，以防受压变形。仪器工作完毕出水后，应立即就地用干毛巾擦干水分，卸成原来安装前的各部件，妥善地放置在仪器箱内相对应的位置上，旋杯式流速仪要把顶针卸下，换上旋盘固定器。仪器长期不用时，易锈部件（如轴承）必须涂黄油加以保护，并将全部附件整理放入箱内。流速仪属精密仪器，要精心爱护，严禁随意拆卸其内部配件。随箱的流速仪及公式只能用于同一仪器，不同类型的仪器不能互相比测。

（6）干（支）渠水量结算。

1）干（支）渠水位、流量实行定时观测。

a. 水位观测方法。水位采用黄海基面作为计算标准，单位为 m，计至两位小数。水位计算公式为

$$水位=水尺零点高程+水尺读数$$

观测水尺读数时，要求目测水尺上下游刻度平均值为正确。每年春灌放水前由灌溉管理科对干（支干）渠测流断面安装直立水尺的零点高程和警戒水位高程统一校测备查。

b. 水位观测次数和时间。灌域干渠水位采取定时观测和不定时观测两种情况。当干渠水位无异常变化时，实行定时观测，具体时间为每日 4 时、8 时、12 时、16 时、20 时、24 时 6 次；当干渠水位异常时，在规定时间之外，可随时加报，时段为 30min 至 1h。

c. 流量施测。$H-Q$ 曲线施测阶段：夏秋灌从放水开始至 5 月 15 日为水位流量关系曲线施测阶段，每日流量施测不少于 3 次。5 月 16—20 日为定线阶段；

21日正式启用新线。各测流断面在施测阶段要积极检测各种不同水位下的流量，做到点距分布均匀。具体为：东升、通西、清水桥三处不少于70个数据，其他不少于55个，以便形成稳定的水位流量关系曲线。

正常灌溉行水期，每日施测流量一次，12时前测报。

d. 日均流量计算。干（支干）渠根据检验的 $H-Q$ 关系曲线，查得各观测时间流量按下式计算：

$$Q_{日均}=\frac{Q_{前20}+Q_{前24}+Q_{4}+Q_{8}+Q_{12}+Q_{16}}{6}$$

式中 Q_4、Q_8、Q_{12}、Q_{16}——当日4时、8时、12时、16时观测水位对应的流量；

$Q_{前20}$、$Q_{前24}$——前日20时、24时观测水位对应的流量。

2）干（支干）渠测流断面测流原始记录、测流成果表于每灌季结束后5日内报管理所和灌溉管理科备案。

3）干（支干）渠测流断面设施安装由上游所在每年春灌开灌前由测水员及时安装，保证及时施测。

4）水位流量测报以上游所为主测，下游监测，灌溉管理科水位遥测仪监控。对于弄虚作假、谎报水位、伪造资料的一经发现经严肃处理。

5）各管理所、段水位监测点同时按每日观测时间向处调度室上报水位流量。

6）管理单位调度室、所、段三级配水，坚持引用水量日清日结、支渠实用水量按月定点公布并送达公布到县区水务部门、乡村、用水协会。

3. 量测与计量工作流程

（1）工作内容。

1）测水仪器检查、调试、保养。

2）实地测流。

3）数据计算、登记、签字、上报。

（2）工作流程。

量测与计量工作流程

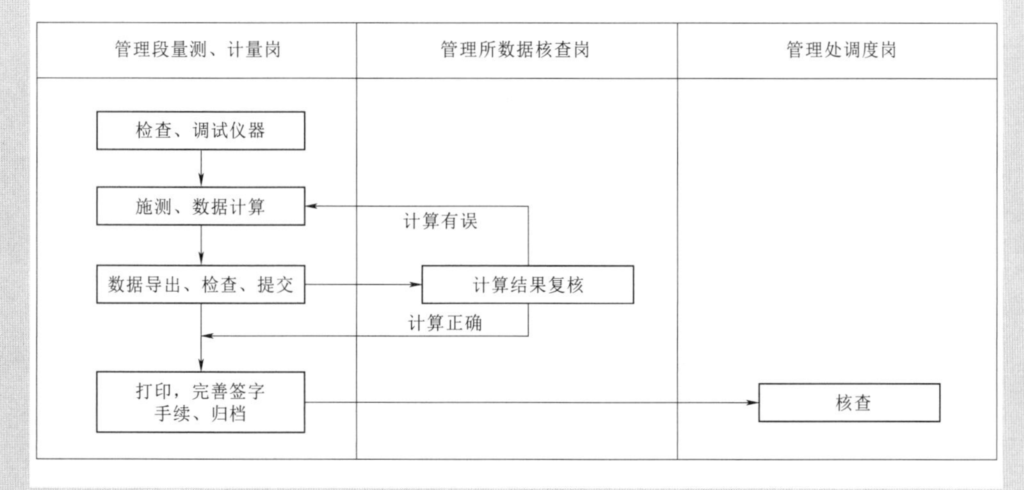

4. 工作要求

（1）各管理站所要严格按水文规范要求量测水量。交水单位主测，接水单位监测。水量测算要做到操作规范、数据准确、真实可靠，保证测量水的公平、公正。

（2）所与所交接水断面。干渠直开口，由测水员主测，管理所技术员校核、校测，用水单位监督。对水量有异议，可要求管理所复测，每次供水必须由用水单位在供水证上签字认可。

（3）干渠直开口供水量必须做到日清、旬结、月公布，处、所每天核算商品率，确保商品率在合理值范围内。管理所当天的商品水量及灌溉进度在当日22时前报处调度室。

干渠直开口水账（水量、水费）以旬结算报管理所；管理所月底汇总分析并于次月3日前报灌溉管理科，不得拖延。灌溉管理科在每月5日前将全处水账报水利厅调度中心，每月7日前发到各所及本处有关领导，每月10日前予以公布。

（4）干渠交接水断面及直开口水位每4小时观测一次。渠道出现加减水、水位不稳或异常情况时，增加观测次数。

（5）干渠断面和干渠直开口水位流量关系曲线或系数分夏季和秋季曲线两种。4—7月及冬灌使用夏季曲线，4月10日至6月10日集中校测，并于6月10日前将测流资料报灌溉管理科审核，6月15日前审定下达执行。8—9月使用秋季曲线，7月1—25日集中校测，7月25日前将测流资料报灌溉管理科，7月31日前审定下达执行。冬灌进行曲线的校测，在停水前将测流资料报灌溉管理科。新曲线下达之前使用上年同期曲线。

（6）各种测量水资料一律用碳素墨水填写。

（7）水位观测精确到厘米。要求先观读一次，再复读一次校核后再记录。观测误差不得大于1cm，如记录出现误记需要改正，将数字用斜线划去，另填正确数字，并由观测双方签章确认，不得用挖补、涂抹等方法改正，更不得弄虚作假和伪造记录。

（8）测水员要严格按照《供水证记载计算规定》记载、计算供水量。管理所技术员每旬至少对全所供水证审核1次，发现问题及时纠正。养护员要在巡护时间内对巡护段落内的支斗口水位进行观测，对配水量实施监督。

（9）各类测量水设备及测量水工具由各管理所保管维护，灌溉管理科备案，并负责统一校对。量水设备的活动部分，在非灌溉期间，应取下，置放在室内，妥善保管，固定部分应予以遮盖，以防烈日照射或冻结发生变形或损坏；流速仪按《流速仪说明书》使用一次，清洁保养一次。

（10）爱护测流仪器；检查仪器设备是否按规定校准、率定，是否可正常使用等。

（11）原始记录涂改规范，不得擦除、只能划除。

（12）签字姓名、日期确保准确。

（13）频次要求：开口后2h测一次；每天一次，水位变动加测。

（14）质量要求：用水户水量异议比例不超过20％。

水情分析工作流程

1. 工作内容

用水计划申请（三天）、按支渠汇总上报、选择灌溉方式、编制阶段配水计划、下发、执行。

（1）执行用水计划，调节、控制渠道各断面水量，向干渠直开口配水。

（2）掌握农作物需水情况，合理调配水量。

（3）检查评价灌水质量和灌溉水的有效利用率，以指导和改进灌溉用水工作。

（4）整理观测资料，为征收水费提供依据，为改进灌溉管理工作以及灌区规划、科学研究等提供和积累科学数据。

2. 工作流程

水情分析工作流程

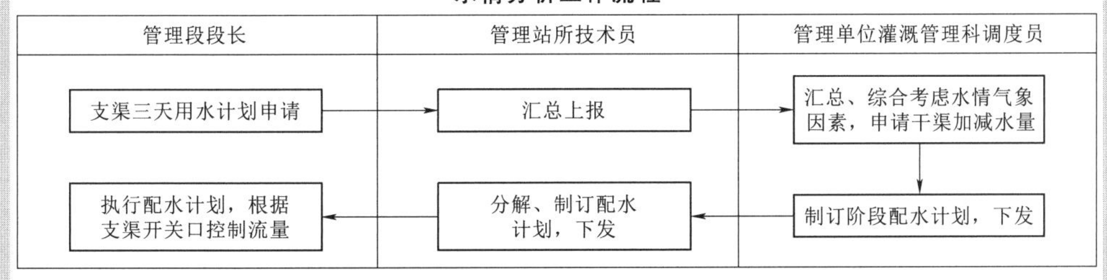

3. 工作要求

（1）各级水管人员要持续改进工作作风，提高服务质量，切实做好“三服务”，即灌前服务到乡村，做好灌前准备工作，确保灌溉计划切实可行；灌中服务到田间，现场掌握灌溉进度，及时发现问题，解决问题；灌后服务到农户，进行回访服务，虚心听取群众意见，总结灌溉经验。

（2）阶段支渠用水申请（流量）准确率偏差不超过5%。

（3）阶段配水计划要遵循全年配水计划。

（4）执行阶段配水计划，流量不能超出计划的5%。

5.2.4 成果资料

供用水量测管理的成果资料主要包括：

（1）灌区供用水量测管理制度。

（2）量测水作业指导手册。

（3）灌区供用水量测设施设备布置平面图及量测设施设备台账。

（4）灌区供用水量测作业记录。

（5）灌区供用水量测设施设备定期检查、率定记录。

5.3 灌溉水质管理

5.3.1 工作任务

灌溉水质管理的工作任务主要包括：

(1) 建立健全灌区供用水水质检验制度，确定水质监测点，编制水质监测工作流程和防治水污染事故应急预案。

(2) 按制度及有关标准的规定开展水质监测工作，并做好记录。

(3) 发现水质不达标或发生水污染事故，及时上报并启动应急预案。

5.3.2 工作标准及要求

(1) 根据需要，按规定开展灌溉水质监测工作，检测基本项目应符合有关规定，制订防治水污染事故应急预案及应急措施，定期开展水污染防治知识宣传活动。

(2) 灌溉水质应符合现行国家标准《农田灌溉水质标准》(GB 5084—2014) 的规定。

(3) 水样采集、保存和水质监测方法应符合《农用水源环境质量监测技术规范》(NY/T 396—2000) 的规定。

(4) 监测结果超出水质指标限值的，应立即复测，增加监测频率，查明原因，及时采取措施，并启动防治水污染事故应急预案。

(5) 灌区管理单位如不具备水质监测能力或有不能检测的水质指标，应委托具有相关资质或检验能力的单位进行检测。

(6) 水质监测资料，按照当地主管部门要求定期报送。

(7) 水质监测记录应真实、完整、清晰，并及时归档，统一管理。

5.3.3 水质监测工作流程

灌区水质监测工作涉及供水安全、生态安全，甚至人身安全，为规范灌溉水质监测作业，灌区管理单位应依据国家现行有关标准，结合水质监测设施设备配置实际，以及供用水水质监测、考核要求，编制水质监测工作流程（可参考［示例5.4］编制）。

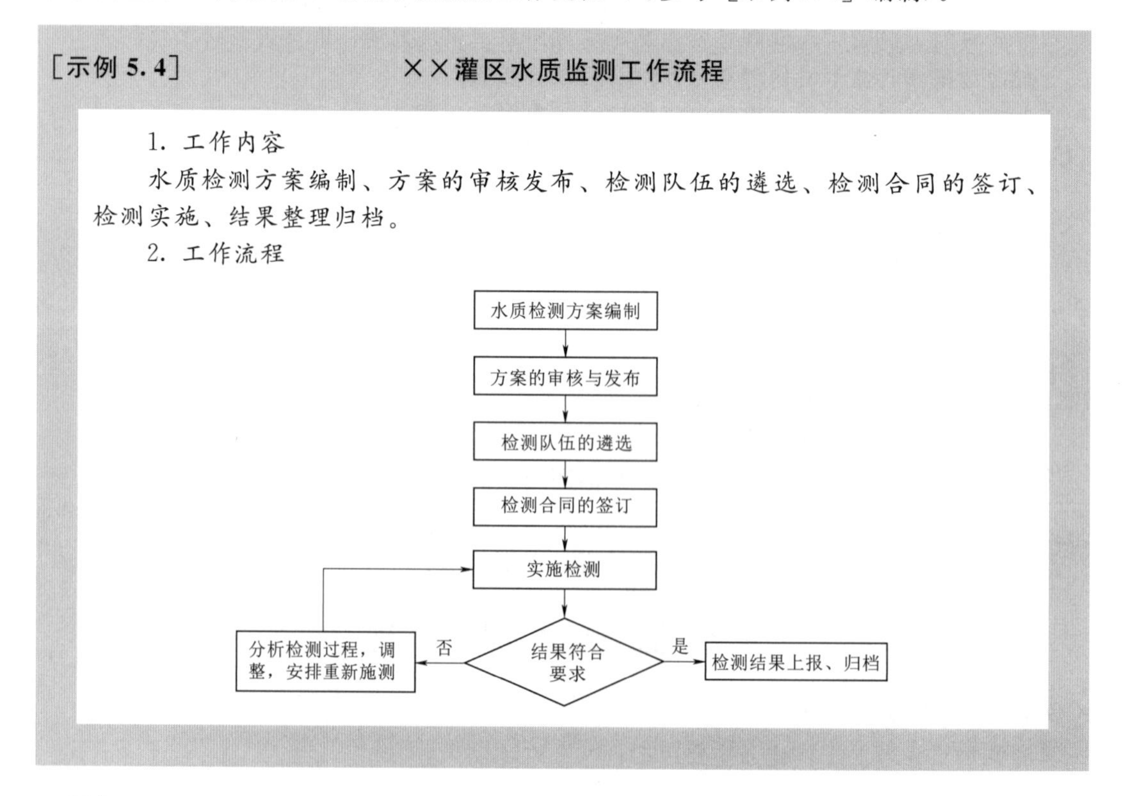

［示例5.4］ ××灌区水质监测工作流程

1. 工作内容

水质检测方案编制、方案的审核发布、检测队伍的遴选、检测合同的签订、检测实施、结果整理归档。

2. 工作流程

3. 工作要求
(1) 水质检测结果要与实施方案内容要求符合。
(2) 水质检测实施要按照实施方案要求实施。
(3) 水质检测实施的地点要具有全渠道代表性。

5.3.4 成果资料

灌溉水质管理的成果资料主要包括:

(1) 灌区供用水水质检验制度。

(2) 灌区供用水水质监测点平面布置图。

(3) 水质监测工作流程。

(4) 灌区供用水防治水污染事故应急预案。

(5) 灌区供用水水质监测数据、记录及监测报告。

(6) 水污染事故处理报告(如有)。

5.4 灌溉试验和技术推广

5.4.1 工作任务

灌溉试验和技术推广的工作任务主要包括:

(1) 制定灌溉试验和技术推广制度,编制现代化灌区发展规划及实施计划。

(2) 根据灌区灌溉需要,建立灌溉试验基地或灌溉试验示范区,开展节水灌溉科学实验和用水管理、工程管理等相关科学研究。

(3) 推进科研成果转化,推广应用新技术、新设备、新材料、新工艺。

(4) 开展工程运行自动化和供用水管理信息化建设。

5.4.2 工作标准及要求

(1) 根据灌区灌溉需要,积极建立灌溉试验基地或灌溉试验示范区,利用管理单位技术力量或与大专院校、科研单位合作开展灌溉试验和用水管理、工程管理等相关科学研究,为农业灌溉、防灾减灾提供技术服务与技术支持;验证灌溉增产、节水效益及其影响因素,水、土、肥、作物耦合关系,土壤水、盐动态规律等。

(2) 结合灌区生产实际,积极推进科研成果转化,积极推广应用新技术、新设备、新材料、新工艺,积极开展灌区标准化、规模化节水灌溉新技术、新成果示范,为灌区安全运行、节约用水和充分发挥工程效益提供技术支撑。

(3) 编制工程运行自动化和供用水管理信息化建设规划或实施方案,充分利用现代新技术,采用自动化与远程控制系统、信息采集与监测系统、水肥精准控制系统等手段,利用互联网物联网技术、信息管理局技术信息数据处理分析、技术服务、信息管理与发布等信息技术,开展工程运行自动化和供用水管理信息化建设,逐步实现工程运行自动化和供用水管理信息化,更好地为农业生产、灌溉管理、水资源管理服务。

(4) 有条件的,还应根据需要,选择性开展下列研究与试验工作:

1）试验各种经济作物的需水季节、灌溉次数、灌溉水量等，以统筹合理安排农作物种植，需水时期错峰，达到灌溉用水均衡的目的。

2）根据灌区生产实际需求，开展其他专项研究。

5.4.3 成果资料

灌溉试验和技术推广的成果资料主要包括：

（1）灌溉试验和技术推广制度。

（2）现代化灌区发展规划及实施计划。

（3）节水灌溉科学实验和用水管理、工程管理等相关科学研究任务书及成果资料（验收、评价意见等）。

（4）科研成果转化和推广应用新技术、新设备、新材料、新工艺任务书及成果资料（验收、评价意见等）。

（5）工程运行自动化和供用水管理信息化建设规划或实施方案及成果资料。

（6）灌溉试验和技术推广方面有关的奖励证书、文件。

5.5 节约用水管理

5.5.1 工作任务

节约用水管理的工作任务主要包括：

（1）建立健全节水管理制度和节水激励机制。

（2）与基层用水组织或用水户签订供用水合同，实行用水合同管理。

（3）制订年度农田灌溉节水技术和工艺推广计划并组织实施。

（4）开展节水宣传活动，积极推进农业水价综合改革。

（5）推进节水型灌区创建工作。

（6）开展灌区灌溉水利用率测算。

5.5.2 工作标准及要求

（1）认真贯彻落实“节水优先、空间均衡、系统治理、两手发力”治水思路，依据国家及地方有关节约用水的政策及文件精神，结合本地区、本灌区水资源及用水实际，建立健全灌区节水制度及节水激励机制。

（2）按国家及地方有关节约用水的政策及文件精神，结合本地区、本灌区水资源及用水实际，以及《中华人民共和国合同法》的要求，编制供用水合同样本，根据基层用水组织及用水户的用水实际，与基层用水组织或用水户签订供用水合同，实行用水合同管理，促进节约用水。

（3）积极推广应用节水技术和工艺，采取有效的节水措施和方法，每年制订定额供水计划、农田灌溉节水技术推广计划并组织实施。

（4）开展节水宣传活动，积极推进农业水价综合改革，提高灌区用水效率和效益。实行“按方计量，按量收费”原则，结合灌区农业综合水价改革方案，不断探索适合灌区特点的农业用水定额、水价形成机制、节水激励机制和节水措施，做到定额供水，推行终端水价、季节水价，大力宣传节水灌溉知识、积极引导灌区农民采用节水灌溉新技术，促进灌区的节水工作。

（5）推进节水型灌区创建工作，每年对灌溉水利用率进行测算和评估。灌区灌溉水利用率达到省有关部门确定的考核目标值及以上。

5.5.3 供用水合同样本

灌区管理单位应按国家及地方有关节约用水的政策及文件精神，结合本地区、本灌区水资源及用水实际，以及《中华人民共和国合同法》的要求，制定灌区供用水合同签订工作流程（可参考［示例5.5］），编制供用水合同样本（可参考［示例5.6］）。

［示例5.5］ ××灌区供用水合同签订工作流程

1. 工作内容

供用水合同签订、报备。

2. 工作流程

打印合同样本 → 分别与基层用水组织就一些特别条款进行商谈达成共识 → 草订合同 → 提交单位法务部门或专家审查

审查：不合格 → 返回“分别与基层用水组织就一些特别条款进行商谈达成共识”；合格 → 负责人签字单位盖章

负责人签字单位盖章 → 反馈对方一份并收集、装订 → 整理、存档

3. 工作要求

（1）每年干渠行水前供用水合同签订手续完成，签字加盖公章须按合同内容完善。

（2）严格履行合同内容，做好供水服务。

［示例5.6］ ××灌区供用水合同样本

为了共同做好灌溉管理工作，保证灌区作物适时适量灌溉，确保干渠安全输水和水费按时足额上缴，明确供用水双方职责，根据国家有关水利法规和省级水利、物价部门有关文件规定，经甲方与乙方双方协商，现就年灌溉供用水及水费收缴签订如下合同：

一、供水项目

供水项目包括农作物、经济作物、林果地等农业用水、湖泊湿地补水及乙方申报经甲方审定同意的其他用水。

二、配水依据

1. 乙方上报并经甲方核准的配水面积及作物种植结构。

2. 某价商发〔20××〕××号文件规定的配水定额。

3. 如有新增用水需提前向水利厅相关部门申请，经审批同意后可给予调剂配水，否则不予配水。

三、水量调度原则

1. 水量调度严格按照“水权集中、丰增枯减、以水定需、先下游后上游、

先交后用、交够再用、均衡受益”的原则执行。

2. 实行县界断面和管理所断面交水及引水量和流量双指标控制原则。

3. 管理到位、水费交纳及时的协会（村）享有优先供（配）水权。

四、用水指标与水价

1. 用水指标：各干渠直开口和湖泊湿地年度用水指标严格执行县（区）水务局年干渠直开口用水量指标分配方案。

2. 水价：按照××××××号文件规定，实行一价制。如果水价调整，则执行新的水价政策。

农业用水：定额内用水每立方米水价为____元，超定额用水每立方米水加价____元。其中按干渠直开口实际供水量每立方米____元返还乙方。

湖泊湿地补水：定额内用水每立方米水价为____元，超定额用水每立方米水加价____元。

五、供水方式、交接水点及交接责任

干渠直开口按配水计划供水，配水计划的变更须由乙方提前2日向甲方提出书面申请并经甲方批准方可实施。以干渠直开口进水闸为交接水点，水流经进水闸进入支渠后，水的使用权和管理责任转移到乙方，同时开始计量收费。

六、水费缴费方式、地点、账户和期限

1. 缴费方式：一是按阶段预缴方式，即乙方以甲方提供的年水费预测数为基数，一票收费到户，通过银行转账或缴纳现金方式上缴甲方；二是水票制方式，即乙方通过银行转账或缴纳现金的方式先向甲方预购水票，一票收费到户，凭票用水。

2. 现金缴纳地点：甲方财务室

3. 缴纳账户：在中国银行设定的水费收缴专用账户

开户名：××××××省×××灌区管理处

账　号：×××

款项来源：××××年水费

4. 预缴费额度及缴费期限：××月底缴清全年测算水费的××%，××月底缴清全年测算水费的××%，××月底缴清全年测算水费的××%，××月底前按全年实际结算金额交清全年水费。

七、测量水方式、时间和办法

用流速仪、建筑物或其他量水设备量水，测量水时间同配水计划时间。干渠直开口水量计测由甲方完成，乙方有权监督校测。每次供水乙方必须在供水证上签字认可。

八、甲方义务

1. 在黄河正常的来水情况下，甲方按乙方年的干渠直开口（湖泊湿地）实际配水定额给乙方供水。

2. 甲方依据“丰增枯减”原则在供水水源水情变化时相应调整乙方供水量。

3. 甲方负责按乙方年上报并经甲方核准的配水面积、作物种植结构、干渠直开口用水指标制订支渠配水计划并分阶段下达，并严格按配水计划给乙方供水。

4. 甲方负责给乙方提供水费收缴进度计划。

5. 甲方负责按阶段做好水务公开工作，向乙方公布水量账和水费账。

6. 当灌区遭遇严重旱情时，甲方应严格按照管理处抗旱应急调度预案做好水情宣传和水量调配，确保本灌区稳定。

九、乙方义务

1. 乙方要将面积核实到户，按照甲方要求及时上报灌溉面积、作物种植结构和阶段用水计划申请，以便于甲方合理编制阶段配水计划。

2. 乙方要严格执行支渠配水计划，组织群众及时、有序、适时适量灌溉，维护好管辖区的灌溉秩序。

3. 乙方要加强灌溉管理，提倡节约用水，提高灌溉效率。坚决杜绝纵水入沟现象，一经发现，甲方有权立即停止供水。应指派责任心强的支渠管理人员，坚持每天到管理段，及时掌握干渠水情，上报灌溉进度，互通灌溉用水信息。

4. 乙方接到甲方提供的配水计划后，若有异议，要在两天内做出答复，提出修改意见，经甲方同意修改后执行；两天后无答复则视为无异议，同意执行。配水计划执行过程中，如乙方因故不能按计划开口用水，过后这部分水量不再补供。乙方如有特殊情况需要调整开口时间，要提前2日向甲方提交书面配水计划变更申请，甲方在干渠来水允许的情况下批准后执行。

5. 供水后次日乙方应及时对甲方计量水量进行核准，并在甲方用于水量计量的供水证上签字认可。

6. 采用按阶段预缴水费方式的，乙方应按照甲方提供的水费预缴进度计划，在规定时段内，足额交清该时段的预交水费，否则甲方有权停止或限制给乙方供水。

采用水票制方式的，乙方要按照甲方水票制供水制度预购水票，凭票用水。每次供水关口后，乙方要在供水证签字认可后向甲方管理段交付相应水量的水票。

7. 为保障干渠正常运行，在行水期间干渠出现水位超警戒或局部险情等危及干渠安全运行状况时，乙方应无条件配合甲方开启支渠散水。

8. 按双方管理权限，同时为保障灌区正常灌溉，乙方对自己管理的区域干渠直开口以下负全部安全责任，对所有水利工程设施、设备承担正常运行管理、维修养护等全部责任，对干渠直开口以下淹田（棚、房）、冲毁其他设施或造成的其他事故等安全管理负全部责任。

9. 支渠发生决口等险情后，乙方应在险情发生第一时间向甲方报告及时关口，并迅速组织抢修，确保农田及时恢复灌溉。因乙方支渠管理人员管理责任不到位报告不及时延误关口的，造成的一切损失由乙方负责。

10. 在管理处启动抗旱应急调度预案后，乙方要积极配合协助甲方做好水量调配和辖区稳定工作。

11. 乙方要无条件执行管理处临时泵站架设管理办法，确保渠道安全和有序的灌溉秩序。

十、违约责任

1. 在黄河正常的来水情况下，按配水定额内水量供不够水，由甲方负责。

按配水定额内水量供够水，但仍造成作物无法适时适量灌溉或因支渠管理不到位、灌溉秩序混乱造成损失的由乙方负责。

2. 甲方不能及时向乙方提供配水计划及水费收缴计划，造成灌溉混乱或水费上交不及时，由甲方负责。

3. 供水后次日乙方不能及时对甲方计量水量进行核准，并在甲方用于水量计量的供水证上签字认可，甲方采取限制或停止供水，由此造成的后果由乙方负责。

4. 乙方如果没有组织好群众灌溉，或因农田水利基本建设滞后、支渠清淤维修不及时、支渠决口等原因造成灌期延误，作物减产、绝收的，由乙方负责。

5. 根据国家和地方有关水利法规确定的水利工程管理责任主体及权限，因支渠决口等险情所造成的经济损失，由乙方负责。

6. 如果乙方未经甲方同意私自偷开口、扒口、强行开口等，甲方从上一次关口时间开始计算水量到发现并关口时止，此部分水量计入收费水量，并且按照有关水法规规定，甲方有权对乙方采取限制或停止供水的措施，由此造成的后果由乙方负责。损坏的水利设施由乙方照价赔偿，造成严重后果的送司法机关处理。

7. 甲方严格按照配水计划给乙方供水，乙方因故不能提前2天到甲方申请变更配水计划，在此期间造成水量浪费、支渠决口、淹田等一切损失由乙方负责。

8. 因乙方不按缴费进度按期足额缴纳水费，或在供水证签字后不向甲方管理段交付相应水量的水票，甲方有权依据相关水法规限制或停止向乙方供水，由此造成的后果由乙方负责。

9. 因气候突变、黄河来水持续偏枯等不可抗力因素导致干渠非正常停水或按“丰增枯减”原则调整计划内供水量无法满足农田适时适量灌溉等，由此造成的后果由乙方负责。

十一、本协议书自甲乙双方签字之日起生效，一式两份，甲乙双方各执一份。

附：××××年干渠直开口（湖泊湿地）用水指标（依据××县（市）水务局《××××年干渠直开口用水量指标分配方案》）。

甲方（签章）： 乙方（签章）：
委托代理人： 委托代理人：
签订日期：××××年××月××日
注：合同草签后，需提交单位法务部门或法务专家审查合格。

5.5.4 成果资料

节约用水管理的成果资料主要包括：

（1）灌区节水管理制度和建立健全节水激励机制的文件。

（2）灌区管理单位与基层用水组织或用水户签订的供用水合同。

（3）××××年度农田灌溉节水技术推广计划及实施情况总结。

（4）开展节水宣传活动的文件或记录。

（5）推进农业水价综合改革的资料。

（6）节水型灌区创建方案及创建工作资料。

（7）灌区灌溉水利用率测算资料。

5.6 提升管理能力和服务水平

5.6.1 工作任务

提升管理能力和服务水平的工作任务主要包括：

（1）开展用水户服务满意度调查。

（2）实行水务公开和开展灌溉延伸服务。

（3）根据用水户意见和建议及时整改。

（4）开展年度灌溉供用水工作总结。

5.6.2 工作标准及要求

（1）灌区管理单位每年要组织人员，深入基层用水组织及用水户，开展用水户服务满意度调查。调查前应制订调查方案及调查表等；调查时要认真听取意见和建议，调查范围应有广泛性和代表性；调查后要实事求是整理和分析意见和建议。调查内容针对用水主体对管理单位在供（用）水管理工作方面，包括用水计划、用水次序、用水时间、用水量、用水效益、配水、用水的公平程度等的意见和建议。

（2）灌区管理单位应根据意见和建议，制订整改方案，及时、认真整改落实，不断提高管理能力和服务水平。

（3）水务公开应有工作流程，按流程规定进行公开。公开内容宜包括用水计划、用水次序、用水时间、用（配）水量、水费、水价及政策依据等；应在明显位置或人员较为集中的地方设置固定的公开场所和公示栏。

（4）有条件的灌区管理单位，应组织党员志愿服务队下基层，开展节水护水等宣传活动。

[示例 5.7]　××灌区水务公开工作流程

1. 工作内容

管理单位、管理站所、管理段按分级负责的原则，实行水费、水价、用（配）水量、面积“四公开”，在明显位置或人员较为集中的地方设置固定公开场所和公开栏。

2. 工作流程

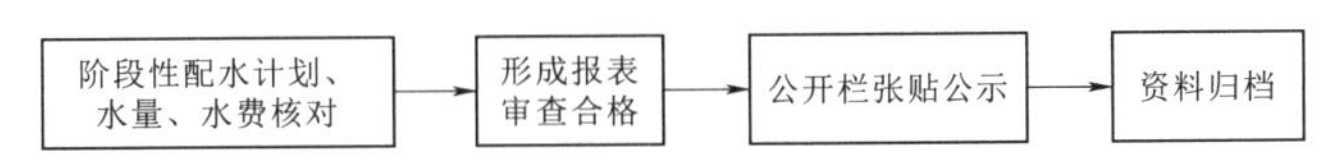

3. 工作要求

管理站所每月5日前把水账报灌溉管理科审核，管理站所在每月10日前将干渠直开口水量、水费公布到县、乡、村（协会）。夏秋灌及冬灌结束后，管理所将结算水量及结算水费以干渠直开口公布到县、乡、村（基层用水组织）。做到水账管理单位清楚、乡村明白、群众知情，让群众灌明白水、放心水、满意水。

（5）灌区基层站所在保证完成供水任务的同时，还应做好水情宣传、解释有关问题，帮助基层用水组织建章立制，做好水量申报、田间灌溉管理等延伸服务工作。

[示例 5.8] ××灌区延伸服务工作流程

1. 工作内容

向基层用水组织及用水户宣传水情；依据相关政策向农民用水者协会和农户准确、合理地解释有关问题；指导帮助基层用水组织建立规章制度和运行管理办法；帮助基层用水组织做好阶段用水量的申报工作和灌溉管理工作；宣传、动员、协助用水农户向农村信用社上交水费。

2. 工作流程

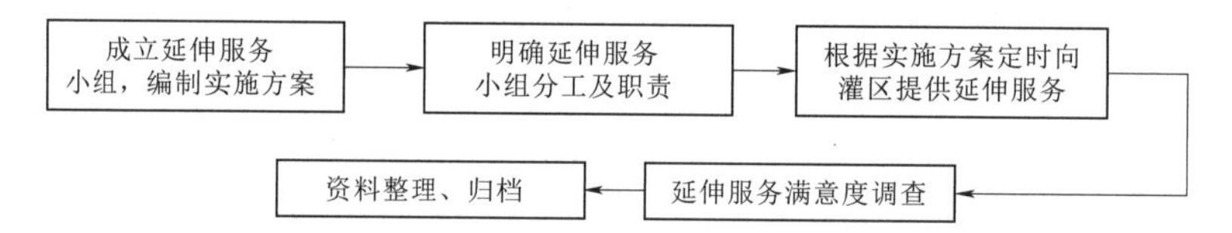

3. 工作要求

（1）及时向基层用水组织和农户宣传水情、旱情、雨情。

（2）熟悉、掌握相关政策，依据相关政策向基层用水组织和农户准确、合理地解释有关问题。

（3）指导帮助基层用水组织建立规章制度和运行管理办法。

（4）帮助基层用水组织做好阶段用水量的申报工作和灌溉管理工作。

（5）督促、协助基层用水组织丈量核实灌溉面积。

（6）监督基层用水组织和农户收缴水费。

（7）宣传、动员、协助农户向农村信用社上交水费。

（8）建立延伸服务工作日志，做好延伸服务工作资料的分析、整理工作，定期向管理站所或管理单位汇报服务工作情况和基层用水组织运行情况。

（9）准确掌握基层用水组织所辖灌片灌溉、水费收缴情况，及时向管理站所或管理单位汇报，争取工作主动，促进基层用水组织规范运行。

（6）灌区管理单位应组织基层站所收集年度供用水资料，分析年度供用水数据，形成年度供用水有关报表，撰写年度供用水工作总结。通过总结经验、发现问题、不断改进，进一步提高管理能力和服务水平。

[示例 5.9] ××灌区年度灌溉供用水总结工作流程

1. 工作内容

资料收集、数据分析、表格形成，撰写总结。

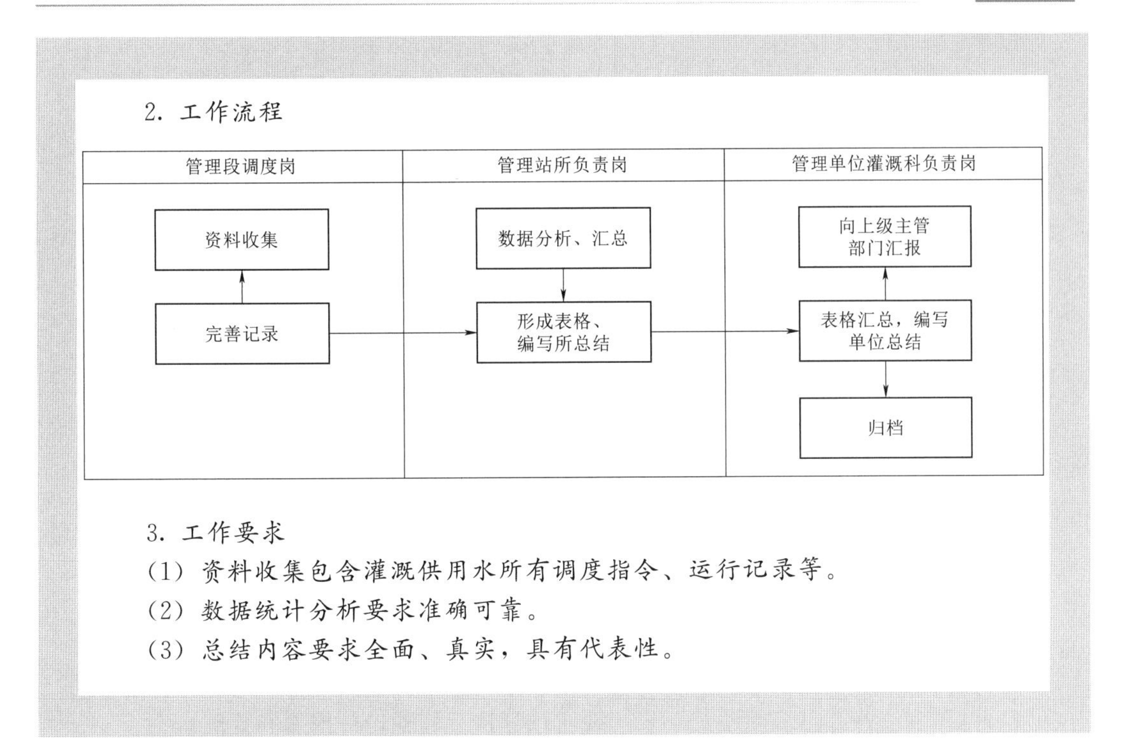

2. 工作流程

3. 工作要求

（1）资料收集包含灌溉供用水所有调度指令、运行记录等。

（2）数据统计分析要求准确可靠。

（3）总结内容要求全面、真实，具有代表性。

5.6.3 成果资料

提升管理能力和服务水平的成果资料主要包括：

（1）用水户服务满意度调查表及整改报告。

（2）水务公开工作流程及水务公开资料。

（3）延伸服务工作流程及延伸服务资料。

（4）管理单位及基层管理站所年度灌溉供用水工作总结。

6 灌区经济管理

6.1 财务和资产管理

财务与资产管理部门（科）是灌区管理单位负责财务管理与国有资产管理的职能部门。

6.1.1 工作任务

财务和资产管理的工作任务主要包括：

（1）建立健全单位财务与资产管理规章制度，规范单位内部经济秩序。

（2）管理好上级部门下达的灌区工程运行与维护资金和水费等经费。

（3）充分利用灌区资源依法多渠道筹集事业经费。

（4）组织单位各部门编制预算草案，并对预算执行过程进行控制和管理。

（5）依据国家及地方有关规定，制定单位重要经济政策，并贯彻执行。

（6）加强单位资产管理，防止国有资产流失，提高资产使用效益和经营效益。

（7）对单位经济活动的合法性、合理性进行监督。

6.1.2 工作标准及要求

（1）贯彻执行国家财经方针、政策、法规，按照国家财经法规、制度，结合灌区事业发展实际情况，制定并组织实施单位各项财务政策和财务与资产管理规章制度，实施“统一领导、集中管理、分级核算”的财务管理体制。

（2）依据国家及地方的有关规定，组织年度财务预算方案资料、协助单位领导起草预算草案，编制预算调整方案，实施预算控制。根据预算执行情况，及时提供财务分析报告，编制单位财务决算报告。及时上报单位部门预算和决算。

（3）多渠道、多形式、多层次地筹集资金，争取更多的优惠政策和更多的资金投入，并积极地防范金融风险。

（4）规范做好单位各类经费收支的审核、出纳、记账、报表等日常会计核算工作。

（5）规范做好单位各项收入及收入结算和分配。

（6）按国家及地方有关规定做好经营性收费管理、投资与贷款管理。

（7）按时发放职工工资，并提供查询服务。

（8）规范管理会计档案与票据。

（9）规范会计电算化管理，电算化项目库管理与业务查询，对单位重点项目进行跟踪管理，推进会计信息网络化。

（10）依据国家及地方的有关规定，制定单位国有资产管理的规章。对各类固定资产和知识产权进行每月对账，确保资产的完整性。按有关规定组织国有资产产权年检。

（11）做好基本建设财务预算编制、基本建设支出、基本建设决算报表编制与分析，报表及有关分析报告齐全、规范。

（12）做好维修经费预算及维修经费使用管理，明晰维修经费来源。

（13）做好单位基层单位财会人员的业务培训、上岗考核等工作，提高财会人员整体素质和财务管理水平，维护财会人员履行职责的合法权益。

（14）配合上级主管部门或其他相关部门进行经济财务工作的调研工作，配合审计、监察等部门开展各项经济业务审计工作。

（15）利用多种方式做好财务与资产管理处的服务宣传工作。

6.1.3 工作流程

6.1.3.1 工作流程分类

工作流程管理，是通过对现有工作流程的梳理和工作流程信息化，实现工作条理的规范性，增加现有相关工作流程的透明度，提高工作效率，完善管理体制。

工作流程涉及几乎所有部门和人员，具体参与的部门和相关岗位人员由上线流程的实际数量和相关操作来决定。

单位财务与资产管理部门的工作流程按其功能可以分为业务流程和管理流程两大类：

1）业务流程是指面向顾客直接产生价值增值的流程。

2）管理流程是指为了控制风险、降低成本、提高服务质量、提高工作效率、提高对市场的反应速度，最终提高用户满意度和企业竞争能力，并达到利润最大化和提高经营效益的目的的流程。

6.1.3.2 工作流程管理

1. 梳理编制流程

（1）组织流程调研。

（2）确定流程梳理范围。

（3）流程描述：①明确流程的目标及关键成功因素；②绘制流程图；③描述各环节规范。

（4）流程编印成册，作为日常工作的指导依据。

2. 优化流程与实施

（1）聘请专家咨询论证，领导审批，内部工作团队成员确认。

（2）实现流程描述，利用流程管理工具优化流程。

（3）优化后流程编印成册装帧存档，作为日常工作的指导和执行的依据。

6.1.3.3 工作流程示例

会计核算工作流程可参考图 6.1，出纳工作流程可参考图 6.2，收支业务管理流程可参考图 6.3，建设（维修）经费计划流程可参考图 6.4，财务管理系统业务流程可参考图 6.5。

6.1.4 成果资料

财务和资产管理的成果资料主要包括：

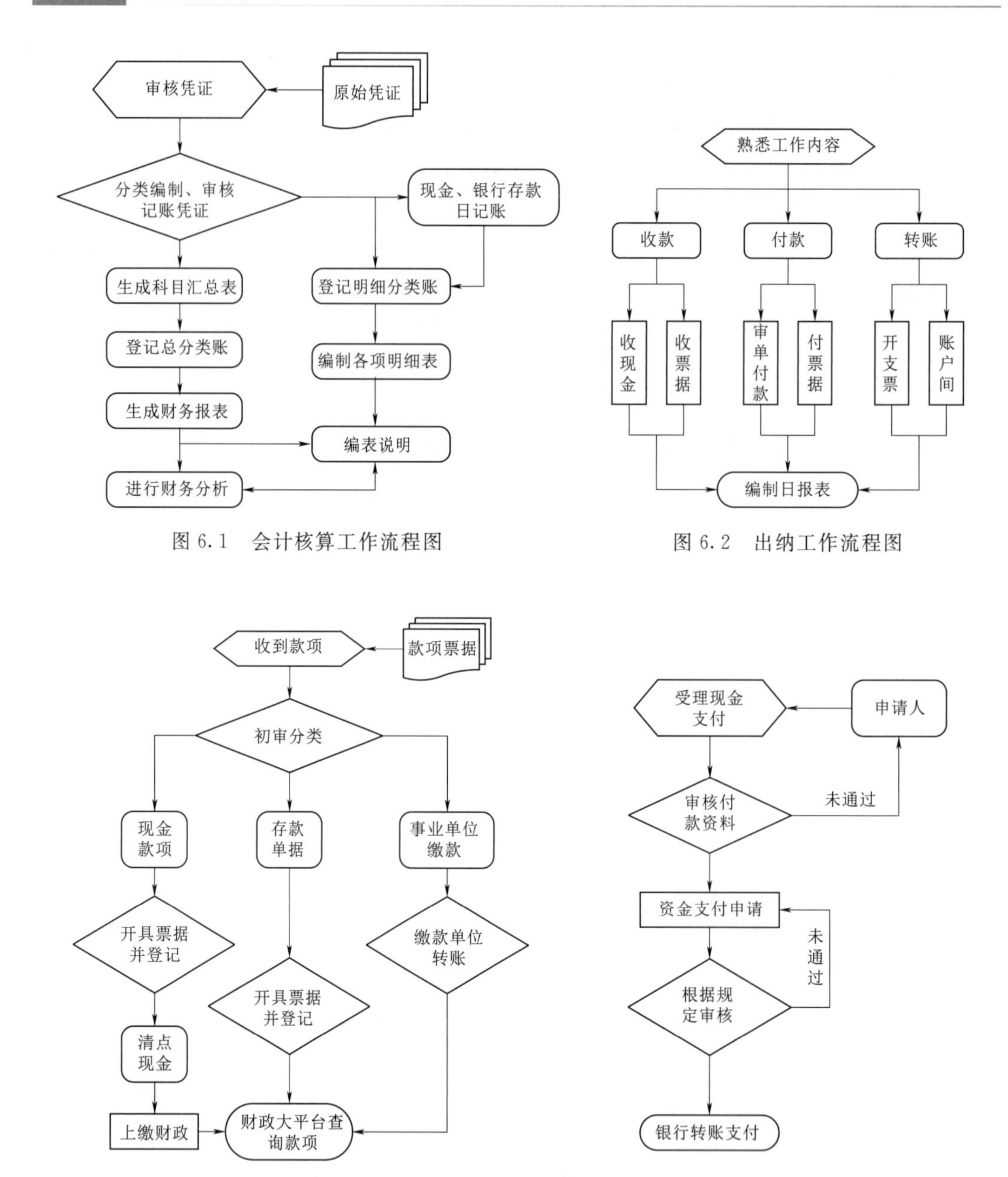

图 6.1　会计核算工作流程图

图 6.2　出纳工作流程图

图 6.3　收支业务管理流程图

(1) 财务与资产管理规章制度汇编、修订及批复文件。

(2) ××××年度经费预算及批复文件。

(3) ××××年度财务报表。

(4) ××××年度财务审计报告。

(5) 资产管理台账。

(6) 财务与资产管理工作总结。

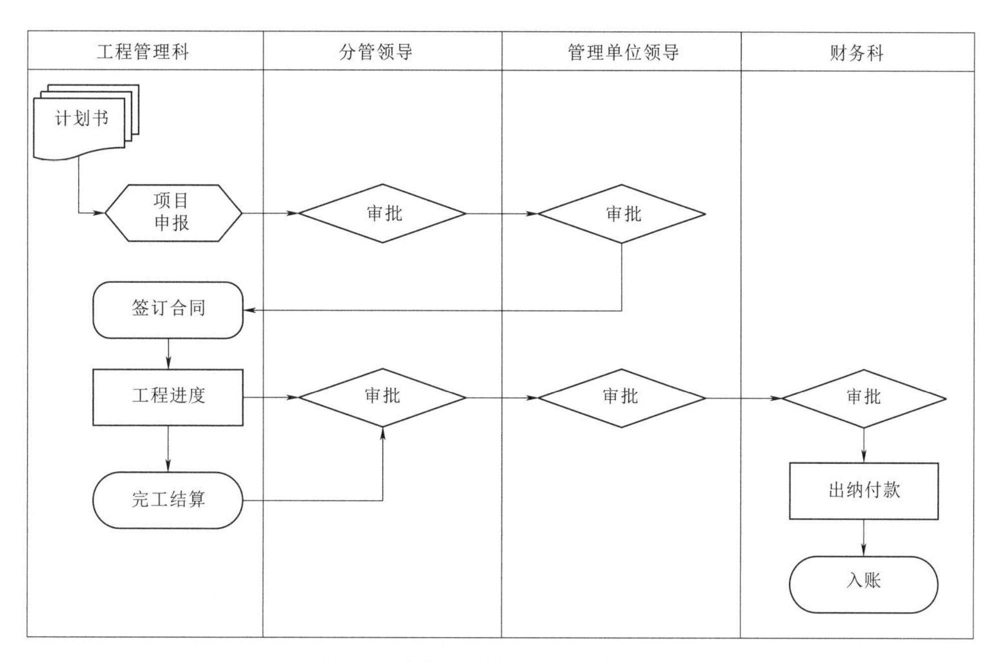

图 6.4 建设（维修）经费计划流程图

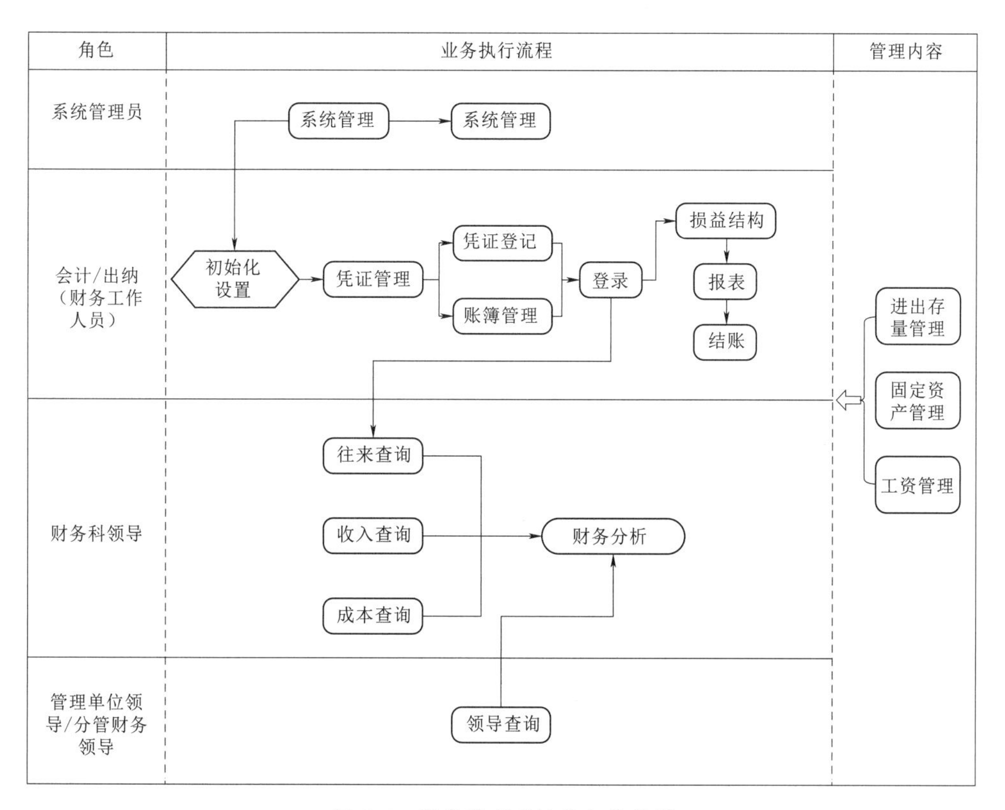

图 6.5 财务管理系统业务流程图

6.2 运行维护经费管理

6.2.1 工作任务

运行维护经费管理的工作任务主要包括：

（1）编制单位公用经费和工程运行及维修养护费等经费预算。

（2）落实单位公用经费和工程运行及维修养护费等经费。

（3）按规定使用单位公用经费和工程运行及维修养护费等经费。

（4）按规定做好单位公用经费和工程运行及维修养护费等经费的决算工作。

6.2.2 工作标准及要求

（1）按国家及地方有关政策、法规及管理单位财务制度、管理办法的要求，加强单位公用经费和工程运行及维修养护费等经费管理，杜绝违规违纪行为。

（2）按国家及地方有关规定编制单位公用经费和工程运行及维修养护费等经费预算，并按规定报批。

（3）按批复的预算落实单位公用经费和工程运行及维修养护费等经费。

（4）按批复的预算和有关规定使用单位公用经费和工程运行及维修养护费等经费，并开展经费使用情况的检查。

（5）经费使用与批复的预算不符时，及时按规定调整预算，并按规定报批或报备。

（6）及时按规定做好单位公用经费和工程运行及维修养护费等经费的年度决算工作，并配合做好经费的年度审计工作。

6.2.3 成果资料

运行维护经费管理的成果资料主要包括：

（1）单位公用经费和工程运行及维修养护费等经费预算及批复文件。

（2）单位公用经费和工程运行及维修养护费等经费预算调整报告及批复或报备文件。

（3）单位公用经费和工程运行及维修养护费等经费年度决算报告。

（4）单位公用经费和工程运行及维修养护费等经费年度审计报告。

6.3 职工待遇管理

6.3.1 工作任务

职工待遇管理的工作任务主要包括：

（1）制定单位各部门、各非独立核算的二级单位职工的工资和福利待遇标准，审核独立核算的二级单位职工的工资和福利待遇标准。

（2）确保单位人员工资、福利待遇达到或超过当地平均水平。

（3）按规定落实和交纳单位职工养老、失业、医疗、工伤、生育和住房公积金等各种社会保险。

6.3.2 工作标准及要求

（1）职工工资发放。根据国家及地方有关规定，积极筹措职工工资经费，核定职工工资水平，每月按时发放给职工。职工人均工资水平达到或超过当地平均水平。

（2）职工待遇与相关费用提取。根据国家及地方有关规定，每月按工资总额的一定比例提取日常福利费、退休养老金、医疗经费、教育经费、工会经费、住房公积金等费用，并制定相关的管理制度。国家及地方有关规定变更时，及时按变更后的规定执行。

（3）职工社会保险事项。根据国家有关规定，为全体员工办理职工养老保险、医疗保险、失业保险、工伤保险、生育保险和住房公积金。非独立核算的二级单位，应协助保险合同的执行，遇有保险事项发生时，应及时通知单位相关业务部门，以便及时办理索赔。职工的其他保险也应由单位财务部门统一办理，包括投保险种、选择保险公司和索赔等。各非独立核算的二级单位，应根据单位的统一安排要求，办理财产保险等事务。

6.3.3 成果资料

职工待遇管理的成果资料主要包括：

（1）单位职工工资表及单位所在地县级区域人均工资证明材料。

（2）单位职工福利待遇发放清单及单位所在地县级区域人均福利待遇证明材料。

（3）单位职工养老、失业、医疗等各种社会保险交纳的材料。

（4）免交各种社会保险的文件。

6.4 供水成本核算与费用征收管理

6.4.1 工作任务

供水成本核算与费用征收管理的工作任务主要包括：

（1）科学核算灌区供水成本，配合主管部门做好水价调整工作。

（2）制定水费等费用征收使用办法。

（3）按有关规定收取水费和其他费用。

6.4.2 工作标准及要求

（1）按照国家及地方有关政策和《灌溉与排水工程技术管理规程》（SL/T 246—2019）等相关标准的规定，结合灌区工程实际，核算近三年的灌区供水成本，取其平均值作为灌区供水成本。

（2）向主管部门提供灌区供水成本核算等水价调整的支撑材料，积极配合主管部门和财政、发展改革（物价）等部门做好水价调整工作。

（3）开展水费等费用征收、使用方面的调研，按照国家及地方有关法律法规，借鉴其他灌区经验，结合本灌区工程实际，制定或修订水费等费用征收使用管理办法。

（4）按照国家及地方有关法律法规和本灌区的水费等费用征收使用管理办法，收取水费和国有资源有偿使用费等费用。

6.4.3 成果资料

供水成本核算与费用征收管理的成果资料主要包括：

（1）××灌区供水成本核算资料。

（2）××灌区关于水价调整的请示及水价调整的批文。

（3）水费等费用征收使用管理办法。

（4）水费、国有资源有偿使用费等费用征收清单及到位率。

6.5 基层用水组织费用监督

6.5.1 工作任务

基层用水组织费用监督的工作任务主要包括：

（1）监督基层用水组织按规定标准收取水费、计提管理及田间工程维修养护等经费。

（2）指导田间工程维修养护等经费支出，协调相关补助经费。

6.5.2 工作标准及要求

（1）按照国家及地方有关法律法规和本灌区的水费等费用征收使用管理办法的规定，按分级管理的原则，每年定期开展基层用水组织按规定标准收取水费、计提管理及田间工程维修养护等经费情况的监督检查活动，并有记录或工作简报。

（2）按照当地水行政主管部门的要求，指导基层用水组织规范田间工程维修养护等经费支出，协调相关补助经费落实，并有记录或工作简报。

6.5.3 成果资料

基层用水组织费用监督的成果资料主要包括：

（1）开展基层用水组织按规定标准收取水费、计提管理及田间工程维修养护等经费情况监督检查活动的记录或工作简报。

（2）指导基层用水组织规范田间工程维修养护等经费支出和协调相关补助经费落实的记录或工作简报。

6.6 国有资源利用

6.6.1 工作任务

国有资源利用的工作任务主要包括：

（1）制定管理范围内的国有资源（资产）管理制度或办法。

（2）定期开展管理范围内的国有资源（资产）调查，建立国有资源（资产）台账，制订或修订管理范围内的水土资源开发利用规划。

（3）加强国有资源（资产）的管理，保障国有资产保值增值。

6.6.2 工作标准及要求

（1）明确灌区国有资源（资产）管理范围。国有资源（资产）的范围十分广泛，根据我国宪法和有关法律的规定，灌区的国有资源（资产）包括国家拨给事业单位的资源（资产），事业单位按照国家规定运用国有资源（资产）组织收入形成的资源（资产），以及接受捐赠和其他经法律确认为国家所有的资源（资产），其表现形式为流动资产、固定资产、无形资产和对外投资等；同时包括水资源和土地资源。

（2）制定完善相关制度。为规范国有资源（资产）管理，提高资源（资产）使用效率，确保资源（资产）安全，实现保值增值。根据《财政部关于修改〈事业单位国有资产管理暂行办法〉的决定》《水利国有资产监督管理暂行办法》及地方政府行政事业单位国有资产管理办法等法规，灌区管理单位应制定或修改完善适用于本单位的国有资源（资产）利用的相关制度或办法。

（3）组织开展本单位管理范围内的国有资源（资产）调查，建立国有资源（资产）台账，做到账账、账卡、账实相符，加强对本单位专利权、商标权、著作权、土地使用权、非专利技术、商誉等无形资产的管理，防止无形资产流失。

（4）固定资产清查。每年年终要对固定资产进行全面盘点清查，资产管理部门可以根据需要随时进行抽查，确保资产账、实物相符，对盘盈、盘亏的资产由资产使用部门及时查明原因，形成书面报告，按相关规定处理。如资产有非正常损坏或遗失，由资产管理人填写固定资产处置审批表，经相关部门确认、领导审批后，按审批意见做相应处理。

（5）固定资产处置。固定资产正常出售、报损、报废时，由资产管理人员填制固定资产处置审批表或车辆处置审批表。经有关人员确认（仪器仪表、机器设备、电脑等专用资产处置必须由专业人员到现场检测鉴定）、单位领导审批后，按照相关规定进行处置。对属于责任原因造成的固定资产报损、报废，要查明原因，分清责任，按有关规定做相应处理。

（6）按照国家及地方有关法律法规的规定，结合实际，制订或修订管理范围内的水土资源开发利用规划，并按有关程序批准实施。规划要符合灌区工程防洪、运行和生态安全的要求。

（7）按照批准的水土资源开发利用规划，组织开发利用水土资源开发利用活动，并加强水土资源开发利用的管理，按有关规定和制度有偿利用国有资源（资产），确保国有资产保值增值。

6.6.3 成果资料

国有资源利用的成果资料主要包括：

（1）管理范围内的国有资源（资产）管理制度或办法。

（2）管理范围内的国有资源（资产）台账。

（3）管理范围内的水土资源开发利用规划。

（4）固定资产处置情况报告。

（5）水土资源开发利用评价报告。

7　灌区标准化规范化管理实施与考核评估

7.1　实施原则

大中型灌区管理单位应坚持以下原则实施灌区标准化规范化管理工作：

（1）健全管理机制。建立健全与灌区发展相适应的管理机制，实行分级分类管理。加强灌区组织、安全、工程、供用水、经济等方面的全流程管理，健全过程管控、绩效考核、应急处置、问责追责等机制。

（2）落实管理责任。灌区管理单位应明确各单位（部门）及各岗位的管理责任，建立完善的管理责任清单，补齐管理短板，形成横向到边、纵向到底的管理网格。

（3）依规依章管理。科学制定制度和标准，增强全体职工依规依章办事意识，规范管理行为，确保管理公平、公正、公开，做到及时、有力、有效。

（4）注重管理实效。坚持问题导向，聚焦薄弱环节，细化各项管理措施，抓早、抓小、抓苗头，把影响灌区组织、安全、工程、供排水、经济管理的各种风险隐患消灭在萌芽状态，确保取得管理实效。

（5）加强督促检查。加强制度和标准执行情况的日常检查、定期和不定期督促检查。规范检查行为，做好检查记录，发现问题及时制止并提出整改意见和措施，对严重问题启动问责追责机制。

7.2　创建工作流程

标准化规范化管理创建工作是灌区管理单位实施标准化规范化管理的重要一环。在标准化规范化创建过程中，为消除多余的工作环节、合并同类活动，使创建过程更为经济、合理和简便，从而提高创建工作效率，灌区管理单位可参考图7.1所示创建工作流程进行标准化规范化管理创建。

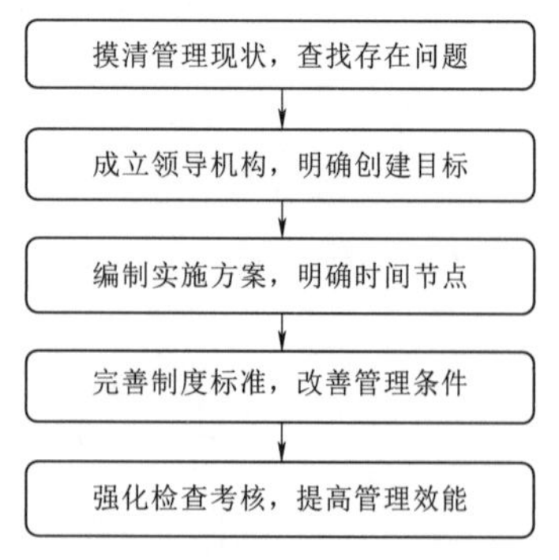

图7.1　灌区标准化规范化管理创建工作流程

1. 摸清管理现状，查找存在问题

（1）根据水利部《大中型灌区标准化规范化管理指导意见（试行）》的精神和本省（自治区、直辖市）灌区标准化规范化管理实施细则（办法）要求，对照水利部《水利工程管理评价方法》及有关评价标准或本省（自治区、直辖市）大中型灌区标准化规范化管理考核标准，梳理灌区工程管理现状，查找存在的问题，并分析成因。

（2）明确灌区工程管理任务及管理范围，构建管理组织框图，划分部门工作职责，建立健全组织管理体系。

（3）理清事项-岗位-人员对应关系，明确岗位责任主体和管理人员工作职责，因事设岗、以量定员，做到事项不遗漏、不交叉，事项有岗位，岗位有人员，岗位管操作，制度管岗位。

2. 成立领导机构，明确创建目标

（1）成立标准化规范化创建工作领导小组，分工落实任务，责任到人；组织全员培训学习，统一思想认识，使全体职工认识到创建工作对提升灌区服务水平和保障工程安全运行、可持续发挥效益的重要性。

（2）结合灌区实际情况，明确灌区标准化规范化管理创建工作目标，对硬件设施设备的升级改造要充分评估认证，切忌生搬硬套。

3. 编制实施方案，明确时间节点

（1）为确保扎实推进灌区标准化规范化管理创建工作，按照《大中型灌区标准化规范化管理指导意见（试行）》的要求，各灌区管理单位需要编制实施方案。

（2）实施方案应涵盖组织实施责任机构（部门）、现状分析、创建标准、量化目标、突出重点、保障措施和呈现特色等内容，并以列表方式明确任务完成的时间节点。

4. 完善制度标准，改善管理条件

（1）灌区标准化规范化管理的核心是有章可循、有规可依。因此，明确岗位职责、制定工作标准、完善考核办法是标准化规范化管理创建工作的重中之重。

（2）完善灌区各项制度，健全工程管护标准规范，夯实硬件基础，提升管理和服务水平，展现环境文化亮点，凝练灌区管理特色。

5. 强化检查考核，提高管理效能

（1）及时掌握各项工作进展的落实执行情况，做好具体督促检查、考核等管理工作，确保责任落实到位、制度执行有力，促进管理工作效能提高。

（2）培育典型，总结经验，表彰先进，全面推行，持续改进，稳步提升。

7.3 编制实施方案

7.3.1 实施方案编制依据与要求

大中型灌区工程管理单位开展标准化规范化管理创建，应按水利部《大中型灌区标准化规范化管理指导意见（试行）》的要求，编制本灌区工程标准化规范化管理创建实施方案。

实施方案编制前，要充分开展调研。一是摸清本灌区工程的管理现状及存在主要问题，以及标准化规范化需开展的重点工作等；二是学习和借鉴其他地区、其他灌区开展标准化规范化管理的经验和做法等；三是对本单位的已有管理制度、标准进行梳理，对照灌区标准化规范化管理要求，找出管理制度、标准缺项及不足，找出管理上存在的突出问题等。

以问题为导向，参考创建实施方案编制大纲编制本灌区工程标准化规范化管理创建实施方案。实施方案形成初稿后，要广泛征求本单位干部职工和上级主管理部门的意见和建议，组织干部职工代表以召开座谈会或其他形式，对实施方案进行讨论和修改完善，如有必要，可邀请本单位以外的有关专家进行咨询，形成实施方案送审稿。灌区管理单位要以党政班子联席会、或单位行政办公会、或单位职代会等形式，对实施方案送审稿进行审查通过，并以单位正式文件印发实施。

7.3.2 创建实施方案编制大纲

创建实施方案可参考［示例 7.1］编制。

［示例 7.1］ 大中型灌区标准化规范化管理创建实施方案编制大纲

一、概述

（一）基本情况

1. 工程概况。包括工程地理位置、工程规模、主要功能、年供水量、渠道及渠系建筑物（含泵站、水闸等）基本情况；灌区工程历年改造情况及管理、保护范围划界确权情况；现代化管理情况；工程存在主要问题等内容。

2. 管理单位基本情况。主要介绍单位性质、行政隶属关系、人员基本情况（包括领导班子、职工干部、技术人员的配备、构成等）；单位经济效益情况（包括财务收支、水费收取、职工工资福利、职工社会保险等）；管理单位体制改革情况（包括理顺管理体制、明确管理权限、管养分离、物业化管理等）。

（二）管理现状及存在主要问题

主要对照水利部《大中型灌区标准化规范化管理指导意见（试行）》和省级大中型灌区标准化规范化管理实施细则中的具体管理内容，分析灌区管理的现状及存在问题。

1. 管理体制机制。分析现行管理体制机制能否满足本灌区运行管理的需要，以及存在的主要问题。

2. 管理制度。分析灌区组织、安全、工程、供用水、经济管理等方面制度建设的现状及存在主要问题。

3. 标准建设。分析灌区管理的技术标准、管理标准、工作标准、环境建设标准、考核标准等的现状及存在主要问题。

4. 管理条件。分析灌区管理设施设备、管理人员、信息化建设等情况及存在主要问题。

5. 管理方式。分析管理单位计划目标、组织实施、检查督查、考核激励，以及预算管理、核算方式等情况及存在的主要问题。

6. 档案管理。除工程档案外，重点分析管理制度、标准及其执行情况等档案的管理现状及存在的主要问题。

二、标准化规范化管理要求及重点工作

（一）总体要求

灌区实施标准化规范化管理的总体要求。根据水利部《大中型灌区标准化规范化管理指导意见（试行）》和省级大中型灌区标准化规范化管理实施细则的总体要求，结合实际写。

（二）具体要求

包括组织管理、安全管理、工程管理、供用水管理、经济管理的具体要求。综合水利部《大中型灌区标准化规范化管理指导意见（试行）》和省级大中型灌区标准化规范化管理实施办法的具体管理内容及要求，结合实际写。

（三）重点工作

按照实际情况（标准化规范化管理工作现状及存在主要问题），对照上面提出的总体要求和具体管理内容及要求，对本单位开展标准化规范化管理创建需要开展的重点工作进行叙述。

如：修订完善一批制度、建立一套标准、开展试点创建、开展环境提升建设[包括渠道及其主要建筑两侧（周边）、泵站和水闸等室内、办公区、安全设施、标识标牌及巡视路线等]、建立标准化规范化管理平台、总结试点创建经验及开展培训、全面实施等。

三、标准化规范化创建组织机构

（一）领导机构及职责

（二）工作机构及职责

四、实施工作方案

（一）基本原则

（二）总体目标

（三）工作任务

分别针对重点工作逐项分解描述。

（四）实施步骤

对应工作任务，列出怎么做、什么时间做。

（五）工作措施

五、经费预算

（一）硬件提升项目

包括环境提升[包括渠道及其主要建筑两侧（周边）、泵站和水闸等室内及周边、办公区域等]、标识标牌建设、安全设施建设、标准化规范化管理平台建设等。

（二）软件提升项目

包括制度建设、标准建设、人员培训等。

（三）日常经费

包括办公、印刷、会议、调研等费用。

六、实施计划

包括制度和标准建设、试点建设、环境提升、标识标牌及巡视路线建设、安全设施建设、标准化规范化管理平台建设、总结和培训、全面实施、检查评估和考核等的实施计划。

要求：时间节点细化到周、月；责任到部门（单位）、到人。

七、建议

八、附件

（一）工作任务清单

内容包括工作内容、完成时间、责任部门（单位）、责任人等。

（二）经费预算表

7.4 验收及考核评估

为全面客观评价大中型灌区工程管理单位标准化规范化管理体系的运行质量，检验管理成效，各省（自治区、直辖市）可依据水利部《大中型灌区标准化规范化管理指导意见（试行）》、《水利工程管理评价办法》及有关评价标准等要求，结合本地实际情况，制定出台省级大中型灌区标准化规范化管理考核办法及评分标准，各级灌区主管部门应组织对本地区的大中型灌区标准化规范化管理创建进行验收，之后对其进行年度或定期考核评估。

7.4.1 考核评估程序

大中型灌区标准化规范化管理考核评估工作，按照分级负责的原则进行，可分为管理单位自检和上级主管部门考核两个阶段。上级主管部门考核又可分为年度考核、省级达标考核两个层次。各级主管部门应组织所属灌区管理单位开展年度自检和年度考核工作。

省级水行政主管部门负责全省（自治区、直辖市）大中型灌区标准化规范化管理省级达标考核工作；灌区上级主管部门负责所管辖的大中型灌区标准化规范化管理年度考核工作；市（州）级水行政主管部门负责所管辖的大中型灌区标准化规范化管理省级达标考核的初验工作。省级直管灌区标准化规范化管理的各项考核工作由省级水行政主管部门负责。

7.4.1.1 年度自检及年度考核

灌区管理单位应加强日常管理，根据考核标准每年进行年度自检，并将年度自检结果报其主管部门。主管部门组织对其进行年度考核，并公示结果。图 7.2 为大中型灌区标准化规范化管理年度考核（创建验收考核）工作流程图。

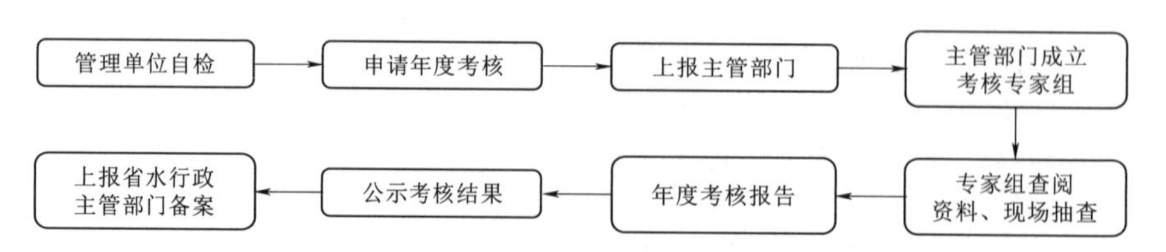

图 7.2 大中型灌区标准化规范化管理年度考核工作流程图

(1) 灌区管理单位应在每年年底前，组织开展本灌区工程标准化规范化管理体系运行情况自检工作，并向其主管部门报送年度考核申请（格式见附录1）。

(2) 主管部门或其委托单位（以下简称年度考核组织单位）收到灌区管理单位年度考核申请后，及时组织成立年度考核专家组，专家组人数应为奇数，不宜少于5人，专家组组长由年度考核组织单位确定。

(3) 年度考核工作由专家组组长负责，采取现场抽查及查阅佐证资料和核实问题整改情况等方式，对照考核标准逐项进行打分，并提出年度考核报告（格式见附录2）。

(4) 年度考核工作结束后，主管部门将年度考核结果按相应程序审定并在其网站上公示（格式见附录3），公示时间不应少于3个工作日。公示无异议后，由主管部门公布年度考核结果。

7.4.1.2 省级达标考核

年度考核结果达到省级达标考核标准的灌区，可提出申请，经市（州）级水行政主管部门组织初验后，申报省级达标考核。省级达标考核工作由省级水行政主管部门组织。大中型灌区标准化规范化省级达标考核程序可参考图7.3的流程进行。

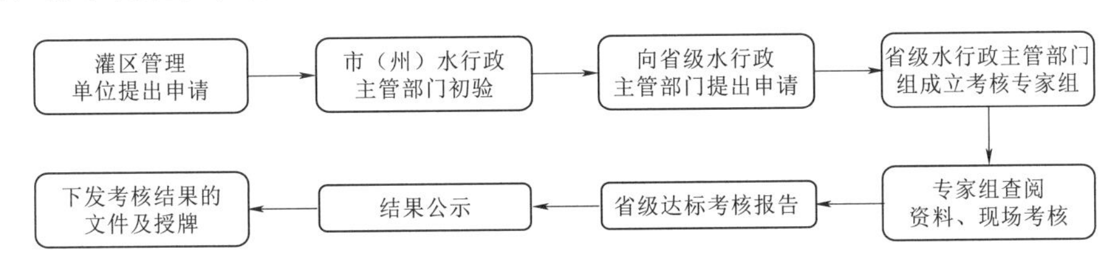

图7.3 大中型灌区标准化规范化管理省级达标考核工作流程图

7.4.2 考核内容

大中型灌区标准化规范化管理考核内容包括组织管理、安全管理、工程管理、供用水管理和经济管理五类，考核内容可参考表7.1。

表7.1 大中型灌区标准化规范化管理考核内容

类别	考核内容
组织管理	(1) 管理体制与运行机制改革 (2) 制度建设及执行 (3) 人才队伍建设 (4) 基层用水组织建设 (5) 党建及宣传教育
安全管理	(6) 安全管理体系建设 (7) 防汛抗旱和应急管理 (8) 安全设施管理和工程评估 (9) 安全标志管理
工程管理	(10) 工程日常管理 (11) 工程管理范围 (12) 工程维修养护 (13) 信息化管理 (14) 技术档案管理

续表

类　别	考　核　内　容
供用水管理	（15）用水管理 （16）取水许可 （17）供用水规范管理 （18）水量计量管理 （19）水质管理 （20）灌溉试验和技术推广 （21）节约用水 （22）提高管理能力和服务水平
经济管理	（23）财务与资产管理 （24）职工待遇管理 （25）供水成本核定 （26）基层用水组织费用管理 （27）水土资源利用

灌区管理单位存在以下情况之一的，应不予考核：

（1）未开展年度自检工作。

（2）对考核或有关检查发现突出问题未按期整改。

（3）灌区工程重要建筑物经有关部门组织评估或安全鉴定达不到设计标准（不可抗力造成的险情除外）。

（4）发生造成人员死亡、重伤3人以上或直接经济损失超过100万元的生产安全事故。

（5）发生其他造成社会不良影响的重大事件。

7.4.3　考核标准

大中型灌区标准化规范化管理考核对象应为大中型灌区工程管理单位。灌区工程管理单位是指具有独立法人地位、管理灌区工程或以管理灌区工程为主的水利工程管理单位。考核工作应遵循实事求是、规范严格、客观公正、注重实效的原则。

以灌区工程管理为主，还管理有低坝枢纽、水闸、泵站等其他工程的管理单位，其他工程的标准化规范化管理应与灌区工程标准化规范化管理同步创建、同步考核。其他工程的标准化规范化管理创建和考核按国家及省级现行有关文件及标准的规定执行，其中组织、安全、经济等共性管理内容考核应以灌区考核标准为主统筹考虑。

各地应参考水利部《水利工程管理评价办法》等要求，研究制定标准化规范化的考核内容，确定标准分和赋分原则，形成本地区大中型灌区标准化规范化管理考核标准。对灌区标准化规范化管理工作的考核，重点围绕组织管理、安全管理、工程管理、供用水管理、经济管理五个方面进行。灌区标准化规范化管理考核实行千分制。考核结果总分达到800分（含）以上，为省级标准化规范化管理达标灌区；考核结果总分达到900分（含）以上，且其中各类考核得分均不低于该类总分的85%，为省级标准化规范化管理示范灌区。

大中型灌区标准化规范化管理考核评分标准可参考表7.2。

表 7.2 ××省大中型灌区标准化规范化管理考核评分标准

类别	项目	考核内容	标准分	赋分原则	备注
一、组织管理（120分）	1. 管理体制与运行机制改革	根据灌区职能和批复的灌区管理体制改革方案或机构编制调整意见，健全组织机构，明确划分职能职责，落实管理人员编制，按有关规定完成岗位设置工作，实行竞争上岗。结合灌区工程实际，合理确定管理职责范围，确保职责界限清晰，不遗漏、不重叠，确立统一管理、分级负责、基层用水组织参与等灌区管理模式。逐步推行事企分开、管养分离和物业化管理等多种形式，建立职能清晰、权责明确的灌区管理体制和运行机制	24	（1）根据批复的灌区管理体制改革方案或机构编制调整意见，完成了改革并通过了验收，得3分。完成了改革但未进行验收的扣1.5分，未完成改革的扣3分。 （2）灌区管理单位组织机构健全，职能职责划分清晰，满足灌区职能要求，得2分。否则，扣1～2分。 （3）落实了管理人员编制，按有关规定完成了岗位设置工作，实行了竞争上岗，得5分。否则，扣1～5分。 （4）确定了各内设机构（单位）及岗位的管理职责范围，职责界限清晰，无遗漏、无重叠现象，且符合灌区管理实际，得5分。否则，扣1～5分。 （5）确立了统一管理、分级负责、基层用水组织参与等灌区管理模式，且符合灌区管理实际，得3分。否则，扣1～3分。 （6）基本实现了事企分开、管养分离或物业化管理的，得3分。否则，扣1～3分。存在事企不分现象的扣3分。 （7）建立了职能清晰、权责明确的灌区管理体制和运行机制，得3分。否则，扣1～3分。	管养分离包括内部实行管养分离
	2. 制度建设及执行	根据工程管理需要，建立健全灌区组织、安全、工程、供用水、经济等方面的管理制度体系，形成“两册一表”，即管理手册、操作手册和人员岗位对应表，理清事项-岗位-人员对应关系，明确岗位责任主体和管理人员工作职责，做到事项不遗漏、不交叉，事项有岗位，岗位有人员，制度管岗位，岗位管操作。做好制度执行的督促检查、考核等工作，确保责任落实到位、制度执行有力	32	（1）建立健全了灌区组织、安全、工程、供用水、经济等方面的管理制度体系，且符合灌区管理需要，得8分。根据灌区管理实际每缺一项制度扣1分。 （2）印发了“两册一表”，即管理手册、操作手册和人员岗位对应表，得6分。根据灌区管理实际，“两册一表”每缺一项扣2分。 （3）理清了管理事项-岗位-人员的对应关系，明确了岗位责任主体和管理人员工作职责，得4分。否则，扣1～4分。 （4）做到了事项不遗漏、不交叉，事项有岗位，岗位有人员，制度管岗位，岗位管操作，得4分。根据工程管理实际，发现事项有遗漏或交叉、事项无岗位，岗位无人员现象的每发现一项扣0.5分。 （5）制度执行的督促检查、考核等工作有计划且计划合理，并按计划执行，每次检查、考核有记录，得8分。无计划的扣3分，计划不合理的扣1分，未按计划执行的每少一次扣2分（以记录为准）。 （6）做到了责任落实到位、制度执行有力，得2分。否则，扣1～2分。	

续表

类别	项目	考核内容	标准分	赋分原则	备注
一、组织管理（120分）	3. 人才队伍建设	进一步优化灌区人员结构，不断创新人才激励机制；制订专业技术和职业技能培训计划并积极组织实施，实行培训上岗，特种岗位持证上岗。职工职业技能培训年培训率达到50%以上，确保灌区管理人员素质满足岗位管理需求	24	（1）灌区人员结构合理，制定了人才激励的制度或办法并得到落实，得4分。人员结构不合理的扣1～2分，无人才激励的制度或办法的扣1分，制度或办法未得到落实的扣1分。 （2）制订了专业技术和职业技能培训计划且计划合理，并按计划实施，每次培训有记录，得8分。无计划的扣2分，计划不合理的扣0.5～1分，未按计划实施的每少一次扣2分（以记录为准）。 （3）有培训上岗、特种岗位持证上岗制度，且按制度执行，得5分。否则，扣1～5分。 （4）职工职业技能培训年培训率达到50%以上，得4分。培训率每低1%扣0.2分。 （5）灌区管理人员素质满足岗位管理需求，得3分。否则，扣1～3分。	
	4. 基层用水组织建设	指导灌区基层用水组织的建设和管理，协助当地水利部门督促基层用水组织做好用水管理和工程运行维护，经常性听取基层用水组织的意见和建议，充分发挥基层用水组织的作用	8	（1）经常性指导灌区基层用水组织的建设和管理，协助当地水利部门督促基层用水组织做好用水管理和工程运行维护，并有记录（每年4次以上），得4分。每少一次扣1分。 （2）经常性听取基层用水组织的意见和建议，充分发挥基层用水组织的作用，并有记录（每年2次以上），得4分。每少一次扣2分。	
	5. 党建及宣传教育	重视党建工作，党的各项工作依规正常开展。党风廉政建设教育深入进行，单位风清气正，干部职工廉洁奉公。精神文明建设扎实推进，职工文明素质好、敬业爱岗。水文化建设有序推进，具有地方特色。工青妇组织健全，各项工作有计划开展，单位凝聚力增强。离退休干部职工服务管理工作有人负责。加强国家及地方相关法律法规和工程保护、安全等知识宣传教育，在重要工程设施等部位，设置醒目的水法、规章、制度等宣传标语、标牌等	32	（1）重视党的组织建设，党的各项工作依规正常开展，得5分。否则，扣1～5分。 （2）党风廉政建设教育深入进行，单位风清气正，干部职工廉洁奉公，得5分。否则，扣1～5分。 （3）精神文明建设扎实推进，职工文明素质好，职工敬业爱岗，得5分。否则，扣1～5分。 （4）水文化建设有序推进，具有地方特色，得4分。否则，扣1～4分。 （5）工青妇组织健全，各项工作有计划开展，单位凝聚力增强，得5分。否则，扣1～5分。 （6）离退休干部职工工作有人管理和服务，得2分。否则，扣1～2分。 （7）国家及地方相关法律法规和工程保护、安全等知识宣传教育到位，在重要工程设施等部位设置了醒目的水法、规章、制度等宣传标语、标牌等，得6分。否则，扣1～6分。 近三年（从上一年算起）连续获得市（州）级及以上精神文明单位或先进单位称号，此项得满分。 有下列三种情况之一，此项不得分：（1）上级主管部门对单位领导班子的年度考核结果不合格；（2）不重视党建工作和党风廉政建设，领导班子成员发生违规违纪行为，受到党纪政纪处分；（3）单位发生违法违纪行为，造成社会不良影响的。	

续表

类别	项目	考核内容	标准分	赋分原则	备注
二、安全管理（200分）	6. 安全管理体系建设	建立健全安全生产管理体系，落实安全生产责任制；建立健全工程安全巡查、排查制度，对安全隐患登记建档并有相应的解决方案。建立健全事故应急报告和应急响应机制，落实相应的安全保障措施。安全生产工作管理规范，各项安全生产措施到位，有关记录及资料齐全，杜绝较大及以上安全生产责任事故，不发生或减少发生一般生产安全责任事故	64	（1）建立健全了安全生产管理体系，安全生产组织机构健全，安全生产责任制落实到位，得10分。安全生产管理体系不健全的扣1～3分，安全生产组织机构不健全的扣1～4分，安全生产责任制落实到位不到位的扣1～3分。 （2）建立健全了工程安全巡查、隐患排查制度，对安全隐患登记建档并有相应的解决方案，得12分。根据工程安全管理实际，每缺一项安全管理制度的扣2分，每缺一项安全隐患登记建档及解决方案的扣2分。 （3）建立健全了事故应急报告和应急响应机制，落实了相应的安全保障措施，得8分。否则，扣1～8分。 （4）安全生产工作管理规范，安全生产有关活动按时按要求开展，各项安全生产措施到位，有关记录及资料齐全，得16分。安全生产工作管理不规范的每发现一起扣1～2分，安全生产有关活动未按时按要求开展的每发现少一次扣2分，各项安全生产措施落实不到位的每发现一起扣1～2分，有关记录及资料不齐全的每少一次扣1分。 （5）一年内未发生一般安全生产责任事故，得18分。每发生一起扣3～6分（以事故调查、责任认定或处罚的有关文件、材料为准，按事故损失或影响程度扣分）。 近三年内发生了人员死亡、重伤3人以上或直接经济损失超过100万元的生产安全事故，此项不得分。	“一年内”指考核之日的前365天内。 “一般性的生产安全责任事故”以事故调查的责任认定为依据
	7. 防汛抗旱和应急管理	建立健全防汛抗旱和应急管理责任制，明确机构及岗位职责，落实防汛抗旱抢险和应急救援队伍。根据有关法律法规及标准和工程实际，制订防汛抗旱、重要险工险段事故处理等应急预案；防汛抗旱和应急救援器材、物料储备和人员配备应满足应急抢险等需求；定期按要求开展应急救援、防汛抢险、抗旱救灾培训和演练	48	（1）建立健全了防汛抗旱和应急管理责任制，机构及岗位职责明确，得12分。防汛抗旱和应急管理责任制不健全的扣1～4分，机构职责不明确的扣1～4分，岗位职责不明确的扣1～4分。 （2）落实了防汛抗旱抢险和应急救援队伍，得4分。否则，扣1～4分。 （3）制定了防汛抗旱、重要险工险段事故处理等应急预案，且符合相关法律法规及标准的要求和工程实际，得12分。根据工程实际每缺一项应急预案扣4分，应急预案不符合有关规定和工程实际的每发现一项扣2分。 （4）根据工程实际，防汛抗旱和应急救援器材、物料储备和人员配备满足应急抢险等需求，得8分。否则，扣1～8分。 （5）制定了应急救援、防汛抢险、抗旱救灾培训和演练计划且符合工程实际，定期按要求、按计划开展，得12分。无计划的扣4分，计划不符合实际的扣1～2分，未按要求、按计划开展的每少一次扣3分。	

续表

类别	项目	考核内容	标准分	赋分原则	备注
二、安全管理（200分）	8. 安全设施管理和工程评估	定期对安全和检测设施进行检查、检修和校验或率定，确保设施及装置齐备、完好。劳动保护用品配备应满足安全生产要求。特种设备、计量装置要按国家有关规定管理和检定。要依据有关水利工程安全鉴定等规程规范要求，定期对工程状况进行评估，对影响工程安全运行的重要建筑物进行安全鉴定	48	（1）制定了安全和检测设施检查、检修和校验或率定的有关制度或办法，并按制度或办法执行，设施及装置齐备、完好，得16分。未制定制度或办法扣5分，未按制度或办法执行的每发现一起扣3分，设施及装置不齐备、不完好的每发现一台（套）扣2分。 （2）制定了劳动保护用品配备、发放及管理的有关制度或办法且满足安全生产要求，并按制度或办法配备、发放及管理，得8分。未制定制度或办法的扣3分，制度或办法不满足安全生产要求的扣2分，未按制度或办法执行的每发现一起扣2分。 （3）制定了特种设备、计量装置管理和检定的制度或办法且符合国家有关规定，并按制度或办法管理和检定，得8分。未制定制度或办法的扣3分，制度或办法不符合国家有关规定的扣2分，未按制度或办法执行的每发现一起扣2分。 （4）依据有关水利工程安全鉴定等规程规范要求，定期对工程状况进行了评估，对影响工程安全运行的重要建筑物进行了安全鉴定，并有评估报告、鉴定报告等，得16分。根据工程状况和规程规范要求应开展评估或安全鉴定而未开展的每项工程（含设备）扣4分，开展的评估或安全鉴定不符合规程规范要求的每项扣2分。	
	9. 安全标志管理	在重要工程设施、重要保护地段、危险区域（含险工险段）等部位设置醒目的禁止事项告示牌、安全警示标志，并依法依规对工程及安全标志等进行管理和巡查，对在工程管理和保护范围内的其他活动依法进行管理，确保工程设施设备不受影响，功能正常	40	（1）重要工程设施、重要保护地段、危险区域（含险工险段）等部位设置了醒目的禁止事项告示牌、安全警示标志，得16分。根据工程安全管理实际应设置禁止事项告示牌、安全警示标志但未设置的每发现一处扣2分，设置不规范的每发现一处扣1分。 （2）按工程安全巡查制度的要求，依法依规对工程及安全标志等进行管理和巡查，对在工程管理和保护范围内的其他活动依法进行管理，并有规范完整的记录，得16分。管理和巡查无记录的此小项得0分。未按工程安全巡查制度对工程进行管理和巡查的每发现一起扣3分，记录不规范不完整的每发现一起扣1分。 （3）工程设施设备未受影响，功能正常，得8分。工程设施设备因管理和巡查不到位而遭到破坏、损坏、被盗的每发生一起扣4分（以调查或责任认定等报告为准）。	

续表

类别	项目	考核内容	标准分	赋分原则	备注
三、工程管理（360分）	10. 工程日常管理	建立健全灌区工程日常管理、工程巡查、运行运用、观测及维修养护制度，落实工程设施及设备的管理与维修养护责任主体，筹措落实管护经费。严格按照操作手册要求操作和记录，开展日常巡查、定期检查、特别检查和工程观测，检查和观测内容全面，记录详细规范，发现缺陷或异常及时报告和处理，确保工程设施设备状态完好，运行运用正常，形象良好	96	（1）灌区工程日常管理、工程巡查、运行运用、观测及维修养护等制度健全且符合相关规程规范的要求，得24分。根据工程管理实际，每缺一项制度扣4分，制度不符合相关规程规范要求的每发现一项扣1～2分。 （2）工程设施及设备的管理与维修养护责任主体落实，积极筹措管护经费，并按批复预算全部落实到位，得18分。责任主体不落实的扣4分，筹措管护经费不积极的扣1～4分，管护经费未按批复预算100%落实的每低1%扣0.18分。 （3）严格按照操作手册要求进行机电设备和闸门等操作、运行，并有规范完整的记录，得12分。未按要求操作、运行和记录的每发现一起扣3分。 （4）按有关制度开展日常巡查、定期检查、特别检查和工程观测，检查和观测内容全面，记录详细规范，得18分。日常巡查、定期检查、特别检查和工程观测等工作未按有关制度进行的每发现一起扣3分，检查和观测内容不全面或记录不详细不规范的每发现一起扣1分。 （5）发现缺陷或异常及时报告和处理，得12分。发现缺陷或异常未按有关规定及时报告和处理的每发现一起扣3分。 （6）渠道、渠系建筑物等工程设施设备状态完好，运行运用正常，形象良好，得12分。工程设施设备状态不完好或运行运用不正常或形象差的每发现一处扣3分。	
	11. 工程管理范围	积极推进灌区划界确权工作，明确灌区工程管理和保护范围，办理土地使用手续。设置界碑、界桩、保护标志，各类工程管理标志、标牌齐全、醒目。管理运行配套道路通畅安全。工程管理范围内水土保持良好、绿化程度高，水生态环境良好；灌区管理单位及基层站所庭院整洁、环境优美，管理用房及配套设施完善，管理有序	72	（1）积极推进灌区划界确权工作，划定了灌区工程管理和保护范围，办理了土地使用手续，得12分。工程管理和保护范围未划定的，此小项得0分。未办理土地使用手续或手续不全的扣2～4分。 （2）设置了界碑、界桩、保护标志，且各类工程管理标志、标牌齐全、醒目，得24分。根据工程实际应设置界碑、界桩、保护标志而未设置的每处扣2分，标志、标牌不醒目、不规范的每处扣0.5～1分。 （3）管理运行配套道路通畅安全，管理规范，得10分。否则，扣1～10分。 （4）工程管理范围内水土保持良好、绿化程度高，水生态环境良好，得10分。否则，扣1～10分。 （5）灌区管理单位及基层段所庭院整洁、环境优美，管理用房及配套设施完善，管理有序，得16分。否则，扣1～16分。	

续表

类别	项目	考核内容	标准分	赋分原则	备注
三、工程管理（360分）	12. 工程维修养护	建立健全渠系骨干工程维修养护制度，定期对工程进行维修养护，保证维修养护质量，确保工程设施设备技术状态良好、功能正常，达到设计标准	60	（1）渠道及渠系建筑物等工程设施设备维修养护制度或办法健全且符合相关规程规范的要求，得12分。根据工程实际，每缺一项制度或办法扣3分，制度不符合相关规程规范要求的每发现一项扣0.5～1分。 （2）及时、全面编报了工程维修计划，按批复预算100%落实了维修经费，得10分。未及时、全面编报工程维修计划的扣1～4分，未100%落实的每低1%扣0.1分。 （3）按时、保质、保量完成了维修项目，工程设施与设备技术状态良好、功能正常，达到了设计标准，得18分。未按计划（按时、保量）完成维修项目的扣1～4分，维修项目质量不合格的每发现一项扣2～4分，工程设施与设备技术状态差或功能不正常或未达到设计标准的每发现一处（台套）扣1～4分。 （4）严格控制项目经费，项目调整严格执行报批程序，及时上报维修项目完成进度，得12分。否则，扣1～12分。 （5）维修项目完工后及时办理验收手续，维修及验收资料及时归档，得8分。未及时办理验收手续的扣1～5分，维修及验收资料未及时归档的扣1～3分。	
	13. 信息化管理	积极推进灌区管理现代化建设，依据灌区管理需求，制订管理现代化发展相关规划和实施计划，积极引进、推广使用管理新技术。开展信息化基础设施、业务应用系统和信息化保障环境建设，改善管理手段，增加管理科技含量，做到灌区管理系统运行可靠、设备管理完好，利用率高，不断提升灌区管理信息化水平	60	（1）积极推进灌区管理现代化建设，依据灌区管理需求，制定了管理现代化发展相关规划和实施计划，积极引进、推广使用管理新技术，得20分。未制定管理现代化发展相关规划的扣5分，未制定管理现代化发展实施计划的扣5分，制定的管理现代化发展相关规划和实施计划不符合灌区管理需求的扣1～5分，未积极引进、推广使用管理新技术的扣2～5分。 （2）开展了信息化基础设施、业务应用系统和信息化保障环境建设，改善了管理手段，增加了管理科技含量，得20分。未开展建设的此小项得0分。开展了建设但不全面、科技含量不高的扣1～12分，管理手段改善的效果不佳的扣1～8分。 （3）灌区管理信息化系统运行可靠、设备完好，利用率高，不断提升灌区管理信息化水平，得20分。系统运行不可靠的扣1～6分，设备不完好的扣1～8分，利用率不高的扣1～6分。	

续表

类别	项目	考核内容	标准分	赋分原则	备注
三、工程管理（360分）	14. 技术档案管理	建立健全灌区档案管理规章制度，按照水利部《水利工程建设项目档案管理规定》和省级有关水利工程档案管理与验收办法等规定，建立完整、规范的技术档案。有专人管理档案，有专门档案用房及设施。灌区工程建设与运行管理资料及工程主要技术指标表、工程分布图、骨干渠道纵横断面图、重要建筑物平、立剖面图、闸站电气主接线图、主要设备控制图、主要设备规格及检修资料等齐全。技术文件和资料以纸质件及磁介质、光介质的形式存档，逐步实现技术档案管理数字化	72	（1）灌区档案管理规章制度健全且符合相关标准的规定及工程管理实际，得12分。根据工程管理实际每缺一项制度扣4分，制度不符合相关标准规定的每发现一项扣1～2分。 （2）按照水利部《水利工程建设项目档案管理规定》和省级有关水利工程档案管理与验收办法等规定，建立了完整、规范的技术档案，得18分。根据工程管理实际应建立的技术档案而未建立的每缺一项扣4分，建立的技术档案不规范的每发现一项扣1～2分。 （3）灌区工程建设与运行管理、维修检修资料及工程主要技术图等齐全，得20分。工程建设、运行、维修检修资料及工程主要技术指标表、工程分布图、骨干渠道纵横断面图、重要建筑物平立剖面图、闸站电气主接线图、主要设备控制图、主要设备规格表等不齐全的每缺一项扣1～3分。 （4）有独立的档案室和档案保管设施，有专人管理，档案归档、存档、借阅等规范，得12分。无独立的档案室和档案保管设施的扣4分，无专人管理的扣2分，档案归档、存档、借阅等不规范的扣1～6分。	“专人管理”包括专职和兼职档案保管人员
四、供用水管理（220分）	15. 用水管理	建立灌区用水管理制度，编制灌区水量调度方案及年度（取）供水计划，统筹兼顾灌区范围内生活、生产和生态用水需求，科学合理调配供水	28	（1）建立了灌区用水管理制度且符合灌区用水管理实际，得6分。未制订制度的此小项得0分。制度不符合灌区用水管理实际的每发现一项扣1～2分。 （2）编制了灌区水量调度方案及年度（取）供水计划，并统筹兼顾了灌区范围内生活、生产和生态用水需求，得10分。未制订水量调度方案及年度（取）供水计划的此小项得0分。调度方案及年度（取）供水计划只制定了其中一项的扣5分，调度方案及年度（取）供水计划未统筹兼顾灌区范围内生活、生产和生态用水需求的扣1～5分。 （3）按灌区水量调度方案及年度（取）供水计划，科学合理调配供水，未发生较大的供用水矛盾，得12分。未按调度方案及年度（取）供水计划调配供水的每发现一次扣2分，发生了较大的供用水矛盾的发现一起扣4分（以矛盾调查、处理相关材料为依据）。	

续表

类别	项目	考核内容	标准分	赋分原则	备注
四、供用水管理（220分）	16. 取水许可	严格执行国务院《取水许可制度实施办法》的有关规定，取水许可手续规范完善，按照取水许可申请办理取水指标。推行总量控制与定额管理，农业用水总量指标细化分解到用水主体。灌区水量调配涉及防汛、抗旱等内容应按规定报备或报批	28	（1）严格执行了国务院《取水许可制度实施办法》的有关规定，取水许可手续规范完善，得8分。未办理取水许可手续的此小项得0分。多水源（主要水源）的取水许可手续不全的每缺一处扣 $8/n$ 分（n 为多水源的数量）。 （2）按照取水许可申请办理了取水指标，得6分。未按照取水许可申请办理取水指标的此小项得0分。多水源（主要水源）的取水指标办理不全的每少一处扣 $6/n$ 分（n 为多水源的数量）。 （3）推行了用水总量控制与定额管理，农业用水总量指标已细化分解到用水主体，得8分。未推行总量控制与定额管理的此小项得0分。农业用水总量指标未细化分解到用水主体的每少一处扣 $8/n$ 分（n 用水主体的数量）。 （4）灌区水量调配涉及防汛、抗旱等内容已按规定报备或报批，得6分。未按规定报备或报批的此小项得0分。报备或报批内容不全的扣1～3分。	
	17. 供用水规范管理	成立灌溉管理组织机构，明确管理职责，规范供水、用水、收费等行为，灌溉服务良好，灌溉用水效率测算分析及时、准确。灌区水量调度指令畅通，水量调配及时、准确，记录完整；调度应急预案完善、职责明确；抢险物资储备到位。建立供用水监督制度体系，实行灌溉水量、水价、水费公开公示，收费开票到基层用水组织或到户。年度供水结束后，及时统计灌溉面积、作物种植结构、灌溉用水量等，并做相应分析；灌溉年度总结全面、客观、翔实	36	（1）成立了灌溉管理组织机构，管理职责明确，得4分。未成立组织机构的此小项得0分。管理职责不明确的扣1～2分。 （2）供水、用水、收费等行为规范，灌溉服务良好，得到用户好评，得6分。否则，扣1～6分。 （3）灌溉用水效率测算分析及时、准确，得3分。否则，扣1～3分。 （4）灌区水量调度指令畅通，水量调配及时、准确，记录完整、规范，得6分。否则，扣1～6分。 （5）调度应急预案完善、职责明确，得2分。未制定预案的此小项得0分。预案不完善、职责不明确的扣1～2分。 （6）抢险物资储备到位，得2分。未储备物资的此小项得0分。储备不到位的扣1～2分。 （7）建立了供用水监督制度体系，实行了灌溉水量、水价、水费公开公示，收费符合有关规定，得6分。否则，扣1～6分。 （8）年度供水结束后，及时统计灌溉面积、作物种植结构、灌溉用水量等，并进行了相应分析，得4分。否则，扣1～4分。 （9）进行了灌溉年度总结且全面、客观、翔实，得3分。否则，扣1～3分。	

续表

类别	项目	考核内容	标准分	赋分原则	备注
四、供用水管理（220分）	18. 水量计量管理	根据需要设置用水计量设施设备，配备量测水技术人员，水源（渠首）、泵站、骨干分水口、骨干工程和田间工程分界点要逐步实现供水计量，推广使用自动监测设备和在线监测，为灌区配水计划实施、用水统计、水费计收以及灌溉用水效率测算分析等提供基础支撑。制定用水计量系统管护制度与标准，定期检测和率定用水计量设施设备，确保工作可靠、精度满足要求	28	（1）设置了用水计量设施设备、配备了量测水技术人员且符合灌区量测水需要，得4分。不满足灌区量测水需要的，扣1～4分。 （2）水源（渠首）、泵站、骨干分水口、骨干工程和田间工程分界点，按分级管理的原则实现供水计量率（已计量点/应计量点×100%）不低于90%，得8分。低于90%的每低1%扣0.5分。 （3）供水计量点使用自动监测设备和在线监测率（已使用自动监测设备和在线监测计量点/应计量点×100%）不低于90%，得6分。低于90%的每低1%扣0.4分。 （4）供水计量为灌区配水计划实施、用水统计、水费计收以及灌溉用水效率测算分析等提供了基础支撑，得2分。否则，扣1～2分。 （5）制定了用水计量系统管护制度与标准，且符合有关规程规范要求和工程实际，得2分。否则，扣1～2分。 （6）定期检测和率定用水计量设施设备，工作可靠，精度满足要求，得6分。未按规定检测和率定或工作不可靠、精度不满足要求的扣1～6分。	
	19. 水质管理	根据需要开展水质监测工作，制定防治水污染事故的应急预案和应急措施，定期开展水污染防治知识宣传活动	16	（1）根据有关规定开展了水质监测工作且符合有关规程规范的要求，得6分。根据有关规定应开展水质监测工作但未开展的此小项得0分。水质监测工作不符合有关规程规范要求的扣1～3分。 （2）制订了防治水污染事故的应急预案和应急措施且符合灌区实际，得5分。未制订应急预案和应急措施的此小项得0分。应急预案和应急措施不符合灌区实际和有关规定的扣1～3分。 （3）按要求开展了水污染防治知识宣传活动，并有记录，得5分。开展了但无记录或其他材料证明的此小项得0分。按要求应开展但未开展水污染防治知识宣传活动的每少一次扣2.5分。	有文件或证明材料证实，不需开展水质监测的，属合理缺项

续表

类别	项目	考核内容	标准分	赋分原则	备注
四、供用水管理（220分）	20. 灌溉试验和技术推广	结合灌区生产实际，积极建立灌溉试验基地，开展灌溉试验和用水管理、工程管理等相关科学研究，推进科研成果转化。积极推广应用新技术、新设备、新材料、新工艺，逐步实现工程运行自动化和供用水管理信息化	20	（1）结合灌区生产实际，建立了灌溉试验基地，开展了灌溉试验和用水管理、工程管理等相关科学研究，得3分。根据灌区生产需要应建立灌溉试验基地但未建立的此小项得0分。有灌溉试验基地但相关科学研究开展不好的扣1～3分。有文件或证明材料证实不需建立灌溉试验基地的此小项不扣分。 （2）灌区生产实践中积极推进科研成果转化，且取得较好效果，得4分。否则，扣1～4分。 （3）灌区生产实践中积极推广应用新技术、新设备、新材料、新工艺，且取得较好效果，得4分。否则，扣1～4分。 （4）工程运行自动化率（设施设备运行已实现自动化的控制灌溉面积/灌区设计灌溉面积×100%）不低于80%，得5分。低于80%的每低1%扣0.1分。 （5）供用水管理信息化率（已实现供用水管理信息化的控制灌溉面积/灌区设计灌溉面积×100%）不低于80%，得4分。低于80%的每低1%扣0.1分。	
	21. 节约用水	建立健全节水管理制度，积极推广应用节水技术和工艺，每年制订农田灌溉节水技术推广计划并组织实施，开展节水宣传活动，积极推进农业水价综合改革；建立健全节水激励机制，提高灌区用水效率和效益，推进节水型灌区创建工作，灌区灌溉水利用率达到省级水行政主管部门确定的考核目标值及以上	32	（1）节水管理制度健全，积极推广应用节水技术和工艺，且取得较好节水效果，得5分。否则，扣1～5分。 （2）每年制定了农田灌溉节水技术推广计划并组织实施，按计划开展了节水宣传活动，得5分。未制定计划或未按计划组织实施的扣1～3分，未按计划未开展节水宣传活动的扣1～2分。 （3）积极推进农业水价综合改革，且取得较好的改革成效，得4分。推进农业水价综合改革不积极或未取得有效进展及成效的扣1～5分。 （4）有健全的节水激励机制，提高了灌区用水效率和效益，且效果明显，得5分。未建立节水激励机制的此小项得0分。建立的节水激励机制不符合实际的扣1～2分，灌区用水效率和效益提高不明显的扣1～3分。 （5）制定了节水型灌区创建方案，积极推进节水型灌区创建工作，得8分。未制定节水型灌区创建方案的此小项得0分。节水型灌区创建工作推进不力的扣1～8分。 （6）灌区灌溉水利用率达到省水利厅确定的考核目标值及以上，得5分。灌溉水利用率低于省级水行政主管部门确定的考核目标值、在0.5及以上的扣2分。低于0.5的此小项得0分。	

续表

类别	项目	考核内容	标准分	赋分原则	备注
四、供用水管理（220分）	22. 提高管理能力和服务水平	每年开展用水户服务满意度调查，针对用水主体对管理单位供（用）水管理工作，包括用水计划、用水次序、用水时间、用水量、用水效益、配水、用水的公平程度等提出的意见应及时整改，不断提高管理能力和服务水平	32	（1）开展了用水户服务满意度调查，调查的用水主体达到90%以上，调查内容全面（包括用水计划、用水次序、用水时间、用水量、用水效益、配水、用水的公平程度等），且调查记录或调查表齐全，得10分。调查的用水主体（调查记录或调查表为依据）未达到90%的每低5%扣1分，调查内容不全面的每缺一项扣0.5分，调查记录或调查表不规范的扣1～3分。 （2）调查得到意见真实、有效且整理汇总，经抽查证实调查得到意见的真实率（抽查证实真实意见数/抽查意见数×100%）不低于95%，得10分。低于95%的每低1%扣1分。 （3）按调查得到的意见及时进行总结或整改，有效提高了管理能力和服务水平，且有总结或整改报告，得12分。无总结报告或整改报告的此小项得0分。整改不及时或整改效果差的扣1～8分。 一年内未开展用水户服务满意度调查的，或抽查证实调查得到意见的真实率低于80%的，此项不得分。	按分级管理的原则确定调查的用水主体 “一年内”指考核之日的前365天内
五、经济管理（100分）	23. 财务与资产管理	建立健全财务管理和资产管理等制度。管理人员基本支出和工程运行维修养护等经费使用及管理符合相关规定，杜绝违规违纪行为。积极争取水利、财政等部门全额落实核定的公益性人员基本支出和工程维修养护财政补贴经费	30	（1）财务管理和资产管理等制度健全且符合国家、地方有关规定和灌区管理实际，并严格执行制度，得10分。根据灌区管理实际应制定的制度但未制定的每缺一项扣2分，制定的制度不符合国家、地方有关规定的每发现一项扣0.5～1分，未严格执行制度的每发现一起扣3～10分（以有关检查、审计发现问题为依据，以问题程度扣分）。 （2）管理人员基本支出和工程运行维修养护等经费使用及管理符合有关规定，无违规违纪行为，得10分。发现有违规违纪行为的此小项得0分。经费使用及管理不符合相关规定的每发现一起扣2分。 （3）全额落实核定的公益性人员基本支出和工程维修养护财政补贴经费，落实率（实际落实经费/全额核定经费×100%）不低于80%，得10分。低于80%的每低1%扣0.5分。	“违规违纪行为”以有关检查或审计结论为准

续表

类别	项目	考核内容	标准分	赋分原则	备注
五、经济管理（100分）	24. 职工待遇管理	按现行政策及时足额兑现管理人员工资、福利待遇，并达到或超过当地平均水平；按规定落实职工养老、失业、医疗等各种社会保险	25	（1）按现行政策及时足额兑现了人员工资，并达到或超过当地平均水平，得10分。未及时足额兑现的发现一起扣2分，人员平均工资全年金额未达到当地平均水平的每低1%扣0.5分。 （2）按现行政策及时发放职工福利待遇，并达到或超过当地平均水平，得5分。未按有关规定发放的每发现一起扣2分，人均福利待遇未达到当地平均水平的每低5%扣0.5分。 （3）按规定落实了职工养老、失业、医疗、工伤、生育和住房公积金等社会保险，得10分。各种社会保险未全面落实的每少落实一种扣2分。	各种社会保险，按有关政策免交、缓交、停交的，可不扣分。
	25. 供水成本核算	及时科学核算供水成本，配合主管部门做好水价调整工作。完善灌区水费计收管理办法，按有关规定收取水费和其他费用	20	（1）及时科学核算了供水成本，配合主管部门做好水价调整工作，得5分。未及时科学核定年度供水成本的扣1～3分，未配合主管部门做好水价调整工作的扣1～2分。 （2）制定了灌区水费计收管理办法且符合灌区实际，按有关规定收取水费和其他费用，得15分。未制定灌区水费计收管理办法的此小项得0分。制定的办法不符合灌区实际的扣2分，水费收取率低于95%的每低5%扣3分，其他费用收取率（分别计算，取自述平均值）低于95%的每低5%扣1分。	按有关规定不收取水费的，属合理缺项
	26. 基层用水组织费用管理	按分级管理原则，督促基层用水组织按规定标准收取水费，指导用于田间工程维修养护和人员费用支出；协调落实相关补助经费	10	（1）按分级管理原则，督促基层用水组织按规定标准收取水费，指导用于田间工程维修养护和人员费用支出，得6分。否则，扣1～6分。 （2）按分级管理原则，积极协调落实田间工程维修养护和基层用水组织管理人员的相关补助经费，得4分。否则，扣1～4分。	此项考核以“用水户满意度”调查和用水户证明等材料为依据
	27. 水土资源利用	在确保防洪、供水和生态安全的前提下，合理利用灌区管理范围内的水土资源，充分发挥灌区综合效益，保障国有资产保值增值	15	（1）制订了水土资源开发利用规划且符合防洪、供水和生态安全的要求，灌区管理范围内的可开发水土资源利用率（实际开发水土资源面积/按有关规定可开发水土资源面积×100%）不低于80%，得10分。无水土资源开发利用规划或规划不符合防洪、供水和生态安全要求的扣1～4分（无水土资源开发利用规划扣4分），开发水土资源利用率低于80%的扣6分。 （2）水土资源开发利用效果好，充分发挥了灌区综合效益，保障了国有资产保值增值，得5分。否则，扣1～5分。	

注 1. 本标准分5类27项115个小项。每个单项、单小项扣分后最低得分为0分。

2. 在考核中，如出现合理缺项（单项），该项得分为：合理缺项得分=［合理缺项所在类得分/（该类总标准分－合理缺项标准分）］×合理缺项标准分。

7.5 落实责任与形成长效机制

7.5.1 落实责任

（1）落实主体责任。大中型灌区管理单位是灌区标准化规范化管理的责任主体，要强化主体意识，严格落实主体责任，大力推进标准化规范化管理体系建设，制订灌区标准化规范化管理创建实施方案并组织实施，实现灌区工程组织、安全、运行、经济等方面全过程的标准化规范化管理。标准化规范化管理达标后要长期坚持和持续改进，不断提高管理水平。

（2）落实监管责任。各级水行政主管部门要按照管理权限，依法依规对所管辖大中型灌区的标准化规范化管理工作进行组织、指导和监管。按照标准化规范化管理有关要求，有序组织和指导大中型灌区开展标准化规范化管理创建工作，及时组织对标准化规范化管理达标灌区进行考核。按照依法行政有关要求，规范监管行为，采取过程考核与结果考核相结合等方式，加强灌区标准化规范化管理的全过程监管，发现重大问题严格问责追责。

7.5.2 形成长效机制

大中型灌区管理单位开展标准化规范化管理，要形成以下长效管理机制：

（1）制度和标准形成机制。灌区管理单位要依据国家现行政策、法律法规和标准，在充分调研和广泛征求意见的基础上，结合实际制定灌区管理的制度和标准，并经过相应的组织程序讨论或表决通过后印发执行，形成科学合理的制度和标准形成机制。

（2）日常督促检查机制。灌区管理单位要建立制度和标准执行过程的日常督促检查机制，督促管理人员在灌区各项管理工作中规范执行管理制度和标准，发现问题及时整改，发现制度和标准缺陷及时完善。

（3）运行安全全过程追溯机制。灌区管理单位要根据管理制度和标准等规定，加强灌区设备检查、操作、运行巡视、维护检修、事故处理、工程检查观测等环节的全过程、全方位管理，建立信息共享和可追溯机制，实现全程管理。

（4）管理绩效考核分配机制。灌区管理单位要进一步深化分配制度改革，不断强化内部管理，完善绩效考核分配体系，建立健全激励和约束并重的绩效考核分配机制，充分发挥绩效分配的杠杆作用，激发管理人员干事创业的内生动力。

（5）应急处置机制。灌区管理单位要建立健全防汛抗旱、灌区运行、安全生产、水事件处理等领域的应急处置工作机制。完善应急预案，落实应急预案定期修订和备案管理制度，加强应急知识培训和预案演练。落实应急物资储备，加强应急队伍建设，提高突发事件处置能力。

（6）信息公开机制。灌区管理单位要建立完善科学的信息发布机制，明确信息发布时机、方式、内容，积极引导社会舆论，防止敏感和负面信息叠加，影响稳定。

（7）问责追责机制。灌区管理单位要制定问责追责办法，强化巡查督查，聚焦灌区管理制度和标准执行不力等突出问题，对责任落实不到位、失职渎职、失责失察等，采取约谈问责、挂牌督办、通报批评等方式督促落实。

（8）持续改进机制。灌区管理单位要根据自查结果以及灌区主管部门给出的考核结论等，客观分析灌区标准化规范化管理体系的运行质量，及时调整和完善相关管理制度、标准和过程管控，持续改进，不断提高管理效能。

8 灌区标准化规范化管理持续改进

8.1 建立持续改进机制

灌区管理单位要建立健全标准化规范化管理持续改进制度，形成持续改进机制。根据自检结果以及上级水行政主管部门给出的考核结论等，客观分析灌区工程标准化规范化管理体系的运行质量，及时调整和完善相关管理制度、标准和过程管控措施，持续改进，不断提高管理效能。

8.2 自　　检

1. 自检要求

灌区管理单位应按照水利部《大中型灌区标准化规范化管理指导意见（试行）》《水利工程管理评价办法》及有关评价标准，或本省（自治区、直辖市）印发的大中型灌区标准化规范化管理实施细则或办法及大中型灌区标准化规范化管理考核标准或办法，对本单位标准化规范化管理体系运行情况每年至少进行一次自检，验证各项标准化规范化管理体系（管理制度、标准和管控措施）的适应性、充分性、有效性，检查标准化规范化管理目标、指标的完成情况等。

2. 自检结果形成文件

灌区管理单位主要负责人应全面负责自检工作，并将结果向本单位所有部门、所属单位和全体职工通报，自检结果应形成正式文件，并作为年终管理绩效考评的重要依据。

3. 上报结果接受考核（复核）

灌区管理单位应每年定期向上级主管部门或其委托单位报告灌区工程标准化规范化管理年度自检结果，并接受其进行的考核或复核。

8.3 改　　进

1. 分析落实整改意见

灌区工程上级主管部门或其委托单位，应在灌区管理单位自检的基础上，定期组织专家对灌区管理单位标准化规范化管理情况进行考核或复核，给出考核或复核结论，对发现的问题提出整改意见和建议。

灌区管理单位收到上级主管部门的考核或复核结论及其提出的整改意见和建议后，要启动持续改进程序，按标准化规范化管理持续改进制度的要求，分析落实整改意见。

2. 排查隐患

灌区管理单位发生造成人员死亡、重伤3人以上或直接经济损失超过100万元的生产安全事故和其他造成社会不良影响的重大事件的，应重新对标准化规范化管理体系进行自检，查找标准化规范化管理体系中存在的缺陷。

灌区管理单位还应对平时工程运行管理中发现的问题定期进行汇总，分析问题的原因，全面查找标准化规范化管理体系中存在的缺陷或不足。

3. 完善制度、提高标准

灌区管理单位应根据标准化规范化管理自检结果和标准化规范化管理信息平台所反映的趋势，结合灌区工程上级主管部门给出的考核或复核结论及提出的整改意见和建议等，客观分析灌区工程标准化规范化管理体系的运行质量，及时调整和完善相关管理制度、技术标准、管理标准、工作标准和过程管控措施，持续改进，不断提高管理效能。

附录1　标准化规范化管理考核申请书格式

××省大中型灌区标准化规范化管理考核

申请单位：____________________

申报时间：_____年_____月_____日

××省（自治区、直辖市）水利厅（局）印制

填 写 说 明

本申请书适用于灌区管理单位申请标准化规范化管理年度考核和省级达标考核、复核时使用。本申请书按考核工作程序一式两份逐级报至年度考核和省级达标考核、复核对应的考核组织单位（或部门）。

一、灌区自检表

1. 此部分由灌区管理单位组织填写。

2. 工程概况：应填明工程地理位置、工程规模、主要功能、年供水量、工程［主要建筑物、构筑物（含渠道）和设备］基本情况；灌区工程历年改造情况；管理范围和保护范围划界确权情况；现代化管理情况；工程存在的主要问题等内容。

3. 管理单位基本情况：单位性质、行政隶属关系、人员基本情况（包括领导班子、职工干部、技术人员的配备、构成等）；单位经济效益情况（包括财务收支、水费收取、职工工资福利、职工社会保险等）；管理单位体制改革情况（包括理顺管理体制、明确管理权限、实行管养分离或政府购买服务、物业化管理等）。

4. 奖惩情况：如近三年获县级（包括行业主管部门）及以上精神文明单位、先进单位、水利工程建设与管理相关竞赛评比获奖等荣誉或称号。

5. 自检情况：对照考核标准要求，分类、逐项简述各考核内容的执行情况，说明得分、扣分原因以及自检得分情况。（说明：本表只是一个简要的自检情况报告，应另附详细的自检报告，对应考核标准逐项说明自检情况）。

二、灌区标准化规范化管理自检报告提纲

1. 此部分由灌区管理单位准备。

2. 对照考核标准要求，分类、逐项详细描述各考核内容的执行情况，说明得分、扣分原因以及自检得分情况等。

3. 指出管理方面存在的问题，分析原因，提出整改措施。

4. 逐项准备相关佐证材料，并作为申请书附件一并报送。

灌区管理单位自检表

<table>
<tr><td colspan="2">灌区名称</td><td colspan="3"></td></tr>
<tr><td colspan="2">管理单位名称</td><td></td><td>联系人及方式</td><td></td></tr>
<tr><td colspan="2">单位所在地</td><td></td><td>上级主管部门</td><td></td></tr>
<tr><td colspan="2">申请考核类型</td><td colspan="3">□年度考核　　□省级达标考核　　□省级达标复核</td></tr>
<tr><td>工程概况</td><td colspan="4"></td></tr>
<tr><td>管理单位基本情况</td><td colspan="4"></td></tr>
<tr><td>奖惩情况</td><td colspan="4"></td></tr>
<tr><td rowspan="8">自检情况</td><td colspan="2">考核内容</td><td>标准分</td><td>得分</td></tr>
<tr><td colspan="2">一、组织管理</td><td>120</td><td></td></tr>
<tr><td colspan="2">二、安全管理</td><td>200</td><td></td></tr>
<tr><td colspan="2">三、工程管理</td><td>360</td><td></td></tr>
<tr><td colspan="2">四、供用水管理</td><td>220</td><td></td></tr>
<tr><td colspan="2">五、经济管理</td><td>100</td><td></td></tr>
<tr><td colspan="2">合计</td><td>1000</td><td></td></tr>
<tr><td colspan="4">简要介绍自检情况：

自检单位（签字、盖章）：
时间：</td></tr>
</table>

附：灌区标准化规范化管理自检报告（按以下格式编写）。

灌区标准化规范化管理自检报告提纲

一、基本情况

（一）工程概况。详细描述工程地理位置、工程规模、主要功能、年供水量、工程[主要建筑物、构筑物（含渠道）和设备]基本情况；灌区工程历年改造情况；管理范围和保护范围划界确权情况；现代化管理情况；工程存在的主要问题等。

（二）管理单位基本情况。详细介绍单位性质、行政隶属关系、人员基本情况（包括领导班子、职工干部、技术人员的配备、构成等）；单位经济效益情况（包括财务收支、水费收取、职工工资福利、职工社会保险等）；管理单位体制改革情况（包括理顺管理体制、明确管理权限、实行管养分离或政府购买服务、物业化管理等）。

（三）奖惩情况。介绍近三年获县级（包括行业主管部门）及以上精神文明单位、先进单位、水利工程建设与管理相关竞赛评比获奖等荣誉或称号。

（四）申报条件。介绍对应考核具备的条件。

二、自检报告

灌区管理单位自检得分××分，其中，组织管理得分××分，安全管理得分××分，工程管理得分××分，供用水管理得分××分，经济管理得分××分。

（一）组织管理。对应考核标准逐项（第1～5项）说明得分情况，并说明扣分原因。

如：1. 管理体制与运行机制改革，标准分24分，得分××分，扣分××分。

得分项依据：(1) 根据批复的灌区管理体制改革方案或机构编制调整意见，完成了改革，得1.5分。××编办以××文件批复××灌区管理单位，隶属××管理等佐证文件及其他相关资料。

扣分项及原因：完成了改革但未通过验收，扣1.5分。

(2) ××××××。

（二）安全管理。对应考核标准逐项（第6～9项）说明得分情况，并说明扣分原因。

（三）工程管理。对应考核标准逐项（第10～14项）说明得分情况，并说明扣分原因。

（四）供用水管理。对应考核标准逐项（第15～22项）说明得分情况，并说明扣分原因。

（五）经济管理。对应考核标准逐项（第23～27项）说明得分情况，并说明扣分原因。

三、存在的问题及解决思路

提出制约灌区工程发展和管理上的突出问题及解决思路。

四、下一步整改措施

针对自检过程中的扣分情况，提出可行的整改措施，并明确整改时限等。

附件：相关佐证材料。

附录2　标准化规范化管理考核报告书格式

××省大中型灌区标准化规范化管理考核报告书

工程名称：________________

管理单位：________________

验收时间：　　年　　月　　日

××省（自治区、直辖市）水利厅（局）印制

<table>
<tr><td>灌区名称</td><td></td><td>所在市（州）、县（市、区）</td><td></td></tr>
<tr><td>管理单位名称</td><td></td><td>所在地</td><td></td></tr>
<tr><td>考核类型</td><td>□年度考核
□省级达标考核
□省级达标复核
□省级达标抽查</td><td>考核得分</td><td></td></tr>
<tr><td>考核组织单位</td><td></td><td>考核时间</td><td></td></tr>
<tr><td>考核专家组组长</td><td colspan="3"></td></tr>
<tr><td>考核专家组成员</td><td colspan="3"></td></tr>
<tr><td>工程概况</td><td colspan="3">（简要说明灌区工程建成时间、规模及功能，工程主要建筑物和设备组成）</td></tr>
<tr><td>自检情况</td><td colspan="3">（说明灌区标准化规范化管理自检得分及扣分项）</td></tr>
<tr><td>考核情况</td><td colspan="3">（说明灌区标准化规范化管理考核得分及扣分项）</td></tr>
<tr><td>存在的主要问题</td><td colspan="3">（简要说明考核中发现的主要问题）</td></tr>
<tr><td colspan="4">灌区标准化规范化管理考核结论：

考核专家组组长：（签名）
时间：</td></tr>
<tr><td colspan="4">对灌区标准化规范化长效管理的意见和建议：</td></tr>
<tr><td colspan="4">考核组织单位审查意见：

单位（公章）：
年　　月　　日</td></tr>
</table>

××灌区标准化规范化管理考核专家组名单

姓　名	单　位	职务/职称	签名

说明：该报告书格式适用于年度考核和省级达标考核、复核、抽查后编制考核报告。

附录3　标准化规范化管理考核结果公示格式

关于××灌区通过标准化规范化管理年度考核（省级达标考核、复核）的公示

××水利厅（局）于××××年××月××日至××月××日对××灌区标准化规范化管理情况组织了年度考核（或省级达标考核、复核），认为××灌区责任主体明确，管护经费保障到位，管护模式和管护人员满足实际需求，标准化规范化管理体系完善且运行良好，管理人员基本掌握自身工作内容及要求，工程及设施完好、外观整洁，设施设备维修养护较好，能正常运行，标识标牌设置基本合理，基本实现了灌区标准化规范化管理的目标。

××水利厅（局）准予××灌区通过标准化规范化管理年度考核（省级达标考核、复核），考核得分为×××分，现予公示。有关单位和个人如有异议，请于公示期内提出书面意见，逾期不予受理（以邮局邮戳为准）。以单位名义投诉的应加盖单位公章，以个人名义投诉的提倡使用真实姓名和联系电话。

公示时间：××××年××月××日至××月××日

联 系 人：×××

联系电话：×××

传　　真：×××

地　　址：×××

公示单位（盖章）

注：适用于年度考核和省级达标考核、复核结果的公示。

附录4　标准化规范化管理省级达标考核（复核）申报书格式

××省大中型灌区标准化规范化管理省级达标考核（复核）

申

报

书

申报单位：________________________

申报时间：______年______月______日

××省（自治区、直辖市）水利厅（局）印制

填　写　说　明

本申报书适用于申报标准化规范化管理省级达标考核、复核时使用。本申报书按考核工作程序一式两份逐级报至省水利厅（局）。

一、标准化规范化管理省级达标考核（复核）申报表

1. 此部分由市（州）级灌区主管部门组织填写。

2. 按照考核标准要求，分类、逐项进行填写。

3. 在相应栏目填写考核得分。

二、标准化规范化管理省级达标考核（复核）申报报告提纲

1. 此部分由市（州）级灌区主管部门组织准备。

2. 对照考核标准要求，分类、逐项详细描述各考核内容的执行情况，说明得分、扣分原因，以及初验得分情况等。

3. 指出管理方面存在的问题，分析原因，提出整改措施。

4. 逐项准备相关佐证材料，并作为报告附件一并报送。

标准化规范化管理省级达标考核（复核）申报表

<table>
<tr><td>灌区名称</td><td colspan="3"></td></tr>
<tr><td>管理单位名称</td><td></td><td>联系人及方式</td><td></td></tr>
<tr><td>单位所在地</td><td colspan="3"></td></tr>
<tr><td>上级主管部门</td><td></td><td>联系人及方式</td><td></td></tr>
<tr><td>市（州）级主管部门</td><td></td><td>联系人及方式</td><td></td></tr>
<tr><td>申报考核类型</td><td colspan="3">□省级达标考核　　□省级达标复核</td></tr>
<tr><td>年度考核年度</td><td colspan="3"></td></tr>
<tr><td>工程概况</td><td colspan="3"></td></tr>
<tr><td>管理单位
基本情况</td><td colspan="3"></td></tr>
<tr><td>奖惩情况</td><td colspan="3"></td></tr>
<tr><td>管理单位
申报意见</td><td colspan="3">单位名称（盖章）：
时间：</td></tr>
</table>

续表

<table>
<tr><td rowspan="8">年度考核情况</td><td>考核类别</td><td>标准分</td><td>得分</td></tr>
<tr><td>一、组织管理</td><td>120</td><td></td></tr>
<tr><td>二、安全管理</td><td>200</td><td></td></tr>
<tr><td>三、工程管理</td><td>360</td><td></td></tr>
<tr><td>四、供用水管理</td><td>220</td><td></td></tr>
<tr><td>五、经济管理</td><td>100</td><td></td></tr>
<tr><td>合计</td><td>1000</td><td></td></tr>
<tr><td colspan="3">简要介绍年度考核情况及结论：

年度考核组织单位（签字、盖章）：
时间：</td></tr>
<tr><td>上级主管部门申报意见</td><td colspan="3">主管部门名称（盖章）：
时间：</td></tr>
<tr><td rowspan="8">市（州）级初验情况</td><td>考核类别</td><td>标准分</td><td>得分</td></tr>
<tr><td>一、组织管理</td><td>120</td><td></td></tr>
<tr><td>二、安全管理</td><td>200</td><td></td></tr>
<tr><td>三、工程管理</td><td>360</td><td></td></tr>
<tr><td>四、供用水管理</td><td>220</td><td></td></tr>
<tr><td>五、经济管理</td><td>100</td><td></td></tr>
<tr><td>合计</td><td>1000</td><td></td></tr>
<tr><td colspan="3">简要介绍市（州）级主管部门组织省级达标考核初验情况及结论：

初验组织单位（签字、盖章）：
时间：</td></tr>
<tr><td>市（州）级主管部门申报意见</td><td colspan="3">市（州）级主管部门名称（盖章）：
时间：</td></tr>
</table>

附件：××灌区标准化规范化管理省级达标考核（复核）申报书（按以下格式编写）。

标准化规范化管理省级达标考核（复核）申报书提纲

一、基本情况

（一）工程概况。详细描述工程地理位置、工程规模、主要功能、年供水量、工程［主要建筑物、构筑物（含渠道）和设备］基本情况；灌区工程历年改造情况；管理范围和保护范围划界确权情况；现代化管理情况；工程存在的主要问题等。

（二）管理单位基本情况。详细介绍单位性质、行政隶属关系、人员基本情况（包括领导班子、职工干部、技术人员的配备、构成等）；单位经济效益情况（包括财务收支、水费收取、职工工资福利、职工社会保险等）；管理单位体制改革情况（包括理顺管理体制、明确管理权限、实行管养分离或政府购买服务、物业化管理等）。

（三）奖惩情况。介绍近三年获县级（包括行业主管部门）及以上精神文明单位、先进单位、水利工程建设与管理相关竞赛评比获奖等荣誉或称号。

（四）申报条件。对照有关办法、标准，介绍对应考核具备的条件。

二、初步验收报告

市（州）级水行政主管部门初验得分××分，其中，组织管理得分××分，安全管理得分××分，工程管理得分××分，供用水管理得分××分，经济管理得分××分。

（一）组织管理。对应考核标准逐项（第1～5项）说明得分情况，并说明扣分原因。

如：1. 管理体制与运行机制改革，标准分24分，得分××分，扣分××分。

得分项依据：（1）根据批复的灌区管理体制改革方案或机构编制调整意见，完成了改革，得1.5分。××编办以××文件批复××灌区管理单位，隶属××管理等佐证文件及其他相关资料。

扣分项及原因：完成了改革但未通过验收，扣1.5分。

（2）××××××。

（二）安全管理。对应考核标准逐项（第6～9项）说明得分情况，并说明扣分原因。

（三）工程管理。对应考核标准逐项（第10～14项）说明得分情况，并说明扣分原因。

（四）供用水管理。对应考核标准逐项（第15～22项）说明得分情况，并说明扣分原因。

（五）经济管理。对应考核标准逐项（第23～27项）说明得分情况，并说明扣分原因。

三、存在的问题及解决思路

提出制约灌区工程发展和管理上的突出问题及解决思路建议。

四、下一步整改措施

针对初验过程中扣分情况，提出可行的整改措施，并明确整改时限等。

五、主管部门及管理单位申报意见及建议考核时间

（一）管理单位申报意见

（二）上级主管部门申报意见

（三）市（州）级主管部门申报意见

（四）建议省级达标考核（复核）时间

附件：

1.××灌区标准化规范化管理年度考核申请书（含灌区标准化规范化管理自检报告）；

2.××灌区标准化规范化管理年度考核报告书及公示材料和公布年度考核结果的文件等；

3.××灌区标准化规范化管理省级达标初验报告书及相关佐证材料。

申报单位名称（盖章）：

时间：